复合材料力学与圆管计算方法

Mechanics of Composite Materials and Calculation Methods for Circular Tubes

李　峰　李若愚　编著

科学出版社

北　京

内 容 简 介

本书详细阐述复合材料宏观力学的基本理论，并以复合材料圆管为研究对象，给出轴压作用下圆管的弹性计算理论和屈曲分析计算方法。内容包括各向异性弹性力学基本方程、单向复合材料性能的试验测定、单层板及层合板弹性特性、复合材料强度理论、复合材料层合圆管的弹性计算理论、复合材料圆柱壳轴压局部屈曲分析方法、复合材料圆管整体稳定性计算方法等。

本书可供结构工程、航空航天、工程力学相关专业的高年级本科生、研究生、高校教师、科研人员以及相关工程技术人员阅读。

图书在版编目（CIP）数据

复合材料力学与圆管计算方法 / 李峰，李若愚编著. —北京：科学出版社，2021.8

ISBN 978-7-03-069427-0

Ⅰ. ①复… Ⅱ. ①李… ②李… Ⅲ. ①复合材料力学－研究 ②圆管－计算方法 Ⅳ. ①TB301 ②TG14

中国版本图书馆 CIP 数据核字（2021）第 145693 号

责任编辑：李涪汁 曾佳佳 罗 娟 / 责任校对：杨聪敏
责任印制：张 伟 / 封面设计：许 瑞

科 学 出 版 社 出版
北京东黄城根北街 16 号
邮政编码：100717
http://www.sciencep.com

北京中石油彩色印刷有限责任公司 印刷
科学出版社发行 各地新华书店经销

*

2021 年 8 月第 一 版 开本：720 × 1000 1/16
2021 年 8 月第一次印刷 印张：19 1/4
字数：388 000

定价：159.00 元

（如有印装质量问题，我社负责调换）

前　言

纤维增强树脂基复合材料由于其自身具备的轻质高强、可设计性等独特优势，在轻量化结构中得到越来越广泛的应用，成为航空航天、应急装备结构、军用结构等领域的重要材料选择。本书的主要特色在于强化对复合材料力学基本概念的详细描述，并以受压作用下复合材料圆管为研究对象，给出其强度、刚度与稳定性计算方法，辅以算例＋程序的形式帮助读者理解概念和计算方法。本书拟为结构工程相关专业的学生和技术人员学习复合材料力学和复合材料结构提供参考。

本书共8章，第1章绪论，第2章各向异性弹性力学基本方程，第3章单向复合材料性能的试验测定，第4章单层板及层合板弹性特性，第5章复合材料强度理论，第6章复合材料层合圆管的弹性计算理论，第7章复合材料圆柱壳轴压局部屈曲分析方法，第8章复合材料圆管整体稳定性计算方法。本书由李峰、李若愚编著，其中第1～6章和第8章由李峰编写，第7章由李若愚编写。

本书得到国家自然科学基金项目“树脂基复合材料泡沫夹芯管承压破坏机理研究”（编号：51408606）、“加筋复材泡沫夹芯筒抗局部屈曲增强机理和承载力研究”（编号：51778620）和国家科技支撑计划子课题“玄武岩纤维筋增强高耐久结构成套技术和应用”的支持。本书吸纳了上述资助项目以及作者李峰指导的张恒铭、李水扬、朱锐杰、陶杰等研究生的部分研究成果。在本书编写、讨论与校正的过程中，张恒铭、陈岩、朱锐杰、刘霞、刘建邦、郝旭龙、李达、刘承霖等同志也参加了工作。在编写过程中还得到了东南大学汪昕老师的支持与帮助。谨在此一并致谢。

限于作者水平，书中难免存在一些不足之处，欢迎读者批评指正。

作　者

2021年2月

目　　录

符 号 表

主要符号

1）刚度、正/偏轴模量

$\boldsymbol{S}$	正轴柔度矩阵
$\bar{\boldsymbol{S}}$	偏轴柔度矩阵
S_{ij}	正轴柔度分量
$\bar{S}_{ij}$	偏轴柔度分量
$\boldsymbol{Q}$	正轴刚度矩阵
$\bar{\boldsymbol{Q}}$	偏轴刚度矩阵
Q_{ij}	正轴刚度分量
$\bar{Q}_{ij}$	偏轴刚度分量
$\boldsymbol{T}_{\sigma}^{-}$	应力负转换矩阵
$\boldsymbol{T}_{\sigma}^{+},\boldsymbol{T}_{\sigma}$	应力正转换矩阵
$\boldsymbol{T}_{\varepsilon}^{-}$	应变负转换矩阵
$\boldsymbol{T}_{\varepsilon}^{+},\boldsymbol{T}_{\varepsilon}$	应变正转换矩阵

2）坐标、几何尺寸、剖面几何特性

x, y, z	直角坐标
r, θ, z	柱面坐标
ρ, φ	极坐标
s, z, n	曲线坐标系
x_1, x_2, x_3	材料纤维方向坐标
R	中面半径
D	直径
A	试件横截面面积
h	圆柱壳体壁厚
W	截面弹性抵抗矩
ρ	截面核心距
λ	径厚比、长细比
$\bar{\lambda}$	正则化长细比

l	试件长度
l_0	计算长度
N	铺层总数
θ	纤维偏轴角度
k	铺层第 k 层

3）材料性能参数

E	各向同性材料的弹性模量
E_1, E_2, E_3	材料方向的弹性模量
G_{12}, G_{23}, G_{31}	材料方向的剪切模量
ν_{21}	主泊松比
$X_\mathrm{t}, X_\mathrm{c}$	纵向拉伸、压缩强度
$Y_\mathrm{t}, Y_\mathrm{c}$	横向拉伸、压缩强度
S_{12}, S_{23}, S_{31}	单向板的剪切强度
f_y	屈服强度

4）载荷、应力（系数）、应变和变形

F	轴压荷载
P_E	欧拉屈曲荷载
T	扭矩
Q_x, Q_y	剪力
M_x, M_y	弯矩
σ	应力
ε	应变
u, v, w	位移分量
u_0, v_0, w_0	刚体位移
κ_x	弯曲曲率
v_0	初弯曲的最大挠度
$\sigma_1, \sigma_2, \sigma_3$	材料方向的正应力分量
$\tau_{12}, \tau_{23}, \tau_{31}$	材料方向的剪应力分量
$\sigma_r, \sigma_\theta, \sigma_z$	柱坐标系的正应力分量
$\tau_{r\theta}, \tau_{z\theta}, \tau_{zr}$	柱坐标系的剪应力分量
$\varepsilon_r, \varepsilon_\theta, \varepsilon_z$	柱坐标系的正应变分量
$\gamma_{r\theta}, \gamma_{z\theta}, \gamma_{zr}$	柱坐标系的剪应变分量
$\varepsilon_1, \varepsilon_2, \varepsilon_3$	材料方向的正应变分量

$\gamma_{12}, \gamma_{23}, \gamma_{31}$	材料方向的剪应变分量
Δ	变化量
R	强度比
φ	稳定系数

下标

in	内半径
ou	外半径
cr	临界值
t	拉伸
c	压缩
b	弯曲
max	最大
min	最小
x, y, z	分别为坐标 x, y, z 方向
s, z, n	分别为坐标 s, z, n 方向
r, θ, z	分别为坐标 r, θ, z 方向

上标

k	层合板的第 k 层

第1章 绪　论

1.1 复合材料及其分类

1.1.1 复合材料定义

“资源、能源、环境、人类与自然和谐”是21世纪全球面临的最严峻问题，我国处于经济快速发展时期，加之人口众多，对我国而言上述问题尤为突出，迫切需要工程科学提供解决上述问题的方案[1]。国家“十四五”规划建议中阐述：“发展战略性新兴产业，加快壮大新一代信息技术、生物技术、新能源、新材料、高端装备、新能源汽车、绿色环保以及航空航天、海洋装备等产业。”新材料是当前世界新革命技术的三大支柱之一，与信息技术、生物技术一起构成了21世纪世界最重要和最具发展潜力的三大领域。而轻质、高强、环保的纤维增强树脂基（fiber reinforced polymer，FRP）复合材料作为新材料，符合国家战略需求。在我国建筑市场，复合材料的需求正在快速增长，如2019年我国碳纤维总需求量为37840t，同比2018年增长20.5%。

复合材料是由两种或多种不同性质的材料用物理或化学方法在宏观尺度上组成的具有新性能的材料[2]。复合材料性能是其中任何单一组成材料都无法具备的，其可分为天然复合材料和人工合成复合材料两大类。天然复合材料种类繁多，典型的天然复合材料包括一些动植物组织，如人体骨骼、皮肤以及竹子等[3]。在结构工程应用中，人工合成的结构复合材料是目前应用最广泛和最成熟的复合材料，其中所采用的增强材料主要是纤维材料；所采用的基体材料主要是塑料或金属，这类复合材料也可以称为纤维增强复合材料[4]。

为了合理设计、制造和使用纤维增强复合材料，需要充分了解纤维增强复合材料的性能，特别是力学性能，本书内容就是在了解复合材料力学基本原理的基础上，以圆管为研究对象，开展轴压作用下复合材料圆管力学特性和分析方法研究。为了叙述方便，以下把纤维增强复合材料均简称为“复合材料”。

1.1.2 复合材料分类[3, 5]

图1-1表示一些常见的人工合成复合材料的组成与分类。

纤维增强复合材料一般只含有两种几何形状与物理特性相差显著的组成材料，或称组分材料。第一种称为基体材料，它是连续体，构成复合材料的基本形态，

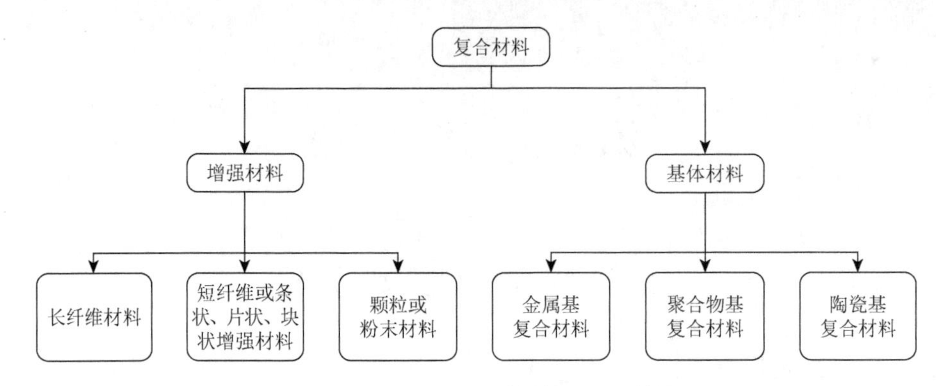

图 1-1　人工合成复合材料的组成与分类

三类常见的固体结构材料，即金属、陶瓷和聚合物，都可以作为基体材料使用，由此分别构成了金属基复合材料、陶瓷基复合材料和聚合物基或树脂基复合材料。第二种称为增强材料，它是离散体，通常比基体的性能更强。

常见的代表性增强材料主要有三类：第一类是长纤维或连续纤维材料，其长度与直径之比（即长径比）一般大于 10^5，与之对应的复合材料通常称为长纤维或连续纤维增强复合材料，本书简称纤维增强复合材料。纤维增强复合材料的最大优点是具有很高的比刚度和比强度，也就是说，这类材料的刚度和强度与它们的重量之比很大，往往比高强度的钢、铝、钛合金等金属材料大数倍。结构用复合材料大都采用纤维增强复合材料，其中，纤维增强聚合物基复合材料使用最广、用量最大，在很多工程甚至日常生活领域中都可见到这类材料产品，在航空航天工程领域的应用尤为广泛。纤维增强复合材料在体育用品中也得到了广泛应用，如网球拍、赛艇、高尔夫球杆等，大都采用纤维增强复合材料制造。

第二类具有代表性的增强材料为短纤维，其长度与直径之比一般为 5～200，由此得到的是短纤维增强复合材料。需要指出的是，短纤维只是这类增强材料的代表，其他可归入该类别的还包括条状、片状、块状等增强材料。短纤维增强复合材料的最大优点是容易加工成形、生产成本低，在生产打印机外壳、台面板以及其他许多无须承受较高载荷的地方都有应用。过去，人们用切短的稻草或杂草掺于泥浆糊墙，就是这类复合材料的一种典型应用。

第三类增强材料为颗粒或者粉末材料，其长度与直径之比一般为 1～2。这类复合材料的设计大都不以提高材料的刚度和强度为目的，而是要改善或提高材料的其他性能，如耐磨、导电、吸波等，将这类复合材料更贴切地称为功能复合材料，例如，在金属基中加入陶瓷粉末或者其他更硬的金属颗粒制成的复合材料，其硬度和耐磨性均得到提高，这类复合材料也常用作生物材料，如人工骨骼、假牙填充材料等。需要特别指出的是，虽然基体材料一般都是各向同性材料，但用作增强材料的纤维并不一定都是各向同性的。

1.2 增强材料和基体材料

1.2.1 增强材料

结构复合材料实际采用的增强材料目前主要有以下几种：

（1）玻璃纤维。玻璃纤维是最早开发出来用于高分子基复合材料的纤维。适用于工程应用的玻璃纤维品种可以分为E玻璃纤维（无碱玻璃纤维或称电绝缘玻璃纤维）、S玻璃纤维（高强度玻璃纤维）和M玻璃纤维（高模量玻璃纤维）。具有良好的绝缘性能和较高的强度，但比模量较低[4]。其中E玻璃纤维有很好的电绝缘性能，具有令人满意的强度和刚度。其产量占所有玻璃纤维总产量的90%以上。S玻璃纤维是新开发的高强度、高刚度纤维，其力学性能、热稳定性以及耐蚀性等综合性能都很好，但这种材料的制造成本很高，价格是E玻璃纤维的5倍，多用于航空航天结构[6]。

玻璃纤维的直径为5～20μm，它强度高、延伸率较大，可制成织物；但弹性模量较低，约为70GPa，与铝接近。一般硅酸盐玻璃纤维可用到450℃的环境中，石英和高硅氧玻璃纤维可耐 1000℃以上高温，玻璃纤维的线膨胀系数约为$4.8\times10^{-6}℃^{-1}$。玻璃纤维由拉丝炉拉出单丝，集束成原丝，经纺丝加工成无捻纱、各种纤维布、带、绳等[2]。

（2）碳纤维。碳纤维分为两大类，一类是以合成纤维作为原材料，经过氧化稳定、碳化或石墨化处理而制成的。合成纤维主要有人造纤维和聚丙烯腈（polyacrylonitrile，PAN）基有机纤维两种，前者刚度和强度较低，因此聚丙烯腈基有机纤维在市场上占领先地位。另一类是利用石化工业的副产品沥青（pitch）经过熔化抽丝、氧化稳定、碳化或石墨化处理而制成的Pitch基碳纤维[6]。适用于工程应用的碳纤维品种可以分为高强度碳纤维、高模量碳纤维和超高模量碳纤维，高模量碳纤维和超高模量碳纤维为在更高温度下石墨化的碳纤维，因此也称为石墨纤维。碳纤维具有很高的强度和模量，并具有很小的热膨胀系数，是目前应用最广泛的纤维材料[7]。碳纤维制造工艺较简单，价格比硼纤维便宜得多，因此成为最重要的先进纤维材料，其密度比玻璃纤维小，模量比玻璃纤维高好几倍。因此，碳纤维增强复合材料已应用于航天、航空等工业部门。碳纤维的应力-应变关系为一条直线，纤维断裂前是弹性体，高模量碳纤维的最大延伸率为0.35%，高强度碳纤维的延伸率可达1.5%，碳纤维的直径一般为6～10μm，碳纤维的热膨胀系数与其他纤维不同，具有各向异性，沿纤维方向$\alpha_1=0.7\times10^{-6}\sim0.9\times10^{-6}℃^{-1}$，而垂直于纤维方向$\alpha_2=22\times10^{-6}\sim32\times10^{-6}℃^{-1}$[2]。

（3）玄武岩纤维。玄武岩纤维是以天然玄武岩为原料，经1500℃高温熔融后拉丝而成的连续纤维，被称为21世纪无污染的“绿色工业原材料”，具有轻质高强、耐高温、耐腐蚀、抗氧化、防辐射、绝热隔声等优异性能，在航天航空、汽车船舶、土建交通、能源环境、化工消防、国防军工等领域具有广泛应用。玄武岩纤维大部分力学性能技术指标都超过玻璃纤维，特别是其耐久性好，可用作结构材料；蠕变断裂应变远高于玻璃纤维，适合作为预应力材料应用；强度、刚度及各项耐久性能也达到或超过高技术芳纶纤维。虽然玄武岩纤维在多方面的性能要低于碳纤维，但其价格仅为碳纤维的1/10～1/7。

（4）芳纶纤维。芳纶纤维是美国杜邦公司生产的一类芳香族聚酰胺合成纤维，国内定名为芳纶纤维。它具有很高的强度和较高的模量，并且具有很小的热膨胀系数和良好的绝缘性能，是玻璃纤维的很好替代物[4]。芳纶纤维是一种有机合成纤维，与纺纱工业中常用的尼龙纤维和聚酯纤维等有机合成纤维不同，芳纶纤维有很高的比强度和比刚度，有很好的热稳定性，不易燃烧，因此，芳纶纤维增强复合材料多用于航空航天设备、船舶、军事装备、防弹衣、刹车片、高性能绳索等，Kevlar是美国杜邦公司生产的芳纶纤维的商品名，该产品用得最广，其中K29用于绳索电缆，K49用于复合材料制造，K149用于航天器。此外，还有荷兰AKZO公司的Twaron，日本Tein公司的Technora等也是常见的芳纶纤维。

（5）硼纤维。硼纤维是由硼蒸气在钨丝上沉积制成的复合纤维[2]。它具有较高的强度和模量，以及良好的抗高温性能和抗氧化性能[4]。

硼纤维通常指以钨丝作为加热载体、用化学气相沉积（chemical vapor deposition，CVD）硼的方法得到的直径为100～200μm的连续单丝。硼是共价键结合材料，其比模量大约是一般高性能工程材料（钢、铝、镁等）的6倍。硼纤维主要用于金属基复合材料的制备，其中最重要与最成熟的是硼纤维增强铝基复合材料，用于飞机发动机叶片和航天领域。

（6）碳化硅纤维。碳化硅纤维由合成有机硅聚合物进行熔融纺丝而成，也可以做成颗粒和晶须状。它具有良好的抗高温性能、抗氧化性能，且与金属的亲和力强[4]。

1.2.2 基体材料[2]

1）树脂基体

树脂基体可分为热固性树脂和热塑性树脂两大类。热固性材料的特点是生产加工时，会发生不可逆固化过程，而热塑性基体材料遇热时变软、冷却时变硬，这个过程是可逆的。

热固性树脂常用的有环氧、酚醛和不饱和聚酯树脂等，它们最早应用于复合材料。环氧树脂应用最广泛，其主要优点是黏结力强，与增强纤维表面浸润性好，固化收缩小，有较高耐热性，固化成型方便。酚醛树脂耐高温性好，吸水性小，电绝缘性好，价格低廉。聚酯树脂工艺性好，可室温固化，价格低廉，但固化时收缩大，耐热性低。它们固化后都不能软化，其过程是不可逆的。

热塑性树脂有聚乙烯、聚苯乙烯、聚酰胺（又称尼龙）、聚碳酸酯、聚丙烯树脂等，它们加热到转变温度时会重新软化，易于制成模压复合材料。热塑性基体材料的成型是通过树脂的熔融、流动、冷却、固化等物理状态的变化来实现的，其变化是可逆的。

2）金属基体

它主要用于耐高温或其他特殊需要的场合，具有耐300℃以上高温、表面抗侵蚀、导电导热、不透气等优点。基体材料有铝、铝合金、镍、钛合金、镁、铜等，目前应用较多的是铝，一般有碳纤维铝基、氧化铝晶须镍基、硼纤维铝基、碳化硅纤维钛基等复合材料。

3）陶瓷基体

它耐高温、化学稳定性好，具有高模量和高压缩强度，但有脆性，耐冲击性差，为此用纤维增强制成复合材料可改善抗冲击性并已应用于发动机部分零件。纤维增强陶瓷基复合材料，例如，单向碳纤维增强无定形二氧化硅复合材料，碳纤维含量为50%，室温弯曲模量为1.55×10^5MPa，800℃时为1.05×10^5MPa。还有多向碳纤维增强无定形石英复合材料，耐高温，可供远程火箭头锥作烧蚀材料。此外还有石墨纤维增强硅酸盐复合材料、碳纤维增强碳化硅或氮化硅复合材料、碳化硅纤维增强氮化硅复合材料等。

4）碳素基体

它主要用于碳纤维增强碳基体复合材料，这种材料又称碳/碳复合材料。以纤维和基体的不同分为三种：碳纤维增强碳、石墨纤维增强碳、石墨纤维增强石墨。碳/碳复合材料采用碳布叠层化学气相沉积、石墨化处理制成。化学蒸气沉积法是用碳氢化合物气体，如甲烷、乙炔等在1000～1100℃进行分解，在三维碳纤维织物或碳纤维缠绕件的结构空隙中进行沉积，碳细粉渗透到整个结构，形成致密的碳/碳复合材料。

1.3 复合材料的叠层结构

1.3.1 复合材料分类

纤维增强复合材料按构造形式分为单层板复合材料、层合板复合材料和短纤维复合材料。

1）单层板复合材料[2]

单层板中纤维按一个方向整齐排列或按双向交织平面排列，其中纤维方向（有交织纤维时含量较多的方向）称为纵向，用“1”或“L”表示，与纤维方向垂直的方向（有交织纤维时含量较少的方向）称为横向，用“2”或“T”表示，单层板厚度方向用“3”或“Z”表示。1 轴、2 轴、3 轴称为材料主轴。单层板具有非均匀性和各向异性。

单层板中纤维起增强和主要承载作用，基体起支撑纤维、保护纤维的作用，并在纤维间起分配和传递载荷作用。在承受压缩荷载时，使纤维稳定，防止纤维在压缩时发生屈曲，载荷传递的机理是在基体中产生剪应力。通常把单层材料的应力-应变关系看作线弹性。

2）层合板复合材料

一般说，单层复合材料不直接应用于复合材料产品，而只是复合材料的一个基本“部件”，或者说仅是复合材料的一种半成品。实际使用的复合材料是把一层以上的单层材料相互叠合，各层的纤维方向各不相同，由此所形成的复合材料称为层合板复合材料。层合板复合材料由上述单层板按照规定的纤维方向和次序，铺放成叠层形式，进行黏合，经加热固化处理而成[4]。

对于层合板复合材料，即使把每个单层复合材料看作均匀材料，由于各层纤维方向的不同排列，它在宏观上仍是一种不均匀材料。因此，叠层材料是一种构造更复杂的各向异性材料[4]，如图 1-2 所示[8]。连续纤维增强复合材料通常是层合材料（图 1-3[9]，图 1-4[9]），其中单层板的纤维方向将增强主载荷方向的强度。单向（0°）层合板在 0°方向上强度很高，在 90°方向上强度却非常低。

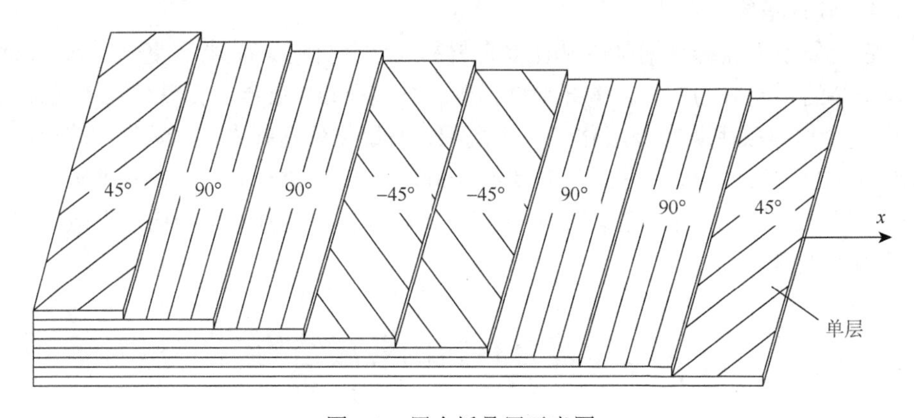

图 1-2　层合板叠层示意图

纤维和基体在测定力学性能时的相对作用见表 1-1[9]。纤维的取向直接影响力学性能，因此应将尽可能多的层定向到主承载方向。虽然这种方法可能适用于某

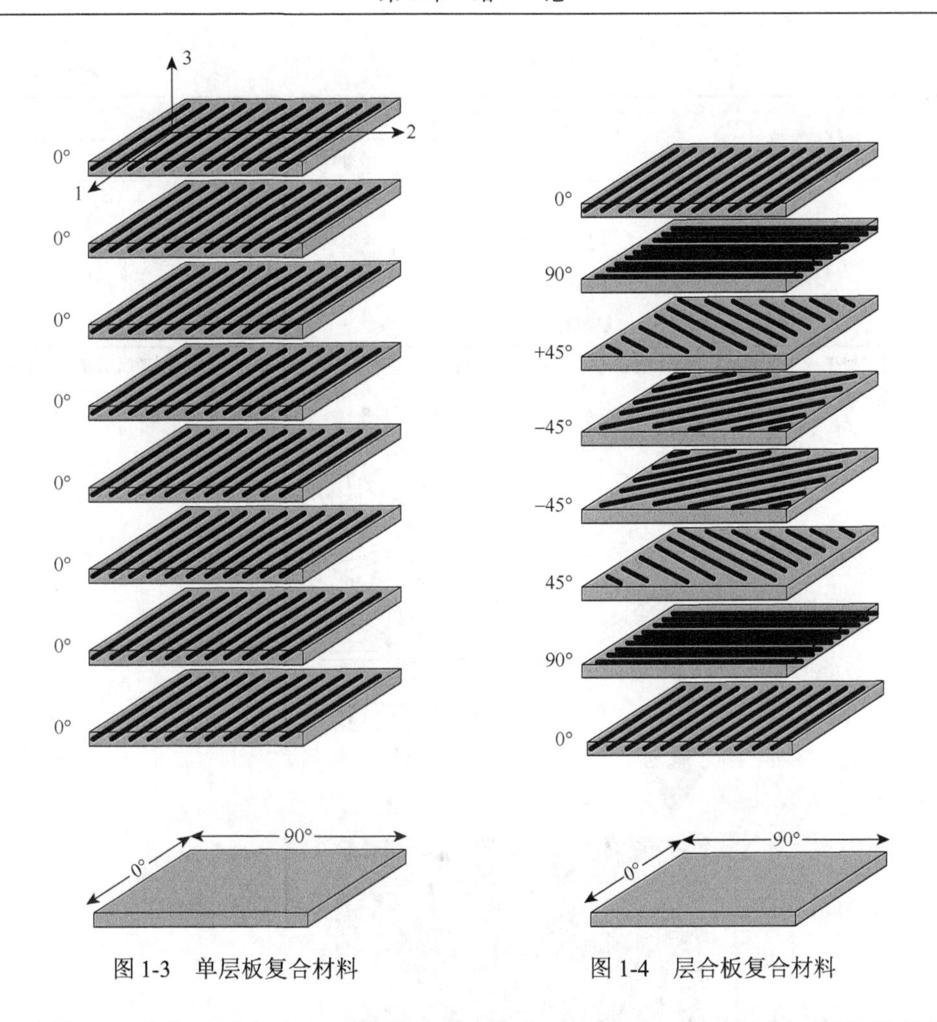

图 1-3 单层板复合材料

图 1-4 层合板复合材料

些结构，但通常需要在多个不同的方向（如 0°、+45°、−45°和 90°）平衡承载能力。图 1-5[9]为交叉叠层连续碳纤维/环氧树脂复合材料横截面的显微照片。在 0°、+45°、−45°和 90°方向上具有相同层数的平衡层合板称为准各向同性层合板，因为它在所有四个方向上负载相同[9]。

表 1-1 纤维和基体对力学性能的影响

复合材料类型	力学性能	复合材料主要组成部分	
		纤维	基体
单层板	0°拉伸	√	…[a]
	0°压缩	√	√
	剪切	…	√
	90°拉伸	…	√

续表

复合材料类型	力学性能	复合材料主要组成部分	
		纤维	基体
层合板	拉伸	√	…
	压缩	√	√
	面内剪切	√	√
	层间剪切	…	√

a 表示对于该力学性能的影响较小，例如，对于单层板的 0°拉伸，纤维起主要作用，决定了单层板的 0°拉伸性能，基体材料对该性能影响较小。

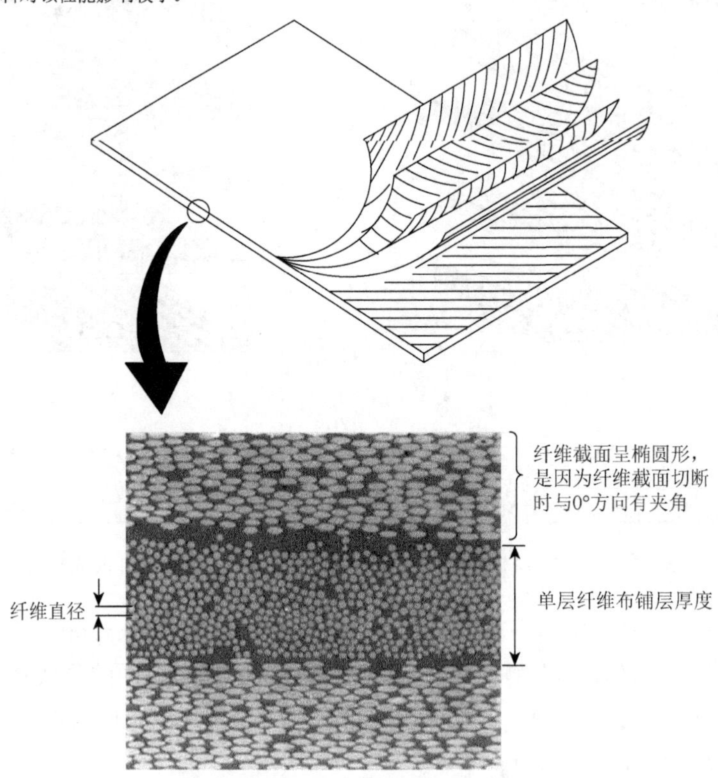

图 1-5 交叉叠层连续碳纤维/环氧树脂复合材料横截面

纤维材料和基体材料的性能往往有很大差异，高强度纤维的拉伸强度可以达到 3500MPa 或更高，而典型的聚合物基体的拉伸强度通常只有 35～70MPa[9]，如图 1-6[9]所示。因此，在单向复合材料层内，沿纤维方向的性能（称为纵向性能，它主要由纤维决定）和垂直纤维方向的性能（称为横向性能，它主要由基体决定）相差很大，形成了正交各向异性性能。而叠层复合材料又是由不同方向的单向材料层叠合而成的，所以在叠层复合材料的宏观层面上，各向异性特性更为突出，呈现出比正交各向异性更为复杂的一般各向异性性能。此外，垂直于层面的性能（称为层间性能，它主要由层间结合材料决定）又与层内的性能有很大差别，这又增加了复合材料性能的复杂性[4]。

综上所述，单向复合材料由纤维材料和基体材料组成，因此从微观上看，它是一种不均匀材料；从宏观上看，它也是一种不均匀材料。所以，复合材料是一种非常不均匀的材料，或者可以说，它本身是一种“结构”[4]。

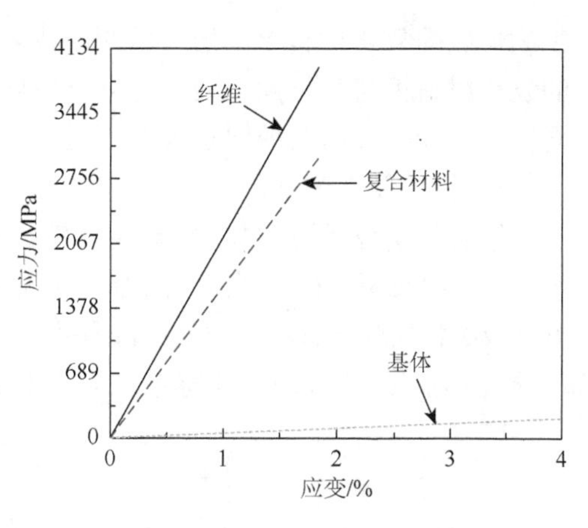

图 1-6 纤维、基体和复合材料拉伸性能的比较

总之，叠层复合材料是一种非均匀的各向异性材料，因此与均匀的各向同性材料（大多数金属和塑料）相比，在性能的表征方式上要复杂得多，不仅需要用更多的力学性能参数来说明，而且一般需要通过专门的复合材料力学方法进行分析计算才能得出，这一点与各向同性材料是大不相同的[4]。

3）短纤维复合材料

以上两种构造形式一般是连续纤维增强的复合材料，但是由于工程的需要以及为了提高生产效率，又有短纤维复合材料的构造形式。这里又分为两种，如图 1-7[6, 10]和图 1-8[6, 10]所示。

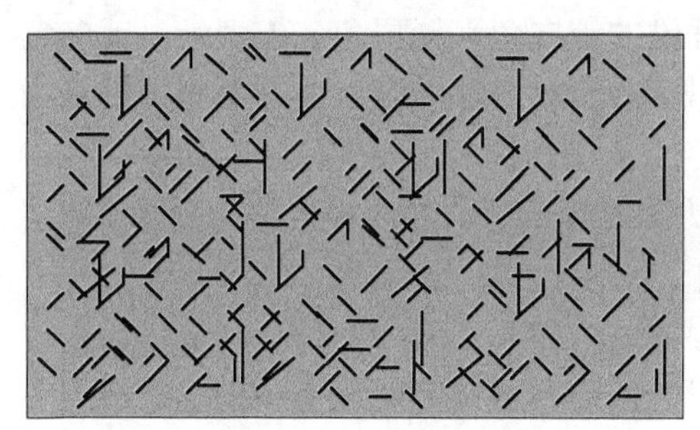
图 1-7 随机取向的短切纤维复合材料

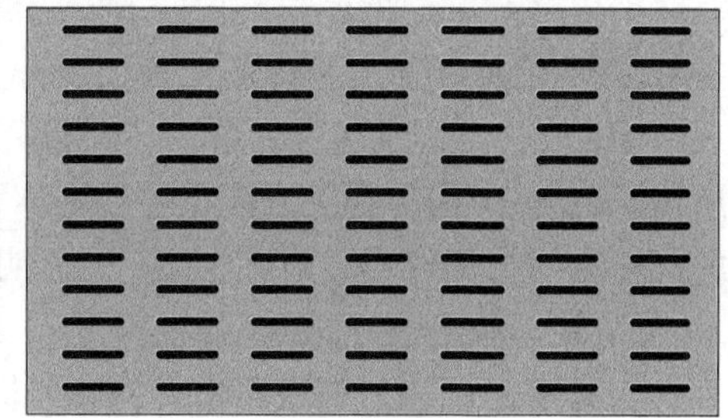
图 1-8 单向短纤维复合材料

随机取向的短切纤维复合材料，是由基体与短纤维搅拌均匀模压而成的单层复合材料；单向短纤维复合材料中短切纤维呈单向整齐排列，它具有正交各向异性[2]。这种复合材料不是本书的研究对象，不做赘述。

1.3.2 铺层的表示方法

复合材料制件最基本的单元是铺层。铺层是复合材料制件中的一层单向带或织物形成的复合材料单向层。由两层或多层同种或不同种材料铺层层合压制而成的复合材料板材称为层合板。复合材料层压结构件的基本单元正是这种按各种不同铺层设计要素组成的层合板。

1）铺层及其方向的表示

铺层是层合板的基本结构单元，其厚度很薄，通常为 0.1～0.3mm。铺层中增强纤维的方向或织物径向纤维方向为材料的主方向（1 向，即纵向）；垂直于增强纤维方向或织物的纬向纤维方向为材料的另一个主方向（2 向，即横向）。1-2 坐标系为材料的主坐标系，又称正轴坐标系，x-y 坐标系为设计参考坐标系，如图 1-9 所示。

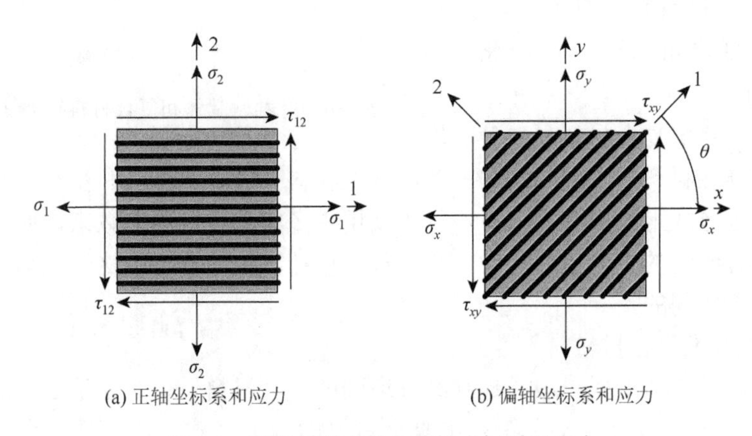

(a) 正轴坐标系和应力　　(b) 偏轴坐标系和应力

图 1-9　铺层材料正轴与偏轴坐标系和应力

铺层是有方向性的。铺层的方向用纤维的铺向角（铺层角）θ 表示。铺向角（铺层角）就是铺层的纵向与层合板参考坐标 x 轴之间的夹角，由 x 轴到纤维纵向逆时针旋转为正。参考坐标系 x-y 与材料主方向重合称为正轴坐标系，如图 1-9（a）所示。x-y 方向与材料主方向不重合则称为偏轴坐标系，如图 1-9（b）所示。铺层的正轴应力与偏轴应力也在图 1-9 中标明。

2）层合板的表示方法

为了满足设计、制造和力学性能分析的需要，必须简明地表示出层合板中各铺层的方向和层合顺序，故对层合板规定了明确的表示方法，见表 1-2[8, 11]。

表 1-2　层合板表示方法

层合板类型	图示	表示方法	说明
一般层合板	−45° 90° 45° 0°	[−45°/90°/45°/0°]	铺层方向用铺向角表示，按由上到下的顺序写出，铺向角间用“/”分开。全部铺层用“[ ]”括上

续表

层合板类型		图示	表示方法	说明
对称层合板	偶数层	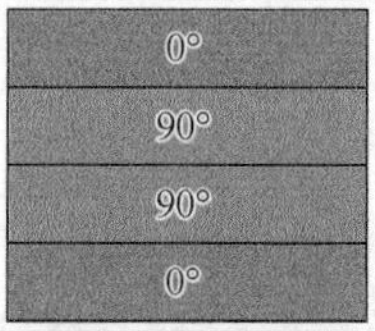 0° 90° 90° 0°	$[0°/90°]_s$	只写对称面上的一半铺层，右括号外加写下标“s”，表示对称
	奇数层	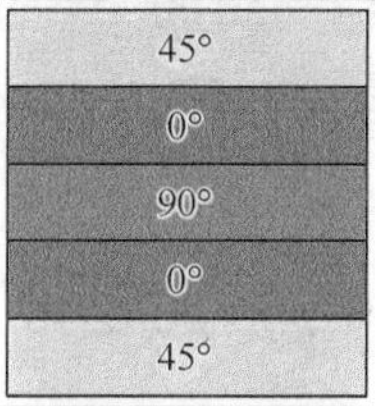 45° 0° 90° 0° 45°	$[45°/0°/\overline{90°}]_s$	在对称中面的铺层上方加顶标“－”表示
具有连续重复铺层的层合板		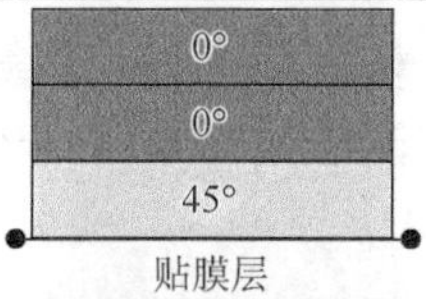 0° 0° 45° 贴膜层	$[45°/0°_2]$	连续重复的层数用下标数字表示出
具有连续正负铺层的层合板		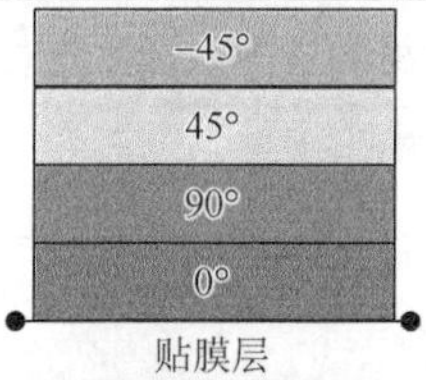 −45° 45° 90° 0° 贴膜层	$[0°/90°/\pm45°]$	连续正负铺层用“±”或“∓”表示，上面的符号表示前一个铺层，下面的符号表示后一个铺层
由多个子层板构成的层合板		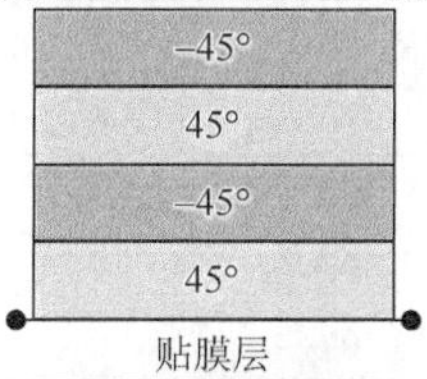 −45° 45° −45° 45° 贴膜层	$[\pm45°]_2$	在层合板内一个多次重复的多向铺层组合叫子层合板。子层合板的重复次数用下标数字表示
织物铺层的层合板		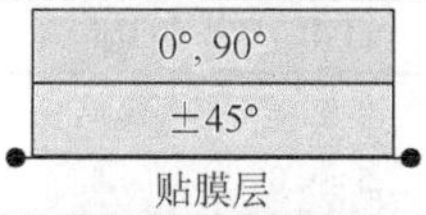 0°, 90° ±45° 贴膜层	$[(\pm45°)/(0°, 90°)]$	织物用“()”以及经纬纤维方向表示，经向纤维在前，纬向纤维在后
混杂纤维层合板		 0°G 90°C 45°K 贴膜层	$[45°_K/90°_C/0°_G]$	纤维的种类用英文字母下标标出：C表示碳纤维；K 表示芳纶纤维；G表示玻璃纤维；B 表示硼纤维
夹层板		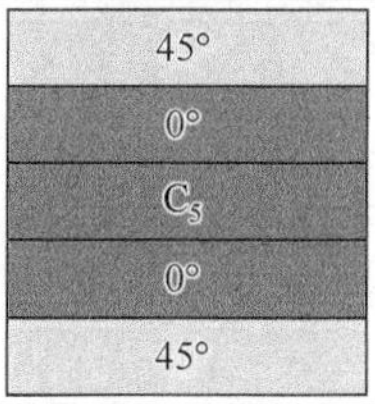 45° 0° C_5 0° 45°	$[45°/0°/\bar{C}_5]_s$	面板的铺层表示同前，$\bar{C}$ 表示夹心，其下数字表示夹心厚度，单位为mm

一般铺层角度信息用中括号[ ]来表示，由贴膜面开始，沿堆栈方向逐层铺放。通常下标 s 表示铺层上下对称，± 表示正负角度交错，下标数字表示相同的单层板或子结构连着排在一起的次数。

层合板的表示方法

[0°/90°/90°/90°/90°/90°/90°/0°]　→简写成$[0°/90°_3]_s$

[60°/−60°/0°/0°/0°/0°/−60°/60°]　→简写成$[\pm 60°/0°_2]_s$

[0°/45°/0°/45°/45°/0°/45°/0°]　→简写成$[0°/45°]_{2s}$

1.4　纤维增强复合材料的优越性

FRP 材料具有耐腐蚀性，在化工、能源、矿山、污水处理等行业的建筑物和构筑物，以及船舶、汽车等交通工具中得到广泛应用。常用纤维增强复合材料与钢材的基本力学性能对比见表 1-3[12]。

表 1-3　常用纤维增强复合材料与钢材的基本力学性能对比

纤维种类		相对密度	拉伸强度/GPa	模量/GPa	热膨胀系数/(10^{-6}℃$^{-1}$)	延伸率/%	比强度/GPa	比模量/GPa
GFRP	高强	2.49	4.6	87	2.9	5.7	1.85	34
	低导	2.55	3.5	74	5.0	4.8	1.37	29
	高模	2.89	3.5	110	5.7	3.2	1.21	38
	抗碱	2.68	3.5	75	7.5	4.8	1.31	28
CFRP	普通	1.75	3.0	230	0.8	1.3	1.71	131
	高强	1.75	4.5	240	0.8	1.9	2.57	137
	高模	1.75	2.4	350	0.6	1.0	1.37	200
	极高模	2.15	2.2	690	1.4	0.5	1.02	321
AFRP	Kelvar 49	1.45	3.6	125	2.5～4.0	2.8	2.48	86
	Kelvar 29	1.44	2.9	69		4.4	2.01	48
	HM-50	1.39	3.1	77		4.2	2.23	55
钢材	HRB400	7.8	0.42	200	12	18	0.05	26
	钢绞线	7.8	1.86	200	12	3.5	0.24	26

注：GFRP 为玻璃纤维增强聚合物（glass fiber reinforced polymer）；CFRP 为碳纤维增强聚合物（carbon fiber reinforced polymer）；AFRP 为芳纶纤维增强聚合物（aramid fiber reinforced polymer）

FRP 材料的主要优点如下[2]：

（1）比强度高。尤其是高强度碳纤维、芳纶纤维复合材料。

（2）比模量高。除玻璃纤维环氧复合材料外其余复合材料的比模量比金属高很多，高模量碳纤维复合材料最为突出。

（3）具有可设计性。这是复合材料与金属材料很大的不同点，复合材料的性能除了取决于纤维和基体材料本身的性能外，还取决于纤维的含量和铺设方式。

（4）制造工艺简单。复合材料构件一般不需要很多复杂的机械加工设备，生产工序较少，它可以制造形状复杂的薄壁结构，消耗材料和工时较少。

（5）某些复合材料热稳定性好。如碳纤维和芳纶纤维具有负的热膨胀系数，因此，当与具有正膨胀系数的基体材料适当组合时，可制成热膨胀系数极小的复合材料，当环境温度变化时结构只有极小的热应力和热变形。

（6）高温性能好。通常铝合金可用于200～250℃，温度更高时其弹性模量和强度将降低很多。而碳纤维增强铝复合材料能在400℃下长期工作，力学性能稳定；碳纤维增强陶瓷复合材料能在1200～1400℃下工作；碳/碳复合材料能承受近3000℃的高温。

此外，复合材料还具有各种不同的优良性能，如抗疲劳性、抗冲击性、透电磁波性、减振阻尼性等。

FRP材料的缺点主要包括[2]：

（1）材料各向异性严重。一般垂直于纤维方向的力学性能较低，特别是层间剪切强度很低。

（2）材料性能分散度较大，质量控制和检测比较困难。但随着加工工艺改进和检测技术的发展，材料质量可提高，性能分散性也会减小。

（3）材料成本较高。目前硼纤维复合材料最贵，碳纤维复合材料比金属成本高，玻璃纤维复合材料成本较低。

（4）FRP材料连接较困难。依靠传统的机械连接，如螺栓连接等方式易造成应力集中，连接效率较低。

以上缺点除各向异性是固有的外，有些可以设法改进，提高性能，降低成本。总之，复合材料的优点远多于缺点[2]，因此具有广泛的使用领域和应用前景。

1.5 复合材料的土木工程应用

FRP材料是20世纪40年代发展起来的一种新型结构材料，由于具有轻质高强、耐腐蚀、可加工性和可设计性好等显著优点，已成为土木工程中传统材料的重要补充。在土木工程结构中，FRP的产品形式主要包括片材、纤维布/板、筋/索材、网格材和格栅、缠绕制品、拉挤型材、模压型材以及手糊制品等。根据清华大学冯鹏教授对FRP材料在土木工程中的应用分类方法[13]，FRP材料在土木工程中的应用主要包括：应用FRP材料进行工程结构加固补强、应用FRP筋和索替代钢筋及钢索、应用FRP材料与传统材料组合和直接应用全FRP结构建造工程结构。

1.5.1 工程结构加固补强

将 FRP 材料通过各种方式附着在构件表面受力，可以增强原有构件的受力性能。根据加固对象不同可分为对钢筋混凝土结构、木结构、钢结构、砌体结构等的加固；根据提高不同抗力可分为抗弯加固、抗剪加固、抗震加固、抗疲劳加固、耐久性加固等。在 1994 年美国北岭地震和 1995 年日本阪神地震后，FRP 加固技术在被损坏工程结构的修复加固中得到了广泛应用。我国于 1998 年完成第一项碳纤维复合材料加固工程，随后开展了一系列的研究，使这一技术得到推广，在一些重大工程，如人民大会堂、民族文化宫、南京长江大桥的加固改造中都应用了 FRP 加固技术。经过 20 余年的发展，FRP 加固技术已经成为工程结构领域一项成熟的技术手段，我国也推出了《碳纤维片材加固混凝土结构技术规程》（CECS 146—2003）、《结构加固修复用碳纤维片材》（GB/T 21490—2008）、《混凝土结构加固设计规范》（GB50367—2013）、《结构用纤维增强复合材料拉挤型材》（GB/T 31539—2015）、《纤维增强复合材料工程应用技术标准》（GB 50608—2020）等诸多规范标准用于 FRP 加固选材、设计与施工。

1.5.2 FRP 筋混凝土和 FRP 索结构

复合材料筋材的主要应用是代替钢筋，将传统钢筋混凝土结构变为 FRP 筋混凝土结构，用于耐腐蚀、无磁性等要求的特殊环境。由于 FRP 筋的耐腐蚀性能，可以大大减少结构的长期维护费用，从而降低了结构的全寿命成本。在 FRP 筋混凝土结构研究内容方面，主要包括 FRP 筋-混凝土黏结性能、锚固性能以及结构的设计计算方法等。

FRP 索替代传统钢索的应用和研究近年来也有一些开展，由于 FRP 索具有很高的拉伸强度和较好的耐腐蚀性能，研究人员期望在斜拉桥、悬索桥中得到应用。FRP 材料抗剪切性能和抗压缩性能相对抗拉伸性能来说要弱得多，因此 FRP 索两端锚固问题是近年来研究的热点和难点。2005 年 5 月，我国首座 CFRP 索斜拉桥在江苏大学顺利建成，是一座跨线独塔双索面斜拉桥，跨径布置为 30m + 18.4m，桥梁全宽 6.8m，其中人行道宽 5.0m，主塔两侧各布置 4 对共 16 根 CFRP 拉索，主梁和索塔为钢筋混凝土结构；2012 年矮寨特大悬索桥建成通车，首次采用岩锚吊索结构，并用 CFRP 作为预应力筋材；2020 年中冶建筑研究总院牵头研发的波形锚 CFRP 平行板索在三亚体育场索结构中得到应用，是 CFRP 平行板索在大跨体育场实际工程中的首次大规模使用。

1.5.3 FRP组合结构

FRP材料可与其他传统结构材料如混凝土、钢结构、铝合金结构、木结构等进行合理组合形成新型组合结构，以实现力学性能优势互补、增强耐久性、避免脆性破坏和提高经济性，如FRP-混凝土叠合板/梁、FRP管-混凝土柱、FRP管-钢管-混凝土柱、FRP管-钢型材-混凝土柱、FRP-铝合金组合梁/管、FRP-填充泡沫管/板等[14]。此类组合结构具有如下优点[14]：首先，FRP材料较好的耐腐蚀性使得组合结构的耐久性、维护费用和寿命周期等得到改善，这是传统结构材料难以做到的；其次，较好的可设计性和成型方便性使得结构构型多样、设计灵活，如通过不同纤维种类、含量、铺层设计出不同弹性模量和强度的FRP制品，通过选用模具形状和尺寸设计出不同截面形状、尺寸的FRP组合结构；最后，一些FRP组合结构质量轻的特点使得运输、安装和架设作业效率大幅度提高。

1.5.4 全FRP结构

FRP材料在力学上具有高的比强度、比模量，同时还具有传统结构材料不具备的加工性和设计性。目前，FRP材料在桥梁工程、建筑工程、水利工程等各领域都得到较多应用，举例说明如下。

1）FRP桥面体系

为了减轻桥梁主梁和下部结构内力，实现直接抵御环境侵蚀和荷载作用，降低维护费用，可以直接采用FRP拉挤型材作为桥梁的面板。拉挤FRP桥面板一般是薄壁结构，纤维沿着纵向布置，具有较高的纵向刚度和强度，但是垂直纤维方向的横向抗拉和剪切强度较低，易发生纵向劈裂破坏和局部屈曲破坏，目前的拉挤工艺可以实现在非纵向方向设置其他方向的纤维铺层，以提高其横向力学性能。利用FRP桥面板替换桥梁原有混凝土板在美国从1996年开始应用至今，在韩国多座桥梁的拓宽改造中也得到了成功应用。

2）FRP轻量化桥梁

FRP材料的轻质高强、耐腐蚀等特性使其成为一种优质的桥梁结构材料。FRP桥梁的应用以人行天桥为主，其中主要构件或全部构件采用FRP材料，从而使上部结构的质量大大减轻，其运输方便，安装快速，有时还可以避免架桥时的交通中断或关闭。1986年我国重庆建成第一座斜拉FRP箱梁人行天桥，该桥全长50m、主跨梁长27.4m、宽4.4m，斜缆采用高强钢索。瑞典Flanz河上的Pontresina桥是具有代表性的临时性FRP轻质桥，该桥建于1997年，是由两片平面桁架和桥面板组成的简支梁桥，跨度2×12.5m，自重3.3t，可利用直升机在每年的旅游旺季架设、淡季拆除；桁架杆件全部采用拉挤型 GFRP 型材，杆件之间直接采用螺栓和胶连接[14]。

在 FRP 应急桥梁方面，这类桥梁主要针对战时和灾时应急交通保障，强调时效性，因此要求能够快速运输、快速架设，这正好符合 FRP 轻质高强的材料特性。FRP 应急桥梁一般为拼装式结构，陈云鹤针对高速公路拥堵发生时研制的高速公路应急分流桥就是采用 FRP 工字型拉挤型材梁，相较于钢质梁式桥结构，重量大大降低。但 FRP 材料用于梁式结构并不能充分发挥材料性能优势，为保证承载要求截面往往设计过大，材料利用不够经济，且构件局部失稳或破坏也成为不可避免的问题。将 FRP 材料运用于桁架结构发挥材料单向受力性能优势，是 FRP 结构开发的重要方向。赵启林在国家科技支撑计划“应急抢通关键技术与装备研究”和国防重点科研项目“山地特大跨复合材料应急桥梁结构与空架技术研究”的支持下，研制了一款适合山地苛刻地形条件下快速架设的轻型化、高承载和模块化的应急桥梁，样桥跨度包括 12m、30m、54m 等。此外，世界各国都已开始研究可快速架设的 FRP 应急桥梁，美国已经研发出针对空运的第三代全 FRP 应急桥梁[14]。

3）FRP 空间桁架结构

FRP 材料运用于桁架结构，能够减轻结构自重，简化安装施工，提升抗腐蚀性能。国外在 20 世纪 70 年代研制了复合材料网架屋盖，杆件使用 FRP 拉挤管材，节点采用球节点形式。日本的 Hagio 团队研制了 GFRP 网架结构，杆件采用圆管截面，两端插入不锈钢内套筒后与其用胶接和铆接共同连接。澳大利亚柏宇团队设计出以复合材料拉挤方管为杆件的全复合材料网架结构，该网架由四角锥单元构成，节点由 L 形复合材料板通过胶接连接之后切割槽口拼插而成，杆件与节点采用螺栓连接；他们还提出了另一种大跨度网架结构，网架杆件采用 GFRP 拉挤圆管型材，两端以胶接方式与钢套筒连接，节点采用钢节点板，杆件与节点采用螺栓连接。作者课题组 2017～2020 年在国家重点研发计划课题“纤维增强复合材料新型结构应用关键技术集成与示范”的支持下，提出了一种新型 FRP-铝合金空间桁架结构构造方式，并对其节点性能、结构静动力性能及设计计算方法、结构性能提升控制方法开展了系统研究，并进行了工程示范。

FRP 材料运用于空间桁架结构能够发挥其材料优势，虽然其作为结构构件使用存在连接强度低、构件脆性破坏等问题，但这些弊端可以通过适当的结构设计加以克服。

参 考 文 献

[1] 中国科学院国家自然科学基金委员会. 未来 10 年中国学科发展战略（工程科学）[M]. 北京：科学出版社，2012.

[2] 沈观林，胡更开，刘彬. 复合材料力学[M]. 2 版. 北京：清华大学出版社，2013.

[3] 黄争鸣. 复合材料细观力学引论[M]. 北京：科学出版社，2004.

[4] 陈烈民，杨宝宁. 复合材料的力学分析[M]. 北京：中国科学技术出版社，2006.

[5] 黄争鸣. 复合材料破坏与强度[M]. 北京：科学出版社，2018.

[6] 陈建桥. 复合材料力学[M]. 武汉：华中科技大学出版社，2016.

[7] 王震鸣. 复合材料力学和复合材料结构力学[M]. 北京：机械工业出版社，1991.

[8] 李顺林，王兴业. 复合材料结构设计基础[M]. 武汉：武汉理工大学出版社，1993.

[9] Campbell F C. Structural Composite Materials[M]. Materials Park，Ohio：ASM International，2010.

[10] Mallick P. Fiber-Reinforced Composites：Materials，Manufacturing，and Design[M]. Boca Raton：CRC Press，2007.

[11] 王耀先. 复合材料力学与结构设计[M]. 上海：华东理工大学出版社，2012.

[12] 冯鹏，叶列平. FRP 结构和 FRP 组合结构在结构工程中的应用与发展[C]//第二届全国土木工程用纤维增强复合材料（FRP）应用技术学术交流会论文集，昆明，2002.

[13] 冯鹏. 复合材料在土木工程中的发展与应用[J]. 玻璃钢/复合材料，2014（9）：99-104.

[14] 张冬冬. 新型 FRP-金属组合空间桁架桥承载性能与计算方法研究[D]. 南京：中国人民解放军理工大学，2016.

第2章　各向异性弹性力学基本方程

几乎所有的工程材料都具有一定程度的弹性。如果引起形变的外力不超过一定限度，则当外力移去时，形变也就消失。工程中通常假定受外力作用的物体是完全弹性的，外力移去后，物体能完全恢复它原来的形状。而弹性力学主要研究弹性物体在外力和其他外界因素作用下产生的变形和内力。

2.1　基本假定和简缩符号

2.1.1　弹性力学中的基本假定[1]

在弹性力学的问题里，通常是已知形状和大小（即已知物体的边界）、物体的弹性常数、物体所受的体力、物体边界上的约束情况或面力，而应力分量、应变分量和位移分量则是需要求解的未知量。

如何由这些已知量求出未知量，弹性力学的研究方法是：在弹性体区域内部考虑静力学、几何学和物理学三方面条件，分别建立三套方程。即根据微分体的平衡条件，建立平衡微分方程；根据微分线段上应变与位移之间的几何关系，建立几何方程；根据应力与应变之间的物理关系，建立物理方程。此外，在弹性体的边界上，还要建立边界条件。在给定面力的边界上，根据边界上的微分体的平衡条件，建立应力边界条件；在给定约束的边界上，根据边界上的约束条件，建立位移边界条件。求解弹性力学问题，即在边界条件下根据平衡微分方程、几何方程、物理方程求解应力分量、应变分量和位移分量。

在导出方程时，如果精确考虑所有各方面的因素，则导出的方程将非常复杂，实际上不可能求解。因此，通常必须按照所研究物体的性质，以及求解问题的范围，做出若干基本假设，略去一些影响很小的次要因素，使得方程的求解成为可能。对物体的材料性质采用的基本假设，即弹性力学的基本假设如下。

（1）连续性假设：假设所研究的整个弹性体内部完全由组成物体的介质充满，各个质点之间不存在任何空隙。引用这一假设后，物体中的应力、应变和位移等物理量就可看成连续的，因此建立弹性力学的基本方程时就可以用坐标的连续函数来表示它们的变化规律。

（2）均匀性假设：假设弹性物体是由同一类型的均匀材料组成的。因此物体各个部分的物理性质都是相同的，不随坐标位置的变化而改变。因此，物体的弹性性质处处相同。在该假设下，所研究的物体内部各点的物理性质显然都是相同的。因此，反映这些物理性质的弹性常数（如弹性模量和泊松比等）就不随位置坐标而变化。

（3）完全弹性假设：对应一定的温度，如果应力和应变之间存在一一对应关系，而且这个关系和时间无关，也和变形历史无关，则称为完全弹性材料。这一假设包含应力与应变成正比的含义，亦即二者呈线性关系，符合胡克定律，从而使物理方程成为线性方程。

（4）小变形假设：假设在外力或者其他外界因素（如温度等）的影响下，物体的变形与物体自身几何尺寸相比属于高阶小量。研究物体受力后的平衡问题时，不用考虑物体尺寸的改变，而仍然按照原来的尺寸和形状进行计算。同时，在研究物体的变形和位移时，可以将它们的二次幂或乘积略去不计，使得弹性力学的微分方程都简化为线性微分方程。

（5）无初始应力的假设[2]：假设物体处于自然状态，即在外界因素（如外力或温度变化等）作用之前，物体内部没有应力。根据这一假设，弹性力学求解的应力仅是外力或温度改变而产生的。

（6）各向同性假设：假设物体在各个不同的方向上具有相同的物理性质，这就是说物体的弹性常数将不随坐标方向的改变而变化。对于各向异性材料没有此假设。

总之，本书所讨论的问题，都是理想弹性体的小变形问题。对于复合材料力学分析，遵守上述（1）、（3）、（4）和（5）的假设，由于复合材料是不均匀的各向异性材料，不满足上述（2）和（6）的假设。

2.1.2　弹性力学中的基本概念

弹性力学中经常用到的基本概念有外力、应力、应变和位移。

1）外力[1]

作用于物体的外力可以分为体积力和表面力，两者通常简称为体力和面力，即外力通常包括体力、面力。

体力是分布在物体体积内的力，如重力和惯性力。物体内各点受体力的情况，一般是不相同的。为了表明该物体在某一点 P 所受体力的大小和方向，在这一点取物体的一小部分，它包含 P 点且它的体积为 ΔV，图 2-1（a）设作用于 ΔV 的体力为 ΔF，则体力的平均集度为 $\Delta F/\Delta V$。如果把所取的那小部分物体不断减小，即 ΔV 不断减小，则 ΔF 和 $\Delta F/\Delta V$ 都将不断地改变大小、方向和作用点。现在，命 ΔV 无限减小而趋于 P 点，假定体力为连续分布，则 $\Delta F/\Delta V$ 将趋于一定的极限 $\boldsymbol{f}$，即

$$\lim_{\Delta V \to 0} \frac{\Delta \boldsymbol{F}}{\Delta V} = \boldsymbol{f} \tag{2-1}$$

极限矢量$\boldsymbol{f}$，就是该物体在P点所受体力的集度。因为ΔV是标量，所以$\boldsymbol{f}$的方向就是$\Delta \boldsymbol{F}$的极限方向。矢量$\boldsymbol{f}$在坐标轴x、y、z上的投影f_x、f_y、f_z称为该物体在P点的体力分量，以沿坐标轴正方向为正，沿坐标轴负方向为负。它们的量纲是[长度]$^{-2}$[质量][时间]$^{-2}$。

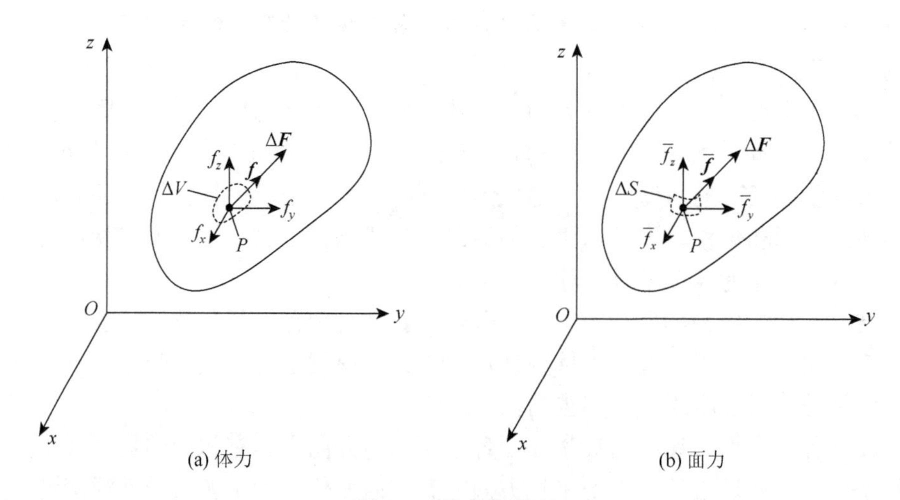

图 2-1　体力和面力

面力是分布在物体表面上的力，如流体压力和接触力。物体在其表面上各点受面力的情况一般也是不相同的。为了表明该物体在表面上某一点P所受面力的大小与方向，在这一点取该物体表面的某一小部分，包含P点而其面积为ΔS，图 2-1（b）设作用于ΔS的面力为$\Delta \boldsymbol{F}$，则面力的平均集度为$\Delta \boldsymbol{F}/\Delta S$。与上相似，命$\Delta S$无限减小而趋于$P$点，假定面力为连续分布，则$\Delta \boldsymbol{F}/\Delta S$将趋于一定的极限$\bar{\boldsymbol{f}}$，即

$$\lim_{\Delta S \to 0} \frac{\Delta \boldsymbol{F}}{\Delta S} = \bar{\boldsymbol{f}} \tag{2-2}$$

这个极限矢量$\bar{\boldsymbol{f}}$就是该物体在P点所受面力的集度。因为ΔS是标量，所以$\bar{\boldsymbol{f}}$的方向就是$\Delta \boldsymbol{F}$的极限方向。矢量$\bar{\boldsymbol{f}}$在坐标轴x、y、z上的投影$\bar{f}_x$、$\bar{f}_y$、$\bar{f}_z$称为该物体在P点的面力分量，以沿坐标轴正方向为正，沿坐标轴负方向为负。它们的量纲是[长度]$^{-1}$[质量][时间]$^{-2}$。

2）应力[3]

图 2-2 表示一个平衡物体。在外力P_1、…、P_7的作用下，该物体各部分之间将发生内力。为了研究任一点O处的内力大小，可假想用经过该点的截面mm将物体分为A和B两部分。试考察两部分之一，如A，可以说它是在外力P_5、P_6、

P_7 和分布在截面 mm 的内力作用下维持平衡，而这些内力代表 B 部分材料对 A 部分材料的作用。假定这些内力连续分布在面积 mm 上，就像静水压力或风压力连续分布在它们的作用面上一样。这种力的大小通常表以集度，就是作用在每单位面积上力的数量。在讨论内力时，这个集度就称为应力。

在柱形杆两端有均布力而受拉的最简单情况下（图 2-3），任一截面上的内力也是均匀分布的。因此，内力的集度，也就是应力，可由总拉力除以截面面积 A 而求得。

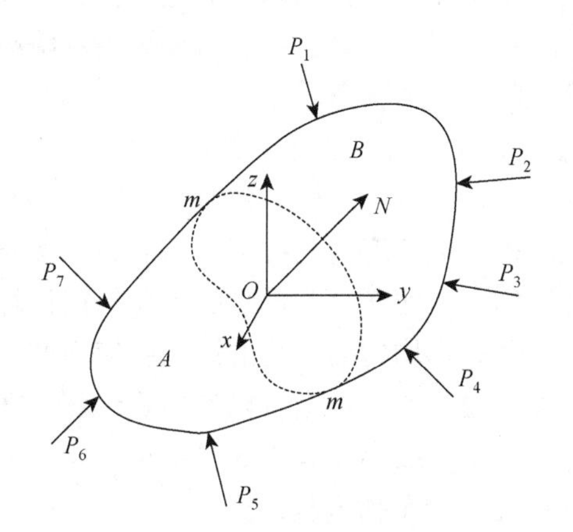

图 2-2　任意物体力的平衡

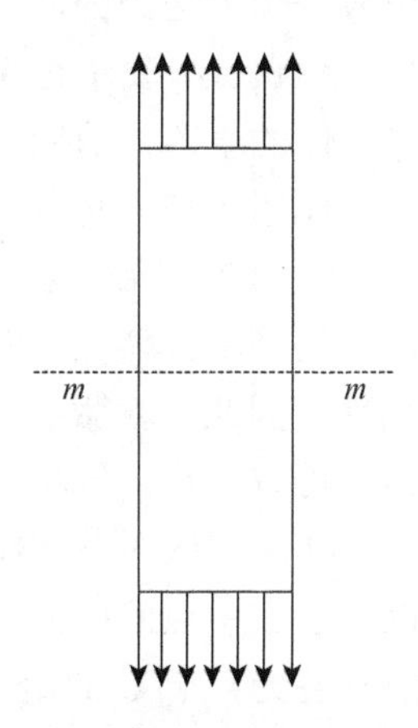

图 2-3　柱形杆两端均布力下的平衡

在刚才所考虑的情况下，应力是均匀分布在截面上的。在图 2-2 所示的一般情况下，应力并非均匀分布在 mm 上。为了求得从截面 mm 任一点 O 处割出的微小面积 ΔA 上的应力大小，注意到作用在该单元面积上的力（由于 B 部分材料对于 A 部分材料的作用）可以简化为合力 ΔP。如果将单元面积 ΔA 无限缩小，那么 $\Delta P/\Delta A$ 的极限值就是在 O 点处截面 mm 上的应力大小，合力 ΔP 的极限方向就是应力的方向。在一般情况下，应力的方向倾斜于作用面 ΔA，但可以将其分解成两个分量：垂直于该面积的正应力及作用在 ΔA 平面内的剪应力。

用字母 σ 代表正应力，字母 τ 代表剪应力。为了表明应力作用面的方向，对这些字母再加用下标。如果在 O 点（图 2-2）取微小的单元立方体，使其各棱边与坐标轴平行，则作用在单元体各面上的应力分量的记号及取用的正方向如图 2-4 所示。例如，对于单元体垂直于 y 轴的两面，作用于其上的正应力用 σ_y 表示。下标用 y 表明。这一应力作用在垂直于 y 轴的面上。正应力以引起拉伸时为正，引起压缩时为负。

剪应力将分解为平行于坐标轴的两个分量。这时，下标包括两个字母，第一个字母表示作用面的法线方向，第二个字母表示应力分量的方向。仍以垂直于 y 轴的面为例：沿 x 方向的分量用 τ_{yx} 表示，沿 z 方向的分量用 τ_{yz} 表示。如果立方体任一面上的拉应力与对应坐标轴的正方向相同，就取各坐标轴的正方向作为该平面上各剪应力分量的正方向。如果拉应力的方向与坐标轴的正方向相反，剪应力分量的正方向也应反转。根据这个规则，作用于立方体（图 2-4）右面的各应力分量的正方向与各坐标轴的正方向一致；如果考虑立方体的左面，则所有的正方向都应反转。

在图 2-4 所示的单元立方体的每一对平行面上，需要一个记号表示正应力分量，两个记号表示剪应力的两个分量。为了表明该单元体的六个面上的应力，需要三个记号 σ_x、σ_y、σ_z 表示正应力，六个记号 τ_{xy}、τ_{yx}、τ_{xz}、τ_{zx}、τ_{yz}、τ_{zy} 表示剪应力。考虑单元体的平衡，剪应力的记号就可以减少到三个。

例如，把作用于单元体的各力对于通过中点 C 并平行于 x 轴的一根线求矩。这时，只需考虑图 2-5 所示的各表面应力。在此情况下，体力（如单元体的重力）可以不计，因为当单元体缩小时，它所受的体力按长度的立方减小，面力则按长度的平方减小。因此，就微小单元体来说，体力是比面力高一阶的微量，在计算力矩时，体力可以不计。同样，由于正应力分布不均匀而产生的矩比剪应力产生的矩高一阶，在取极限时就忽略不计了。每一面上的力，也可以当作等于那一面的面积乘以位于它中点的应力。于是，用 dx、dy、dz 代表图 2-5 中微小单元体的边长，取所有各力对于 C 的矩，就得到该单元体的平衡方程：

$$\tau_{zy}\mathrm{d}x\mathrm{d}y\mathrm{d}z = \tau_{yz}\mathrm{d}x\mathrm{d}y\mathrm{d}z \tag{2-3}$$

同样可以列出另外两个相似的方程，简化后得出

$$\tau_{zy} = \tau_{yz},\quad \tau_{zx} = \tau_{xz},\quad \tau_{xy} = \tau_{yx} \tag{2-4}$$

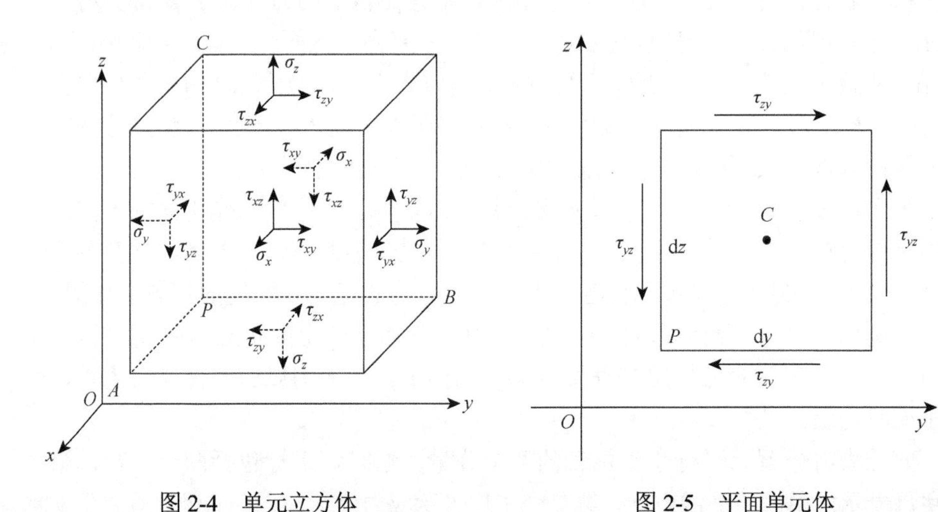

图 2-4　单元立方体　　　　图 2-5　平面单元体

这就证明了剪应力互等定理：作用在两个互相垂直的面上并且垂直于该两面交线的剪应力是互等的（大小相等，正负号也相同）。因此，剪应力记号的两个下标字母可以对调。

因此，在物体的任意一点，如果已知 σ_x、σ_y、σ_z、τ_{xy}、τ_{xz}、τ_{yz} 这六个应力分量，就可以求得经过该点的任意截面上的正应力和剪应力。因此，上述六个应力分量可以完全确定该点的应力状态。

3）应变

应变，就是形状的改变。物体的形状总可以用它各部分的长度和角度来表示。因此，物体应变总可以归结为长度的改变和角度的改变。

为了分析物体在其某一点 P 的应变状态，在这一点沿坐标轴 x、y、z 的正方向取三个微小的线段 PA、PB、PC（图 2-4）。物体变形以后，这三个线段的长度以及它们之间的直角一般都将有所改变。各线段的每单位长度的伸缩，即单位伸缩或相对伸缩，称为线应变，亦称正应变；各线段之间直角的改变，用弧度表示，称为剪应变。线应变用字母 ε 表示：ε_x 表示 x 方向线段 PA 的线应变，线应变以伸长时为正，缩短时为负，与正应力的正号规定相适应。剪应变用字母 γ 表示：γ_{yz} 表示 y 与 z 两方向的线段（即 PB 与 PC）之同直角的改变，其余类推。剪应变以直角变小时为正，变大时为负，与剪应力的正负号规定相适应。线应变和剪应变都是量纲为 1 的量。

4）位移

所谓位移，就是位置的移动，物体内任意一点的位移，用它在 x、y、z 三轴上的投影 u、v、w 来表示，以沿坐标轴正方向时为正，沿坐标轴负方向时为负。这三个投影称为该点的位移分量。位移及其分量的量纲是[长度]。

一般而言，弹性体内任意一点的体力分量、面力分量、应力分量、应变分量和位移分量，都是随着该点的位置而变的，因而都是位置坐标的函数。直角坐标系下的基本量见表 2-1，各基本量之间的关系如图 2-6 所示。

表 2-1　直角坐标系下的基本量

基本量		符号	量纲	正负号规定
应力	正应力	σ_x，σ_y，σ_z	[力][长度]$^{-2}$	正面上沿坐标轴正向为正 负面上沿坐标轴负向为正
	剪应力	τ_{xy}，τ_{xz}，τ_{zy}	[力][长度]$^{-2}$	
应变	正应变	ε_x，ε_y，ε_z	量纲一	线段伸长为正
	剪应变	γ_{xy}，γ_{xz}，γ_{zy}	量纲一	线段间直线夹角变小为正
位移		u，v，w	[长度]	沿坐标轴正向为正
外力	体力	f_x，f_y，f_z	[力][长度]$^{-3}$	
	面力	$\bar{f}_x$，$\bar{f}_y$，$\bar{f}_z$	[力][长度]$^{-2}$	

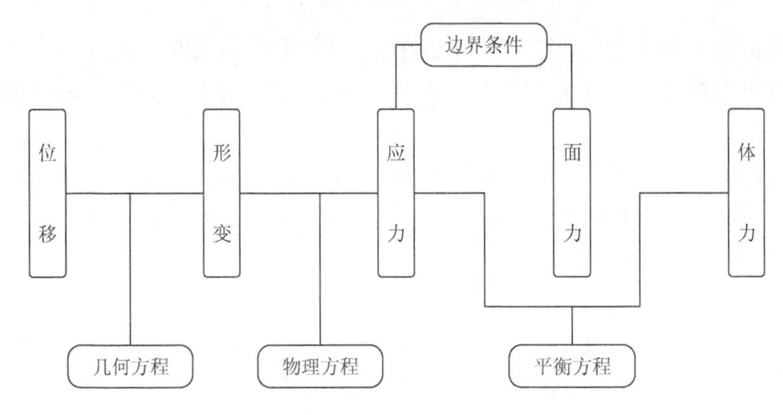

图 2-6　各基本量之间的关系

5）圣维南原理[1]

对于弹性力学问题，在弹性体区域内部，需要考虑静力学、几何学和物理学三方面条件，分别建立三套方程；并在给定约束或面力的边界上，建立位移边界条件或应力边界条件（所谓边界条件就是表示在边界上位移与约束，或应力与面力之间的关系式。它可以分为位移边界条件、应力边界条件和混合边界条件）。然后在边界条件下求解这些方程，得出应力分量、应变分量和位移分量。因此，弹性力学问题属于数学物理方程中的边值问题。但是，要使边界条件得到完全满足，往往遇到很大的困难。这时，圣维南原理可为简化局部边界上的应力边界条件提供很大的方便。

如果把物体的一小部分边界上的面力，变换为分布不同但静力等效的面力（主矢量相同，对于同一点的主矩也相同），那么近处的应力分布将有显著的改变，但是远处所受的影响可以不计，改变载荷的分布，就等于叠加一个主矢为零、主矩也为零的力系。这样一个力系，如果作用在物体表面的微小部分上，只会引起局部性的应力和应变。这个原理最早由圣维南在 1855 年加以阐述，因而称为圣维南原理。这个原理符合不同情况下的普遍经验，而不限于服从胡克定律的弹性材料的小变形。例如，用一个小夹钳把一段厚橡皮骨夹紧，只会在邻近夹钳处引起显著的应变。又如，设有柱形构件，在两端截面的形心受到大小相等而方向相反的拉力 F，如图 2-7（a）所示。如果把一端或两端的拉力变换为静力等效的力，如图 2-7（b）或图 2-7（c）所示，则只有虚线画出部分的应力分布有显著

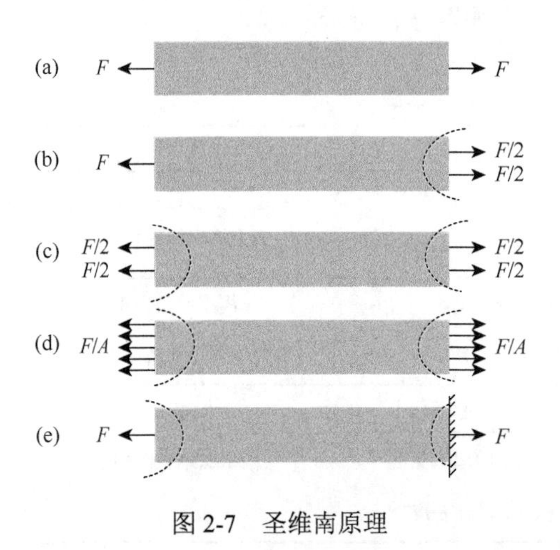

图 2-7　圣维南原理

改变，而其余部分所受的影响是可以不计的。如果再将两端的拉力变换为均匀分布的拉力，集度等于 F/A，其中 A 为构件的横截面面积，如图 2-7（d）所示，仍然只有靠近两端部分的应力受到显著的影响。这就是说，在上述四种情况下，离开两端较远的部分应力分布并没有显著的差别。

由此可见，在图 2-7（d）所示的情况下，由于面力连续均匀分布，边界条件简单，应力是很容易求得而且解答是很简单的。但是，在其余三种情况下，由于面力不是连续分布的，甚至只知其合成为 F 而不知其分布方式，应力是难以求解的。根据圣维南原理，将图 2-7（d）所示情况下的应力解答应用到其余三种情况，虽然不能完全满足两端的应力边界条件，但仍然可以表明离杆端较远处的应力状态，而并没有显著的误差。这是已经被理论分析和试验量测所证实了的。必须注意：应用圣维南原理，绝不能离开"静力等效"的条件。例如，在图 2-7（a）所示的构件上，如果两端面力的合力 F 不是作用于截面的形心，而是具有一定的偏心距离，那么作用在每一端的面力，不管它的分布方式如何，与作用于截面形心的力 F 总归不是静力等效的。这时的应力，与图示四种情况下的应力相比，就不仅是在靠近两端处有差异，而且在整个构件中都是不相同的。

当物体一小部分边界上的位移边界条件不能精确满足时，也可以应用圣维南原理而得到有用的解答。例如，设图 2-7（e）所示构件的右端是固定端，这就是说，在该构件的右端，有位移边界条件 $u = u_s = 0$ 和 $v = v_s = 0$，把图 2-7（d）所示情况下的简单解答应用于这一情况时，这个位移边界条件是不能满足的。但是，显然可见，右端的面力，一定是合成为经过截面形心的力 F，它和左端的面力平衡。这就是说，右端（固定端）的面力，静力等效于经过右端截面形心的力 F。因此，根据圣维南原理，把上述简单解答应用于这一情况时，仍然只是在靠近两端处有显著的误差，而在离两端较远处，误差是可以不计的。

圣维南原理也可以这样来陈述：如果物体一小部分边界上的面力是一个平衡力系（主矢量及主矩都等于零），那么这个面力就只会使近处产生显著的应力，远处的应力可以不计。这样的陈述和上面的陈述完全等效，因为静力等效的两组面力差异是一个平衡力系。

6）弹性模量

大多数结构材料在其应力-应变曲线上具有一个初始区段，在此区段内材料呈现出既是弹性的又是线性的性态，如图 2-8 中钢的应力-应变图上从 O 到 A 这一区段所示。当材料表现为弹性并且在应力和应变之间呈现线性关系时，该材料就称为线

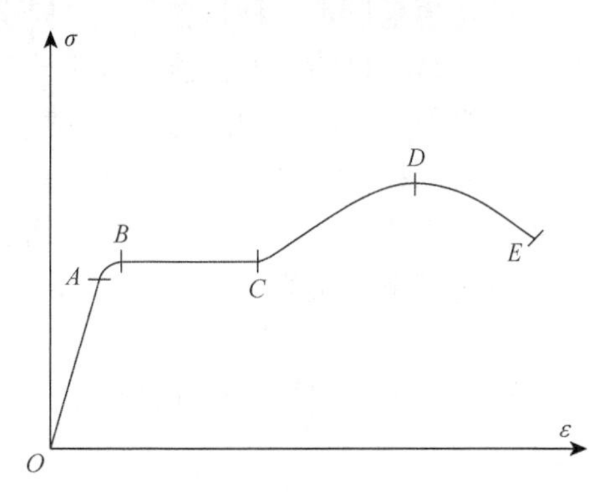

图 2-8　钢材应力-应变曲线

弹性的。这是许多固体材料包括大多数金属、塑料、木材、混凝土和陶土等极为重要的性质。

杆件受拉时，应力和应变之间的线性关系可用简单的方程来表达：

$$\sigma = E\varepsilon \tag{2-5}$$

式中，E 为比例常数，称为材料的弹性模量。可以看出，弹性模量为应力-应变图线弹性区段的斜率，而且对于各种材料是不同的。对于大多数材料，其压缩弹性模量与拉伸时的弹性模量相同。在计算时，拉应力和拉应变通常认为是正的，而压应力和压应变则为负的。弹性模量有时称为杨氏模量，起因于英国科学家托马斯・杨（Thomas Young，1773～1829 年）曾经研究过杆件的弹性性质；方程（2-5）通常称为胡克定律，起因于另一位英国科学家罗伯特・胡克（Robert Hooke，1635～1703 年）的工作，他首先通过试验建立了载荷和伸长量之间的线性关系。根据胡克定律，在物体的弹性限度内，应力与应变成正比，比值称为材料的杨氏模量，它是表征材料性质的一个物理量，仅取决于材料本身的物理性质。杨氏模量的大小标志了材料的刚性，杨氏模量越大，越不容易发生形变。

7）泊松比

当一根杆件受到拉伸时，轴向伸长会伴随有横向收缩，亦即当杆的长度增大时其宽度变小。在弹性范围内，横向应变与纵向应变之比为一常数，称为泊松比，于是

$$\nu = \frac{\text{横向应变}}{\text{轴向应变}} \tag{2-6}$$

此常数是以著名法国数学家西莫恩・德尼・泊松（Simeon-Denis Poisson，1781～1840 年）命名的。

8）剪切模量

剪切模量也是一种材料常数，是剪应力与剪应变的比值。又称切变模量或刚性模量，是材料的力学性能指标之一。它指的是材料在剪应力作用下，在弹性变形比例极限范围内，剪应力与剪应变的比值，表征材料抵抗剪应变的能力。模量大，则表示材料的刚性强。剪切模量的倒数称为剪切柔量，是单位剪切力作用下发生剪应变的量度，可表示材料剪切变形的难易程度。

剪切模量定义为 $G = \tau/\gamma$。其中，G（MPa）为剪切模量；τ 为剪应力（MPa）；γ 为剪应变（rad）。

剪切模量、弹性模量和泊松比三个常数之间有如下关系：

$$G = \frac{E}{2(1+\nu)} \tag{2-7}$$

算例 2-1　各向同性材料一般都有以上三个力学弹性常数，即弹性模量 E、泊松比 ν 和剪切模量 G。利用广义胡克定律、主应变方向公式等，对它们之间存在的 $G=\dfrac{E}{2(1+\nu)}$ 关系给予证明。

对于各向同性材料，在线弹性范围内，正应力仅引起线应变，因此任一点处的主应变方向与相应的主应力方向是一致的。以平面二向应力状态为例，其最大主应力 σ_1 的方向可由式 $\tan 2\alpha_1=\dfrac{-2\tau_{xy}}{\sigma_x-\sigma_y}$ 求解。对于主应变 ε_1 的方向则利用式 $\tan 2\alpha_2=\dfrac{-\gamma_{xy}}{\varepsilon_x-\varepsilon_y}$ 求解。其中，σ_x、σ_y、τ_{xy} 是单元体中的应力分量，ε_x、ε_y、γ_{xy} 是单元体中的应变分量。由于二者的方向一致，即 $\alpha_1=\alpha_2$，所以有 $\dfrac{-2\tau_{xy}}{\sigma_x-\sigma_y}=\dfrac{-\gamma_{xy}}{\varepsilon_x-\varepsilon_y}$，这种情况下 $\varepsilon_x-\varepsilon_y\neq 0$，$\sigma_x-\sigma_y\neq 0$。将二向应力状态下广义胡克定律 $\varepsilon_x=\dfrac{1}{E}(\sigma_x-\nu\sigma_y)$，$\varepsilon_y=\dfrac{1}{E}(\sigma_y-\nu\sigma_x)$，$\varepsilon_z=\dfrac{-\nu}{E}(\sigma_x+\sigma_z)$，$\gamma_{xy}=\dfrac{\tau_{xy}}{G}$ 代入后，两次简化后可得 $G=\dfrac{E}{2(1+\nu)}$。

2.1.3　弹性力学常用简缩符号

在给定的坐标系里，有些物理量需用一个数组来确定。例如，矢量 $\boldsymbol{F}$ 由三个分量 F_x、F_y、F_z（或 F_i（$i=1,2,3$））所确定；二阶对称应力张量由六个分量确定，即 σ_x、σ_y、σ_z、$\tau_{yz}=\tau_{zy}$、$\tau_{xz}=\tau_{zx}$、$\tau_{xy}=\tau_{yx}$（或 σ_{ij}（i、$j=1$、2、3），且 $\sigma_{ij}=\sigma_{ji}$）。在给定的坐标系里表示应力张量的六个分量，亦可采用简缩符号法，即用 σ_i, $i=$ 1、2、3、4、5、6 分别表示 σ_x、σ_y、σ_z、τ_{yz}、τ_{xz}、τ_{xy}，并将这一数组视为矩阵。这样，下标的个数虽然减少了（由 2 个减至 1 个），域却增大了（由 1 到 3，增至 1 到 6）。对于这种处理方式，可进行如下解释：在给定坐标系里的应力张量 σ_{ij}，可用一虚构的六度空间里的应力矢量 $\boldsymbol{\sigma}_i$ 来表示。同此，应变状态也用简缩符号表示以相匹配。简缩符号与张量符号的对应关系见表 2-2（注意下标顺序及两种符号的差别，$\varepsilon_{23}=\dfrac{\gamma_{23}}{2}$ 是应变张量的分量，而 $\varepsilon_4=\gamma_{23}$ 是应变简缩符号中的分量）。

表 2-2　应力、应变的简缩符号与张量符号的对应关系

应力		应变	
张量符号	简缩符号	张量符号	简缩符号
σ_{11}	σ_1	ε_{11}	ε_1
σ_{22}	σ_2	ε_{22}	ε_2
σ_{33}	σ_3	ε_{33}	ε_3
$\sigma_{23}=\tau_{23}$	σ_4	$\varepsilon_{23}=\gamma_{23}/2$	$\varepsilon_4=\gamma_{23}$
$\sigma_{31}=\tau_{31}$	σ_5	$\varepsilon_{31}=\gamma_{31}/2$	$\varepsilon_5=\gamma_{31}$
$\sigma_{12}=\tau_{12}$	σ_6	$\varepsilon_{12}=\gamma_{12}/2$	$\varepsilon_6=\gamma_{12}$

采用简缩符号，线性胡克定律最原始的形式为

$$\begin{aligned}\sigma_1&=C_{11}\varepsilon_1+C_{12}\varepsilon_2+\cdots+C_{16}\varepsilon_6\\\sigma_2&=C_{21}\varepsilon_1+C_{22}\varepsilon_2+\cdots+C_{26}\varepsilon_6\\&\vdots\\\sigma_6&=C_{61}\varepsilon_1+C_{62}\varepsilon_2+\cdots+C_{66}\varepsilon_6\end{aligned}\tag{2-8}$$

用矩阵表示为

$$\begin{Bmatrix}\sigma_1\\\sigma_2\\\vdots\\\sigma_6\end{Bmatrix}=\begin{bmatrix}C_{11}&C_{12}&\cdots&C_{16}\\C_{21}&C_{22}&\cdots&C_{26}\\\vdots&\vdots&&\vdots\\C_{61}&C_{62}&\cdots&C_{66}\end{bmatrix}\begin{Bmatrix}\varepsilon_1\\\varepsilon_2\\\vdots\\\varepsilon_6\end{Bmatrix}\tag{2-9}$$

或

$$\begin{gathered}\boldsymbol{\sigma}=\boldsymbol{C\varepsilon}\\\sigma_i=\sum_{j=1}^{6}C_{ij}\varepsilon_j=C_{ij}\varepsilon_j\quad(i=1,2,\cdots,6)\end{gathered}\tag{2-10}$$

这里，采用对双指标求和的规定而略去总和号“$\sum\limits_{j=1}^{n}$”。这样一对双指标称为哑指标。表示哑指标的字母可任意更换，如用 k 代 j。n 为哑指标的域。

下面讨论单位体积应变能（有时简称应变能）的表达式。当应变分量有增量 $d\varepsilon_i$ 时，相应的应变能增量是

$$dW=\sigma_i d\varepsilon_i\tag{2-11}$$

这里的 i 是哑指标。式（2-11）相当于两个矢量的点积。应变能应是 ε_i 的函数，故有

$$dW=\frac{\partial W}{\partial\varepsilon_i}d\varepsilon_i\tag{2-12}$$

比较上两式并注意到增量 $d\varepsilon_i$ 可取任意值，以及式（2-10），得

$$\sigma_i = \frac{\partial W}{\partial \varepsilon_i} = C_{ij}\varepsilon_j \tag{2-13}$$

所以

$$\frac{\partial}{\partial \varepsilon_j}\left(\frac{\partial W}{\partial \varepsilon_i}\right) = C_{ij} \tag{2-14}$$

注意到与偏微分的次序无关，故有

$$C_{ij} = C_{ji} \tag{2-15}$$

如 $C_{12}=C_{21}$ 等。因此，弹性常数矩阵 $\boldsymbol{C}$ 是对称的，只有 $36-(36-6)/2=21$ 个独立量。这说明最一般的各向异性胡克定律有 21 个弹性常数。由式（2-12）、式（2-13）得

$$\mathrm{d}W = C_{ij}\varepsilon_j \mathrm{d}\varepsilon_i \tag{2-16}$$

式中，i、j 都是双指标，故省去了 $\sum_{i=1}^{6}\sum_{j=1}^{6}$。又因 C_{ij} 是对称的，所以式（2-16）可写为

$$\mathrm{d}W = \frac{1}{2}(C_{ij}\varepsilon_j \mathrm{d}\varepsilon_i + C_{ji}\varepsilon_i \mathrm{d}\varepsilon_j) = \frac{1}{2}C_{ij}\mathrm{d}(\varepsilon_i\varepsilon_j) \tag{2-17}$$

积分得应变能的表达式为

$$\begin{aligned}
2W &= C_{ij}\varepsilon_i\varepsilon_j = \boldsymbol{\varepsilon}^{\mathrm{T}}\boldsymbol{C}\boldsymbol{\varepsilon} \\
&= \begin{Bmatrix} \varepsilon_1 \\ \varepsilon_2 \\ \vdots \\ \varepsilon_6 \end{Bmatrix}^{\mathrm{T}} \begin{bmatrix} C_{11} & C_{12} & \cdots & C_{16} \\ & C_{22} & \cdots & C_{26} \\ & & \ddots & \vdots \\ \text{对称} & & & C_{66} \end{bmatrix} \begin{Bmatrix} \varepsilon_1 \\ \varepsilon_2 \\ \vdots \\ \varepsilon_6 \end{Bmatrix} \\
&= C_{11}\varepsilon_1^2 + 2C_{12}\varepsilon_1\varepsilon_2 + 2C_{13}\varepsilon_1\varepsilon_3 + 2C_{14}\varepsilon_1\varepsilon_4 + 2C_{15}\varepsilon_1\varepsilon_5 + 2C_{16}\varepsilon_1\varepsilon_6 \\
&\quad + C_{22}\varepsilon_2^2 + 2C_{23}\varepsilon_2\varepsilon_3 + 2C_{24}\varepsilon_2\varepsilon_4 + 2C_{25}\varepsilon_2\varepsilon_5 + 2C_{26}\varepsilon_2\varepsilon_6 \\
&\quad + C_{33}\varepsilon_3^2 + 2C_{34}\varepsilon_3\varepsilon_4 + 2C_{35}\varepsilon_3\varepsilon_5 + 2C_{36}\varepsilon_3\varepsilon_6 \\
&\quad + C_{44}\varepsilon_4^2 + 2C_{45}\varepsilon_4\varepsilon_5 + 2C_{46}\varepsilon_4\varepsilon_6 \\
&\quad + C_{55}\varepsilon_5^2 + 2C_{56}\varepsilon_5\varepsilon_6 \\
&\quad + C_{66}\varepsilon_6^2
\end{aligned} \tag{2-18}$$

这是关于矢量 $\boldsymbol{\varepsilon}$ 的二次型。

有关二次型的理论给出：若矩阵 $\boldsymbol{C}$ 是对称的，则称式（2-18）为对称二次型；一个实对称二次型，若每组不全为零的实数 ε_i 都使得二次型取正值，则称为正定二次型；正定二次型的充要条件是矩阵 $\boldsymbol{C}$ 的所有顺序主子式都是正的：

$$C_{11},\quad \begin{vmatrix} C_{11} & C_{12} \\ \text{对称} & C_{22} \end{vmatrix},\quad \begin{vmatrix} C_{11} & C_{12} & C_{13} \\ & C_{22} & C_{23} \\ \text{对称} & & C_{33} \end{vmatrix},\cdots,\quad \det(\boldsymbol{C}) > 0 \tag{2-19}$$

这一叙述的物理意义是很明显的：弹性系数 C_{ij} 必须满足所有的顺序主子式都大于零的条件，以使应变能为正定二次型（只要有应变 ε_i 发生，必产生正的弹性应变能。当应变 ε_i 恢复到零时，弹性体将放出这一弹性应变能，就像拧紧了的发条，否则不符合能量守恒原理）。

对于 n 阶方阵 $\boldsymbol{A}$，有如下定义。

k 阶子式：在 $\boldsymbol{A}$ 中，任意选取 k 行和 k 列，把这些行和列相交处的元素按原有相对位置排成一个 k 阶行列式，称为 k 阶子式。

主子式：若所选取的 k 行和 k 列分别是第 i_1、i_2、…、i_k 行与第 i_1、i_2、…、i_k 列，则所得到的 k 阶子式称为 k 阶主子式。k 阶主子式共有 $C_n^k = \dfrac{n!}{k!(n-k)!}$ 个。

顺序主子式：矩阵 $\boldsymbol{A}$ 的左上角的主子式，称为顺序主子式。矩阵的各阶顺序主子式只有一个。

2.1.4　坐标系及坐标转换

1. 坐标系[4]

常见的坐标系有三类：直角坐标系、球坐标系和柱坐标系。

1）直角坐标系（space rectangular coordinate system）

如图 2-9 所示，空间任意选定一点 O，过点 O 作三条互相垂直的数轴 Ox、Oy、Oz，它们都以 O 为原点且具有相同的长度单位。这三条轴分别称作 x 轴（横轴）、y 轴（纵轴）、z 轴（竖轴），统称为坐标轴。它们的正方向符合右手规则，即以右手握住 z 轴，当右手的四个手指由 x 轴的正向以 90°转向 y 轴正向时，大拇指的指向就是 z 轴的正向。这样就构成了一个空间直角坐标系，称为空间直角坐标系 $Oxyz$。定点 O 称为该坐标系的原点。与之相对应的是左手空间直角坐标系。一般在数学中更常用右手空间直角坐标系，在其他学科方面因应用方便而异。

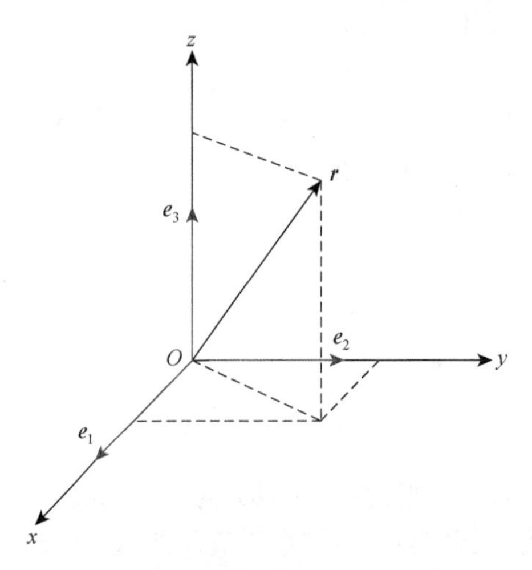

图 2-9　直角坐标系[4]

任意两条坐标轴确定一个平面，这样

可确定三个互相垂直的平面，统称为坐标面。其中，x 轴与 y 轴所确定的坐标面称为 xOy 面，类似地有 yOz 面和 zOx 面。三个坐标面把空间分成八个部分，每一部分称为一个卦限。八个卦限分别用字母Ⅰ、Ⅱ、…、Ⅷ表示，其中含 x 轴、y 轴和 z 轴正半轴的是第Ⅰ卦限，在 xOy 面上的其他三个卦限按逆时针方向排定，依次为第Ⅱ、Ⅲ、Ⅳ卦限；在 xOy 面下方与第Ⅰ卦限相邻的为第Ⅴ卦限，然后也按逆时针方向排定依次为第Ⅵ、Ⅶ、Ⅷ卦限。

直角坐标系的基向量为 $\boldsymbol{e}_1$、$\boldsymbol{e}_2$、$\boldsymbol{e}_1$，直角坐标系中任一矢量可以表示为

$$\boldsymbol{r} = x\boldsymbol{e}_1 + y\boldsymbol{e}_2 + z\boldsymbol{e}_3 \tag{2-20}$$

2）球坐标系（spherical coordinate system）

在数学里，球坐标系是一种利用球坐标（r，θ，φ）表示一个点 P 在三维空间位置的三维正交坐标系，如图 2-10 所示。

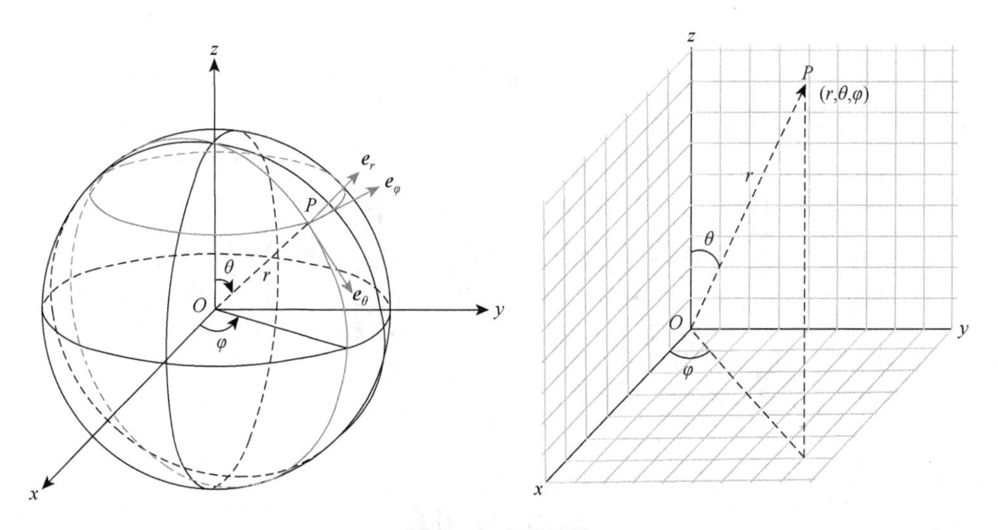

图 2-10　球坐标系

图 2-10 显示了球坐标的几何意义：原点与点 P 之间的径向距离为 r，原点与点 P 的连线与正 z 轴之间的天顶角为 θ，该连线在 xOy 平面的投影线与正 x 轴之间的夹角为 φ。

球坐标系（r，θ，φ）与直角坐标（x，y，z）之间的转换关系为

$$\begin{cases} x = r\sin\theta\cos\varphi \\ y = r\sin\theta\sin\varphi \\ z = r\cos\theta \end{cases} \tag{2-21}$$

反之，直角坐标系（x，y，z）与球坐标系（r，θ，φ）的转换关系为

$$\begin{cases} r = \sqrt{x^2 + y^2 + z^2} \\ \theta = \arccos \dfrac{z}{r} \\ \varphi = \arctan \dfrac{y}{x} \end{cases} \tag{2-22}$$

3）柱坐标系（cylindrical coordinate system）

如图 2-11 所示，在空间直角坐标系中，任给一点 M，设 r、θ 是点 M 在 xOy 面上投影点的极坐标，z 是点 M 的竖坐标，则称（r，θ，z）是点 M 的柱面坐标，记为 $M(r, \theta, z)$，其中 $r \geqslant 0$，$0 \leqslant \theta \leqslant 2\pi$，$-\infty < z < +\infty$。当 $r = r_0$（常数）时，坐标面为柱面；当 $z = z_0$（常数）时，坐标面为平面；当 $\theta = \theta_0$（常数）时，坐标面为半平面。

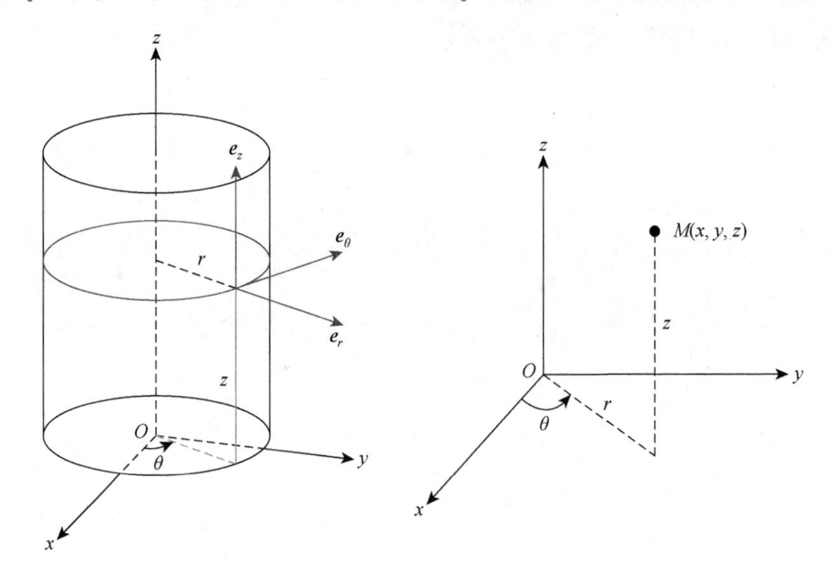

图 2-11　柱坐标系

柱坐标系（r，θ，z）与直角坐标系（x，y，z）之间的转换关系为

$$\begin{cases} x = r\cos\theta \\ y = r\sin\theta \\ z = z \end{cases} \tag{2-23}$$

反之，直角坐标系（x，y，z）与柱坐标系（r，θ，z）的转换关系为

$$\begin{cases} r = \sqrt{x^2 + y^2} \\ \theta = \arctan \dfrac{y}{x} \\ z = z \end{cases} \tag{2-24}$$

2. 平面坐标系的转换

二维坐标系的变换分为旋转变换和平移变换。

1）旋转变换

假设已知基坐标系 XOY 中的一点 $P(x, y)$，坐标原点为 O，绕点 O 旋转 θ，可以求得点 P 在新坐标系 $X'OY'$中的坐标值（x'，y'），如图 2-12 所示。

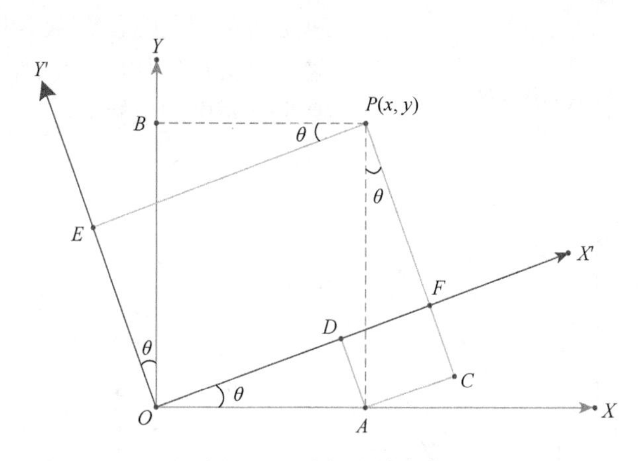

图 2-12　坐标旋转变换

求解 x'和 y'的关键是坚持用已知的边作为斜边来求解，结合图 2-12 利用三角函数可以求得

$$\begin{aligned} x' &= OD + DF = x\cos\theta + y\sin\theta \\ y' &= PC - FC = y\cos\theta - x\sin\theta \end{aligned} \tag{2-25}$$

同理，如果知道 P 点在坐标系 $X'OY'$中的坐标（x'，y'），可以求得点 P 在基坐标系 XOY 中的坐标值：

$$\begin{aligned} x &= x'\cos\theta - y'\sin\theta \\ y &= y'\cos\theta + x'\sin\theta \end{aligned} \tag{2-26}$$

通过上述两个算式可以知道：已知一个点 P 在一个坐标系中的坐标值（x，y），那么把坐标系绕坐标原点旋转 θ 以后，点 P 在新坐标系中的坐标值 x'和 y'分别为

$$\begin{aligned} x' &= x\cos\theta + y\sin\theta \\ y' &= y\cos\theta - x\sin\theta \end{aligned} \tag{2-27}$$

绕坐标原点逆时针旋转 θ，θ 值为正；顺时针旋转 θ，θ 值为负。

2）平移变换

已知基坐标系 XOY，把坐标系平移（a，b）得到一个新的坐标系 $X'O'Y'$，如果基坐标系中一点 $P(x, y)$跟随坐标系一起平移，如图 2-13 所示，那么此时 P 点在基坐标系 XOY 中的坐标为（$x+a$，$y+b$）。

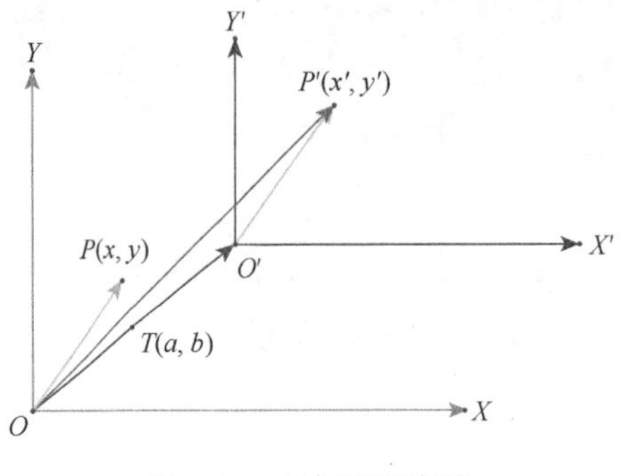

图 2-13　坐标平移变换

根据向量加法可以求得

$$\overrightarrow{OP'} = \overrightarrow{OO'} + \overrightarrow{O'P'} \tag{2-28}$$

所以点 P'在基坐标系 XOY 中的坐标为（$x+a$，$y+b$）。

3）旋转平移变换

旋转平移变换，如图 2-14 所示，是以上两种情况的叠加，已知旋转平移后的坐标系 $X'O'Y'$中的一点 $P'(x', y')$，求 P'在基坐标系中的坐标值。

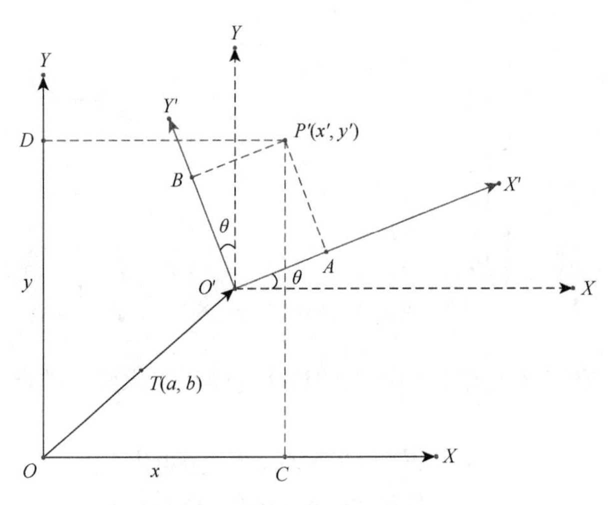

图 2-14　坐标旋转平移变换

可以先求出 P'在坐标系 $XO'Y$ 中的坐标值，$X'O'Y'$顺时针旋转 θ（此时 θ 应取负值）可以变换为坐标系 $XO'Y$，然后坐标系 $XO'Y$ 经过平移（$-a$，$-b$）可以变换为坐标系 XOY，至此可以求出坐标系 $X'O'Y'$中的一点 $P'(x', y')$在基坐标系 XOY 中的坐标值 x、y 分别为

$$\begin{aligned} x &= x'\cos\theta - y'\sin\theta + a \\ y &= y'\cos\theta + x'\sin\theta + b \end{aligned} \tag{2-29}$$

3. 空间直角坐标系转轴坐标变换

原坐标系 $Oxyz$ 在空间旋转一个角度后停下来成为新坐标系 $Ox'y'z'$，如图 2-15 所示，新坐标系 $Ox'y'z'$在空间中的位置由三个坐标轴 Ox'、Oy'、Oz'在原坐标系 $Oxyz$ 下的方向余弦确定，Ox'、Oy'、Oz'在坐标系 $Oxyz$ 下的方向余弦分别为（l_1，m_1，n_1）、（l_2，m_2，n_2）、（l_3，m_3，n_3）。坐标轴 Ox'、Oy'、Oz'的单位向量可表示为

$$\begin{cases} \boldsymbol{e}_{i'} = l_1\boldsymbol{e}_i + m_1\boldsymbol{e}_j + n_1\boldsymbol{e}_k \\ \boldsymbol{e}_{j'} = l_2\boldsymbol{e}_i + m_2\boldsymbol{e}_j + n_2\boldsymbol{e}_k \\ \boldsymbol{e}_{k'} = l_3\boldsymbol{e}_i + m_3\boldsymbol{e}_j + n_3\boldsymbol{e}_k \end{cases} \tag{2-30}$$

或者

$$\{\boldsymbol{e}_{i'} \quad \boldsymbol{e}_{j'} \quad \boldsymbol{e}_{k'}\} = \{\boldsymbol{e}_i \quad \boldsymbol{e}_j \quad \boldsymbol{e}_k\}\begin{bmatrix} l_1 & l_2 & l_3 \\ m_1 & m_2 & m_3 \\ n_1 & n_2 & n_3 \end{bmatrix} \tag{2-31}$$

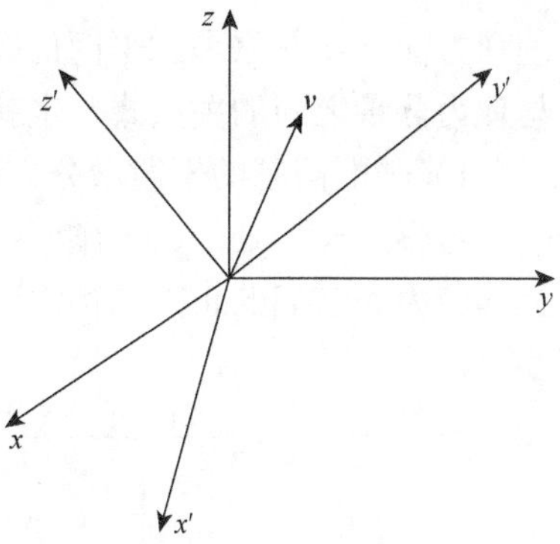

图 2-15　转轴坐标变换

式中，$\{\boldsymbol{e}_{i'} \quad \boldsymbol{e}_{j'} \quad \boldsymbol{e}_{k'}\}$，$\{\boldsymbol{e}_i \quad \boldsymbol{e}_j \quad \boldsymbol{e}_k\}$ 分别为坐标系 $Oxyz$ 与 $Ox'y'z'$ 沿坐标轴的单位向量。

空间中的任一向量 $\boldsymbol{v}$，可在两个坐标下表示：

$$\boldsymbol{v} = x\boldsymbol{e}_i + y\boldsymbol{e}_j + z\boldsymbol{e}_k = x'\boldsymbol{e}_{i'} + y'\boldsymbol{e}_{j'} + z'\boldsymbol{e}_{k'} \tag{2-32}$$

将式（2-30）代入式（2-32），得

$$\begin{cases} x' = l_1x + m_1y + n_1z \\ y' = l_2x + m_2y + n_2z \\ z' = l_3x + m_3y + n_3z \end{cases} \tag{2-33}$$

即

$$\begin{Bmatrix} x' \\ y' \\ z' \end{Bmatrix} = \begin{bmatrix} l_1 & m_1 & n_1 \\ l_2 & m_2 & n_2 \\ l_3 & m_3 & n_3 \end{bmatrix}\begin{Bmatrix} x \\ y \\ z \end{Bmatrix} \tag{2-34}$$

$$\begin{Bmatrix} x \\ y \\ z \end{Bmatrix} = \begin{bmatrix} l_1 & l_2 & l_3 \\ m_1 & m_2 & m_3 \\ n_1 & n_2 & n_3 \end{bmatrix}\begin{Bmatrix} x' \\ y' \\ z' \end{Bmatrix} = \begin{bmatrix} l_1 & m_1 & n_1 \\ l_2 & m_2 & n_2 \\ l_3 & m_3 & n_3 \end{bmatrix}^{\mathrm{T}}\begin{Bmatrix} x' \\ y' \\ z' \end{Bmatrix} \tag{2-35}$$

因为 $\{\boldsymbol{e}_{i'} \quad \boldsymbol{e}_{j'} \quad \boldsymbol{e}_{k'}\}$ 和 $\{\boldsymbol{e}_i \quad \boldsymbol{e}_j \quad \boldsymbol{e}_k\}$ 为两两正交的单位向量，所以变换矩阵

$$\boldsymbol{a} = \begin{bmatrix} l_1 & m_1 & n_1 \\ l_2 & m_2 & n_2 \\ l_3 & m_3 & n_3 \end{bmatrix} \tag{2-36}$$

为正交矩阵，式（2-34）的坐标变换为正交变换。

2.2　连续体的应力状态

2.2.1　平衡微分方程

在弹性力学里分析问题，要从三方面来考虑：静力学方面、几何学方面和物

理学方面。现在来考虑平面问题的静力学方面，首先根据平衡条件导出应力分量与体力分量之间的关系式，也就是平面问题的平衡微分方程。

1）平面问题的平衡微分方程[1]

考察边长为 dx、dy 的微小长方形的平衡（图 2-16）。作用在 1、2、3、4 各面上的应力和它们的正方向都注明在图上。

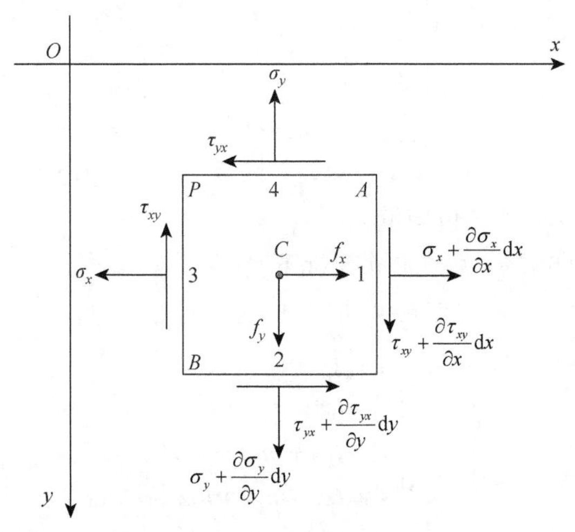

图 2-16　平面单位微元体的平衡

一般而论，应力分量是位置坐标 x 和 y 的函数，因此作用于左右两对面或上下两对面的应力分量不完全相同，而具有微小的差量。例如，设作用于 3 面的正应力是 σ_x，则作用于 1 面的正应力，由于 x 坐标的改变，可用泰勒级数表示为 $\sigma_x+\frac{\partial\sigma_x}{\partial x}\mathrm{d}x+\frac{1}{2}\frac{\partial^2\sigma_x}{\partial x^2}\mathrm{d}x^2+\cdots$，再略去二阶及其更高阶的微量以后简化为 $\sigma_x+\frac{\partial\sigma_x}{\partial x}\mathrm{d}x$；同理，设作用于 3 面的剪应力是 τ_{xy}，则作用于 1 面的剪应力为 $\tau_{xy}+\frac{\partial\tau_{xy}}{\partial x}\mathrm{d}x$；设 4 面的平均正应力及平均剪应力分别为 σ_y 及 τ_{yx}，则 2 面的平均正应力及平均剪应力分别为 $\sigma_y+\frac{\partial\sigma_y}{\partial y}\mathrm{d}y$ 及 $\tau_{yx}+\frac{\partial\tau_{yx}}{\partial y}\mathrm{d}y$。

首先，以通过微分体中心 C 并平行于 z 轴的直线为矩轴，列出力矩的平衡方程 $\sum M_C=0$，即

$$\begin{aligned}&\left(\tau_{xy}+\frac{\partial\tau_{xy}}{\partial x}\mathrm{d}x\right)\mathrm{d}y\times1\times\frac{\mathrm{d}x}{2}+\tau_{xy}\mathrm{d}y\times1\times\frac{\mathrm{d}x}{2}\\&-\left(\tau_{yx}+\frac{\partial\tau_{yx}}{\partial y}\mathrm{d}y\right)\mathrm{d}x\times1\times\frac{\mathrm{d}y}{2}-\tau_{yx}\mathrm{d}x\times1\times\frac{\mathrm{d}y}{2}=0\end{aligned}\tag{2-37}$$

在建立这一方程时，按照小变形基本假定，用微分体变形以前的尺寸，而没有用平衡状态下变形以后的尺寸。在以后建立任何平衡方程时，都将同样地处理，不再加以说明。将式（2-37）的两边除以 $\mathrm{d}x\mathrm{d}y$，并合并相同的项，得到

$$\tau_{xy}+\frac{1}{2}\frac{\partial\tau_{xy}}{\partial x}\mathrm{d}x=\tau_{yx}+\frac{1}{2}\frac{\partial\tau_{yx}}{\partial y}\mathrm{d}y \tag{2-38}$$

略去微量不计（亦即命 $\mathrm{d}x$，$\mathrm{d}y$ 都趋于零），得出 $\tau_{yx}=\tau_{xy}$，再一次证明剪应力互等定理。

其次，以 x 轴为投影轴，列出力的平衡方程 $\sum F_x=0$，即

$$\begin{aligned}&\left(\sigma_x+\frac{\partial\sigma_x}{\partial x}\mathrm{d}x\right)\mathrm{d}y\times1-\sigma_x\mathrm{d}y\times1\\&+\left(\tau_{yx}+\frac{\partial\tau_{yx}}{\partial y}\mathrm{d}y\right)\mathrm{d}x\times1-\tau_{yx}\mathrm{d}x\times1+f_x\mathrm{d}x\mathrm{d}y\times1=0\end{aligned} \tag{2-39}$$

约简以后，两边除以 $\mathrm{d}x\mathrm{d}y$，得

$$\frac{\partial\sigma_x}{\partial x}+\frac{\partial\tau_{yx}}{\partial y}+f_x=0 \tag{2-40}$$

同样，由平衡方程 $\sum F_y=0$ 可得一个相似的微分方程；于是得出平面问题中的应力分量与体力分量之间的关系式，即平面问题中的平衡微分方程，于是得

$$\begin{cases}\dfrac{\partial\sigma_x}{\partial x}+\dfrac{\partial\tau_{yx}}{\partial y}+f_x=0\\[2ex]\dfrac{\partial\sigma_y}{\partial y}+\dfrac{\partial\tau_{xy}}{\partial x}+f_y=0\end{cases} \tag{2-41}$$

这就是二维问题的平衡微分方程。

2）直角坐标系下空间问题的平衡微分方程[5]

如图2-17所示，在物体内的任意一点 P，割取一个微小的平行六面体，它的六面垂直于坐标轴，而棱边的长度为 $PA=\mathrm{d}x$，$PB=\mathrm{d}y$，$PC=\mathrm{d}z$。一般而论，应力分量是位置坐标的函数。因此，作用在这六面体两对面上的应力分量不完全相同，而具有微小的差量。例如，作用在后面的平均正应力是 σ_x，由于坐标 x 改变了 $\mathrm{d}x$，作用在前面的正应力应当是 $\sigma_x+\dfrac{\partial\sigma_x}{\partial x}\mathrm{d}x$，其余类推。

以 x 轴为投影轴，列出投影的平衡方程 $\sum F_x=0$，得

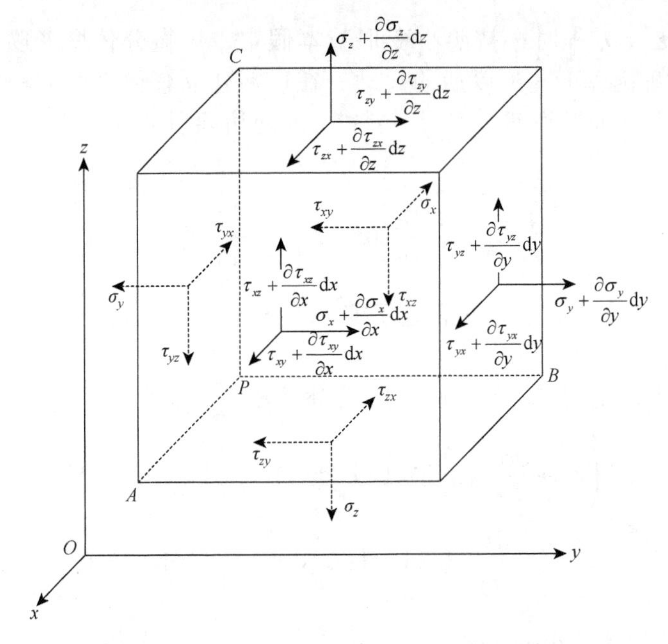

图 2-17　直角坐标系下微六面体

$$
\begin{aligned}
&\left(\sigma_x+\frac{\partial\sigma_x}{\partial x}\mathrm{d}x\right)\mathrm{d}y\mathrm{d}z-\sigma_x\mathrm{d}y\mathrm{d}z\\
&+\left(\tau_{yx}+\frac{\partial\tau_{yx}}{\partial y}\mathrm{d}y\right)\mathrm{d}x\mathrm{d}z-\tau_{yx}\mathrm{d}x\mathrm{d}z\\
&+\left(\tau_{zx}+\frac{\partial\tau_{zx}}{\partial z}\mathrm{d}z\right)\mathrm{d}x\mathrm{d}y-\tau_{zx}\mathrm{d}x\mathrm{d}y+f_x\mathrm{d}x\mathrm{d}y\mathrm{d}z=0
\end{aligned}
\tag{2-42}
$$

由其余两个平衡方程，$\sum F_y=0$ 和 $\sum F_z=0$，可以得出与此相似的两个方程。将这三个方程约简以后，除以 dxdydz 得

$$
\begin{cases}
\dfrac{\partial\sigma_x}{\partial x}+\dfrac{\partial\tau_{yx}}{\partial y}+\dfrac{\partial\tau_{zx}}{\partial z}+f_x=0\\
\dfrac{\partial\sigma_y}{\partial y}+\dfrac{\partial\tau_{xy}}{\partial x}+\dfrac{\partial\tau_{zy}}{\partial z}+f_y=0\\
\dfrac{\partial\sigma_z}{\partial z}+\dfrac{\partial\tau_{xz}}{\partial x}+\dfrac{\partial\tau_{yz}}{\partial y}+f_z=0
\end{cases}
\tag{2-43}
$$

3）柱坐标系下空间问题的平衡微分方程[1]

在直角坐标系下，空间中任意一点 M 的位置是用 3 个坐标（x，y，z）表示的，而在柱坐标下空间 M 的位置坐标用（r，θ，z）表示。直角坐标系与柱坐标系关系为：$x=r\cos\theta$，$y=r\sin\theta$，$z=z$。

如图2-18所示，用相距 dr 的两个圆柱面，互成 dθ 角的两个铅直面及相距 dz 的两个水平面，从弹性体割取一个微小六面体。沿 r 方向的正应力，称为径向正应力，用 σ_r 代表；沿 θ 方向的正应力，称为环向正应力，用 σ_θ 代表；沿 z 方向的正应力，称为轴向正应力，仍然用 σ_z 代表；作用在圆柱面上而沿 z 方向作用的剪应力用 τ_{rz} 代表，作用在水平面上而沿 r 方向作用的剪应力用 τ_{zr} 代表。根据剪应力互等，$\tau_{rz}=\tau_{zr}$。其他剪应力类同。因此，对于一般的空间问题，柱坐标中的全部应力都存在，共有六个应力分量：σ_r，σ_θ，σ_z，$\tau_{rz}=\tau_{zr}$，$\tau_{r\theta}=\tau_{\theta r}$，$\tau_{z\theta}=\tau_{\theta z}$，且它们均为 r、θ、z 的函数。

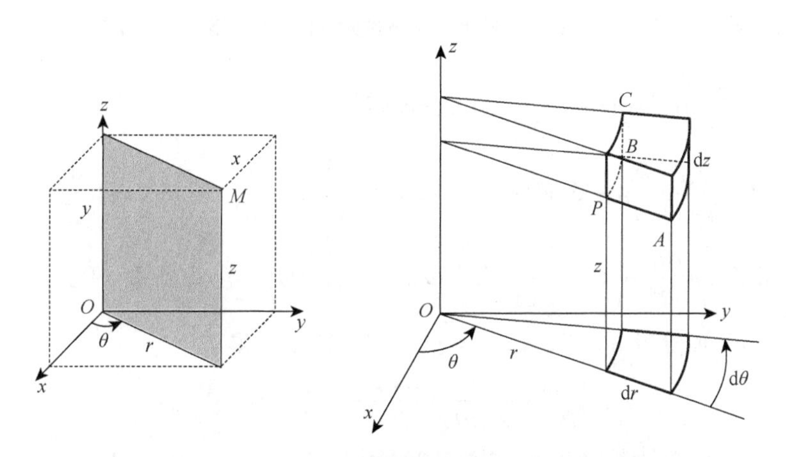

图2-18　柱坐标系及微六面体

将六面体所受的各力投影到六面体中心的径向轴上，如图2-19所示，可得平衡方程为

$$
\begin{aligned}
&\left(\sigma_r+\frac{\partial\sigma_r}{\partial r}\mathrm{d}r\right)(r+\mathrm{d}r)\mathrm{d}\theta\mathrm{d}z-\sigma_r r\mathrm{d}\theta\mathrm{d}z-\left(\sigma_\theta+\frac{\partial\sigma_\theta}{\partial\theta}\mathrm{d}\theta\right)\mathrm{d}r\mathrm{d}z\sin\frac{\mathrm{d}\theta}{2}\\
&-\sigma_\theta\mathrm{d}r\mathrm{d}z\sin\frac{\mathrm{d}\theta}{2}+\left(\tau_{zr}+\frac{\partial\tau_{zr}}{\partial z}\mathrm{d}z\right)r\mathrm{d}r\mathrm{d}\theta-\tau_{zr}r\mathrm{d}r\mathrm{d}\theta\\
&+\left(\tau_{\theta r}+\frac{\partial\tau_{\theta r}}{\partial\theta}\mathrm{d}\theta\right)\mathrm{d}r\mathrm{d}z\cos\frac{\mathrm{d}\theta}{2}-\tau_{\theta r}\mathrm{d}r\mathrm{d}z\cos\frac{\mathrm{d}\theta}{2}+f_r r\mathrm{d}\theta\mathrm{d}r\mathrm{d}z=0
\end{aligned}
\tag{2-44}
$$

由于 dθ 微小，可以取 $\sin\dfrac{\mathrm{d}\theta}{2}$ 及 $\cos\dfrac{\mathrm{d}\theta}{2}$ 分别近似地等于 $\dfrac{\mathrm{d}\theta}{2}$ 及1。简化以后，各项除以 $r\mathrm{d}\theta\mathrm{d}r\mathrm{d}z$，略去微量，得

$$
\frac{\partial\sigma_r}{\partial r}+\frac{1}{r}\frac{\partial\tau_{\theta r}}{\partial\theta}+\frac{\partial\tau_{zr}}{\partial z}+\frac{\sigma_r-\sigma_\theta}{r}+f_r=0 \tag{2-45}
$$

将六面体所受的各力投影到六面体中心的环向轴上，得平衡方程：

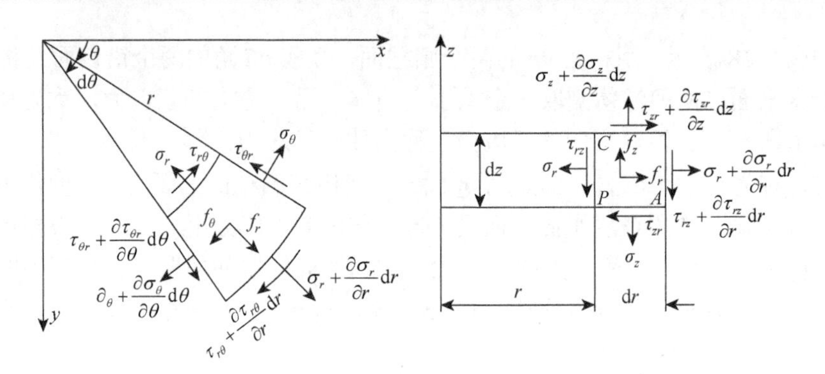

图 2-19　柱坐标系下微元体的内力平衡

$$
\begin{aligned}
&\left(\sigma_\theta+\frac{\partial\sigma_\theta}{\partial\theta}\mathrm{d}\theta\right)\mathrm{d}r\mathrm{d}z\cos\frac{\mathrm{d}\theta}{2}-\sigma_\theta\mathrm{d}r\mathrm{d}z\cos\frac{\mathrm{d}\theta}{2}\\
&+\left(\tau_{r\theta}+\frac{\partial\tau_{r\theta}}{\partial r}\mathrm{d}r\right)(r+\mathrm{d}r)\mathrm{d}\theta\mathrm{d}z-\tau_{r\theta}r\mathrm{d}\theta\mathrm{d}z+\left(\tau_{\theta r}+\frac{\partial\tau_{\theta r}}{\partial\theta}\mathrm{d}\theta\right)\mathrm{d}r\mathrm{d}z\sin\frac{\mathrm{d}\theta}{2}\\
&+\tau_{\theta r}\mathrm{d}r\mathrm{d}z\sin\frac{\mathrm{d}\theta}{2}+\left(\tau_{z\theta}+\frac{\partial\tau_{z\theta}}{\partial z}\mathrm{d}z\right)r\mathrm{d}r\mathrm{d}\varphi-\tau_{z\theta}r\mathrm{d}\theta\mathrm{d}r+f_\theta r\mathrm{d}\theta\mathrm{d}r\mathrm{d}z=0
\end{aligned}
\tag{2-46}
$$

简化以后，各项除以 $\rho\mathrm{d}\varphi\mathrm{d}\rho\mathrm{d}z$，$\tau_{\rho\varphi}=\tau_{\varphi\rho}$，略去微量，得

$$
\frac{\partial\tau_{r\theta}}{\partial r}+\frac{1}{r}\frac{\partial\sigma_\theta}{\partial\theta}+\frac{\partial\tau_{z\theta}}{\partial z}+\frac{2\tau_{r\theta}}{r}+f_\theta=0 \tag{2-47}
$$

将六面体所受的各力投影到 z 轴上，得平衡方程

$$
\begin{aligned}
&\left(\sigma_z+\frac{\partial\sigma_z}{\partial z}\mathrm{d}z\right)\left(r+\frac{1}{2}\mathrm{d}r\right)\mathrm{d}\theta\mathrm{d}r-\sigma_z\left(r+\frac{1}{2}\mathrm{d}r\right)\mathrm{d}\theta\mathrm{d}r\\
&+\left(\tau_{rz}+\frac{\partial\tau_{rz}}{\partial r}\mathrm{d}r\right)(r+\mathrm{d}r)\mathrm{d}\theta\mathrm{d}z-\tau_{rz}r\mathrm{d}\theta\mathrm{d}z\\
&+\left(\tau_{\theta z}+\frac{\partial\tau_{\theta z}}{\partial\theta}\mathrm{d}\theta\right)\mathrm{d}r\mathrm{d}z-\tau_{\theta z}\mathrm{d}r\mathrm{d}z+f_z r\mathrm{d}\theta\mathrm{d}r\mathrm{d}z=0
\end{aligned}
\tag{2-48}
$$

进行同样的简化后，得

$$
\frac{\partial\tau_{rz}}{\partial r}+\frac{1}{r}\frac{\partial\tau_{\theta z}}{\partial\theta}+\frac{\partial\sigma_z}{\partial z}+\frac{\tau_{rz}}{r}+f_z=0 \tag{2-49}
$$

于是得到空间非轴对称问题的平衡微分方程：

$$
\begin{cases}
\dfrac{\partial\sigma_r}{\partial r}+\dfrac{1}{r}\dfrac{\partial\tau_{\theta r}}{\partial\theta}+\dfrac{\partial\tau_{zr}}{\partial z}+\dfrac{\sigma_r-\sigma_\theta}{r}+f_r=0\\
\dfrac{\partial\tau_{r\theta}}{\partial r}+\dfrac{1}{r}\dfrac{\partial\sigma_\theta}{\partial\theta}+\dfrac{\partial\tau_{z\theta}}{\partial z}+\dfrac{2\tau_{r\theta}}{r}+f_\theta=0\\
\dfrac{\partial\tau_{rz}}{\partial r}+\dfrac{1}{r}\dfrac{\partial\tau_{\theta z}}{\partial\theta}+\dfrac{\partial\sigma_z}{\partial z}+\dfrac{\tau_{rz}}{r}+f_z=0
\end{cases}
\tag{2-50}
$$

在描述轴对称问题中的应力、应变及位移时，宜采用柱坐标 r、θ、z。这首先是因为，如果以弹性体的对称轴为 z 轴，则所有的应力分量、应变分量和位移分量都将只是 r 和 z 的函数，不随 θ 而变。其次，具有方向性的各物理量应当对称于通过 z 轴的任何平面，凡不符合对称性的物理量必然不存在，它们应当等于零。由于对称性，$\tau_{r\theta}=\tau_{\theta r}$ 及 $\tau_{z\theta}=\tau_{\theta z}$ 都不存在。这样，总共只有四个应力分量：σ_r，σ_θ，σ_z，$\tau_{rz}=\tau_{zr}$，一般都是 r 和 z 的函数。

于是，简化空间非轴对称问题的平衡微分方程，可得到空间轴对称问题的平衡微分方程如下：

$$\begin{cases}\dfrac{\partial\sigma_r}{\partial r}+\dfrac{\partial\tau_{zr}}{\partial z}+\dfrac{\sigma_r-\sigma_\varphi}{r}+f_r=0\\[2ex]\dfrac{\partial\tau_{rz}}{\partial r}+\dfrac{\partial\sigma_z}{\partial z}+\dfrac{\tau_{rz}}{r}+f_z=0\end{cases}\tag{2-51}$$

2.2.2　斜截面上的应力[5]

1）平面问题的斜截面上应力

现在继续分析平面问题的静力学方面，假定已知任一点 P 应力分量 σ_x、σ_y、τ_{xy}，如图 2-20 所示，试求出经过该点、平行于 z 轴而倾斜于 x 轴和 y 轴的任何斜面上的应力。为此，在 P 点附近取一个平面 AB，它平行于上述斜面，并与经过 P 点而垂直于 x 轴和 y 轴的两个平面划出一个微小的三角板或三棱柱 PAB。当面积 AB 无限减小而趋于 P 点时，平面 AB 上的应力就成为上述斜面上的应力。

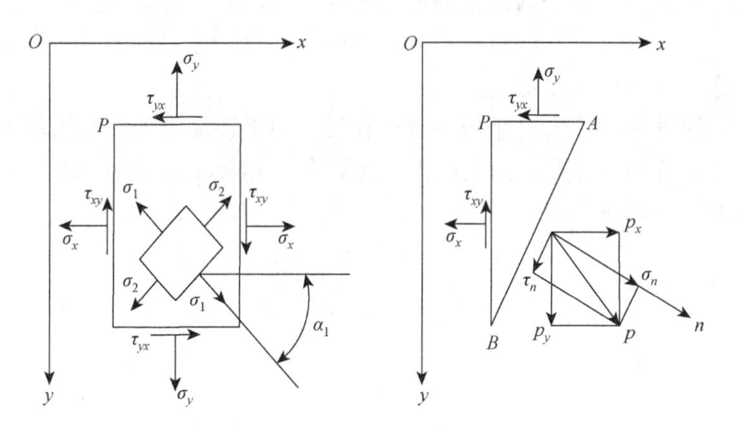

图 2-20　平面问题的斜截面上应力

用 $\boldsymbol{n}$ 代表斜面 AB 的外法线方向，其方向余弦和方向正弦为

$$\cos(\boldsymbol{n},\boldsymbol{x})=l,\quad \sin(\boldsymbol{n},\boldsymbol{x})=m\tag{2-52}$$

用 p_x 和 p_y 代表该斜面 AB 的应力 p 在 x 轴和 y 轴上的投影。设斜面 AB 的面积为 dS，则截面 PB 及 PA 的面积分别为 ldS 和 mdS。于是，由 PAB 的平衡条件 $\sum F_x = 0$ ，可得

$$p_x \mathrm{d}S = \sigma_x l \mathrm{d}S + \tau_{yx} m \mathrm{d}S \tag{2-53}$$

方程两边同时除以 dS，即得

$$p_x = \sigma_x l + \tau_{xy} m \tag{2-54}$$

在这里，没有考虑作用于 PAB 的体力，因为体力与体积成正比，是高一阶的微量。同样，由平衡条件 $\sum F_y = 0$ ，可得

$$p_y = m\sigma_y + l\tau_{xy} \tag{2-55}$$

命斜截面 AB 上的正应力为 σ_n，则由 p_x 及 p_y 的投影可得

$$\sigma_n = lp_x + mp_y \tag{2-56}$$

将式（2-54）与式（2-55）代入式（2-56）得

$$\sigma_n = l^2\sigma_x + m^2\sigma_y + 2ml\tau_{xy} \tag{2-57}$$

命斜截面 AB 上的剪应力为 τ_n，则由投影得

$$\tau_n = lp_y - mp_x \tag{2-58}$$

将式（2-54）与式（2-55）代入得

$$\tau_n = ml(\sigma_y - \sigma_x) + (l^2 - m^2)\tau_{xy} \tag{2-59}$$

由式（2-57）及式（2-59）可见，如果已知 P 点处的应力分量，就可以求得经过 P 点的任一斜面上的正应力及剪应力。

如果经过 P 点的某一斜面上的剪应力等于零，则该斜面上的正应力称为 P 点的一个主应力，而该斜面称为 P 点的一个应力主面，该斜面的法线方向（即主应力方向）称为 P 点的一个应力主向。

现在，假设在 P 点有一个应力主面存在。由于该面上的剪应力等于零，该面上的全应力 p 就等于该面上的正应力，也就等于主应力 σ，于是该面上的全应力 p 在坐标轴上的投影成为

$$p_x = l\sigma, \quad p_y = m\sigma \tag{2-60}$$

$$l\sigma_x + m\tau_{xy} = l\sigma, \quad m\sigma_y + l\tau_{xy} = m\sigma \tag{2-61}$$

由二式分别解出 m/l，得到

$$\frac{m}{l} = \frac{\sigma - \sigma_x}{\tau_{xy}}, \quad \frac{m}{l} = \frac{\tau_{xy}}{\sigma - \sigma_y} \tag{2-62}$$

命二者相等，即得 σ 的二次方程：

$$\sigma^2 - (\sigma_x + \sigma_y)\sigma + (\sigma_x\sigma_y - \tau_{xy}^2) = 0 \tag{2-63}$$

从而求得两个主应力根：

$$\begin{aligned}\sigma_1 &= \frac{\sigma_x+\sigma_y}{2}+\sqrt{\left(\frac{\sigma_x-\sigma_y}{2}\right)^2+\tau_{xy}^2}\\ \sigma_2 &= \frac{\sigma_x+\sigma_y}{2}-\sqrt{\left(\frac{\sigma_x-\sigma_y}{2}\right)^2+\tau_{xy}^2}\end{aligned} \tag{2-64}$$

因为根号内的数值（两个数的平方之和）总是正的，所以 σ_1 和 σ_2 这两个根都将是实根。此外，由式（2-64）极易看出关系式：

$$\sigma_1+\sigma_2=\sigma_x+\sigma_y \tag{2-65}$$

下面来求出主应力的方向，即应力主向。设 σ_1 与 x 轴的夹角为 α_1，则

$$\tan\alpha_1=\frac{\sin\alpha_1}{\cos\alpha_1}=\frac{\cos(90^\circ-\alpha_1)}{\cos\alpha_1}=\frac{m_1}{l_1} \tag{2-66}$$

利用式（2-62）中的第一式，可得

$$\tan\alpha_1=\frac{\sigma_1-\sigma_x}{\tau_{xy}} \tag{2-67}$$

设 σ_2 与 x 轴的夹角为 α_2，则

$$\tan\alpha_2=\frac{\sin\alpha_2}{\cos\alpha_2}=\frac{\cos(90^\circ-\alpha_2)}{\cos\alpha_2}=\frac{m_2}{l_2} \tag{2-68}$$

利用式（2-62）中的第二式，可得

$$\tan\alpha_2=\frac{\tau_{xy}}{\sigma_2-\sigma_y} \tag{2-69}$$

再利用式（2-65），$\sigma_2-\sigma_y=-(\sigma_1-\sigma_x)$，可见

$$\tan\alpha_2=-\frac{\tau_{xy}}{\sigma_1-\sigma_x} \tag{2-70}$$

由此可见：$\tan\alpha_1\tan\alpha_2=-1$，也就是 σ_1 与 σ_2 方向相互垂直。这就证明在任一点 P，一定存在两个相互垂直的主应力。

如果已经求得任一点的两个主应力 σ_1 和 σ_2，以及与之对应的应力主向，就极易求得这一点的最大应力与最小应力。为了便于分析，将 x 轴和 y 轴分别放在 σ_1 和 σ_2 的方向，于是就有

$$\tau_{xy}=0,\quad \sigma_x=\sigma_1,\quad \sigma_y=\sigma_2 \tag{2-71}$$

首先，求出最大与最小的正应力。按照式（2-57）及式（2-71），任一斜面上的正应力现在可以表示为

$$\sigma_n=l^2\sigma_1+m^2\sigma_2 \tag{2-72}$$

用关系式 $m^2+l^2=1$ 消去 m^2，得到

$$\sigma_n = l^2\sigma_1 + (1-l^2)\sigma_2 = l^2(\sigma_1-\sigma_2)+\sigma_2 \tag{2-73}$$

因为 l^2 的最大值为 1 而最小值为 0，可见 σ_n 的最大值为 σ_1，而最小值为 σ_2，这就是说，两个主应力包含最大与最小的正应力。

其次，求出最大与最小的剪应力。按照式（2-59）及式（2-71），任一斜面上的剪应力现在可以表示为

$$\tau_n = lm(\sigma_2-\sigma_1) \tag{2-74}$$

由关系式 $m^2 + l^2 = 1$，消去 m 得

$$\begin{aligned}\tau_n &= \pm l\sqrt{1-l^2}(\sigma_2-\sigma_1)\\ &= \pm\sqrt{l^2-l^4}(\sigma_2-\sigma_1)\\ &= \pm\sqrt{\frac{1}{4}-\left(\frac{1}{2}-l^2\right)^2}(\sigma_2-\sigma_1)\end{aligned} \tag{2-75}$$

由此可见，当 $\frac{1}{2}-l^2=0$ 时，τ_n 为最大或最小。于是得 $l=\pm\sqrt{\frac{1}{2}}$，而最大与最小的剪应力为 $\pm\frac{\sigma_1-\sigma_2}{2}$，发生在与 x 轴及 y 轴（即应力主向）成 45°的斜面上。

2）空间问题的斜截面上的应力

过 P 点任意取一斜面，在 P 点附近取一个平面 ABC，平行于这一平面，并与经过 P 点而平行于坐标面的三个平面形成一个微小的四面体 $PABC$，如图 2-21 所示，

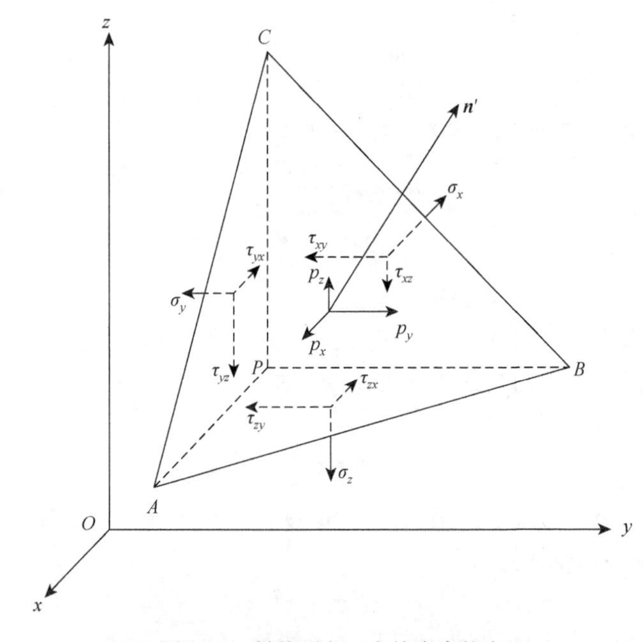

图 2-21　斜截面上一点的应力状态

当四面体 $PABC$ 无限缩小，而趋于 P 点时，平面 ABC 上的应力就成为该斜面上的应力。

命平面 ABC 的外法线为 $\boldsymbol{n}'$，其方向余弦为

$$\cos(\boldsymbol{n}',\boldsymbol{x})=l,\quad \cos(\boldsymbol{n}',\boldsymbol{y})=m,\quad \cos(\boldsymbol{n}',\boldsymbol{z})=n \tag{2-76}$$

设三角形 ABC 的面积为 $\mathrm{d}S$，则三角形 BPC、CPA、APB 的面积分别为 $l\mathrm{d}S$，$m\mathrm{d}S$，$n\mathrm{d}S$。四面体 $PABC$ 的体积用 $\mathrm{d}V$ 代表。三角形 ABC 上的全应力 $\boldsymbol{p}$ 在坐标轴上的投影用 p_x，p_y，p_z 表示。根据四面体的平衡条件 $\sum F_x=0$ ，得

$$\begin{aligned}&p_x\mathrm{d}S-\sigma_x l\mathrm{d}S-\tau_{yx}m\mathrm{d}S-\tau_{zx}n\mathrm{d}S+f_x\mathrm{d}V=0\\&p_x+f_x\frac{\mathrm{d}V}{\mathrm{d}S}=l\sigma_x+m\tau_{yx}+n\tau_{zx}\end{aligned} \tag{2-77}$$

当四面体 $PABC$ 无限缩小，而趋于 P 点时，因为 $\mathrm{d}V$ 是比 $\mathrm{d}S$ 更高的一阶微量，所以 $\mathrm{d}V/\mathrm{d}S$ 趋近于零。可以得到

$$p_x=l\sigma_x+m\tau_{yx}+n\tau_{zx} \tag{2-78}$$

另由其他两个方向得到平衡条件 $\sum F_y=0$ 及 $\sum F_z=0$ ，共可以得到

$$\begin{aligned}p_x&=l\sigma_x+m\tau_{yx}+n\tau_{zx}\\p_y&=m\sigma_y+n\tau_{zy}+l\tau_{xy}\\p_z&=n\sigma_z+l\tau_{xz}+m\tau_{yz}\end{aligned} \tag{2-79}$$

改写成矩阵形式：

$$\begin{Bmatrix}p_x\\p_y\\p_z\end{Bmatrix}=\begin{bmatrix}\sigma_x&\tau_{xy}&\tau_{xz}\\\tau_{yx}&\sigma_y&\tau_{yz}\\\tau_{zx}&\tau_{zy}&\sigma_z\end{bmatrix}\begin{Bmatrix}l\\m\\n\end{Bmatrix} \tag{2-80}$$

设三角形 ABC 上的正应力为 σ_n，则由投影可得

$$\sigma_n=lp_x+mp_y+np_z \tag{2-81}$$

将式（2-79）代入，并分别用 τ_{yz}、τ_{zx}、τ_{xy} 代替 τ_{zy}、τ_{xz}、τ_{yx}，即得

$$\sigma_n=l^2\sigma_x+m^2\sigma_y+n^2\sigma_z+2mn\tau_{yz}+2nl\tau_{zx}+2lm\tau_{xy} \tag{2-82}$$

设三角形 ABC 上的全应力为 $\boldsymbol{p}$ 而剪应力为 τ_n，则由

$$|\boldsymbol{p}|^2=\sigma_n^2+\tau_n^2=p_x^2+p_y^2+p_z^2 \tag{2-83}$$

而有

$$\tau_n^2=p_x^2+p_y^2+p_z^2-\sigma_n^2 \tag{2-84}$$

由式（2-82）及式（2-84）可见，在物体的任意一点，如果已知六个应力分量 σ_x、σ_y、σ_z、τ_{yz}、τ_{zx}、τ_{xy} 就可以求得任一斜面上的正应力和剪应力。换言之，六个应力分量完全决定了一点的应力状态。

在特殊情况下，如果 ABC 是物体的边界面，则 p_x、p_y、p_z 成为面力 $\overline{f}_x$、$\overline{f}_y$、$\overline{f}_z$，于是得出：

$$\begin{cases} l(\sigma_x)_s + m(\tau_{yx})_s + n(\tau_{zx})_s = \overline{f}_x \\ m(\sigma_y)_s + n(\tau_{zy})_s + l(\tau_{xy})_s = \overline{f}_y \\ n(\sigma_z)_s + l(\tau_{xz})_s + m(\tau_{yz})_s = \overline{f}_z \end{cases} \tag{2-85}$$

这就是弹性体的应力边界条件，它表明了应力分量的边界值与面力分量之间的关系。

现在来考察作用于平面 ABC 上的正应力 σ_n。正应力 σ_n 随着法线 $\boldsymbol{n}$ 的方向而变化的情形，可用几何方法表示如下。沿法线 $\boldsymbol{n}$ 的方向作一矢量，它的长度 r 与应力 σ_n 绝对值的平方根成反比，即

$$r = \frac{k}{\sqrt{|\sigma_n|}} \tag{2-86}$$

式中，k 是常量因子。由式（2-86）可得

$$\sigma_n = \pm\frac{k^2}{r^2} \tag{2-87}$$

矢端的坐标值为

$$x = lr, \quad y = mr, \quad z = nr \tag{2-88}$$

将式（2-87）和式（2-88）代入式（2-82）可得

$$\pm k^2 = \sigma_x x^2 + \sigma_y y^2 + \sigma_z z^2 + 2\tau_{yz} yz + 2\tau_{zx} zx + 2\tau_{xy} xy \tag{2-89}$$

当平面 ABC 绕 O 点转动时，矢量 $\boldsymbol{r}$ 的矢端总是在方程（2-89）所确定的二次曲面上。

对于像方程（2-89）所表示的二次曲面，总可以找到 x 轴、y 轴、z 轴的一组方向，使方程中含有坐标乘积的各项成为零。这就是说，总可以找到三个垂直面，在这三个面上 τ_{yz}、τ_{zx}、τ_{xy} 等于零，也就是各合应力垂直于它们的作用面。这些应力称为该点的主应力，它们的方向称为主轴，而它们的作用面称为主面。可以看出，如果已知一点的主轴方向和相应主应力的大小，这一点的应力就完全确定。无论如何选 x 轴、y 轴、z 轴，方程（2-89）所表示的面都不变。

如果把坐标轴 x、y、z 取在主轴的方向，计算任一斜面上的应力就很简单。这时，剪应力 τ_{yz}、τ_{zx}、τ_{xy} 都是零，而方程（2-79）成为

$$p_x = \sigma_x l, \quad p_y = \sigma_y m, \quad p_z = \sigma_z n \tag{2-90}$$

将这三个方程中的 l、m、n 值代入关系式 $l^2 + m^2 + n^2 = 1$ 得到

$$\frac{p_x^2}{\sigma_x^2} + \frac{p_y^2}{\sigma_y^2} + \frac{p_z^2}{\sigma_z^2} = 1 \tag{2-91}$$

这就表示如果经过 O 点的每一斜面上的应力都用从 O 点作出的一个矢量表示，矢量的分量是 p_x、p_y、p_z，所有这些矢量的矢端就都在由方程（2-91）所表示的椭球

面上。这一椭球面称为应力椭球面。椭球面的半轴给出在该点的主应力。由此可以断定，任一点的最大正应力就是该点的三个主应力中最大的一个。

如果三个主应力中有两个数值相等，应力椭球面就成为回转椭球面。如果数值相等的这两个主应力的符号相同，那么所有经过椭球面的对称轴的平面上合应力将相等，且垂直于它们的作用面。在这种情况下，经过对称轴的任何两个平面上的应力都可当作主应力。如果三个主应力都相等而且相同，应力椭球面就成为球面，任何三个互相垂直的方向都可当作主轴。当主应力之一为零时，应力椭球面就成为一个椭圆，而代表经过该点的各平面上的应力矢量都在同一平面内。这种应力状态称为平面应力。当两个主应力为零时，就得到简单拉伸或压缩的情形。

2.2.3　应力转轴公式[6]

1）平面应力状态下应力转换公式

设在铺层角度为 θ 的复合材料单层板中，单元体受面内偏轴正应力 σ_x、σ_y 和偏轴剪应力 τ_{xy} 作用，如图 2-22 所示。x 和 y 分别表示两个任意的坐标轴方向（称为偏轴向），x 轴和 y 轴称为偏轴（off-axis），坐标系 x-y 称为偏轴坐标系。单元体外法线方向 x 与材料主方向 1 之间的夹角为 θ，θ 角为单层板的方向角（ply orientation angle）。规定自偏轴 x 转至正轴 1 的夹角 θ 逆时针转向为正，顺时针转向为负。单层方向角是复合材料所特有的。

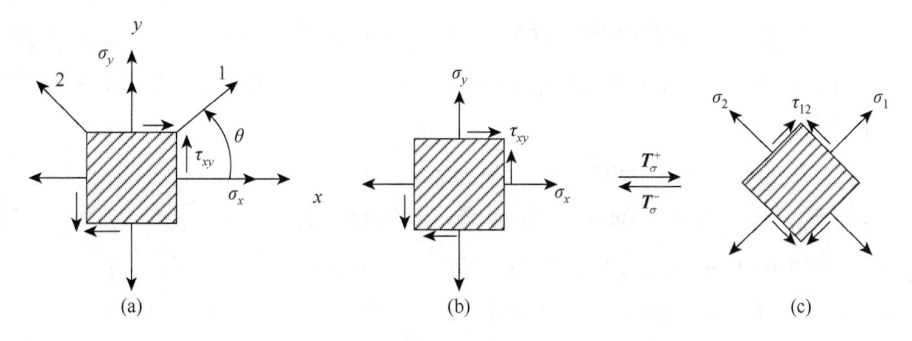

图 2-22　单层板偏轴应力状态及应力的转换

由单元体所给出的已知应力求纤维方向上的应力即应力转换，用于确定两个坐标系下弹性体内应力分量之间的关系。

设单层板中单元体的应力状态如图 2-22（a）所示，可分别用垂直于 1 轴或垂直于 2 轴的斜截面切出三角形分离体。图 2-23 垂直于 1 轴的横向斜截面上有 σ_1 与 τ_{12}，垂直于 2 轴的纵向斜截面上有 σ_2 与 τ_{12}。根据图 2-23（a）所示的横向斜截面的分离体，由静力平衡条件可导出应力转换公式。

设斜截面面积为 ds，该面法线与 x 轴的夹角为 θ，根据纤维主方向 1 轴力的平衡可得

$$\begin{aligned}&\sigma_1 \mathrm{d}s-(\sigma_x\cos\theta\mathrm{d}s)\cos\theta-(\tau_{xy}\cos\theta\mathrm{d}s)\sin\theta\\&-(\sigma_y\sin\theta\mathrm{d}s)\sin\theta-(\tau_{xy}\sin\theta\mathrm{d}s)\cos\theta=0\end{aligned} \tag{2-92}$$

$$\sigma_1=(\cos\theta)^2\sigma_x+(\sin\theta)^2\sigma_y+2\cos\theta\sin\theta\tau_{xy} \tag{2-93}$$

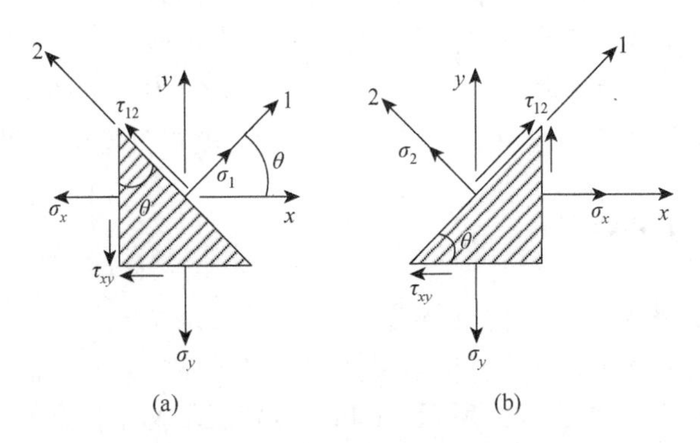

图 2-23　单层板的单元体及其分离体

同理，由 2 轴方向上力的平衡条件可得

$$\begin{aligned}&\tau_{12}\mathrm{d}s+(\sigma_x\cos\theta\mathrm{d}s)\sin\theta-(\tau_{xy}\cos\theta\mathrm{d}s)\cos\theta\\&-(\sigma_y\sin\theta\mathrm{d}s)\cos\theta+(\tau_{xy}\sin\theta\mathrm{d}s)\sin\theta=0\end{aligned} \tag{2-94}$$

$$\tau_{12}=-\cos\theta\sin\theta\sigma_x+\cos\theta\sin\theta\sigma_y+[(\cos\theta)^2-(\sin\theta)^2]\tau_{xy} \tag{2-95}$$

同理，由图 2-23（b）所示平行纤维方向纵向斜截面切除的分离体，利用力的平衡条件可得

$$\sigma_2=(\sin\theta)^2\sigma_x+(\cos\theta)^2\sigma_y-2\sin\theta\cos\theta\tau_{xy} \tag{2-96}$$

$$\tau_{12}=-\sin\theta\cos\theta\sigma_x+\sin\theta\cos\theta\sigma_y+[(\cos\theta)^2-(\sin\theta)^2]\tau_{xy} \tag{2-97}$$

式中，式（2-95）与式（2-97）完全一致，再一次证明剪应力互等定理。

令 $m=\cos\theta$，$n=\sin\theta$，式（2-93）、式（2-96）和式（2-97）可以写成

$$\begin{aligned}&\sigma_1=m^2\sigma_x+n^2\sigma_y+2mn\tau_{xy}\\&\sigma_2=n^2\sigma_x+m^2\sigma_y-2mn\tau_{xy}\\&\tau_{12}=-mn\sigma_x+mn\sigma_y+(m^2-n^2)\tau_{xy}\end{aligned} \tag{2-98}$$

把三个转换方程改写成矩阵形式：

$$\begin{Bmatrix}\sigma_1\\\sigma_2\\\tau_{12}\end{Bmatrix}=\begin{bmatrix}m^2 & n^2 & 2mn\\n^2 & m^2 & -2mn\\-mn & mn & m^2-n^2\end{bmatrix}\begin{Bmatrix}\sigma_x\\\sigma_y\\\tau_{xy}\end{Bmatrix}=\boldsymbol{T}_\sigma\begin{Bmatrix}\sigma_x\\\sigma_y\\\tau_{xy}\end{Bmatrix} \tag{2-99}$$

方阵 $\boldsymbol{T}_\sigma$ 称为应力正转换矩阵，即

$$\boldsymbol{T}_\sigma = \begin{bmatrix} m^2 & n^2 & 2mn \\ n^2 & m^2 & -2mn \\ -mn & mn & m^2 - n^2 \end{bmatrix} \tag{2-100}$$

上述的转换公式是由偏轴应力求正轴应力的公式，经过求逆可以改为由正轴应力求偏轴应力：

$$\begin{Bmatrix} \sigma_x \\ \sigma_y \\ \tau_{xy} \end{Bmatrix} = \begin{bmatrix} m^2 & n^2 & -2mn \\ n^2 & m^2 & 2mn \\ mn & -mn & m^2 - n^2 \end{bmatrix} \begin{Bmatrix} \sigma_1 \\ \sigma_2 \\ \tau_{12} \end{Bmatrix} = \boldsymbol{T}_\sigma^{-1} \begin{Bmatrix} \sigma_1 \\ \sigma_2 \\ \tau_{12} \end{Bmatrix} \tag{2-101}$$

方阵 $\boldsymbol{T}_\sigma^{-1}$ 称为应力负转换矩阵。

2）空间转轴时应力分量的变换

现假定物体任一点 P 在原坐标系 $Oxyz$ 下的应力分量为

$$\boldsymbol{\sigma} = \begin{bmatrix} \sigma_x & \tau_{xy} & \tau_{xz} \\ \tau_{yx} & \sigma_y & \tau_{yz} \\ \tau_{zx} & \tau_{zy} & \sigma_z \end{bmatrix} \tag{2-102}$$

如图 2-24 所示，同一点在新坐标系 $Ox'y'z'$ 下的应力分量为

$$\boldsymbol{\sigma}' = \begin{bmatrix} \sigma_{x'} & \tau_{x'y'} & \tau_{x'z'} \\ \tau_{y'x'} & \sigma_{y'} & \tau_{y'z'} \\ \tau_{z'x'} & \tau_{z'y'} & \sigma_{z'} \end{bmatrix} \tag{2-103}$$

在 $Ox'y'z'$ 坐标系下取一个图 2-25 所示的微体，现考察与 Ox' 轴相垂直的截面（图中阴影截面），这个截面上的应力为$(\sigma_{x'}, \tau_{x'y'}, \tau_{x'z'})$，则合应（面）力 $\boldsymbol{F}_{x'}$ 可表示为

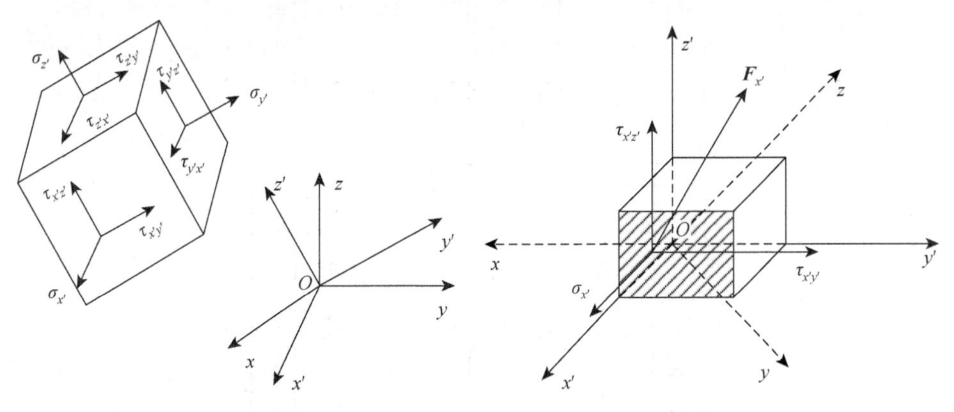

图 2-24　一点的应力分量　　图 2-25　应力单元微体

$$\boldsymbol{F}_{x'}=\sigma_{x'}\boldsymbol{e}_{i'}+\tau_{x'y'}\boldsymbol{e}_{j'}+\tau_{x'z'}\boldsymbol{e}_{k'}=\{\boldsymbol{e}_{i'}\quad\boldsymbol{e}_{j'}\quad\boldsymbol{e}_{k'}\}\begin{Bmatrix}\sigma_{x'}\\\tau_{x'y'}\\\tau_{x'z'}\end{Bmatrix}\tag{2-104}$$

设这个合面力 $\boldsymbol{F}_{x'}$ 在 $Oxyz$ 坐标系下可分解为（p_x，p_y，p_z），即有

$$\boldsymbol{F}_{x'}=p_x\boldsymbol{e}_i+p_y\boldsymbol{e}_j+p_z\boldsymbol{e}_k=\{\boldsymbol{e}_i\quad\boldsymbol{e}_j\quad\boldsymbol{e}_k\}\begin{Bmatrix}p_x\\p_y\\p_z\end{Bmatrix}\tag{2-105}$$

因为阴影截面在 $Oxyz$ 坐标系下的外法线与 Ox'轴方向一致，所以外法线的方向余弦为（l_1，m_1，n_1），根据任意斜截面上的应力计算式（2-80），有

$$\begin{Bmatrix}p_x\\p_y\\p_z\end{Bmatrix}=\begin{bmatrix}\sigma_x&\tau_{xy}&\tau_{xz}\\\tau_{yx}&\sigma_y&\tau_{yz}\\\tau_{zx}&\tau_{zy}&\sigma_z\end{bmatrix}\begin{Bmatrix}l_1\\m_1\\n_1\end{Bmatrix}\tag{2-106}$$

可得

$$\boldsymbol{F}_{x'}=\{\boldsymbol{e}_{i'}\quad\boldsymbol{e}_{j'}\quad\boldsymbol{e}_{k'}\}\begin{Bmatrix}\sigma_{x'}\\\tau_{x'y'}\\\tau_{x'z'}\end{Bmatrix}=\{\boldsymbol{e}_i\quad\boldsymbol{e}_j\quad\boldsymbol{e}_k\}\begin{Bmatrix}p_x\\p_y\\p_z\end{Bmatrix}\tag{2-107}$$

将式（2-31）代入式（2-107）的中间式，将式（2-106）代入式（2-107）的右式，得

$$\{\boldsymbol{e}_i\quad\boldsymbol{e}_j\quad\boldsymbol{e}_k\}\begin{bmatrix}l_1&l_2&l_3\\m_1&m_2&m_3\\n_1&n_2&n_3\end{bmatrix}\begin{Bmatrix}\sigma_{x'}\\\tau_{y'x'}\\\tau_{z'x'}\end{Bmatrix}=\{\boldsymbol{e}_i\quad\boldsymbol{e}_j\quad\boldsymbol{e}_k\}\begin{bmatrix}\sigma_x&\tau_{xy}&\tau_{xz}\\\tau_{yx}&\sigma_y&\tau_{yz}\\\tau_{zx}&\tau_{zy}&\sigma_z\end{bmatrix}\begin{Bmatrix}l_1\\m_1\\n_1\end{Bmatrix}\tag{2-108}$$

所以

$$\begin{Bmatrix}\sigma_{x'}\\\tau_{y'x'}\\\tau_{z'x'}\end{Bmatrix}=\begin{bmatrix}l_1&m_1&n_1\\l_2&m_2&n_2\\l_3&m_3&n_3\end{bmatrix}\begin{bmatrix}\sigma_x&\tau_{xy}&\tau_{xz}\\\tau_{yx}&\sigma_y&\tau_{yz}\\\tau_{zx}&\tau_{zy}&\sigma_z\end{bmatrix}\begin{Bmatrix}l_1\\m_1\\n_1\end{Bmatrix}\tag{2-109}$$

同理有

$$\begin{Bmatrix}\tau_{x'y'}\\\sigma_{y'}\\\tau_{z'y'}\end{Bmatrix}=\begin{bmatrix}l_1&m_1&n_1\\l_2&m_2&n_2\\l_3&m_3&n_3\end{bmatrix}\begin{bmatrix}\sigma_x&\tau_{xy}&\tau_{xz}\\\tau_{yx}&\sigma_y&\tau_{yz}\\\tau_{zx}&\tau_{zy}&\sigma_z\end{bmatrix}\begin{Bmatrix}l_2\\m_2\\n_2\end{Bmatrix}\tag{2-110}$$

$$\begin{Bmatrix}\tau_{x'z'}\\\tau_{y'z'}\\\sigma_{z'}\end{Bmatrix}=\begin{bmatrix}l_1&m_1&n_1\\l_2&m_2&n_2\\l_3&m_3&n_3\end{bmatrix}\begin{bmatrix}\sigma_x&\tau_{xy}&\tau_{xz}\\\tau_{yx}&\sigma_y&\tau_{yz}\\\tau_{zx}&\tau_{zy}&\sigma_z\end{bmatrix}\begin{Bmatrix}l_3\\m_3\\n_3\end{Bmatrix}\tag{2-111}$$

综合式（2-109）～式（2-111），可得

$$\begin{bmatrix}\sigma_{x'} & \tau_{x'y'} & \tau_{x'z'}\\ \tau_{y'x'} & \sigma_{y'} & \tau_{y'z'}\\ \tau_{z'x'} & \tau_{z'y'} & \sigma_{z'}\end{bmatrix}=\begin{bmatrix}l_1 & m_1 & n_1\\ l_2 & m_2 & n_2\\ l_3 & m_3 & n_3\end{bmatrix}\begin{bmatrix}\sigma_x & \tau_{xy} & \tau_{xz}\\ \tau_{yx} & \sigma_y & \tau_{yz}\\ \tau_{zx} & \tau_{zy} & \sigma_z\end{bmatrix}\begin{bmatrix}l_1 & l_2 & l_3\\ m_1 & m_2 & m_3\\ n_1 & n_2 & n_3\end{bmatrix} \tag{2-112}$$

式（2-112）即为转轴变换时，两个坐标系下应力分量之间的关系，将式（2-112）简写为

$$\boldsymbol{\sigma}'=\boldsymbol{a\sigma a}^{\mathrm{T}} \tag{2-113}$$

将式（2-113）展开可得

①：$\sigma_{x'}=l_1^2\sigma_x+m_1^2\sigma_y+n_1^2\sigma_z+2m_1n_1\tau_{yz}+2l_1n_1\tau_{zx}+2l_1m_1\tau_{xy}$

②：$\sigma_{y'}=l_2^2\sigma_x+m_2^2\sigma_y+n_2^2\sigma_z+2m_2n_2\tau_{yz}+2l_2n_2\tau_{zx}+2l_2m_2\tau_{xy}$

③：$\sigma_{z'}=l_3^2\sigma_x+m_3^2\sigma_y+n_3^2\sigma_z+2m_3n_3\tau_{yz}+2l_3n_3\tau_{zx}+2l_3m_3\tau_{xy}$

④：$\begin{cases}\tau_{y'z'}=l_2l_3\sigma_x+m_2m_3\sigma_y+n_2n_3\sigma_z+(m_2n_3+n_2m_3)\tau_{yz}+(l_2n_3+n_2l_3)\tau_{zx}+(l_2m_3+m_2l_3)\tau_{xy}\\ \tau_{z'y'}=l_2l_3\sigma_x+m_2m_3\sigma_y+n_2n_3\sigma_z+(m_2n_3+n_2m_3)\tau_{yz}+(l_2n_3+n_2l_3)\tau_{zx}+(l_2m_3+m_2l_3)\tau_{xy}\end{cases}$

⑤：$\begin{cases}\tau_{z'x'}=l_1l_3\sigma_x+m_1m_3\sigma_y+n_1n_3\sigma_z+(m_1n_3+n_1m_3)\tau_{yz}+(l_1n_3+n_1l_3)\tau_{zx}+(l_1m_3+m_1l_3)\tau_{xy}\\ \tau_{x'z'}=l_1l_3\sigma_x+m_1m_3\sigma_y+n_1n_3\sigma_z+(m_1n_3+n_1m_3)\tau_{yz}+(l_1n_3+n_1l_3)\tau_{zx}+(l_1m_3+m_1l_3)\tau_{xy}\end{cases}$

⑥：$\begin{cases}\tau_{x'y'}=l_2l_1\sigma_x+m_2m_1\sigma_y+n_2n_1\sigma_z+(n_2m_1+m_2n_1)\tau_{yz}+(n_2l_1+l_2n_1)\tau_{zx}+(m_2l_1+l_2m_1)\tau_{xy}\\ \tau_{y'x'}=l_2l_1\sigma_x+m_2m_1\sigma_y+n_2n_1\sigma_z+(n_2m_1+m_2n_1)\tau_{yz}+(n_2l_1+l_2n_1)\tau_{zx}+(m_2l_1+l_2m_1)\tau_{xy}\end{cases}$

因此将上述六式改写成矩阵形式：

$$\begin{Bmatrix}\sigma_{x'}\\ \sigma_{y'}\\ \sigma_{z'}\\ \tau_{y'z'}\\ \tau_{z'x'}\\ \tau_{x'y'}\end{Bmatrix}=\begin{bmatrix}l_1^2 & m_1^2 & n_1^2 & 2m_1n_1 & 2l_1n_1 & 2l_1m_1\\ l_2^2 & m_2^2 & n_2^2 & 2m_2n_2 & 2l_2n_2 & 2l_2m_2\\ l_3^2 & m_3^2 & n_3^2 & 2m_3n_3 & 2l_3n_3 & 2l_3m_3\\ l_2l_3 & m_2m_3 & n_2n_3 & m_2n_3+n_2m_3 & l_2n_3+n_2l_3 & l_2m_3+m_2l_3\\ l_1l_3 & m_1m_3 & n_1n_3 & m_1n_3+n_1m_3 & l_1n_3+n_1l_3 & l_1m_3+m_1l_3\\ l_2l_1 & m_2m_1 & n_2n_1 & n_2m_1+m_2n_1 & n_2l_1+l_2n_1 & m_2l_1+l_2m_1\end{bmatrix}\begin{Bmatrix}\sigma_x\\ \sigma_y\\ \sigma_z\\ \tau_{yz}\\ \tau_{zx}\\ \tau_{xy}\end{Bmatrix}$$

（2-114）

或简写成

$$\boldsymbol{\sigma}'=\boldsymbol{T}_{\sigma}\boldsymbol{\sigma} \tag{2-115}$$

式中，$\boldsymbol{\sigma}'$和 $\boldsymbol{\sigma}$ 为列向量；$\boldsymbol{T}_{\sigma}$ 为应力正转换矩阵。

平面应力状态通常取三维转换矩阵（2-114）的 1、2、6 行和列，可化简为

$$\begin{bmatrix}l_1^2 & m_1^2 & 2l_1m_1\\ l_2^2 & m_2^2 & 2l_2m_2\\ l_1l_2 & m_1m_2 & l_2m_1+l_1m_2\end{bmatrix} \tag{2-116}$$

式中，l_1表示 x 与 x'夹角的余弦值；m_2表示 y 与 y'夹角的余弦值；m_1表示 y 与 x'夹角的余弦值；l_2表示 x 与 y'夹角的余弦值。

结合三角函数关系式，在平面应力状态下，有

$$
\begin{aligned}
&l_1 = m_2 = \cos\theta = m \\
&m_1 = \cos\left(\frac{\pi}{2} - \theta\right) = \sin\theta = n \\
&l_2 = \cos\left(\frac{\pi}{2} + \theta\right) = -\sin\theta = -n
\end{aligned}
\tag{2-117}
$$

因此可将式（2-116）化简为

$$
\begin{bmatrix} m^2 & n^2 & 2mn \\ n^2 & m^2 & -2mn \\ -mn & mn & m^2 - n^2 \end{bmatrix}
\tag{2-118}
$$

这与平面应力状态下应力转换公式是一致的。

2.3　连续体的应变

2.3.1　应变-位移几何方程[1]

1. 平面问题的应变-位移几何方程

1）直角坐标系中的几何方程

现在来考虑直角坐标系中平面问题的应变-位移几何学方面，导出微分线段上的应变分量与位移分量之间的关系式，也就是平面问题中的几何方程。

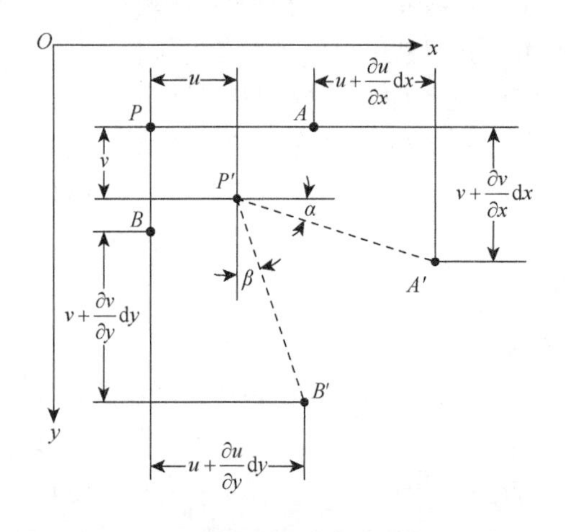

图 2-26　直角坐标系下两个微小线段的变形

经过弹性体内的任意一点 P，沿 x 轴和 y 轴的正方向取两个微小长度的线段 $PA=\mathrm{d}x$ 和 $PB=\mathrm{d}y$，如图 2-26 所示。假定弹性体受力以后，P、A、B 三点分别移动到 P'、A'、B'。

首先求出线段 PA 和 PB 的线应变，即 ε_x 和 ε_y，并用位移分量来表示。设 P 点在 x 方向的位移是 u，则 A 点在 x 方向的位移由于 x 坐标的改变，将是 $u+\frac{\partial u}{\partial x}\mathrm{d}x$。可见线段 PA 线应变是

$$\varepsilon_x = \frac{\left(u + \frac{\partial u}{\partial x}\mathrm{d}x\right) - u}{\mathrm{d}x} = \frac{\partial u}{\partial x} \tag{2-119}$$

由于位移微小，y 方向的位移 v 所引起的 PA 伸缩，是高一阶的微量，因此略去不计。同样可见，线段 PB 的线应变是

$$\varepsilon_y = \frac{\partial v}{\partial y} \tag{2-120}$$

现在来求出线段 PA 与 PB 之间直角的改变，也就是剪应变 γ_{xy}，用位移分量来表示。由图可见，这个剪应变是由两部分组成的：一部分是由 y 方向的位移 v 引起的，即 x 方向的线段 PA 的转角 α；另一部分是由 x 方向的位移 u 引起的，即 y 方向的线段 PB 的转角 β。

P 点在 y 方向的位移分量是 v，则 A 点在 y 方向的位移分量将是 $v + \frac{\partial v}{\partial x}\mathrm{d}x$。因此，线段 PA 的转角是

$$\alpha = \frac{\left(v + \frac{\partial v}{\partial x}\mathrm{d}x\right) - v}{\mathrm{d}x} = \frac{\partial v}{\partial x} \tag{2-121}$$

同样可得线段 PB 的转角是 $\beta = \frac{\partial u}{\partial y}$。

于是可见，PA 与 PB 之间直角的改变（以减小时为正），即剪应变 γ_{xy}，为

$$\gamma_{xy} = \alpha + \beta = \frac{\partial v}{\partial x} + \frac{\partial u}{\partial y} \tag{2-122}$$

综上可得平面问题的几何方程：

$$\varepsilon_x = \frac{\partial u}{\partial x},\quad \varepsilon_y = \frac{\partial v}{\partial y},\quad \gamma_{xy} = \frac{\partial v}{\partial x} + \frac{\partial u}{\partial y} \tag{2-123}$$

2）极坐标中的几何方程

经过弹性体内的任意一点 P，沿径向和环向的正方向取两个微小长度的线段 $PA = \mathrm{d}\rho$ 和 $PB = \rho\mathrm{d}\varphi$，如图 2-27 所示。假定弹性体受力以后只发生了径向位移，P、A、B 三点分别移动到 P'、A'、B'。

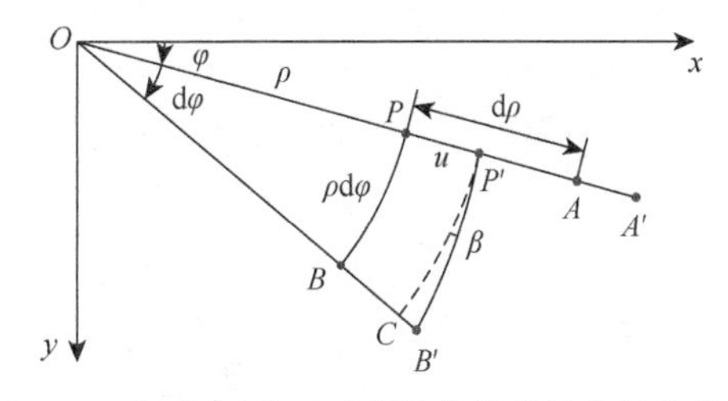

图 2-27　极坐标系下两个微小线段只有径向位移

首先来求出线段 PA 和 PB 的线应变，即 ε_ρ 和 ε_φ，用位移分量来表示。设 P 点在 ρ 方向的位移是 u，则 A 点在 ρ 方向的位移，由于 ρ 坐标的改变，将是 $u+\dfrac{\partial u}{\partial \rho}\mathrm{d}\rho$。可见线段 PA 线应变是

$$\varepsilon_\rho=\frac{\left(u+\dfrac{\partial u}{\partial \rho}\mathrm{d}\rho\right)-u}{\mathrm{d}\rho}=\frac{\partial u}{\partial \rho} \tag{2-124}$$

由于夹角 β 是微小的，故 $P'B'\approx P'C$，线段 PB 线应变为

$$\varepsilon_\varphi=\frac{P'B'-PB}{PB}=\frac{P'C-PB}{PB}=\frac{(\rho+u)\mathrm{d}\varphi-\rho\mathrm{d}\varphi}{\rho\mathrm{d}\varphi}=\frac{u}{\rho} \tag{2-125}$$

同理，B 点在 ρ 方向的位移，由于 φ 坐标的改变，将是 $u+\dfrac{\partial u}{\partial \varphi}\mathrm{d}\varphi$。可见环向线段 PB 的转角为

$$\beta\approx\tan\beta=\frac{B'C}{P'C}\approx\frac{BB'-PP'}{PB}=\frac{\left(u+\dfrac{\partial u}{\partial \varphi}\mathrm{d}\varphi\right)-u}{\rho\mathrm{d}\varphi}=\frac{1}{\rho}\frac{\partial u}{\partial \varphi} \tag{2-126}$$

径向线段 PA 的转角为 $\alpha=0$，所以剪应变为

$$\gamma_{\rho\varphi}=\alpha+\beta=\frac{1}{\rho}\frac{\partial u}{\partial \varphi} \tag{2-127}$$

假定只有环向位移时，如图 2-28 所示。设 P 点在 φ 方向的位移是 v，则 A 点在 φ 方向的位移为 $v+\dfrac{\partial v}{\partial \rho}\mathrm{d}\rho$，$B$ 点在 φ 方向的位移为 $v+\dfrac{\partial v}{\partial \varphi}\mathrm{d}\varphi$。由于夹角 α 是微小的，故 $P''A''\approx P''D\approx PA$，从而径向线段 PA 的线应变 $\varepsilon_\rho=0$。环向线段 PB 的线应变为

$$\varepsilon_\varphi=\frac{P''B''-PB}{PB}=\frac{BB''-PP''}{PB}=\frac{\left(v+\dfrac{\partial v}{\partial \varphi}\mathrm{d}\varphi\right)-v}{\rho\mathrm{d}\varphi}=\frac{1}{\rho}\frac{\partial v}{\partial \varphi} \tag{2-128}$$

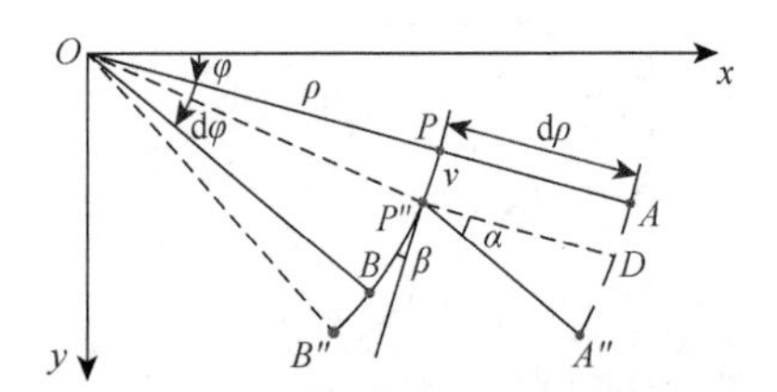

图 2-28　极坐标系下两个微小线段只有环向位移

径向线段 PA 的转角为

$$\alpha \approx \frac{A''D}{P''D} \approx \frac{AA''-PP''}{PA} = \frac{\left(v+\dfrac{\partial v}{\partial \rho}\mathrm{d}\rho\right)-v}{\mathrm{d}\rho} = \frac{\partial v}{\partial \rho} \tag{2-129}$$

环向线段 PB 的转角：变形前，环向线段 PB 在 P 点与径向线 OP 垂直；变形后，环向线段 $P''B''$ 在 P'' 点与径向线 OP'' 垂直，这两条径向线之间的夹角就是环向线的转角，并且这个转角使原直角扩大，故

$$\beta = -\angle POP'' = -\frac{PP''}{OP} = -\frac{v}{\rho} \tag{2-130}$$

所以剪应变

$$\gamma_{\rho\varphi} = \alpha + \beta = \frac{\partial v}{\partial \rho} - \frac{v}{\rho} \tag{2-131}$$

如果沿径向和环向都有位移，则有

$$\begin{cases} \varepsilon_\rho = \dfrac{\partial u}{\partial \rho} \\ \varepsilon_\varphi = \dfrac{1}{\rho}\dfrac{\partial v}{\partial \varphi} + \dfrac{u}{\rho} \\ \gamma_{\rho\varphi} = \dfrac{\partial v}{\partial \rho} + \dfrac{1}{\rho}\dfrac{\partial u}{\partial \varphi} - \dfrac{v}{\rho} \end{cases} \tag{2-132}$$

以上就是极坐标中平面问题的几何方程。

2. 空间问题的应变-位移几何方程

1）直角坐标系下空间问题的应变-位移几何方程

在空间问题中，应变分量与位移分量应当满足下列6个几何方程：

$$\begin{gathered} \varepsilon_x = \frac{\partial u}{\partial x}, \quad \varepsilon_y = \frac{\partial v}{\partial y}, \quad \varepsilon_z = \frac{\partial w}{\partial z} \\ \gamma_{yz} = \frac{\partial w}{\partial y} + \frac{\partial v}{\partial z}, \quad \gamma_{zx} = \frac{\partial u}{\partial z} + \frac{\partial w}{\partial x}, \quad \gamma_{xy} = \frac{\partial v}{\partial x} + \frac{\partial u}{\partial y} \end{gathered} \tag{2-133}$$

式中，第一式、第二式和第六式已在平面问题中导出，其余三式可用同样的方法导出。

2）柱坐标系下空间问题的应变-位移几何方程

在直角坐标系下，空间中的任意一点 M 的位置是用3个坐标（x，y，z）表示的，而在柱坐标系下，空间 M 的位置坐标用（r，θ，z）表示。直角坐标系与柱坐标系关系为：$x = r\cos\theta$，$y = r\sin\theta$，$z = z$。平面问题中已导出式（2-134）中的第一式、第二式和第六式，其余三式可用同样的方法导出。

$$\varepsilon_r = \frac{\partial u}{\partial r},\quad \varepsilon_\theta = \frac{1}{r}\frac{\partial v}{\partial \theta} + \frac{u}{r},\quad \varepsilon_z = \frac{\partial w}{\partial z}$$
$$\gamma_{\theta z} = \frac{\partial v}{\partial z} + \frac{1}{r}\frac{\partial w}{\partial \theta},\quad \gamma_{rz} = \frac{\partial w}{\partial r} + \frac{\partial u}{\partial z},\quad \gamma_{r\theta} = \frac{1}{r}\frac{\partial u}{\partial \theta} + \frac{\partial v}{\partial r} - \frac{v}{r} \tag{2-134}$$

式中，u、v、w 分别为 r、θ、z 三个方向的位移。

2.3.2　应变-位移变形协调

1. 平面问题的变形协调方程

弹性理论的一种基本问题是确定一个受已知力作用的物体的应力状态。在二维问题中，须求解平衡微分方程，而要解答必须能够满足边界条件。这些方程是应用刚体静力学方程导出的，包含三个应力分量 σ_x、σ_y 和 τ_{xy}，要得到解答，还必须考虑物体的弹性变形。

现在应用消元法，来导出按应力求解平面问题的方程。平衡微分方程中应力分量有 3 个，而方程只有 2 个，还不足以求出应力分量。因此，需要从几何方程和物理方程中消去位移分量和应变分量，导出只含应力分量的补充方程。

由于位移分量只在几何方程中存在，可以先从几何方程中消去位移分量。考察几何方程（2-133），即

$$\varepsilon_x = \frac{\partial u}{\partial x},\quad \varepsilon_y = \frac{\partial v}{\partial y},\quad \gamma_{xy} = \frac{\partial v}{\partial x} + \frac{\partial u}{\partial y} \tag{2-135}$$

这三个应变分量是用两个函数 u 和 v 表示的；因此，它们不能任意取定。而在这些应变分量之间存在一定的关系，该关系很容易由式（2-135）得出。将式（2-135）中 ε_x 对 y 的二阶导数和 ε_y 对 x 的二阶导数相加，并将 γ_{xy} 对 x 和 y 各求一次导数就得到以下方程：

$$\begin{cases} \dfrac{\partial^2 \varepsilon_x}{\partial y^2} = \dfrac{\partial^3 u}{\partial x \partial y^2} \\ \dfrac{\partial^2 \varepsilon_y}{\partial x^2} = \dfrac{\partial^3 v}{\partial x^2 \partial y} \\ \dfrac{\partial^2 \gamma_{xy}}{\partial x \partial y} = \dfrac{\partial^3 u}{\partial x \partial y^2} + \dfrac{\partial^3 v}{\partial x^2 \partial y} \end{cases} \tag{2-136}$$

$$\frac{\partial^2 \varepsilon_x}{\partial y^2} + \frac{\partial^2 \varepsilon_y}{\partial x^2} = \frac{\partial^3 u}{\partial x \partial y^2} + \frac{\partial^3 v}{\partial y \partial x^2} = \frac{\partial^2}{\partial x \partial y}\left(\frac{\partial u}{\partial y} + \frac{\partial v}{\partial x}\right) \tag{2-137}$$

式（2-136）第三式与式（2-137）右侧相等：

$$\frac{\partial^2 \varepsilon_x}{\partial y^2} + \frac{\partial^2 \varepsilon_y}{\partial x^2} = \frac{\partial^2 \gamma_{xy}}{\partial x \partial y} \tag{2-138}$$

该关系式称为变形协调方程或相容方程。式（2-138）表示，在连续性假定下，物体的变形是满足几何方程的，并由此可以导出相容方程。也就是说，连续体的应变分量 ε_x、ε_y、γ_{xy} 不是互相独立的，而是相关的，它们之间必须满足相容方程，才能保证对应位移分量 u 和 v 的存在。如果任意选取函数 ε_x、ε_y、γ_{xy} 而不能满足相容方程，那么由三个几何方程中的任何两个求出的位移分量，将与第三个几何方程不能相容，即互相矛盾。这就是说，不满足相容方程的应变分量，不是物体中实际存在的，也求不出对应的位移分量。

2. 空间问题的变形协调方程

与平面问题式（2-138）相似，循环更换 x、y、z 三个字母，可得到另外两个同一类型的关系式。

$$\begin{cases}\dfrac{\partial^2 \varepsilon_y}{\partial z^2}+\dfrac{\partial^2 \varepsilon_z}{\partial y^2}=\dfrac{\partial^2 \gamma_{yz}}{\partial y\partial z}\\[2ex]\dfrac{\partial^2 \varepsilon_z}{\partial x^2}+\dfrac{\partial^2 \varepsilon_x}{\partial z^2}=\dfrac{\partial \gamma_{zx}}{\partial z\partial x}\\[2ex]\dfrac{\partial^2 \varepsilon_x}{\partial y^2}+\dfrac{\partial^2 \varepsilon_y}{\partial x^2}=\dfrac{\partial^2 \gamma_{xy}}{\partial x\partial y}\end{cases}\tag{2-139}$$

这是表明变形协调条件的一组方程，也就是一组相容方程。

第二组相容方程，对几何方程的剪应变分别对 x、y、z 求导，得

$$\begin{cases}\dfrac{\partial \gamma_{yz}}{\partial x}=\dfrac{\partial^2 w}{\partial y\partial x}+\dfrac{\partial^2 v}{\partial z\partial x}\\[2ex]\dfrac{\partial \gamma_{zx}}{\partial y}=\dfrac{\partial^2 u}{\partial z\partial y}+\dfrac{\partial^2 w}{\partial x\partial y}\\[2ex]\dfrac{\partial \gamma_{xy}}{\partial z}=\dfrac{\partial^2 v}{\partial x\partial z}+\dfrac{\partial^2 u}{\partial y\partial z}\end{cases}\tag{2-140}$$

$$\frac{\partial}{\partial x}\left(-\frac{\partial \gamma_{yz}}{\partial x}+\frac{\partial \gamma_{zx}}{\partial y}+\frac{\partial \gamma_{xy}}{\partial z}\right)=\frac{\partial}{\partial x}\left(2\frac{\partial^2 u}{\partial y\partial z}\right)=2\frac{\partial^2}{\partial y\partial z}\left(\frac{\partial u}{\partial x}\right)\tag{2-141}$$

循环更换 x、y、z 三个字母，可得到另外两个同一类型的关系式。

$$\begin{cases}\dfrac{\partial}{\partial x}\left(-\dfrac{\partial \gamma_{yz}}{\partial x}+\dfrac{\partial \gamma_{zx}}{\partial y}+\dfrac{\partial \gamma_{xy}}{\partial z}\right)=2\dfrac{\partial^2 \varepsilon_x}{\partial y\partial z}\\[2ex]\dfrac{\partial}{\partial y}\left(-\dfrac{\partial \gamma_{zx}}{\partial y}+\dfrac{\partial \gamma_{xy}}{\partial z}+\dfrac{\partial \gamma_{yz}}{\partial x}\right)=2\dfrac{\partial^2 \varepsilon_y}{\partial z\partial x}\\[2ex]\dfrac{\partial}{\partial z}\left(-\dfrac{\partial \gamma_{xy}}{\partial z}+\dfrac{\partial \gamma_{yz}}{\partial x}+\dfrac{\partial \gamma_{zx}}{\partial y}\right)=2\dfrac{\partial^2 \varepsilon_z}{\partial x\partial y}\end{cases}\tag{2-142}$$

这是又一组相容方程。

2.3.3 应变转轴公式[6]

1. 平面应力状态下应变转换公式

平面应力状态下一点的应变状态，也是用一定坐标系下的应变分量来表示的。研究应变的转换就是要研究不同坐标系下应变分量的转换。应变是一种几何量，所以应变转换也是利用几何关系得到的。

下面推导由某一坐标系（x-y）中任一点处的应变分量 ε_x、ε_y、γ_{xy} 计算该点在新坐标系（x'-y'）中应变分量 ε_1、ε_2、γ_{12} 的公式，也就是由偏轴应变分量求正轴应变分量的公式。其中新坐标系（x'-y'）为材料主方向 1-2 轴。

在 x-y 坐标系下，设平面应力状态下一点 D 在该平面的应变分量（图 2-29）按应变的定义为

$$\varepsilon_x = \frac{\partial u}{\partial x}, \quad \varepsilon_y = \frac{\partial v}{\partial y}, \quad \gamma_{xy} = \frac{\partial v}{\partial x} + \frac{\partial u}{\partial y} \tag{2-143}$$

式中，u，v 分别是 D 点在 x 和 y 方向的位移分量。

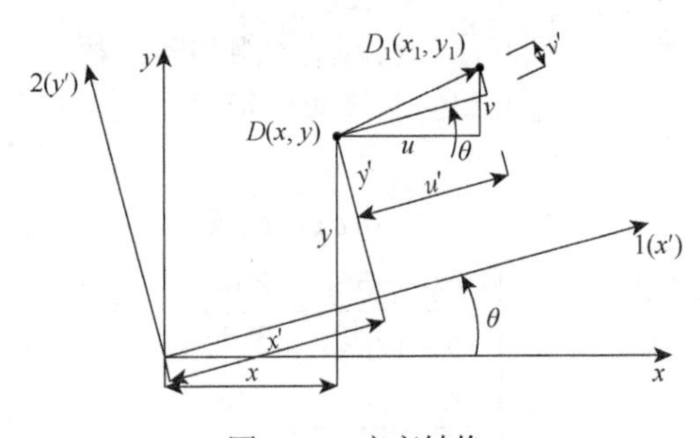

图 2-29 应变转换

在 x'-y'坐标系下：

$$\varepsilon_1 = \varepsilon'_x = \frac{\partial u'}{\partial x'}, \quad \varepsilon_2 = \varepsilon'_y = \frac{\partial v'}{\partial y'}, \quad \gamma_{12} = \gamma_{x'y'} = \frac{\partial v'}{\partial x'} + \frac{\partial u'}{\partial y'} \tag{2-144}$$

D 点有一微小位移矢量，其在 x-y 坐标系下的位移分量分别是 u、v，而在 x'-y' 坐标轴下位移分量为 u'、v'。它们之间存在以下关系：

$$\begin{aligned} u' &= mu + nv, \quad v' = -nu + mv \\ u &= mu' - nv', \quad v = nu' + mv' \end{aligned} \tag{2-145}$$

$$\frac{\partial u'}{\partial x} = m\frac{\partial u}{\partial x} + n\frac{\partial v}{\partial x}, \quad \frac{\partial u'}{\partial y} = m\frac{\partial u}{\partial y} + n\frac{\partial v}{\partial y} \tag{2-146}$$

x-y 及 x'-y'坐标系的坐标转换也有类似关系：

$$\begin{aligned} x' &= mx + ny, \quad y' = -nx + my \\ x &= mx' - ny', \quad y = nx' + my' \end{aligned} \tag{2-147}$$

由式（2-147）可得

$$\frac{\partial x}{\partial x'} = m, \quad \frac{\partial y}{\partial x'} = n \tag{2-148}$$

联合式（2-143）～式（2-148），按照复合函数求导法则，可得

$$\varepsilon_1 = \frac{\partial u'}{\partial x'} = \frac{\partial u'}{\partial x} \cdot \frac{\partial x}{\partial x'} + \frac{\partial u'}{\partial y} \cdot \frac{\partial y}{\partial x'} \tag{2-149}$$

$$\varepsilon_1 = m\frac{\partial u'}{\partial x} + n\frac{\partial u'}{\partial y} \tag{2-150}$$

$$\varepsilon_1 = m\left[m\frac{\partial u}{\partial x} + n\frac{\partial v}{\partial x}\right] + n\left[m\frac{\partial u}{\partial y} + n\frac{\partial v}{\partial y}\right] \tag{2-151}$$

同理可以得到 ε_2、γ_{12} 的表达式，展开后可写成

$$\begin{cases} \varepsilon_1 = m^2\varepsilon_x + n^2\varepsilon_y + mn\gamma_{xy} \\ \varepsilon_2 = n^2\varepsilon_x + m^2\varepsilon_y - mn\gamma_{xy} \\ \gamma_{12} = -2mn\varepsilon_x + 2mn\varepsilon_y + (m^2 - n^2)\gamma_{xy} \end{cases} \tag{2-152}$$

改写成矩阵形式：

$$\begin{Bmatrix} \varepsilon_1 \\ \varepsilon_2 \\ \gamma_{12} \end{Bmatrix} = \begin{bmatrix} m^2 & n^2 & mn \\ n^2 & m^2 & -mn \\ -2mn & 2mn & m^2 - n^2 \end{bmatrix} \begin{Bmatrix} \varepsilon_x \\ \varepsilon_y \\ \gamma_{xy} \end{Bmatrix} \tag{2-153}$$

方阵 $\boldsymbol{T}_\varepsilon$ 称为应变正转换矩阵，即

$$\boldsymbol{T}_\varepsilon = \begin{bmatrix} m^2 & n^2 & mn \\ n^2 & m^2 & -mn \\ -2mn & 2mn & m^2 - n^2 \end{bmatrix} \tag{2-154}$$

上述的转换公式是由偏轴应变求正轴应变的公式，经过求逆可以改为由正轴应变求偏轴应变：

$$\begin{Bmatrix} \varepsilon_x \\ \varepsilon_y \\ \gamma_{xy} \end{Bmatrix} = \begin{bmatrix} m^2 & n^2 & -mn \\ n^2 & m^2 & mn \\ 2mn & -2mn & m^2 - n^2 \end{bmatrix} \begin{Bmatrix} \varepsilon_1 \\ \varepsilon_2 \\ \gamma_{12} \end{Bmatrix} \tag{2-155}$$

方阵 $\boldsymbol{T}_\varepsilon^{-1}$ 称为应变负转换矩阵。

$$
\boldsymbol{T}_{\varepsilon}^{-1}=\begin{bmatrix} m^2 & n^2 & -mn \\ n^2 & m^2 & mn \\ 2mn & -2mn & m^2-n^2 \end{bmatrix} \tag{2-156}
$$

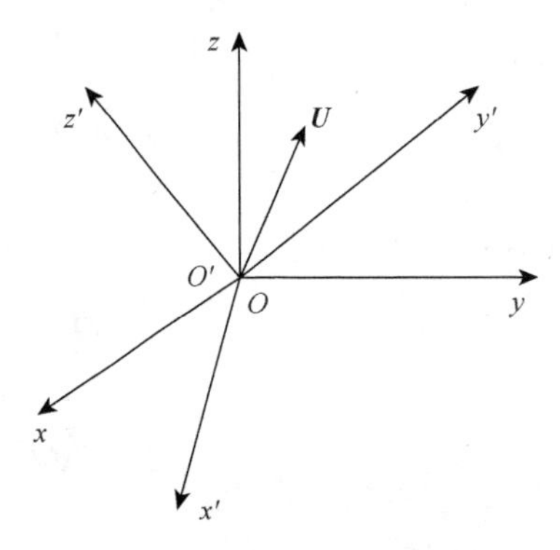

图 2-30　位移向量转换示意图

2. 空间转轴时应变分量的变换

原坐标系 $Oxyz$ 在空间旋转一个角度后停下来成为新坐标系 $Ox'y'z'$，如图 2-30 所示，新坐标系 $Ox'y'z'$在空间中的位置由三个坐标轴 Ox'、Oy'、Oz'在原坐标系 $Oxyz$ 下的方向余弦确定，Ox'、Oy'、Oz'在坐标系 $Oxyz$ 下的方向余弦分别为（l_1，m_1，n_1）、（l_2，m_2，n_2）、（l_3，m_3，n_3）。

空间中的位移向量 $\boldsymbol{U}$ 可分别在两个新老坐标系下表示：

$$
\boldsymbol{U}=u\boldsymbol{e}_i+v\boldsymbol{e}_j+w\boldsymbol{e}_k=u'\boldsymbol{e}_{i'}+v'\boldsymbol{e}_{j'}+w'\boldsymbol{e}_{k'} \tag{2-157}
$$

可将式（2-157）改写成

$$
\{\boldsymbol{e}_i \quad \boldsymbol{e}_j \quad \boldsymbol{e}_k\}\begin{Bmatrix} u \\ v \\ w \end{Bmatrix}=\{\boldsymbol{e}_{i'} \quad \boldsymbol{e}_{j'} \quad \boldsymbol{e}_{k'}\}\begin{Bmatrix} u' \\ v' \\ w' \end{Bmatrix} \tag{2-158}
$$

由式（2-30）代入式（2-158）右侧，可得

$$
\{\boldsymbol{e}_i \quad \boldsymbol{e}_j \quad \boldsymbol{e}_k\}\begin{Bmatrix} u \\ v \\ w \end{Bmatrix}=\{\boldsymbol{e}_i \quad \boldsymbol{e}_j \quad \boldsymbol{e}_k\}\begin{bmatrix} l_1 & l_2 & l_3 \\ m_1 & m_2 & m_3 \\ n_1 & n_2 & n_3 \end{bmatrix}\begin{Bmatrix} u' \\ v' \\ w' \end{Bmatrix} \tag{2-159}
$$

所以坐标变换时，位移（u，v，w）与（u'，v'，w'）之间的关系为

$$
\begin{Bmatrix} u \\ v \\ w \end{Bmatrix}=\begin{bmatrix} l_1 & l_2 & l_3 \\ m_1 & m_2 & m_3 \\ n_1 & n_2 & n_3 \end{bmatrix}\begin{Bmatrix} u' \\ v' \\ w' \end{Bmatrix} \tag{2-160}
$$

或者

$$
\begin{Bmatrix} u' \\ v' \\ w' \end{Bmatrix}=\begin{bmatrix} l_1 & m_1 & n_1 \\ l_2 & m_2 & n_2 \\ l_3 & m_3 & n_3 \end{bmatrix}\begin{Bmatrix} u \\ v \\ w \end{Bmatrix} \tag{2-161}
$$

$$
\begin{aligned}
\varepsilon_x' &= \frac{\partial u'}{\partial x'} = \left(l_1\frac{\partial}{\partial x} + m_1\frac{\partial}{\partial y} + n_1\frac{\partial}{\partial z}\right)u' \\
&= \left(l_1\frac{\partial}{\partial x} + m_1\frac{\partial}{\partial y} + n_1\frac{\partial}{\partial z}\right)(ul_1 + vm_1 + wn_1) \\
&= \frac{\partial u}{\partial x}l_1^2 + \frac{\partial v}{\partial y}m_1^2 + \frac{\partial w}{\partial z}n_1^2 + \left(\frac{\partial v}{\partial x} + \frac{\partial u}{\partial y}\right)l_1m_1 + \left(\frac{\partial w}{\partial y} + \frac{\partial v}{\partial z}\right)m_1n_1 \\
&\quad + \left(\frac{\partial u}{\partial z} + \frac{\partial w}{\partial x}\right)n_1l_1 \\
&= \varepsilon_x l_1^2 + \varepsilon_y m_1^2 + \varepsilon_z n_1^2 + \gamma_{xy}l_1m_1 + \gamma_{yz}m_1n_1 + \gamma_{zx}n_1l_1
\end{aligned}
\tag{2-162}
$$

$$
\begin{aligned}
\gamma_{x'y'} &= \frac{\partial v'}{\partial x'} + \frac{\partial u'}{\partial y'} = \left(l_1\frac{\partial}{\partial x} + m_1\frac{\partial}{\partial y} + n_1\frac{\partial}{\partial z}\right)(ul_2 + vm_2 + wn_2) \\
&\quad + \left(l_2\frac{\partial}{\partial x} + m_2\frac{\partial}{\partial y} + n_2\frac{\partial}{\partial z}\right)(ul_1 + vm_1 + wn_1) \\
&= 2\left(\frac{\partial u}{\partial x}l_1l_2 + \frac{\partial v}{\partial y}m_1m_2 + \frac{\partial w}{\partial z}n_1n_2\right) + \left(\frac{\partial v}{\partial x} + \frac{\partial u}{\partial y}\right)(l_1m_2 + l_2m_1) \\
&\quad + \left(\frac{\partial w}{\partial y} + \frac{\partial v}{\partial z}\right)(m_1n_2 + m_2n_1) + \left(\frac{\partial u}{\partial z} + \frac{\partial w}{\partial x}\right)(n_1l_2 + n_2l_1) \\
&= 2(\varepsilon_x l_1l_2 + \varepsilon_y m_1m_2 + \varepsilon_z n_1n_2) + \gamma_{xy}(l_1m_2 + l_2m_1) \\
&\quad + \gamma_{yz}(m_1n_2 + m_2n_1) + \gamma_{xz}(n_1l_2 + n_2l_1)
\end{aligned}
\tag{2-163}
$$

其他应变分量之间的关系从略。将转轴变换时应变分量之间的关系写成矩阵形式，得

$$
\begin{bmatrix}
\varepsilon_{x'} & \dfrac{\gamma_{x'y'}}{2} & \dfrac{\gamma_{x'z'}}{2} \\
\dfrac{\gamma_{y'x'}}{2} & \varepsilon_{y'} & \dfrac{\gamma_{y'z'}}{2} \\
\dfrac{\gamma_{z'x'}}{2} & \dfrac{\gamma_{z'y'}}{2} & \varepsilon_{z'}
\end{bmatrix}
=
\begin{bmatrix}
l_1 & m_1 & n_1 \\
l_2 & m_2 & n_2 \\
l_3 & m_3 & n_3
\end{bmatrix}
\begin{bmatrix}
\varepsilon_x & \dfrac{\gamma_{xy}}{2} & \dfrac{\gamma_{xz}}{2} \\
\dfrac{\gamma_{yx}}{2} & \varepsilon_y & \dfrac{\gamma_{yz}}{2} \\
\dfrac{\gamma_{zx}}{2} & \dfrac{\gamma_{yz}}{2} & \varepsilon_z
\end{bmatrix}
\begin{bmatrix}
l_1 & l_2 & l_3 \\
m_1 & m_2 & m_3 \\
n_1 & n_2 & n_3
\end{bmatrix}
\tag{2-164}
$$

式（2-164）可以简写成

$$
\boldsymbol{\varepsilon}' = \boldsymbol{a}\boldsymbol{\varepsilon}\boldsymbol{a}^{\mathrm{T}} \tag{2-165}
$$

将式（2-165）展开可得

①：$\varepsilon_{x'} = l_1^2\varepsilon_x + m_1^2\varepsilon_y + n_1^2\varepsilon_z + n_1m_1\gamma_{yz} + l_1n_1\gamma_{zx} + l_1m_1\gamma_{xy}$

②：$\varepsilon_{y'} = l_2^2\varepsilon_x + m_2^2\varepsilon_y + n_2^2\varepsilon_z + n_2m_2\gamma_{yz} + l_2n_2\gamma_{zx} + l_2m_2\gamma_{xy}$

③：$\varepsilon_{z'} = l_3^2\varepsilon_x + m_3^2\varepsilon_y + n_3^2\varepsilon_z + n_3m_3\gamma_{yz} + l_3n_3\gamma_{zx} + l_3m_3\gamma_{xy}$

④：$\begin{cases}\gamma_{y'z'} = 2l_2l_3\varepsilon_x + 2m_2m_3\varepsilon_y + 2n_2n_3\varepsilon_z + (n_2m_3 + m_2n_3)\gamma_{yz} + (n_2l_3 + l_2n_3)\gamma_{zx} + (m_2l_3 + l_2m_3)\gamma_{xy} \\ \gamma_{z'y'} = 2l_2l_3\varepsilon_x + 2m_2m_3\varepsilon_y + 2n_2n_3\varepsilon_z + (n_2m_3 + m_2n_3)\gamma_{yz} + (n_2l_3 + l_2n_3)\gamma_{zx} + (m_2l_3 + l_2m_3)\gamma_{xy}\end{cases}$

⑤：$\begin{cases}\gamma_{z'x'} = 2l_1l_3\varepsilon_x + 2m_1m_3\varepsilon_y + 2n_1n_3\varepsilon_z + (n_1m_3 + m_1n_3)\gamma_{yz} + (n_1l_3 + l_1n_3)\gamma_{zx} + (m_1l_3 + l_1m_3)\gamma_{xy} \\ \gamma_{x'z'} = 2l_1l_3\varepsilon_x + 2m_1m_3\varepsilon_y + 2n_1n_3\varepsilon_z + (n_1m_3 + m_1n_3)\gamma_{yz} + (n_1l_3 + l_1n_3)\gamma_{zx} + (m_1l_3 + l_1m_3)\gamma_{xy}\end{cases}$

⑥：$\begin{cases}\gamma_{x'y'} = 2l_1l_2\varepsilon_x + 2m_1m_2\varepsilon_y + 2n_1n_2\varepsilon_z + (n_1m_2 + m_1n_2)\gamma_{yz} + (n_1l_2 + l_1n_2)\gamma_{zx} + (m_1l_2 + l_1m_2)\gamma_{xy} \\ \gamma_{y'x'} = 2l_1l_2\varepsilon_x + 2m_1m_2\varepsilon_y + 2n_1n_2\varepsilon_z + (n_1m_2 + m_1n_2)\gamma_{yz} + (n_1l_2 + l_1n_2)\gamma_{zx} + (m_1l_2 + l_1m_2)\gamma_{xy}\end{cases}$

因此将上述六式改写成矩阵形式如下：

$$\begin{Bmatrix}\varepsilon_{x'} \\ \varepsilon_{y'} \\ \varepsilon_{z'} \\ \gamma_{y'z'} \\ \gamma_{z'x'} \\ \gamma_{x'y'}\end{Bmatrix} = \begin{bmatrix} l_1^2 & m_1^2 & n_1^2 & n_1m_1 & l_1n_1 & l_1m_1 \\ l_2^2 & m_2^2 & n_2^2 & n_2m_2 & l_2n_2 & l_2m_2 \\ l_3^2 & m_3^2 & n_3^2 & n_3m_3 & l_3n_3 & l_3m_3 \\ 2l_2l_3 & 2m_2m_3 & 2n_2n_3 & n_2m_3 + m_2n_3 & n_2l_3 + l_2n_3 & m_2l_3 + l_2m_3 \\ 2l_1l_3 & 2m_1m_3 & 2n_1n_3 & n_1m_3 + m_1n_3 & n_1l_3 + l_1n_3 & m_1l_3 + l_1m_3 \\ 2l_1l_2 & 2m_1m_2 & 2n_1n_2 & n_1m_2 + m_1n_2 & n_1l_2 + l_1n_2 & m_1l_2 + l_1m_2 \end{bmatrix} \begin{Bmatrix}\varepsilon_x \\ \varepsilon_y \\ \varepsilon_z \\ \gamma_{yz} \\ \gamma_{zx} \\ \gamma_{xy}\end{Bmatrix} \tag{2-166}$$

或简写成

$$\boldsymbol{\varepsilon}' = \boldsymbol{T}_{\varepsilon}\boldsymbol{\varepsilon} \tag{2-167}$$

式中，$\boldsymbol{\varepsilon}'$和 $\boldsymbol{\varepsilon}$ 为列向量；$\boldsymbol{T}_{\varepsilon}$ 即为应变正转换矩阵。

2.4 应力-应变关系

外荷载作用下处于平衡或运动状态的连续弹性体，由荷载引起的内力集度称为应力，物体中任意一点的应力状态用应力分量表示，采用正交坐标系，取三个互相正交的平面，其法线分别平行于三个坐标轴，对于直角坐标系 x、y、z 三个正交平面上的应力张量为

$$\boldsymbol{\sigma} = \begin{bmatrix}\sigma_x & \tau_{xy} & \tau_{xz} \\ \tau_{yx} & \sigma_y & \tau_{yz} \\ \tau_{zx} & \tau_{zy} & \sigma_z\end{bmatrix} \tag{2-168}$$

式中，$\tau_{xy} = \tau_{yx}$，$\tau_{xz} = \tau_{zx}$，$\tau_{yz} = \tau_{zy}$，因此应力分量共 6 个：σ_x，σ_y，σ_z，τ_{xy}，τ_{xz}，τ_{yz}。

同时，弹性体在外荷载作用下发生变形，任意一点的应变状态用应变分量表示，应变张量可表示为

$$
\boldsymbol{\varepsilon}=\begin{bmatrix} \varepsilon_x & \varepsilon_{xy} & \varepsilon_{xz} \\ \varepsilon_{yx} & \varepsilon_y & \varepsilon_{yz} \\ \varepsilon_{zx} & \varepsilon_{zy} & \varepsilon_z \end{bmatrix} \tag{2-169}
$$

式中，$\varepsilon_{xy}=\dfrac{1}{2}\gamma_{xy}$、$\varepsilon_{yz}=\dfrac{1}{2}\gamma_{yz}$、$\varepsilon_{zx}=\dfrac{1}{2}\gamma_{zx}$ 为张量剪应变；γ_{xy}、γ_{yz}、γ_{zx} 为工程剪应变；ε_x、ε_y、ε_z 为线应变，应变分量也是6个。

2.4.1 各向异性体的应力-应变关系[7]

一般情况下，均匀连续体中的任意一点所取出的单元体具有图2-31所示的三维应力状态。一点的应力状态由6个应力分量确定，而同一点附近的变形状态由6个应变分量确定。由于将铺层看作均匀的、连续的，且在线弹性、小变形情况下，应力与应变可以取如下线性关系式，称为应力-应变关系式：

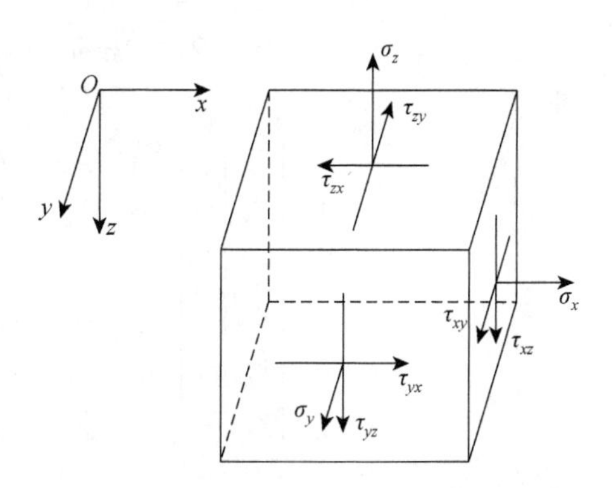

图2-31 三维应力状态的应力分量

$$
\begin{aligned}
\sigma_x &= C_{11}\varepsilon_x + C_{12}\varepsilon_y + C_{13}\varepsilon_z + C_{14}\gamma_{yz} + C_{15}\gamma_{xz} + C_{16}\gamma_{xy} \\
\sigma_y &= C_{21}\varepsilon_x + C_{22}\varepsilon_y + C_{23}\varepsilon_z + C_{24}\gamma_{yz} + C_{25}\gamma_{xz} + C_{26}\gamma_{xy} \\
\sigma_z &= C_{31}\varepsilon_x + C_{32}\varepsilon_y + C_{33}\varepsilon_z + C_{34}\gamma_{yz} + C_{35}\gamma_{xz} + C_{36}\gamma_{xy} \\
\tau_{yz} &= C_{41}\varepsilon_x + C_{42}\varepsilon_y + C_{43}\varepsilon_z + C_{44}\gamma_{yz} + C_{45}\gamma_{xz} + C_{46}\gamma_{xy} \\
\tau_{zx} &= C_{51}\varepsilon_x + C_{52}\varepsilon_y + C_{53}\varepsilon_z + C_{54}\gamma_{yz} + C_{55}\gamma_{xz} + C_{56}\gamma_{xy} \\
\tau_{xy} &= C_{61}\varepsilon_x + C_{62}\varepsilon_y + C_{63}\varepsilon_z + C_{64}\gamma_{yz} + C_{65}\gamma_{xz} + C_{66}\gamma_{xy}
\end{aligned} \tag{2-170}
$$

或

$$
\begin{Bmatrix} \sigma_x \\ \sigma_y \\ \sigma_z \\ \tau_{yz} \\ \tau_{zx} \\ \tau_{xy} \end{Bmatrix} = \begin{bmatrix} C_{11} & C_{12} & C_{13} & C_{14} & C_{15} & C_{16} \\ C_{21} & C_{22} & C_{23} & C_{24} & C_{25} & C_{26} \\ C_{31} & C_{32} & C_{33} & C_{34} & C_{35} & C_{36} \\ C_{41} & C_{42} & C_{43} & C_{44} & C_{45} & C_{46} \\ C_{51} & C_{52} & C_{53} & C_{54} & C_{55} & C_{56} \\ C_{61} & C_{62} & C_{63} & C_{64} & C_{65} & C_{66} \end{bmatrix} \begin{Bmatrix} \varepsilon_x \\ \varepsilon_y \\ \varepsilon_z \\ \gamma_{yz} \\ \gamma_{zx} \\ \gamma_{xy} \end{Bmatrix} \tag{2-171}
$$

或简写成

$$
\boldsymbol{\sigma}=\boldsymbol{C}\boldsymbol{\varepsilon} \tag{2-172}
$$

或改写成张量形式为

$$
\sigma_i = C_{ij}\varepsilon_j \,(i, j = 1, 2, 3, 4, 5, 6)
$$

改写成应变-应力关系式为

$$\begin{aligned}
\varepsilon_x &= S_{11}\sigma_x + S_{12}\sigma_y + S_{13}\sigma_z + S_{14}\tau_{yz} + S_{15}\tau_{zx} + S_{16}\tau_{zy} \\
\varepsilon_y &= S_{21}\sigma_x + S_{22}\sigma_y + S_{23}\sigma_z + S_{24}\tau_{yz} + S_{25}\tau_{zx} + S_{26}\tau_{zy} \\
\varepsilon_z &= S_{31}\sigma_x + S_{32}\sigma_y + S_{33}\sigma_z + S_{34}\tau_{yz} + S_{35}\tau_{zx} + S_{36}\tau_{zy} \\
\gamma_{yz} &= S_{41}\sigma_x + S_{42}\sigma_y + S_{43}\sigma_z + S_{44}\tau_{yz} + S_{45}\tau_{zx} + S_{46}\tau_{zy} \\
\gamma_{zx} &= S_{51}\sigma_x + S_{52}\sigma_y + S_{53}\sigma_z + S_{54}\tau_{yz} + S_{55}\tau_{zx} + S_{56}\tau_{zy} \\
\gamma_{xy} &= S_{61}\sigma_x + S_{62}\sigma_y + S_{63}\sigma_z + S_{64}\tau_{yz} + S_{65}\tau_{zx} + S_{66}\tau_{xy}
\end{aligned} \tag{2-173}$$

或

$$\begin{Bmatrix} \varepsilon_x \\ \varepsilon_y \\ \varepsilon_z \\ \gamma_{yz} \\ \gamma_{zx} \\ \gamma_{xy} \end{Bmatrix} = \begin{bmatrix} S_{11} & S_{12} & S_{13} & S_{14} & S_{15} & S_{16} \\ S_{21} & S_{22} & S_{23} & S_{24} & S_{25} & S_{26} \\ S_{31} & S_{32} & S_{33} & S_{34} & S_{35} & S_{36} \\ S_{41} & S_{42} & S_{43} & S_{44} & S_{45} & S_{46} \\ S_{51} & S_{52} & S_{53} & S_{54} & S_{55} & S_{56} \\ S_{61} & S_{62} & S_{63} & S_{64} & S_{65} & S_{66} \end{bmatrix} \begin{Bmatrix} \sigma_x \\ \sigma_y \\ \sigma_z \\ \tau_{yz} \\ \tau_{zx} \\ \tau_{xy} \end{Bmatrix} \tag{2-174}$$

或简写成

$$\boldsymbol{\varepsilon} = \boldsymbol{S\sigma} \tag{2-175}$$

或改写成张量形式：

$$\varepsilon_i = S_{ij}\sigma_j \quad (i, j = 1, 2, 3, 4, 5, 6)$$

式中，σ_1、σ_2、σ_3、σ_4、σ_5、σ_6 分别为 σ_x、σ_y、σ_z、τ_{yz}、τ_{xz}、τ_{xy}；ε_1、ε_2、ε_3、ε_4、ε_5、ε_6 分别为 ε_x、ε_y、ε_z、γ_{yz}、γ_{xz}、γ_{xy}；S_{ij} 称为柔度分量，C_{ij} 称为刚度分量。由柔度分量构成的矩阵 $\boldsymbol{S}$ 称为柔度矩阵，由刚度分量构成的矩阵 $\boldsymbol{C}$ 称为刚度矩阵，两个矩阵互逆，即

$$\boldsymbol{C} = \boldsymbol{S}^{-1}, \quad \boldsymbol{S} = \boldsymbol{C}^{-1} \tag{2-176}$$

柔度分量和刚度分量称为弹性常数。各向异性体的弹性常数共有 36 个。实际上由于柔度分量和刚度分量存在对称性，独立的弹性常数共 21 个。在某些情况下，独立弹性常数的个数将会减少。

$$C_{ij} = C_{ji}, \quad S_{ij} = S_{ji} \tag{2-177}$$

对于完全弹性体，在外力作用下只产生弹性变形。外力做功以能量的形式储存在弹性体内，称为应变势能。应变势能只取决于应力状态或应变状态，与加载过程无关。单位体积的应变势能又称为应变势能密度，用 W 表示。当外载卸除时，物体完全恢复至其原始状态，即应变势能放出。当应力 σ_i 作用于应变增量 $\mathrm{d}\varepsilon_i$ 时，单位体积外力功的增量为 $\mathrm{d}A$，即应变势能密度增量 $\mathrm{d}W$ 为

$$\mathrm{d}A = \mathrm{d}W = \sigma_i \mathrm{d}\varepsilon_i \tag{2-178}$$

由应变势能与加载过程无关可得出：

$$dW = \frac{\partial W}{\partial \varepsilon_i} d\varepsilon_i \tag{2-179}$$

比较式（2-178）与式（2-179）得出：

$$\frac{\partial W}{\partial \varepsilon_i} = \sigma_i = C_{ij}\varepsilon_j \tag{2-180}$$

沿整个加载变形过程积分 dW，应变势能密度为

$$W = \frac{1}{2}C_{ij}\varepsilon_i\varepsilon_j = \frac{1}{2}S_{ij}\sigma_i\sigma_j \tag{2-181}$$

1）完全各向异性材料（anisotropic linear elastic material）

最一般的各向异性弹性力学的本构方程为式（2-175），有 21 个弹性常数。写出式（2-175）的第一个分量式：

$$\varepsilon_1 = S_{11}\sigma_1 + S_{12}\sigma_2 + S_{13}\sigma_3 + S_{14}\sigma_4 + S_{15}\sigma_5 + S_{16}\sigma_6 \tag{2-182}$$

式中，σ_4、σ_5、σ_6 是剪应力 τ_{23}、τ_{31}、τ_{12}，所以只要有剪应力，就可以有正应变 ε_1。因此，可得如下结论：各向异性体一般具有耦合现象。即剪应力可以引起正应变，同样，正应力也可以引起剪应变；反之亦然。显然，各向异性体的形状改变与体积改变也是耦合的，各向同性体无此耦合现象。

因此，完全各向异性材料的刚度矩阵为

$$\boldsymbol{C} = \begin{bmatrix} C_{11} & C_{12} & C_{13} & C_{14} & C_{15} & C_{16} \\ C_{21} & C_{22} & C_{23} & C_{24} & C_{25} & C_{26} \\ C_{31} & C_{32} & C_{33} & C_{34} & C_{35} & C_{36} \\ C_{41} & C_{42} & C_{43} & C_{44} & C_{45} & C_{46} \\ C_{51} & C_{52} & C_{53} & C_{54} & C_{55} & C_{56} \\ C_{61} & C_{62} & C_{63} & C_{64} & C_{65} & C_{66} \end{bmatrix} \tag{2-183}$$

其柔度矩阵为

$$\boldsymbol{S} = \begin{bmatrix} S_{11} & S_{12} & S_{13} & S_{14} & S_{15} & S_{16} \\ S_{21} & S_{22} & S_{23} & S_{24} & S_{25} & S_{26} \\ S_{31} & S_{32} & S_{33} & S_{34} & S_{35} & S_{36} \\ S_{41} & S_{42} & S_{43} & S_{44} & S_{45} & S_{46} \\ S_{51} & S_{52} & S_{53} & S_{54} & S_{55} & S_{56} \\ S_{61} & S_{62} & S_{63} & S_{64} & S_{65} & S_{66} \end{bmatrix} \tag{2-184}$$

2）具有一弹性对称面材料（monoclinic material）

实际上绝大多数工程材料具有对称的内部结构，因此材料具有弹性对称面，如纤维增强复合材料、木材等。弹性对称面是指过该点有这样一种平面，沿这些平面的对称方向弹性性能是相同的。例如，单向纤维复合材料宏观而言是各向异性均匀体，无论纤维按什么方式排列，垂直于纤维的各横截面都是弹

性对称面。垂直于弹性对称面的轴称为材料主轴，或弹性主轴（不要与应力主轴混淆）。

设 $x_3=0$ 的面为弹性对称面，那么可用图 2-32 所示的两个坐标系来计算单位体积应变能，由于体积应变能是应变状态的单值函数，是标量，与坐标系的选择无关，其计算结果应一样。对于图 2-32（a）中是正号的剪应力 τ_{23}、τ_{31}（即 σ_4、σ_5）、剪应变 γ_{23}、γ_{31}（ε_4、ε_5），在图 2-32（b）却是负号。设仅有 σ_1、σ_4 作用，其余应力分量为零，这时的应变能为

$$W=\frac{1}{2}S_{11}\sigma_1^2+S_{14}\sigma_1\sigma_4+\frac{1}{2}S_{44}\sigma_4^2 \tag{2-185}$$

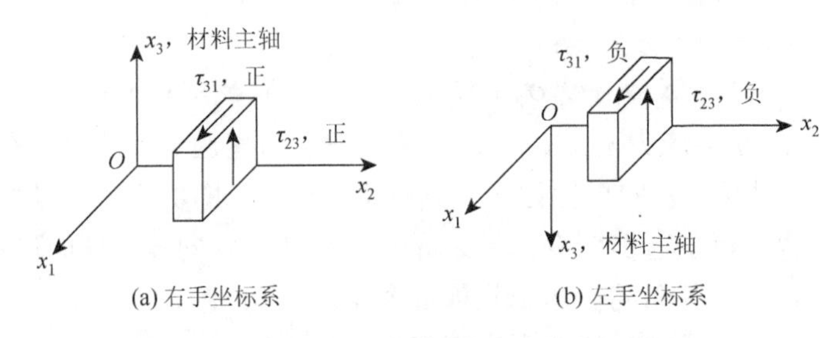

图 2-32　有一弹性对称面

当采用上述两种坐标系计算时，σ_4 变号，为了使 W 保持不变，必须有 $S_{14}=0$。同理有

$$S_{14}=S_{15}=S_{24}=S_{25}=S_{34}=S_{35}=S_{46}=S_{56}=0 \tag{2-186}$$

所以具有一个弹性对称面的材料，独立弹性常数个数为 13 个。柔度矩阵变为

$$\boldsymbol{S}=\begin{bmatrix} S_{11} & S_{12} & S_{13} & 0 & 0 & S_{16} \\ S_{21} & S_{22} & S_{23} & 0 & 0 & S_{26} \\ S_{31} & S_{32} & S_{33} & 0 & 0 & S_{36} \\ 0 & 0 & 0 & S_{44} & S_{45} & 0 \\ 0 & 0 & 0 & S_{54} & S_{55} & 0 \\ S_{61} & S_{62} & S_{63} & 0 & 0 & S_{66} \end{bmatrix} \tag{2-187}$$

刚度系数也是 13 个独立的，刚度矩阵变成

$$\boldsymbol{C}=\begin{bmatrix} C_{11} & C_{12} & C_{13} & 0 & 0 & C_{16} \\ C_{21} & C_{22} & C_{23} & 0 & 0 & C_{26} \\ C_{31} & C_{32} & C_{33} & 0 & 0 & C_{36} \\ 0 & 0 & 0 & C_{44} & C_{45} & 0 \\ 0 & 0 & 0 & C_{54} & C_{55} & 0 \\ C_{61} & C_{62} & C_{63} & 0 & 0 & C_{66} \end{bmatrix} \tag{2-188}$$

若 $\sigma_3 \neq 0$，其他应力分量为零，则有

$$\begin{Bmatrix} \varepsilon_1 \\ \varepsilon_2 \\ \varepsilon_3 \\ \gamma_{23} \\ \gamma_{31} \\ \gamma_{12} \end{Bmatrix} = \begin{bmatrix} S_{11} & S_{12} & S_{13} & 0 & 0 & S_{16} \\ S_{21} & S_{22} & S_{23} & 0 & 0 & S_{26} \\ S_{31} & S_{32} & S_{33} & 0 & 0 & S_{36} \\ 0 & 0 & 0 & S_{44} & S_{45} & 0 \\ 0 & 0 & 0 & S_{54} & S_{55} & 0 \\ S_{61} & S_{62} & S_{63} & 0 & 0 & S_{66} \end{bmatrix} \begin{Bmatrix} 0 \\ 0 \\ \sigma_3 \\ 0 \\ 0 \\ 0 \end{Bmatrix} \tag{2-189}$$

$$\begin{aligned} \varepsilon_1 &= S_{13}\sigma_3, \quad \gamma_{23} = 0 \\ \varepsilon_2 &= S_{23}\sigma_3, \quad \gamma_{31} = 0 \\ \varepsilon_3 &= S_{33}\sigma_3, \quad \gamma_{12} = S_{36}\sigma_3 \end{aligned} \tag{2-190}$$

此式说明，当沿弹性主轴拉伸时，除纵向伸长、横向收缩外，还会引起与主轴垂直的面（弹性对称面）内的剪应变，且弹性主轴方向不变，如图 2-33 所示。

3）正交各向异性材料（orthotropic material）

正交各向异性材料指有三个互相正交的弹性主轴（三个互相正交的弹性对称面）的情形。取 x_1、x_2、x_3 为三个正交的弹性主轴。当 x_1、x_3 轴为弹性主轴时，$x_1 = 0$、$x_3 = 0$ 的面为两个弹性对称面，同具有一个弹性对称面的材料类似，在两个坐标系（图 2-34）下计算出的应变能 W 也应相同。但对于这两个坐标系，τ_{31}、τ_{12}、γ_{31}、γ_{12}（即 σ_5、σ_6、ε_5、ε_6）变号。根据上述同样的道理又可得

$$S_{16} = S_{26} = S_{36} = S_{45} = 0 \tag{2-191}$$

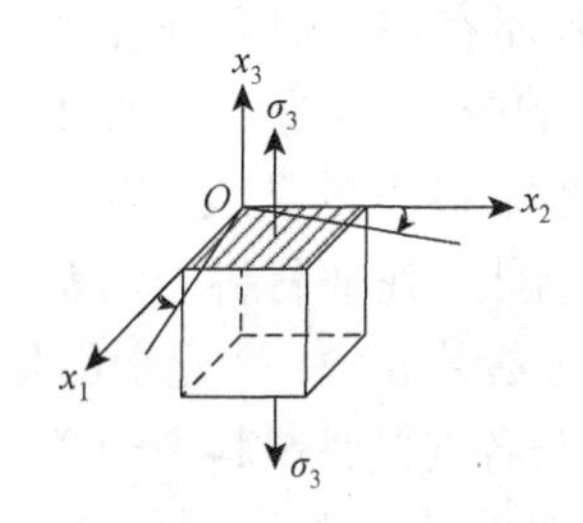

图 2-33　沿弹性主轴拉伸的变形特征

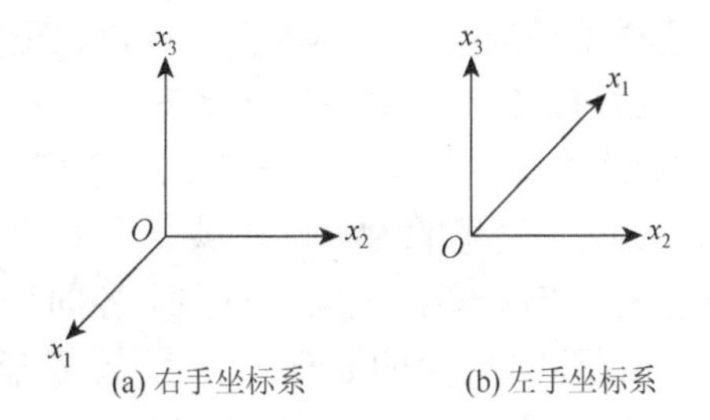

图 2-34　x_1 轴为弹性主轴的情形

因此，正交各向异性材料的刚度矩阵为

$$\boldsymbol{C} = \begin{bmatrix} C_{11} & C_{12} & C_{13} & 0 & 0 & 0 \\ C_{21} & C_{22} & C_{23} & 0 & 0 & 0 \\ C_{31} & C_{32} & C_{33} & 0 & 0 & 0 \\ 0 & 0 & 0 & C_{44} & 0 & 0 \\ 0 & 0 & 0 & 0 & C_{55} & 0 \\ 0 & 0 & 0 & 0 & 0 & C_{66} \end{bmatrix} \tag{2-192}$$

其柔度矩阵为

$$
\boldsymbol{S}=\begin{bmatrix} S_{11} & S_{12} & S_{13} & 0 & 0 & 0 \\ S_{21} & S_{22} & S_{23} & 0 & 0 & 0 \\ S_{31} & S_{32} & S_{33} & 0 & 0 & 0 \\ 0 & 0 & 0 & S_{44} & 0 & 0 \\ 0 & 0 & 0 & 0 & S_{55} & 0 \\ 0 & 0 & 0 & 0 & 0 & S_{66} \end{bmatrix} \tag{2-193}
$$

于是有正交异性体的本构方程：

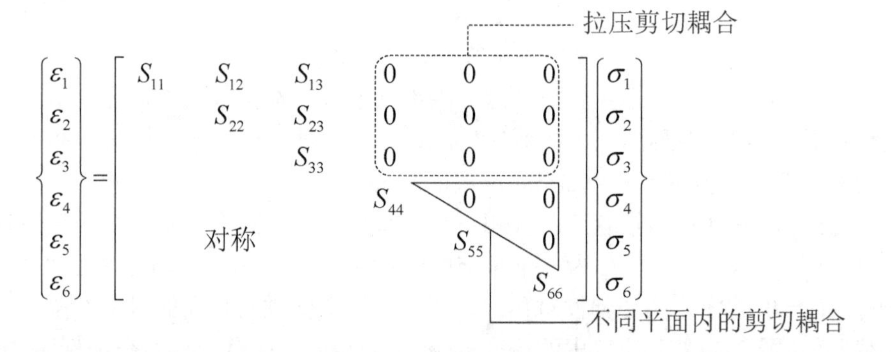

式中，虚线所示的零元素表明没有拉压-剪切耦合现象，实线所示的零元素表明没有“不同平面内的切耦合现象”。此即为正交各向异性材料的一个重要性质：若坐标方向为弹性主方向，拉伸和剪切互不影响，即正应力只引起正应变，而剪应力只会产生剪应变，互不耦合。这说明正交异性材料不存在任何耦合现象。但是同样的材料，在一般参考坐标系下，材料主轴方向上的应力-应变关系通过转轴公式变换到非材料主轴系 $Ox_1'x_2'x_3'$，可得到非主轴坐标系里的正交异性本构方程 $\varepsilon_i'=S_{ij}'\sigma_j'$，这里的 $\boldsymbol{S}'$ 可以是满矩阵（无零元素）。因此，在非材料主轴系里，正交异性材料仍有耦合现象，与完全各向异性相似。但 $\boldsymbol{S}'$ 中的 21 个元素都是 $\boldsymbol{S}$ 中的 9 个元素和方向角的函数。这时，单层板将呈现出与各向同性材料不一样的力学行为。考虑对图 2-35 所示的单层板施加沿 x 方向的拉伸载荷。由于材料主轴与 x 轴不一致，将这种加载称为偏轴拉伸（off-axis）。偏轴单向拉伸不仅会造成沿 x、y 方向的正应变，同时还会造成剪应变。若对图 2-35 所示的单层板施加剪应力，则单层板不仅会产生剪应变，还会产生沿 x、y 方向的正应变，这种现象称为拉剪耦合效应（cross elasticity effect）或剪切效应（shear coupling effect）。各向同性材料没有这种性质，正交各向异性材料在主轴方向上也不会发生这种现象。

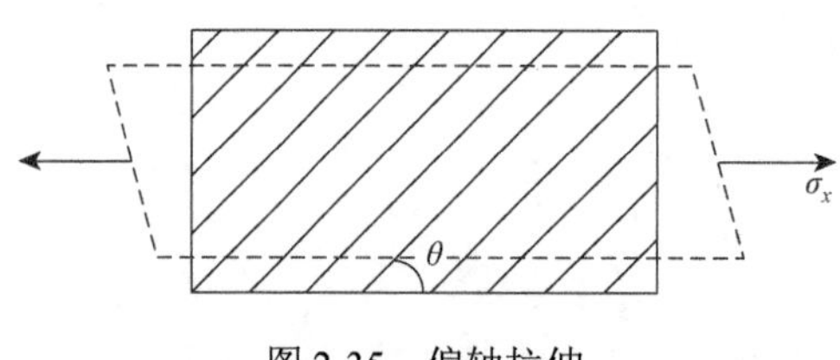

图 2-35　偏轴拉伸

4）横观各向同性材料（transversally isotropic material）[8]

若经过弹性体材料一轴线，在垂直该轴线的平面内，各点的弹性性能在各方向上都相同，则此材料称为横观各向同性材料，此平面称为各向同性面。

现取 1-2 坐标面为各向同性面，3 轴垂直于 1-2 坐标面，1、2、3 轴都是弹性主轴方向，与 3 轴有关的系数 S_{33}、S_{13}、S_{44}、C_{33}、C_{13} 和 C_{44} 都是独立的。由于 1-2 面为各向同性面，则 $S_{11}=S_{22}$，$S_{13}=S_{23}$，$S_{44}=S_{55}$，$C_{11}=C_{22}$，$C_{13}=C_{23}$，$C_{44}=C_{55}$。

设某点应力状态：$\sigma_1=\sigma$，$\sigma_2=-\sigma$，$\sigma_3=\tau_{23}=\tau_{31}=\tau_{12}=0$，如图 2-36 所示，计算应变势能密度 W 为

$$\begin{aligned} W &= \frac{1}{2}(S_{11}\sigma_1^2+2S_{12}\sigma_1\sigma_2+S_{11}\sigma_2^2) \\ &= \frac{1}{2}(S_{11}\sigma^2-2S_{12}\sigma^2+S_{11}\sigma^2) \\ &= (S_{11}-S_{12})\sigma^2 \end{aligned} \tag{2-194}$$

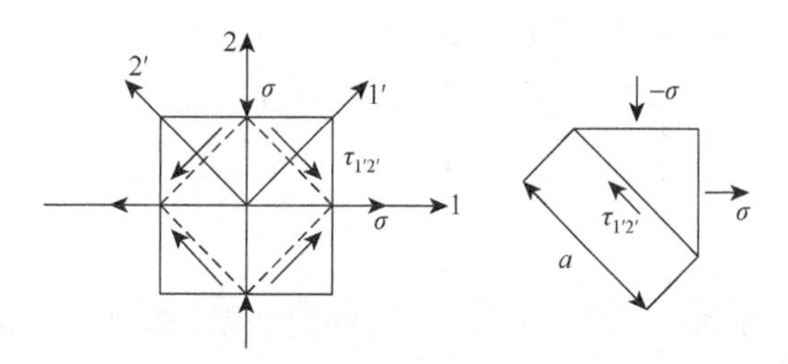

图 2-36　在 2-3 平面中坐标转换的关系

现在将坐标 1-2 在平面内转 45°成为新坐标 1′-2′，根据图 2-36 中单元的平衡条件可以得到

$$\begin{aligned} a(\tau_{1'2'}\cos 45°) &= -\sigma(a\cos 45°) \\ \tau_{1'2'} &= -\sigma \end{aligned} \tag{2-195}$$

因此在新坐标 1′-2′ 下的应力分量为

$$\begin{aligned} &\sigma_{1'}=\sigma_{2'}=\sigma_{3'}=\tau_{2'3'}=\tau_{3'1'}=0 \\ &\tau_{1'2'}=-\sigma \end{aligned} \tag{2-196}$$

这是纯剪应力状态，再计算 W 得

$$W=\frac{1}{2}S_{66}\tau_{1'2'}^2=\frac{1}{2}S_{66}\sigma^2 \tag{2-197}$$

根据 W 应相等的条件得出

$$S_{66}=2(S_{11}-S_{12}) \tag{2-198}$$

此式说明 S_{12}、S_{11}、S_{66} 中只有两个是独立的。

同样，应用应变状态坐标转换前后计算相应的 W 值，由 W 相等的条件可得出：

$$C_{66}=\frac{C_{11}-C_{12}}{2} \tag{2-199}$$

综合以上结果，横观各向同性材料的柔度矩阵可以简化为

$$\boldsymbol{S}=\begin{bmatrix} S_{11} & S_{12} & S_{13} & 0 & 0 & 0 \\ S_{12} & S_{11} & S_{13} & 0 & 0 & 0 \\ S_{13} & S_{13} & S_{33} & 0 & 0 & 0 \\ 0 & 0 & 0 & S_{44} & 0 & 0 \\ 0 & 0 & 0 & 0 & S_{44} & 0 \\ 0 & 0 & 0 & 0 & 0 & 2(S_{11}-S_{12}) \end{bmatrix} \tag{2-200}$$

其刚度矩阵可简化为

$$\boldsymbol{C}=\begin{bmatrix} C_{11} & C_{12} & C_{13} & 0 & 0 & 0 \\ C_{12} & C_{11} & C_{13} & 0 & 0 & 0 \\ C_{13} & C_{13} & C_{33} & 0 & 0 & 0 \\ 0 & 0 & 0 & C_{44} & 0 & 0 \\ 0 & 0 & 0 & 0 & C_{44} & 0 \\ 0 & 0 & 0 & 0 & 0 & \dfrac{C_{11}-C_{12}}{2} \end{bmatrix} \tag{2-201}$$

5）各向同性材料（isotropic material）

各向同性材料中每一点在任意方向上的弹性特性都相同，则刚度、柔度系数分别有下列关系[7]：

$$\begin{aligned} &C_{11}=C_{22}=C_{33},\quad C_{12}=C_{13}=C_{23} \\ &C_{44}=C_{55}=C_{66}=\frac{1}{2}(C_{11}-C_{12}) \\ &S_{11}=S_{22}=S_{33},\quad S_{12}=S_{13}=S_{23} \\ &S_{44}=S_{55}=S_{66}=2(S_{11}-S_{12}) \end{aligned} \tag{2-202}$$

独立的刚度系数和柔度系数都只有两个，这与各向同性材料广义制胡克定律中只有两个独立弹性常数结论完全一致。各向同性材料的刚度和柔度矩阵分别为

$$\boldsymbol{C}=\begin{bmatrix} C_{11} & C_{12} & C_{12} & 0 & 0 & 0 \\ C_{12} & C_{11} & C_{12} & 0 & 0 & 0 \\ C_{12} & C_{12} & C_{11} & 0 & 0 & 0 \\ 0 & 0 & 0 & \frac{1}{2}(C_{11}-C_{12}) & 0 & 0 \\ 0 & 0 & 0 & 0 & \frac{1}{2}(C_{11}-C_{12}) & 0 \\ 0 & 0 & 0 & 0 & 0 & \frac{1}{2}(C_{11}-C_{12}) \end{bmatrix} \tag{2-203}$$

$$
\boldsymbol{S}=\begin{bmatrix}
S_{11} & S_{12} & S_{12} & 0 & 0 & 0 \\
S_{12} & S_{11} & S_{12} & 0 & 0 & 0 \\
S_{12} & S_{12} & S_{11} & 0 & 0 & 0 \\
0 & 0 & 0 & 2(S_{11}-S_{12}) & 0 & 0 \\
0 & 0 & 0 & 0 & 2(S_{11}-S_{12}) & 0 \\
0 & 0 & 0 & 0 & 0 & 2(S_{11}-S_{12})
\end{bmatrix} \tag{2-204}
$$

综合上述，如表 2-3 所示，一般各向异性材料的弹性系数为 21 个；有一个弹性对称面时弹性系数简化为 13 个；有 3 个弹性对称面时(即为正交各向异性材料)弹性系数进一步简化为 9 个；有一个各向同性面时（即为横观各向同性材料）弹性系数进一步简化为 5 个；有 3 个各向同性面时（即为各向同性材料）弹性系数最后简化为 2 个。

表 2-3　不同对称性材料的弹性系数

材料对称性的类型	独立常数数量	非零分量个数（正轴）	非零分量个数（偏轴）	非零分量个数（一般）
三斜轴系	21	36	36	36
单斜轴系	13	20	36	36
正交各向异性	9	12	20	36
横观各向异性	5	12	20	36
各向同性	2	12	12	12

各向异性材料的性质更多地取决于非零分量的个数。

从以上分析可知，各向异性材料的刚度特性要比各向同性材料复杂得多，而单向复合材料一般可以看作横观各向同性的正交各向异性材料。因此，其柔度矩阵用工程弹性系数表示的形式为式（2-200），它包括 5 个独立弹性系数：E_1、E_2、ν_{12}、ν_{23}、G_{12}（或 G_{23}）。

6）与平面应力状态的关系

前述章节讨论了正交各向异性材料三维应力-应变关系，现在开始讨论图 2-37 所示的纤维增强复合材料单向板的应力-应变关系。

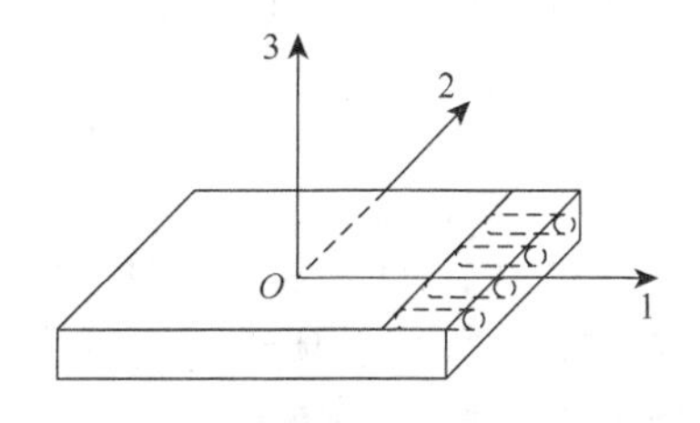

图 2-37　纤维增强复合材料单向板

图 2-37 所示的复合材料纤维连续且均平行排列，是正交各向异性材料。纤维方向为一个材料主方向，用坐标轴 1 表示；垂直于纤维的另外

两个方向也是材料主方向，分别用坐标轴 2、3 表示。由于沿 3 轴方向尺寸很小，故视为单向板，且为平面应力问题，即

$$\sigma_3 = \tau_{23} = \tau_{31} = 0 \tag{2-205}$$

代入正交各向异性应力-应变关系式中，就得到了平面问题的应力-应变关系式：

$$\begin{Bmatrix} \sigma_1 \\ \sigma_2 \\ \sigma_3 \\ \tau_{23} \\ \tau_{31} \\ \tau_{12} \end{Bmatrix} = \begin{bmatrix} C_{11} & C_{12} & C_{13} & 0 & 0 & 0 \\ C_{21} & C_{22} & C_{23} & 0 & 0 & 0 \\ C_{31} & C_{32} & C_{33} & 0 & 0 & 0 \\ 0 & 0 & 0 & C_{44} & 0 & 0 \\ 0 & 0 & 0 & 0 & C_{55} & 0 \\ 0 & 0 & 0 & 0 & 0 & C_{66} \end{bmatrix} \begin{Bmatrix} \varepsilon_1 \\ \varepsilon_2 \\ \varepsilon_3 \\ \gamma_{23} \\ \gamma_{31} \\ \gamma_{12} \end{Bmatrix} \tag{2-206}$$

$$\sigma_3 = C_{31}\varepsilon_1 + C_{32}\varepsilon_2 + C_{33}\varepsilon_3 = 0 \tag{2-207}$$

所以

$$\varepsilon_3 = -\frac{1}{C_{33}}(C_{31}\varepsilon_1 + C_{32}\varepsilon_2) \tag{2-208}$$

将式（2-208）代入式（2-206）可得

$$\begin{aligned} &\sigma_1 = \left(C_{11} - \frac{C_{13}^2}{C_{33}}\right)\varepsilon_1 + \left(C_{12} - \frac{C_{13}C_{23}}{C_{33}}\right)\varepsilon_2 = Q_{11}\varepsilon_1 + Q_{12}\varepsilon_2 \\ &\sigma_2 = \left(C_{21} - \frac{C_{23}C_{13}}{C_{33}}\right)\varepsilon_1 + \left(C_{22} - \frac{C_{23}^2}{C_{33}}\right)\varepsilon_2 = Q_{12}\varepsilon_1 + Q_{22}\varepsilon_2 \\ &\tau_{12} = C_{66}\gamma_{12} = Q_{66}\gamma_{12} \end{aligned} \tag{2-209}$$

改写成矩阵形式如下：

$$\begin{Bmatrix} \sigma_1 \\ \sigma_2 \\ \tau_{12} \end{Bmatrix} = \begin{bmatrix} Q_{11} & Q_{12} & 0 \\ Q_{12} & Q_{22} & 0 \\ 0 & 0 & Q_{66} \end{bmatrix} \begin{Bmatrix} \varepsilon_1 \\ \varepsilon_2 \\ \gamma_{12} \end{Bmatrix} \tag{2-210}$$

对应相等可以发现：

$$Q_{ij} = C_{ij} - \frac{C_{i3}C_{j3}}{C_{33}} \quad (i, j = 1, 2, 6) \tag{2-211}$$

式（2-211）表明，单层板的正轴刚度分量 Q_{ij} 与三维刚度分量 C_{ij} 是不同的，存在式（2-211）所示的关系式。因此，Q_{ij} 称为折算刚度分量，即三维刚度分量按平面应力状态计算时的折算分量。

对于正交异性材料，平面应力状态下柔度分量可以化简为

$$\begin{Bmatrix} \varepsilon_1 \\ \varepsilon_2 \\ \varepsilon_3 \\ \gamma_{23} \\ \gamma_{31} \\ \gamma_{12} \end{Bmatrix} = \begin{bmatrix} S_{11} & S_{12} & S_{13} & 0 & 0 & 0 \\ S_{21} & S_{22} & S_{23} & 0 & 0 & 0 \\ S_{31} & S_{32} & S_{33} & 0 & 0 & 0 \\ 0 & 0 & 0 & S_{44} & 0 & 0 \\ 0 & 0 & 0 & 0 & S_{55} & 0 \\ 0 & 0 & 0 & 0 & 0 & S_{66} \end{bmatrix} \begin{Bmatrix} \sigma_1 \\ \sigma_2 \\ 0 \\ 0 \\ 0 \\ \tau_{12} \end{Bmatrix} \tag{2-212}$$

化简为

$$\begin{Bmatrix} \varepsilon_1 \\ \varepsilon_2 \\ \gamma_{12} \end{Bmatrix} = \begin{bmatrix} S_{11} & S_{12} & 0 \\ S_{21} & S_{22} & 0 \\ 0 & 0 & S_{66} \end{bmatrix} \begin{Bmatrix} \sigma_1 \\ \sigma_2 \\ \tau_{12} \end{Bmatrix} = \boldsymbol{S} \begin{Bmatrix} \sigma_1 \\ \sigma_2 \\ \tau_{12} \end{Bmatrix} \tag{2-213}$$

因此，平面应力状态下，单层板的正轴柔度分量与三维柔度分量是相同的，即柔度分量不变。

2.4.2　正交各向异性材料的工程弹性常数[8]

2.4.1 节讨论各向异性体应力-应变关系时用刚度分量和柔度分量来表达弹性系数，工程上还常常用工程弹性常数来表达。工程弹性常数是由简单试验（图 2-38[9]）

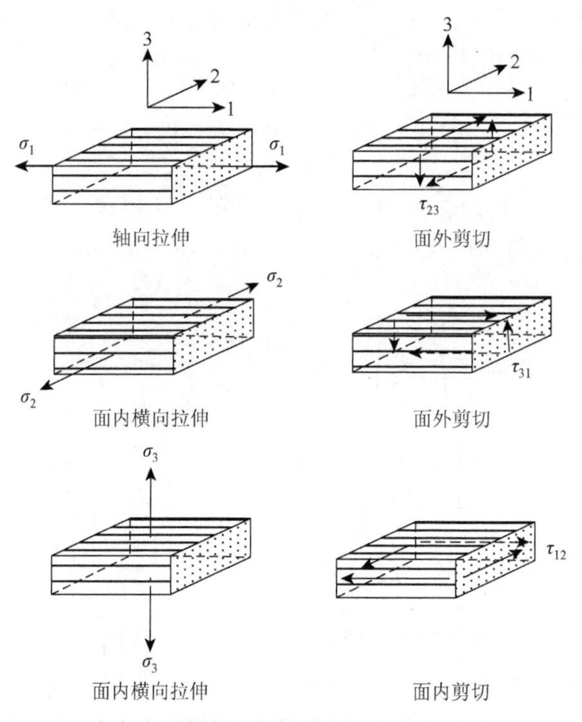

图 2-38　正交各向异性的弹性常数与工程常数关系的简单试验

测得的，它们是简单试验应力-应变关系的系数。因此，它们在描述各向异性材料刚度性能的物理意义时是比较清楚的。

以正交各向异性情况为例，根据单轴试验和纯剪试验可以确定工程弹性常数与柔度分量之间有如下关系：

$$\begin{aligned} &E_1=\frac{1}{S_{11}} \quad \nu_{21}=-\frac{S_{21}}{S_{11}} \quad \nu_{31}=-\frac{S_{31}}{S_{11}} \\ &E_2=\frac{1}{S_{22}} \quad \nu_{12}=-\frac{S_{12}}{S_{22}} \quad \nu_{32}=-\frac{S_{32}}{S_{22}} \\ &E_3=\frac{1}{S_{33}} \quad \nu_{13}=-\frac{S_{13}}{S_{33}} \quad \nu_{23}=-\frac{S_{23}}{S_{33}} \\ &G_{23}=\frac{1}{S_{44}} \quad G_{31}=\frac{1}{S_{55}} \quad G_{12}=\frac{1}{S_{66}} \end{aligned} \tag{2-214}$$

式中，E_1、E_2、E_3 分别是材料在 1、2、3 弹性主方向上的弹性模量，其定义为只有一个主方向上有正应力作用时，正应力与该方向线应变的比值：

$$E_i=\frac{\sigma_i}{\varepsilon_i} \quad (i=1,2,3) \tag{2-215}$$

ν_{ij} 为单轴在 j 方向作用正应力 σ_j 而无其他应力分量作用时，i 方向应变与 j 方向应变之比的负值，称为泊松比。

$$\nu_{ij}=-\frac{\varepsilon_i}{\varepsilon_j} \quad (i=1,2,3) \tag{2-216}$$

G_{23}、G_{31}、G_{12} 分别为 2-3、3-1、1-2 平面的剪切模量。

ν_{12} 和 ν_{21} 的区别可用图 2-39 来说明，在图 2-39（a）中，在 1 方向的正应力 σ 作用下有

$$\varepsilon_1=\frac{\sigma}{E_1}=\frac{\Delta_{11}}{L}, \quad \varepsilon_2=\left(-\frac{\nu_{21}}{E_1}\right)\sigma=-\frac{\Delta_{21}}{L} \tag{2-217}$$

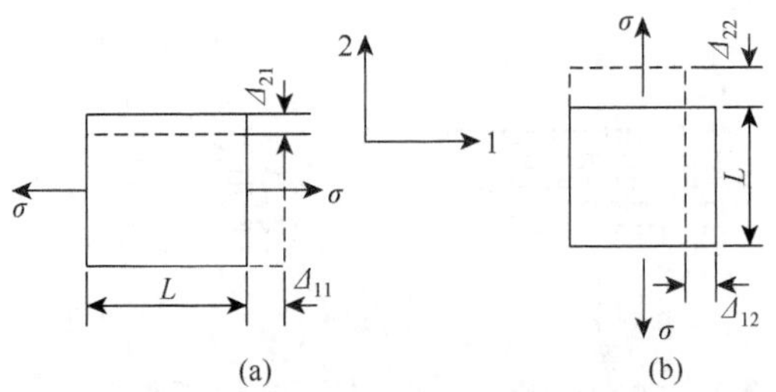

(a)　　(b)

图 2-39　ν_{12} 和 ν_{21} 的区别

在图 2-39（b）中，在 2 方向的正应力 σ 作用下有

$$\varepsilon_2' = \frac{\sigma}{E_2} = \frac{\Delta_{22}}{L}, \quad \varepsilon_1' = \left(-\frac{\nu_{12}}{E_2}\right)\sigma = -\frac{\Delta_{12}}{L} \tag{2-218}$$

由互等关系 $\Delta_{21} = \Delta_{12}$，即当应力作用在 1 方向时引起的 2 方向变形应与 2 方向应力引起 1 方向的变形相等，由此得到

$$\frac{\nu_{21}}{E_1} = \frac{\nu_{12}}{E_2} \tag{2-219}$$

又因为一般 $E_1 \neq E_2$，所以 $\nu_{12} \neq \nu_{21}$。

通常将 ν_{21} 称为主泊松比（major Poisson ratio），ν_{12} 称为次泊松比（miner Poisson ratio）。

将工程弹性常数表示的正交各向异性材料的柔度分量代入正交异性材料柔度矩阵，就得到工程弹性常数表示的正交各向异性材料的柔度矩阵，即

$$\boldsymbol{S} = \begin{bmatrix} \dfrac{1}{E_1} & -\dfrac{\nu_{12}}{E_2} & -\dfrac{\nu_{13}}{E_3} & 0 & 0 & 0 \\ -\dfrac{\nu_{21}}{E_1} & \dfrac{1}{E_2} & -\dfrac{\nu_{23}}{E_3} & 0 & 0 & 0 \\ -\dfrac{\nu_{31}}{E_1} & -\dfrac{\nu_{32}}{E_2} & \dfrac{1}{E_3} & 0 & 0 & 0 \\ 0 & 0 & 0 & \dfrac{1}{G_{23}} & 0 & 0 \\ 0 & 0 & 0 & 0 & \dfrac{1}{G_{31}} & 0 \\ 0 & 0 & 0 & 0 & 0 & \dfrac{1}{G_{12}} \end{bmatrix} \tag{2-220}$$

对于正交各向异性材料，因为 $S_{ij} = S_{ji}$，所以工程弹性常数之间有下列三个关系：

$$\left.\begin{aligned} \frac{\nu_{21}}{E_1} &= \frac{\nu_{12}}{E_2} \\ \frac{\nu_{31}}{E_1} &= \frac{\nu_{13}}{E_3} \\ \frac{\nu_{32}}{E_2} &= \frac{\nu_{23}}{E_3} \end{aligned}\right\}, \text{即} \ \frac{\nu_{ij}}{E_j} = \frac{\nu_{ji}}{E_i} \quad (i, j = 1,2,3, \text{但} i \neq j) \tag{2-221}$$

式（2-221）的三个等式是正交各向异性材料工程弹性常数必须满足的，表示三组泊松比 ν_{12} 和 ν_{21}、ν_{13} 和 ν_{31}、ν_{32} 和 ν_{23}，不是两两相互独立的，只要测得 ν_{21}、

ν_{31}、ν_{32}三个主泊松比，用式（2-221）就可以计算另外三个次泊松比ν_{12}、ν_{13}、ν_{23}。所以，正交各向异性单层独立的工程弹性常数也是9个，即三个拉压弹性模量、三个剪切模量和三个主泊松比。通常把式（2-221）的三个关系式称为麦克斯韦定理。

由于刚度矩阵与柔度矩阵为互逆关系，由此可得刚度分量与工程弹性常数之间的关系如下：

$$
\begin{aligned}
&C_{11}=\frac{1-\nu_{23}\nu_{32}}{E_2E_3\Delta},\quad C_{12}=\frac{\nu_{12}+\nu_{13}\nu_{32}}{E_2E_3\Delta}\\
&C_{22}=\frac{1-\nu_{31}\nu_{13}}{E_1E_3\Delta},\quad C_{13}=\frac{\nu_{13}+\nu_{12}\nu_{23}}{E_2E_3\Delta}\\
&C_{33}=\frac{1-\nu_{21}\nu_{12}}{E_1E_2\Delta},\quad C_{23}=\frac{\nu_{23}+\nu_{21}\nu_{13}}{E_1E_3\Delta}\\
&C_{44}=G_{23},\quad C_{55}=G_{31},\quad C_{66}=G_{12}\\
&\Delta=\frac{1-\nu_{21}\nu_{12}-\nu_{32}\nu_{23}-\nu_{13}\nu_{31}-2\nu_{12}\nu_{23}\nu_{31}}{E_1E_2E_3}
\end{aligned}
\tag{2-222}
$$

各向同性材料的弹性常数，必须满足以下条件：

$$
G=\frac{E}{2(1+\nu)},\quad E>0,\quad G>0 \tag{2-223}
$$

即单向拉应力产生该方向的伸长，剪应力产生相应的剪应变。由式（2-223）可得到$\nu>-1$的条件。另外，三向压力p作用下，体积应变为

$$
\varepsilon=\varepsilon_1+\varepsilon_2+\varepsilon_3=\frac{p}{\dfrac{E}{3(1-2\nu)}}=\frac{p}{K} \tag{2-224}
$$

式中，K为体积弹性模量，$K>0$，由此可得$\nu<0.5$。由此给出ν的取值范围：

$$
-1<\nu<\frac{1}{2} \tag{2-225}
$$

各向异性体材料的工程弹性常数之间的关系是较为复杂的。为了避免用各向同性体材料的工程弹性常数的取值概念简单地套用到各向异性体材料，需给出各向异性体材料的取值范围。现仍以正交各向异性情况为例，根据不考虑变形过程中动能和势能的损失，依据能量守恒定理可以推得工程弹性常数的取值范围如下：

$$
\begin{aligned}
&E_1, E_2, E_3, G_{23}, G_{31}, G_{12} > 0 \\
&|\nu_{21}| < \left(\frac{E_1}{E_2}\right)^{1/2}, \quad |\nu_{12}| < \left(\frac{E_2}{E_1}\right)^{1/2} \\
&|\nu_{32}| < \left(\frac{E_2}{E_3}\right)^{1/2}, \quad |\nu_{23}| < \left(\frac{E_3}{E_2}\right)^{1/2} \\
&|\nu_{13}| < \left(\frac{E_3}{E_1}\right)^{1/2}, \quad |\nu_{31}| < \left(\frac{E_1}{E_3}\right)^{1/2} \\
&\nu_{12}\nu_{23}\nu_{31} < \frac{1}{2}\left[1 - \nu_{12}^2\left(\frac{E_1}{E_2}\right) - \nu_{23}^2\left(\frac{E_2}{E_3}\right) - \nu_{31}^2\left(\frac{E_3}{E_1}\right)\right] < \frac{1}{2}
\end{aligned} \tag{2-226}
$$

2.4.3　算例

对60°角的石墨/环氧树脂薄板施加应力$\sigma_x = 2\text{MPa}$，$\sigma_y = -3\text{MPa}$，$\tau_{xy} = 4\text{MPa}$，如图2-40所示，材料的力学性能参数见表2-4，求下列参数：

（1）偏轴柔度矩阵。

（2）偏轴折算模量矩阵。

（3）偏轴应变。

（4）正轴应变。

（5）正轴应力。

（6）主应力。

（7）最大剪应力。

（8）主应变。

（9）最大剪应变。

并计算60°石墨/环氧树脂薄板的工程常数。

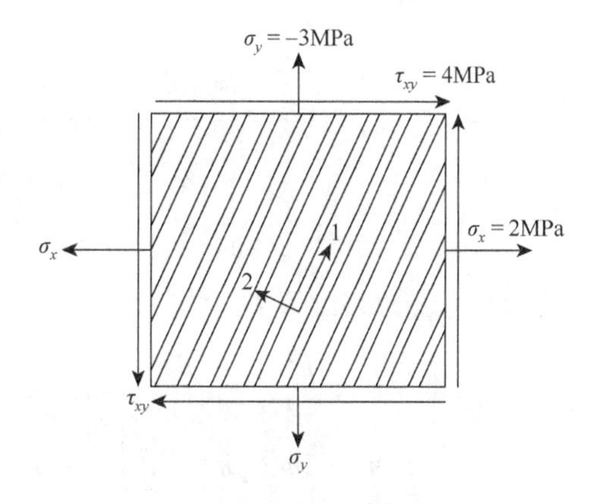

图2-40　对偏角薄板施加的应力

表2-4　石墨/环氧单向薄板的典型力学性能（SI单位制）

性能参数	纵向弹性模量 E_1/GPa	横向弹性模量 E_2/GPa	主泊松比 ν_{21}	剪切模量 G_{12}/GPa	极限面内剪切强度 S/MPa
数值	181	10.30	0.28	7.17	68
性能参数	极限纵向拉伸强度 X_t/MPa	极限纵向压缩强度 X_c/MPa	极限横向拉伸强度 Y_t/MPa	极限横向压缩强度 Y_c/MPa	
数值	1500	1500	40	246	

解：

$$m=\cos 60°=0.500,\quad n=\sin 60°=0.866$$

由表可看出，石墨/环氧树脂薄板的工程弹性常数为

$$E_1=181\text{GPa},\ E_2=10.30\text{GPa},\ \nu_{21}=0.28,\ G_{12}=7.17\text{GPa}$$

（1）在这里利用 4.1.1 节式（4-6），得到正轴柔度矩阵：

$$\boldsymbol{S}=\begin{bmatrix} S_{11} & S_{12} & 0 \\ S_{21} & S_{22} & 0 \\ 0 & 0 & S_{66} \end{bmatrix}=\begin{bmatrix} \dfrac{1}{E_1} & -\dfrac{\nu_{12}}{E_2} & 0 \\ -\dfrac{\nu_{21}}{E_1} & \dfrac{1}{E_2} & 0 \\ 0 & 0 & \dfrac{1}{G_{12}} \end{bmatrix}$$

$$=\begin{bmatrix} \dfrac{1}{181000} & -\dfrac{0.28}{181000} & 0 \\ -\dfrac{0.28}{181000} & \dfrac{1}{10300} & 0 \\ 0 & 0 & \dfrac{1}{7170} \end{bmatrix}\text{MPa}^{-1}$$

根据正轴柔度矩阵与偏轴柔度矩阵的转换关系有

$$\begin{Bmatrix} \varepsilon_x \\ \varepsilon_y \\ \gamma_{xy} \end{Bmatrix}=\boldsymbol{T}_\varepsilon^{-1}\begin{Bmatrix} \varepsilon_1 \\ \varepsilon_2 \\ \gamma_{12} \end{Bmatrix}=\boldsymbol{T}_\varepsilon^{-1}\boldsymbol{S}\begin{Bmatrix} \sigma_1 \\ \sigma_2 \\ \tau_{12} \end{Bmatrix}=\boldsymbol{T}_\varepsilon^{-1}\boldsymbol{S}\boldsymbol{T}_\sigma\begin{Bmatrix} \sigma_x \\ \sigma_y \\ \tau_{xy} \end{Bmatrix}$$

所以偏轴柔度矩阵 $\bar{\boldsymbol{S}}$ 为

$$\bar{\boldsymbol{S}}=\begin{bmatrix} m^2 & n^2 & -mn \\ n^2 & m^2 & mn \\ 2mn & -2mn & m^2-n^2 \end{bmatrix}\boldsymbol{S}\begin{bmatrix} m^2 & n^2 & 2mn \\ n^2 & m^2 & -2mn \\ -mn & mn & m^2-n^2 \end{bmatrix}$$

$$=\begin{bmatrix} \dfrac{1}{4} & \dfrac{3}{4} & -\dfrac{\sqrt{3}}{4} \\ \dfrac{3}{4} & \dfrac{1}{4} & \dfrac{\sqrt{3}}{4} \\ \dfrac{\sqrt{3}}{2} & -\dfrac{\sqrt{3}}{2} & -\dfrac{1}{2} \end{bmatrix}\begin{bmatrix} \dfrac{1}{181000} & -\dfrac{0.28}{181000} & 0 \\ -\dfrac{0.28}{181000} & \dfrac{1}{10300} & 0 \\ 0 & 0 & \dfrac{1}{7170} \end{bmatrix}\begin{bmatrix} \dfrac{1}{4} & \dfrac{3}{4} & \dfrac{\sqrt{3}}{2} \\ \dfrac{3}{4} & \dfrac{1}{4} & -\dfrac{\sqrt{3}}{2} \\ -\dfrac{\sqrt{3}}{4} & \dfrac{\sqrt{3}}{4} & -\dfrac{1}{2} \end{bmatrix}$$

$$=\begin{bmatrix} 8.053 & -0.788 & -3.234 \\ -0.788 & 3.475 & -4.696 \\ -3.234 & -4.696 & 11.41 \end{bmatrix}\times 10^{-5}\text{MPa}^{-1}$$

（2）由第 4.1.1 节式（4-17），得偏轴折算模量矩阵 $\bar{\boldsymbol{Q}}$：

$$\bar{\boldsymbol{Q}} = \bar{\boldsymbol{S}}^{-1} = \begin{bmatrix} 2.365 & 3.246 & 2.005 \\ 3.246 & 10.94 & 5.419 \\ 2.005 & 5.419 & 3.674 \end{bmatrix} \times 10^4 \text{MPa}$$

（3）x-y 平面上的偏轴应变为

$$\begin{Bmatrix} \varepsilon_x \\ \varepsilon_y \\ \gamma_{xy} \end{Bmatrix} = \bar{\boldsymbol{S}} \begin{Bmatrix} \sigma_x \\ \sigma_y \\ \tau_{xy} \end{Bmatrix}$$

$$\begin{Bmatrix} \varepsilon_x \\ \varepsilon_y \\ \gamma_{xy} \end{Bmatrix} = \begin{bmatrix} 8.053 & -0.788 & -3.234 \\ -0.788 & 3.475 & -4.696 \\ -3.234 & -4.696 & 11.41 \end{bmatrix} \times 10^{-5} \times \begin{bmatrix} 2 \\ -3 \\ 4 \end{bmatrix} = \begin{bmatrix} 0.5534 \\ -3.078 \\ 5.328 \end{bmatrix} \times 10^{-4}$$

（4）使用 2.3.3 节应变转轴公式（2-153），得薄板中的正轴应变为

$$\begin{Bmatrix} \varepsilon_1 \\ \varepsilon_2 \\ \gamma_{12} \end{Bmatrix} = \boldsymbol{T}_\varepsilon \begin{Bmatrix} \varepsilon_x \\ \varepsilon_y \\ \gamma_{xy} \end{Bmatrix}$$

$$\begin{Bmatrix} \varepsilon_1 \\ \varepsilon_2 \\ \gamma_{12} \end{Bmatrix} = \begin{bmatrix} 0.2500 & 0.7500 & 0.4330 \\ 0.7500 & 0.2500 & -0.4330 \\ -0.8660 & 0.8660 & -0.500 \end{bmatrix} \times \begin{bmatrix} 0.5534 \\ -3.078 \\ 5.328 \end{bmatrix} \times 10^{-4} = \begin{bmatrix} 0.1367 \\ -2.662 \\ -5.809 \end{bmatrix} \times 10^{-4}$$

（5）使用应力转换公式，得薄板中的正轴应力为

$$\begin{Bmatrix} \sigma_1 \\ \sigma_2 \\ \tau_{12} \end{Bmatrix} = \boldsymbol{T}_\sigma \begin{Bmatrix} \sigma_x \\ \sigma_y \\ \tau_{xy} \end{Bmatrix}$$

$$\begin{Bmatrix} \sigma_1 \\ \sigma_2 \\ \tau_{12} \end{Bmatrix} = \begin{bmatrix} 0.2500 & 0.7500 & 0.8660 \\ 0.7500 & 0.2500 & -0.8660 \\ -0.4330 & 0.4330 & -0.500 \end{bmatrix} \times \begin{bmatrix} 2 \\ -3 \\ 4 \end{bmatrix} = \begin{bmatrix} 1.714 \\ -2.714 \\ -4.165 \end{bmatrix} (\text{MPa})$$

（6）主应力由下式给出：

$$\begin{aligned} \sigma_{\max,\min} &= \frac{\sigma_x + \sigma_y}{2} \pm \sqrt{\left(\frac{\sigma_x - \sigma_y}{2}\right)^2 + \tau_{xy}^2} \\ &= \frac{2-3}{2} \pm \sqrt{\left(\frac{2+3}{2}\right)^2 + 4^2} = 4.217, -5.217(\text{MPa}) \end{aligned}$$

出现最大正应力的角度为

$$\theta_{\text{p}}=\frac{1}{2}\arctan\left(\frac{2\tau_{xy}}{\sigma_x-\sigma_y}\right)=\frac{1}{2}\arctan\left(\frac{2\times4}{2+3}\right)=29.00°$$

注意，由于 x-y 平面内存在非零的剪应力，主法向应力不会沿材料轴出现。

（7）最大剪应力为

$$\tau_{\max}=\sqrt{\left(\frac{\sigma_x-\sigma_y}{2}\right)^2+\tau_{xy}^2}$$

$$=\sqrt{\left(\frac{2+3}{2}\right)^2+4^2}=4.717(\text{MPa})$$

最大剪应力发生的角度是

$$\theta_{\text{s}}=\frac{1}{2}\arctan\left(-\frac{\sigma_x-\sigma_y}{2\tau_{xy}}\right)=\frac{1}{2}\arctan\left(-\frac{2+3}{2\times4}\right)=-16.00°$$

（8）主应变由下式给出：

$$\varepsilon_{\max,\min}=\frac{\varepsilon_x+\varepsilon_y}{2}\pm\sqrt{\left(\frac{\varepsilon_x-\varepsilon_y}{2}\right)^2+\left(\frac{\gamma_{xy}}{2}\right)^2}$$

$$=\frac{0.5534\times10^{-4}-3.078\times10^{-4}}{2}\pm\sqrt{\left(\frac{0.5534\times10^{-4}+3.078\times10^{-4}}{2}\right)^2+\left(\frac{5.328\times10^{-4}}{2}\right)^2}$$

$$=1.961\times10^{-4},-4.486\times10^{-4}$$

最大法向应变发生的角度是

$$\theta_{\text{p}}=\frac{1}{2}\arctan\left(\frac{\gamma_{xy}}{\varepsilon_x-\varepsilon_y}\right)=\frac{1}{2}\arctan\left(\frac{5.328\times10^{-4}}{0.5534\times10^{-4}+3.078\times10^{-4}}\right)=27.86°$$

同理，由于 x-y 平面内存在非零的剪应变，主法向应变亦不会沿材料轴出现。另外，与各向同性材料不同，主法向应力和主法向应变的轴并不重合。

（9）最大剪应变为

$$\gamma_{\max}=\sqrt{(\varepsilon_x-\varepsilon_y)^2+\gamma_{xy}^2}$$

$$=\sqrt{(0.5534\times10^{-4}+3.078\times10^{-4})^2+(5.328\times10^{-4})^2}=6.448\times10^{-4}$$

最大剪应变发生的角度是

$$\theta_{\text{s}}=\frac{1}{2}\arctan\left(-\frac{\varepsilon_x-\varepsilon_y}{\gamma_{xy}}\right)=\frac{1}{2}\arctan\left(-\frac{0.5534\times10^{-4}+3.078\times10^{-4}}{5.328\times10^{-4}}\right)=-17.14°$$

（10）计算工程常数。

弹性模量：

$$E_x = \frac{1}{\overline{S}_{11}} = \frac{1}{8.053\times10^{-5}} = 12.42\text{GPa}$$

$$E_y = \frac{1}{\overline{S}_{22}} = \frac{1}{3.475\times10^{-5}} = 28.78\text{GPa}$$

主泊松比：

$$\nu_{yx} = -\frac{\overline{S}_{21}}{\overline{S}_{11}} = -\frac{-0.788\times10^{-5}}{8.053\times10^{-5}} = 0.09785$$

剪切模量：

$$G_{xy} = \frac{1}{\overline{S}_{66}} = \frac{1}{1.141\times10^{-4}} = 8.764\text{GPa}$$

在图 2-41～图 2-44 中，显示了四个个工程弹性常数的变化与石墨/环氧树脂薄板角度的关系。

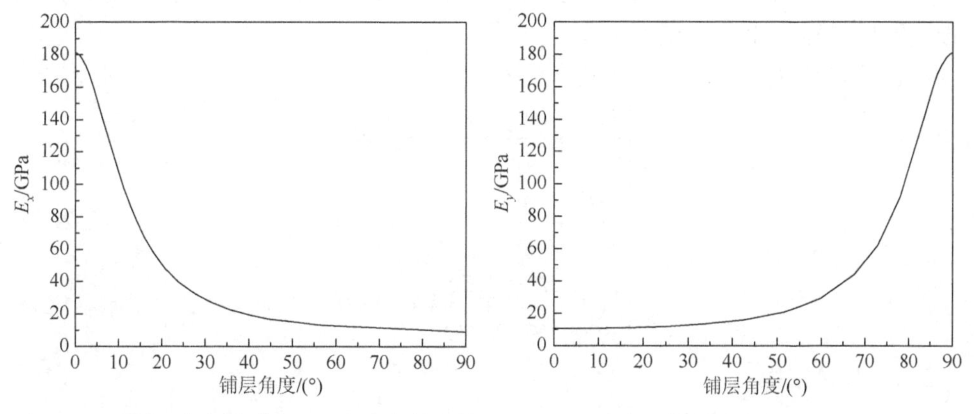

图 2-41　石墨/环氧树脂薄板，x 方向上的弹性模量关于薄板角度的变化曲线

图 2-42　石墨/环氧树脂薄板，y 方向上的弹性模量关于薄板角度的变化曲线

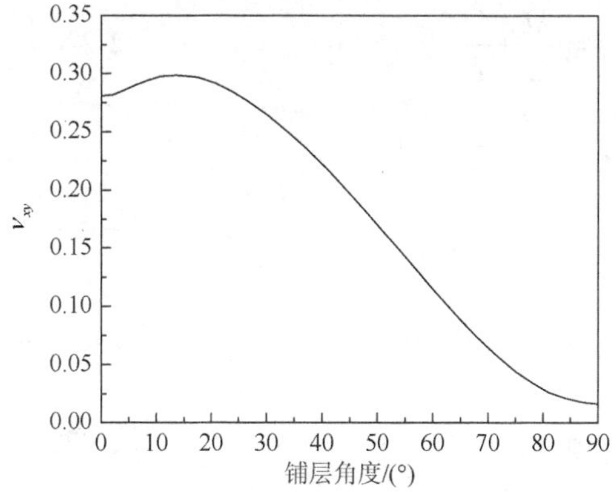

图 2-43　石墨/环氧树脂薄板，泊松比 ν_{xy} 关于薄板角度的变化曲线

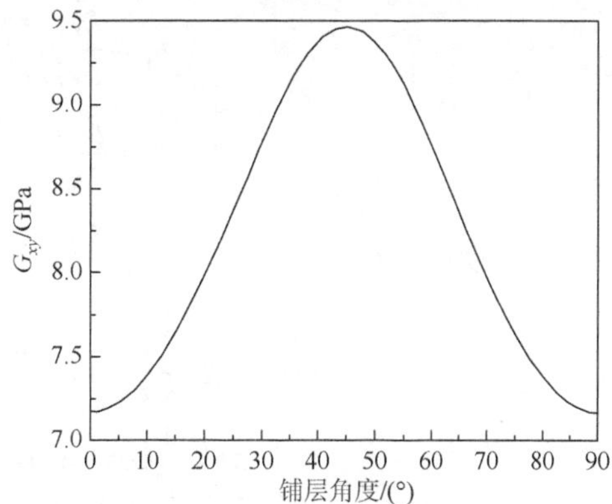

图 2-44　x-y 平面中的平面内剪切模量关于石墨/环氧树脂薄板角度的变化曲线

由图 2-41、图 2-42 可知，杨氏模量 E_x 和 E_y 的变化是相反的。随着纤维方向（层合角度）从 0°到 90°变化，E_x 的值从纵向杨氏模量 E_1 的值变化到横向模量 E_2，E_x 的最大值和最小值分别对应于 $\theta = 0°$和 $\theta = 90°$。在图 2-44 中，剪切模量 G_{xy} 在 $\theta = 45°$时最大，而在 0°和 90°铺层时最小，这是由于 45°层上纯剪切载荷的主应力方向与铺层纤维方向相同。

2.5　弹性力学基本方程及解法

2.5.1　弹性力学基本方程

现在归纳一下各向同性线弹性力学的基本方程及其解法。弹性力学中，有 15 个未知函数：3 个位移分量，6 个应变分量，6 个应力分量，构成平衡方程、几何方程、物理方程共计 15 个方程，如下所示。

1）平衡方程

$$\begin{cases}\dfrac{\partial \sigma_x}{\partial x}+\dfrac{\partial \tau_{yx}}{\partial y}+\dfrac{\partial \tau_{zx}}{\partial z}+f_x=0\\[2ex]\dfrac{\partial \sigma_y}{\partial y}+\dfrac{\partial \tau_{xy}}{\partial x}+\dfrac{\partial \tau_{zy}}{\partial z}+f_y=0\\[2ex]\dfrac{\partial \sigma_z}{\partial z}+\dfrac{\partial \tau_{xz}}{\partial x}+\dfrac{\partial \tau_{yz}}{\partial y}+f_z=0\end{cases} \tag{2-227}$$

2）几何方程

$$\begin{aligned}&\varepsilon_x=\frac{\partial u}{\partial x}, \quad \gamma_{yz}=\frac{\partial w}{\partial y}+\frac{\partial v}{\partial z}\\&\varepsilon_y=\frac{\partial v}{\partial y}, \quad \gamma_{zx}=\frac{\partial u}{\partial z}+\frac{\partial w}{\partial x}\\&\varepsilon_z=\frac{\partial w}{\partial x}, \quad \gamma_{xy}=\frac{\partial v}{\partial x}+\frac{\partial u}{\partial y}\end{aligned} \tag{2-228}$$

3）物理方程

$$\begin{aligned}&\varepsilon_x=\frac{1}{E}[\sigma_x-\nu(\sigma_y+\sigma_z)], \quad \gamma_{xy}=\frac{\tau_{xy}}{G}\\&\varepsilon_y=\frac{1}{E}[\sigma_y-\nu(\sigma_x+\sigma_z)], \quad \gamma_{yz}=\frac{\tau_{yz}}{G}\\&\varepsilon_z=\frac{1}{E}[\sigma_z-\nu(\sigma_x+\sigma_y)], \quad \gamma_{zx}=\frac{\tau_{zx}}{G}\end{aligned} \tag{2-229}$$

4）变形协调方程

$$\begin{aligned}&\frac{\partial^2\varepsilon_x}{\partial y^2}+\frac{\partial^2\varepsilon_y}{\partial x^2}=\frac{\partial^2\gamma_{xy}}{\partial x\partial y} &\quad& \frac{\partial}{\partial x}\left(\frac{\partial\gamma_{xz}}{\partial y}+\frac{\partial\gamma_{xy}}{\partial z}-\frac{\partial\gamma_{yz}}{\partial x}\right)=2\frac{\partial^2\varepsilon_x}{\partial y\partial z}\\&\frac{\partial^2\varepsilon_y}{\partial z^2}+\frac{\partial^2\varepsilon_z}{\partial y^2}=\frac{\partial^2\gamma_{yz}}{\partial y\partial z} && \frac{\partial}{\partial y}\left(\frac{\partial\gamma_{xy}}{\partial z}+\frac{\partial\gamma_{yz}}{\partial x}-\frac{\partial\gamma_{zx}}{\partial y}\right)=2\frac{\partial^2\varepsilon_y}{\partial z\partial x}\\&\frac{\partial^2\varepsilon_z}{\partial x^2}+\frac{\partial^2\varepsilon_x}{\partial z^2}=\frac{\partial^2\gamma_{xz}}{\partial z\partial x} && \frac{\partial}{\partial z}\left(\frac{\partial\gamma_{yz}}{\partial x}+\frac{\partial\gamma_{zx}}{\partial y}-\frac{\partial\gamma_{xy}}{\partial z}\right)=2\frac{\partial^2\varepsilon_z}{\partial x\partial y}\end{aligned}\tag{2-230}$$

5）边界条件

求解方程组（2-227）～式（2-229）时需要定解条件，就需要了解其相应的边界条件。

给定力的边界条件：

$$\begin{cases}\sigma_x l+\tau_{xy}m+\tau_{xz}n=\bar{X}\\\tau_{xy}l+\sigma_y m+\tau_{yz}n=\bar{Y}\\\tau_{xz}l+\tau_{yz}m+\sigma_z n=\bar{Z}\end{cases}\tag{2-231}$$

给定位移的边界条件：

$$u=\bar{u},\quad v=\bar{v},\quad w=\bar{w}\tag{2-232}$$

通过上述方程可以发现弹性力学的方程式多为 3 个一组，只要写出其中的一个，用字母轮换的方法，即 x 换成 y，y 换成 z，z 换成 x，u、v、w 亦如此，便可以写出其他两个方程，如图 2-45 所示。

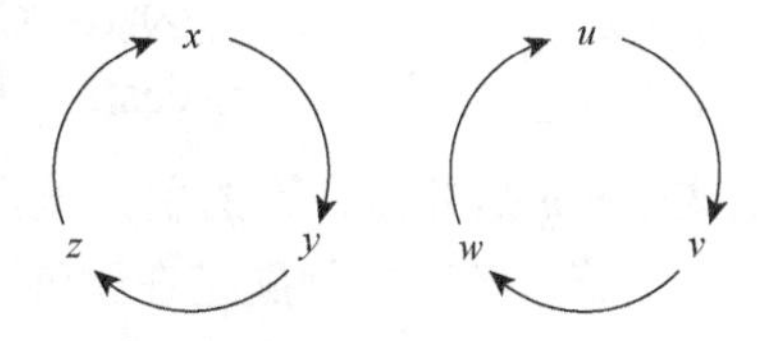

图 2-45　字母轮换示意图

2.5.2　弹性力学问题的解法

分析弹性体受力后在弹性变形范围内的状态，要求解出 σ_x、σ_y、σ_z、τ_{yz}、τ_{zx}、τ_{xy} 6 个应力分量，ε_x、ε_y、ε_z、γ_{yz}、γ_{zx}、γ_{xy} 6 个应变分量和 u、v、w 3 个位移分量，共 15 个未知数。为此就需要有 15 个方程联立求解。上述章节根据弹性体变形的几何关系（位移和应变关系）、物理关系（应力和应变关系）和平衡关系（平衡方程）恰巧建立 15 个方程，弹性力学的基本任务就是在一定的边界条件下求解这 15 个方程。

在处理问题过程中，如果把应变-位移关系式，即几何方程

$$\begin{aligned}&\varepsilon_x=\frac{\partial u}{\partial x},\quad \varepsilon_y=\frac{\partial v}{\partial y},\quad \varepsilon_z=\frac{\partial w}{\partial z}\\&\gamma_{yz}=\frac{\partial w}{\partial y}+\frac{\partial v}{\partial z},\quad \gamma_{zx}=\frac{\partial u}{\partial z}+\frac{\partial w}{\partial x},\quad \gamma_{xy}=\frac{\partial v}{\partial x}+\frac{\partial u}{\partial y}\end{aligned}\tag{2-233}$$

代入各向同性或者各向异性应力-应变关系式中，然后再代入平衡方程式：

$$
\begin{cases}
\dfrac{\partial \sigma_x}{\partial x}+\dfrac{\partial \tau_{yx}}{\partial y}+\dfrac{\partial \tau_{zx}}{\partial z}+f_x=0\\
\dfrac{\partial \sigma_y}{\partial y}+\dfrac{\partial \tau_{xy}}{\partial x}+\dfrac{\partial \tau_{zy}}{\partial z}+f_y=0\\
\dfrac{\partial \sigma_z}{\partial z}+\dfrac{\partial \tau_{xz}}{\partial x}+\dfrac{\partial \tau_{yz}}{\partial y}+f_z=0
\end{cases}
\tag{2-234}
$$

便得到只含有位移分量 u、v、w 的偏微分方程，解出位移就能得到问题的全部解答，这种方法称为位移法。如果在求解这些方程时，既需要确定某些位移，又需要确定某些应力，经过变换可以在联立方程中同时包括位移和应力两种未知数，解这种联立方程的方法称为混合法。若在求解方程时仅应力为未知数，便称为力法。对具体问题采用何种方法，与问题所给定的边界条件有很大关系，因此在解弹性力学问题时，根据求解方法和边界条件的不同，可归纳出以下三类基本问题。

第一类基本问题是在弹性体的全部表面上都给定外力，要求确定弹性体内部及表面上任意点的应力和位移，这类问题的边界条件可写成如下形式。

在 S（物体表面）上：

$$
\begin{cases}
\sigma_x\cos(\boldsymbol{n},\boldsymbol{x})+\tau_{xy}\cos(\boldsymbol{n},\boldsymbol{y})+\tau_{zx}\cos(\boldsymbol{n},\boldsymbol{z})=X_n\\
\tau_{xy}\cos(\boldsymbol{n},\boldsymbol{x})+\sigma_y\cos(\boldsymbol{n},\boldsymbol{y})+\tau_{yz}\cos(\boldsymbol{n},\boldsymbol{z})=Y_n\\
\tau_{zx}\cos(\boldsymbol{n},\boldsymbol{x})+\tau_{yz}\cos(\boldsymbol{n},\boldsymbol{y})+\sigma_z\cos(\boldsymbol{n},\boldsymbol{z})=Z_n
\end{cases}
\tag{2-235}
$$

式中，$\boldsymbol{n}$ 是外力合力的主矢量。X_n，Y_n，Z_n 是外力沿坐标轴的分量。

第二类基本问题是在弹性体的全部表面上都给定了位移，要求确定弹性体的内部及表面上任意点的应力与位移。对这类问题的边界条件提法如下。

在 S（物体表面）上：

$$
\begin{cases}
u=u^*\\
v=v^*\\
w=w^*
\end{cases}
\tag{2-236}
$$

式中，“*”表示已知量。

第三类基本问题是在弹性体的一部分表面上给定了外力，在其余的表面上给定了位移，要求确定弹性体的内部及表面上任意点的应力与位移。对这类问题的边界条件提法如下：

在 S_σ 上有

$$\sigma_{ij}n_j=X_i$$

在 S_u 上有

$$u_i=u_i^*$$

而且

$$S_\sigma + S_u = S$$

从理论上讲，由上述 15 个方程加上相应的边界条件完全可以得到 15 个未知量的确定解，这些基本方程已在很多年前被力学领域的先驱者推导出来并进行了验证。但实际上，完全采用解析的方法，即便是最常见的上述问题，也会遇到数学上的很大障碍，弹性理论发展了 100 多年，许多力学家就是致力于寻找某个典型问题的解析解。可以说每解决一个具体问题，就是对弹性理论的一个贡献。近几十年来，由于计算机的出现，采用数值解法分析复杂的弹性力学问题成为可能，这方面的理论与实践发展很快，已经在力学领域形成了一个计算力学分支。

参 考 文 献

[1] 徐芝纶. 弹性力学-上册[M]. 5 版. 北京：高等教育出版社，2016.

[2] 吴家龙. 弹性力学[M]. 北京：高等教育出版社，2001.

[3] 铁摩辛柯，古地尔，徐芝纶. 弹性理论[M]. 北京：高等教育出版社，2013.

[4] 张大鹏. 经典力学讲义[G/OL]. https://github.com/ArcturusZhang/Classical-Mechanics-Lecture-Notes[2019-8-10].

[5] 徐芝纶. 弹性力学简明教程[M]. 4 版. 北京：高等教育出版社，2013.

[6] 王耀先. 复合材料力学与结构设计[M]. 上海：华东理工大学出版社，2012.

[7] 周履，范赋群. 复合材料力学[M]. 北京：高等教育出版社，1991.

[8] 沈观林，胡更开，刘彬. 复合材料力学[M]. 2 版. 北京：清华大学出版社，2013.

[9] Kaw A K. Mechanics of Composite Materials[M]. Second Edition. Florida：CRC Press，2006.

第 3 章　单向复合材料性能的试验测定

对于拉伸和压缩性能相同的正交各向异性单层板，其刚度特性有 E_1（1 方向的弹性模量）、E_2（2 方向的弹性模量）、ν_{21}（主泊松比）、ν_{12}（次泊松比）、G_{12}（在 1-2 平面内的剪切模量），上述 E_1、E_2、ν_{21}、ν_{12}、G_{12} 中只有 4 个是独立的，因为有 $\frac{\nu_{12}}{E_2}=\frac{\nu_{21}}{E_1}$。强度特性有 X（轴向强度即 1 方向强度）、Y（横向强度即 2 方向强度）、S（1-2 平面内剪切强度）。

对于拉压性能不同的单层板，弹性常数 E_1、E_2 分别有两个 E_{1t}、E_{1c} 和 E_{2t}、E_{2c}，强度有 X_t、X_c、Y_t、Y_c，S（只有一个）。下角标 t 代表拉伸，c 代表压缩。

上述基本刚度和强度特性可以通过单向薄平板试件试验测定。本章以 5 本试验标准为依据（选取主要内容），将常用于单向复合材料性能测试的一般性规定、拉伸试验、压缩试验、剪切试验和弯曲试验的基本方法列举如下，以便作为日常材性试验工作的参考。

3.1　试验测定一般性规定[1]

3.1.1　试样制备方法

试样制备方法主要有两种：机械加工法和模塑法。

1）机械加工法

试样的取位区一般宜距板材边缘（已切除工艺毛边）30mm 以上，最小不得小于 20mm。若取位区有气泡、分层、树脂淤积、皱褶、翘曲、错误铺层等缺陷，则应避开。若对取位区有特殊要求或需从产品中取样时，则按有关技术要求确定，并在试验报告中注明。

纤维增强复合材料一般为各向异性，应按各向异性材料的两个主方向或预先规定的方向（如板的纵向和横向）切割试样，且严格保证纤维方向和铺层方向与试验要求相符。

纤维增强复合材料试样应采用硬质合金刀具或砂轮片加工。加工时要防止试样产生分层、刻痕和局部挤压等机械损伤。加工试样时，可采用水冷却（禁止用油）。加工后，应在适宜的条件下对试样及时进行干燥处理。对试样的成型表面不宜加工。当需要加工时，一般单面加工，并在试验报告中注明。试验前，试样需经外观检查，如有缺陷和不符合尺寸及制备要求者，应予作废。

2）模塑法

模塑成型的试样按产品标准或技术规范的规定进行制备。在试验报告中注明制备试样的工艺条件及成型时受压的方向。

试验前，试样需经外观检查，如有缺陷和不符合尺寸及制备要求者，应予作废。

3.1.2 试样数量、状态调节、测量精度

1）试样数量

力学性能试样每组不少于 5 个，并保证同批有 5 个有效试样。物理性能试样符合相应标准的规定。

2）试样状态调节

试验前，试样在实验室标准环境条件下至少放置 24h。若不具备实验室标准环境条件，试验前，试样应在干燥器内至少放置 24h。其他特殊状态调节条件按需要而定。

3）试样测量精度

试样尺寸测量精确到 0.01mm。试样其他量的测量精度按相应试验方法的规定。

3.1.3 试验设备

试验机载荷相对误差不应超过±1%。

机械式和油压式试验机使用吨位的选择应使试样施加载荷落在满载的 10%～90%范围内（尽量落在满载的一边），且不应小于试验机最大吨位的 4%。

能获得恒定的试验速度。当试验速度不大于 10mm/min 时，误差不应超过 20%；当试验速度大于 10mm/mim 时，误差不应超过 10%。

电子拉力试验机和伺服液压式试验机使用吨位的选择应参照该机的说明书。

测量变形的仪器仪表相对误差均不应超过±1%。

3.1.4 试验结果

（1）统计每个试样的性能值：X_1，X_2，X_3，…，X_n。必要时，应说明每个试样的破坏情况。

（2）计算算术平均值 $\bar{X}$，保留三位有效数字。

$$\bar{X}=\frac{\sum_{i=1}^{n}X_i}{n} \tag{3-1}$$

式中，X_i表示每个试样的性能值；n表示试样数量。

（3）标准差S计算到两位有效数字。

$$S=\sqrt{\frac{\sum_{i=1}^{n}(X_i-\bar{X})^2}{n-1}} \tag{3-2}$$

式中，符号同式（3-1）。

（4）离散系数C_{v}计算到两位有效数字。

$$C_{\mathrm{v}}=\frac{S}{\bar{X}} \tag{3-3}$$

式中，符号同式（3-1）和式（3-2）。

（5）平均值的置信区间，按照 ISO 2602：1980 计算。

3.2　拉 伸 试 验[2]

拉伸试验参照标准《定向纤维增强聚合物基复合材料拉伸性能试验方法》（GB/T 3354—2014）进行力学性能试验，该标准适用于连续纤维（包括织物）增强聚合物基复合材料对称均衡层合板面内拉伸性能的测定。层合板面板应当是均衡对称的，对称的意思是几何中面上下铺层是彼此镜面对称的。对称要求对于中面上面的每一个铺层，在中面下面的相同距离处有一个相同的铺层（材料、厚度和纤维方向）。均衡的意思是偏离轴线某个正角度（θ）的铺层应当采用相同数量的偏离轴线负角度（$-\theta$）的铺层来平衡。这种层合板没有拉伸/弯曲和拉伸/剪切耦合。这种耦合可能会导致不期望的变形，使得力学响应分析相当复杂。对薄板长直条试样，通过夹持端夹持，以摩擦力加载，在试样工作段形成均匀拉力场，测试材料拉伸性能。

拉伸试验用于测定单向复合材料的纵向拉伸弹性系数$E_{1\mathrm{t}}$、纵向拉伸强度X_{t}，和主泊松比ν_{21}，以及横向拉伸弹性系数$E_{2\mathrm{t}}$、横向拉伸强度$Y_{1\mathrm{t}}$和次泊松比ν_{12}。

3.2.1　试样尺寸

为了防止应力集中对测量结果的影响，一般不采用金属的哑铃形试件，而采用矩形的片状试件。试件形式如图 3-1 所示，其中所作出的尺寸标记取值见表 3-1，要求试样两端黏结 1.5～2.5mm 厚的加强片，加强片宜采用与试样相同的材料或比试样弹性模量低的材料。通常采用织物或无纬布增强复合材料，也可采用铝合金板，试样加强片的黏结，先用细砂纸打磨（或喷砂）黏结表面，注意不要损伤材料强度；然后用溶剂（如丙酮）清洗黏结表面；最后用韧性较好的室温固化黏结剂（如环氧胶黏剂）。除90°单向板试样不使用加强片外，加强片倒角 θ 的选取很重要，建议取15°～90°。对0°和90°纤维方向的试件尺寸是不同的。试样制备采用机械加工法制备。

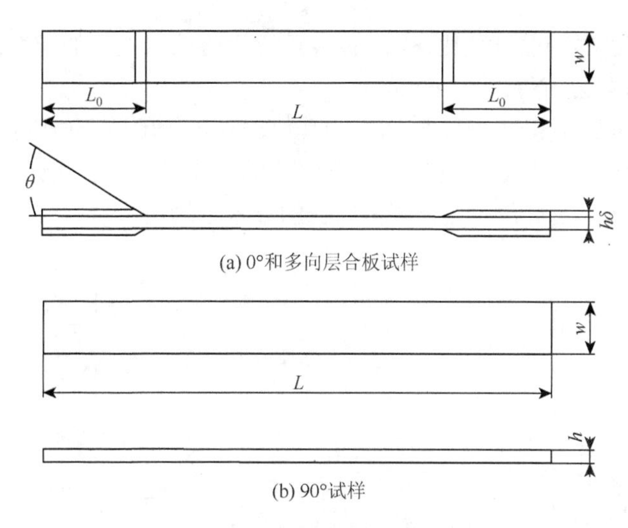

图3-1　拉伸试样示意图

表3-1　拉伸试样几何尺寸

试样铺层	几何尺寸					
	L/mm	w/mm	h^{a}/mm	L_0/mm	δ/mm	θ/(°)
0°	230～250	12.5±0.1	1～3	50	1.5～2.5	15～90
90°	170～200	25±0.1	2～4	—	—	—
多向层合板	230～250	25±0.1	2～4	50	1.5～2.5	15～90

a 表示0°试样推荐厚度为1mm；其他试样推荐厚度为2mm。

3.2.2　试验条件

1）试验前准备

按单向复合材料性能的试验测定一般性规定检查试样外观，对每个试样编号。

测量并记录试样工作段3个不同截面的宽度和厚度，分别取算术平均值，宽度测量精确到0.02mm，厚度测量精确到0.01mm。

高温湿态试样应在状态调节前粘贴应变片，其他试验状态的试样应在状态调节后粘贴应变片。

2）试样安装

每组试样中选择 1 或 2 个试样，在其工作段中心两个表面对称位置背对背地安装引伸计（图 3-2）或粘贴应变计（图 3-3），并按式（3-4）计算试样的弯曲百分比：

$$B_{\mathrm{y}}=\frac{|\varepsilon_{\mathrm{f}}-\varepsilon_{\mathrm{b}}|}{|\varepsilon_{\mathrm{f}}+\varepsilon_{\mathrm{b}}|}\times 100\% \tag{3-4}$$

式中，B_{y} 表示试样弯曲百分比，%；ε_{f} 表示正面传感器显示的应变，mm/mm；ε_{b} 表示背面传感器显示的应变，mm/mm。

若弯曲百分比不超过 3%，则同组的其他试样可使用单个传感器。若弯曲百分比大于 3%，则同组所有试样均应背对背安装引伸计或粘贴应变计，试样的应变取两个背对背引伸计或对称应变计测得应变的算术平均值。

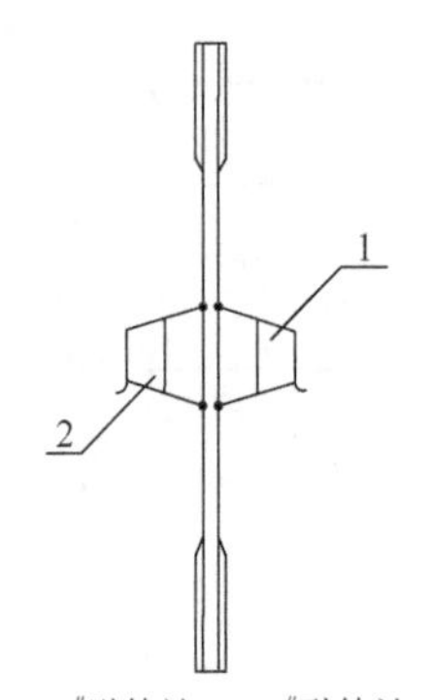

1-1#引伸计；2-2#引伸计

图 3-2　引伸计安装示意图

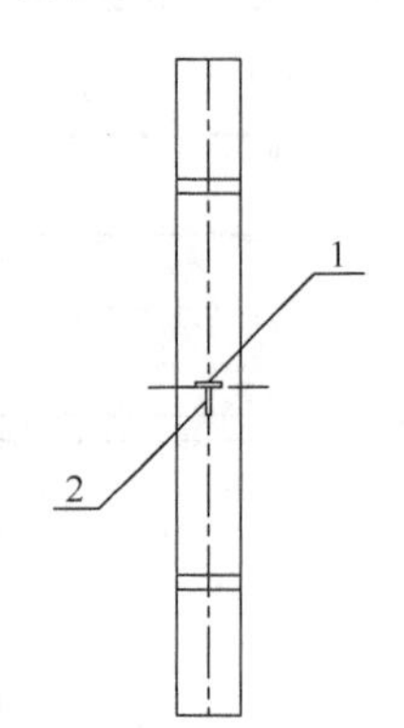

1-横向应变计；2-纵向应变计

图 3-3　应变计粘贴示意图

将试样对中夹持于试验机夹头中，试样的中心线应与试验机夹头的中心线保持一致。应采用合适的夹头夹持力，以保证试样在加载过程中不打滑并对试样不造成损伤。

按 1～2mm/min 加载速度对试样连续加载，连续记录试样的载荷-应变（或载荷-位移）曲线。若观测到过渡区或第一层破坏，则记录该点的载荷、应变和损伤模式。若试样破坏，则记录失效模式、最大载荷、破坏载荷以及破坏瞬间或尽可能接近破坏瞬间的应变。若采用引伸计测量变形，则由载荷-位移曲线通过拟合计算破坏应变。

3.2.3　试验失效模式记录

失效模式的描述采用表 3-2 和图 3-4 所示的三字符式代码。

表 3-2　拉伸试验失效代码

第 1 个字符		第 2 个字符		第 3 个字符	
失效形式	代码	失效区域	代码	失效部位	代码
角铺层破坏	A	夹持/加强片内部	I	上部	T
边缘分层	D	夹持根部或加强片根部	A	下部	B
夹持破坏或加强片脱落	G	距离夹持/加强片小于 1 倍宽度	W	左侧	L
横向	L			右侧	R
多模式	M(*xyz*)	工作段	G	中间	M
纵向劈裂	S	多处	M		
散丝	X				
其他	O				

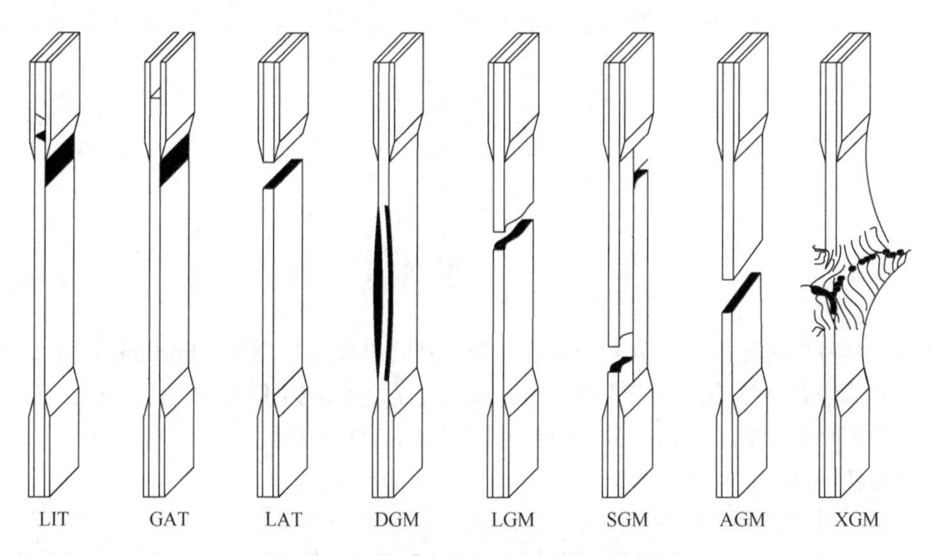

图 3-4　拉伸试验的典型失效模式示意图

3.2.4　试验数据计算

1）拉伸强度

拉伸强度按式（3-5）计算，结果保留 3 位有效数字：

$$\sigma_t = \frac{P_{max}}{wh} \tag{3-5}$$

式中，σ_t 为拉伸强度，MPa；P_{max} 为破坏前试样承受的最大载荷，N；w 为试样宽度，mm；h 为试样厚度，mm。

2）拉伸弹性模量

90°试样拉伸弹性模量在 0.0005～0.0015 的纵向应变范围内按式（3-6）计算，其他试样拉伸弹性模量在 0.001～0.003 纵向应变范围内按式（3-7）计算，结果保留 3 位有效数字：

$$E_{\mathrm{t}}=\frac{\Delta Pl}{wh\Delta l} \tag{3-6}$$

$$E_{\mathrm{t}}=\frac{\Delta\sigma}{\Delta\varepsilon} \tag{3-7}$$

式中，E_{t} 为拉伸弹性模量，MPa；l 为试样工作段内的引伸计标距，mm；ΔP 为载荷增量，N；Δl 为与 ΔP 对应的引伸计标距长度内的变形增量，mm；$\Delta\sigma$ 为与 ΔP 对应的拉伸应力增量，MPa；$\Delta\varepsilon$ 为与 ΔP 对应的应变增量，mm/mm。

3）泊松比

泊松比在与拉伸弹性模量相同的应变范围内按式（3-8）计算，结果保留 3 位有效数字：

$$\nu=-\frac{\Delta\varepsilon_{横}}{\Delta\varepsilon_{纵}} \tag{3-8}$$

$$\varepsilon_{纵}=\frac{\Delta l_{\mathrm{L}}}{l_{\mathrm{L}}} \tag{3-9}$$

$$\varepsilon_{横}=\frac{\Delta l_{\mathrm{T}}}{l_{\mathrm{T}}} \tag{3-10}$$

式中，ν 为泊松比；$\Delta\varepsilon_{纵}$ 为对应载荷增量 ΔP 的纵向应变增量，mm/mm；$\Delta\varepsilon_{横}$ 为对应载荷增量 ΔP 的横向应变增量，mm/mm；l_{L} 为纵向引伸计的标距，mm；l_{T} 为横向引伸计的标距，mm；Δl_{L} 为对应 ΔP 的纵向变形增量，mm；Δl_{T} 为对应 ΔP 的横向变形增量，mm。

4）拉伸破坏应变

由引伸计测量的纵向拉伸破坏应变按式（3-11）计算，结果保留 3 位有效数字：

$$\varepsilon_{1\mathrm{t}}=\frac{\Delta l_{\mathrm{b}}}{l} \tag{3-11}$$

式中，$\varepsilon_{1\mathrm{t}}$ 表示纵向拉伸破坏应变，mm/mm；Δl_{b} 表示试样破坏时引伸计标距长度内的纵向变形量，mm。

3.3 压缩试验[3]

压缩试验参照标准《纤维增强塑料压缩性能试验方法》（GB/T 1448—2005）进行力学性能试验，压缩试验用于测定单向复合材料的纵向压缩弹性系数 $E_{1\mathrm{c}}$、纵向压缩强度 X_{c}，以及横向压缩弹性模量 $E_{2\mathrm{c}}$、横向压缩强度 Y_{c}。

3.3.1　试样尺寸

试样形式和尺寸见图 3-5、表 3-3。

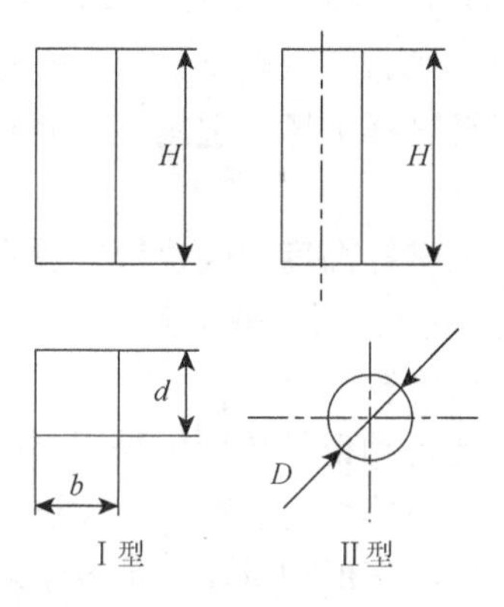

图 3-5　压缩试样

表 3-3　试样尺寸　（单位：mm）

I 型			II 型		
尺寸符号	一般试样	仲裁试样	尺寸符号	一般试样	仲裁试样
宽度 b	10～14	10±0.2	—	—	—
厚度 d	4～14	10±0.2	直径 D	4～16	10±0.2
高度 H	$\frac{\lambda}{3.46}d$	30±0.5	高度 H	$\frac{\lambda}{4}D$	25±0.5

当 I 型试样厚度 d 小于 10mm 时，宽度 b 取(10±0.2)mm；试样厚度 d 大于 10mm 时，宽度 b 取厚度尺寸。

测定压缩强度时，λ 取 10；若试验过程中有失稳现象，则 λ 取 6。

测定压缩模量时，λ 取 15 或根据测量变形的仪表确定。

I 型试样采用机械加工发制备，II 型试样采用模塑法制备或其他成型方法制备。

3.3.2　试验准备及步骤

试验机的加载压头应平整、光滑，并具有可调整上下压板平行度的球形支座。

试验条件按总则《纤维增强塑料压缩性能试验方法》（GB/T 1448—2005）的规定。

测试压缩强度时，加载速度为 1～6mm/min，仲裁试验速度为 2mm/min。

测定压缩弹性模量时，加载速度一般为 2mm/min。

试验外观检查和状态调节按《纤维增强塑料性能试验方法总则》（GB/T 1446—2005）中的规定。

将合格试样编号，测量试样任意三处的宽度和厚度，取算数平均值，测量精度按《纤维增强塑料性能试验方法总则》（GB/T 1446—2005）中的规定。

安放试样，使试样的中心线与试验机上、下压板的中心对准。

测定压缩应力时加载直至试样破坏，记录试样的屈服荷载、破坏荷载或最大荷载及试样破坏形式。

测定压缩弹性模量时，在试样高度中间位置安放测量变形的仪表，施加初载（约 5%的破坏载荷），检查并调整试样及变形测量系统，使整个系统处于正常工作状态以及使试样两侧压缩变形比较一致。

测定压缩弹性模量时，无自动记录装置可采用分级加载，级差为破坏荷载的 5%～10%，至少分五级加载，所施加的载荷不宜超过破坏载荷的 50%。一般至少重复测定 3 次，取其两次稳定的变形增量，记录各级载荷和相应的变形值。

测定压缩弹性模量时，有自动记录装置，可连续加载。

有明显内部缺陷或端部挤压破坏的试样，应予作废。同批有效试样不足 5 个时，应重做试验。

3.3.3　试验数据计算

1）压缩应力

压缩应力（压缩屈服应力、压缩断裂应力或压缩强度）按式（3-12）计算：

$$\sigma_c = \frac{P}{F} \tag{3-12}$$

式中，Ⅰ型试样 $F = bd$，Ⅱ型试样 $F = \frac{\pi}{4}D^2$；σ_c 为压缩应力（压缩屈服应力、压缩断裂应力或压缩强度），MPa；P 为屈服载荷、破坏载荷或最大载荷，N；F 为试样横截面积，mm^2；b 为试样宽度，mm；d 为试样直径，mm。

2）压缩弹性模量

压缩弹性模量采用分级加载式按式（3-13）计算：

$$E_c = \frac{L_0 \Delta P}{bd\Delta L} \tag{3-13}$$

式中，E_c 为压缩弹性模量，MPa；ΔP 为载荷-变形曲线上初始直线段的载荷增量，N；ΔL 为与载荷增量 ΔF 对应的标距 L_0 内的变形增量，mm；L_0 为仪表的标距，mm。

采用自动记录装置测定时，对于给定的 $\varepsilon''=0.0025$、$\varepsilon'=0.0005$，压缩弹性模量按式（3-14）计算：

$$E_c=\frac{\sigma''-\sigma'}{\varepsilon''-\varepsilon'} \tag{3-14}$$

式中，E_c 为压缩弹性模量，MPa；σ''为 $\varepsilon''=0.0025$ 时测得的压缩应力，MPa；σ'为 $\varepsilon'=0.0005$ 时测得的压缩应力，MPa。

3.4 剪 切 试 验[4]

剪切试验用于测定剪切模量 G_{12} 和剪切强度 S，由于试验难以保证均匀的纯剪切状态，尽管试验方法多种多样，但是试验一般不够精确。剪切试验可参照标准《聚合物基复合材料纵横剪切试验方法》（GB/T 3355—2014）进行，该标准适用于连续纤维（单向带或织物）增强聚合物基复合材料层合板纵横剪切性能的测定，适用的复合材料形式仅限于承受拉伸载荷方向为±45°铺层的连续纤维层合板。通过对$[\pm45°]_{ns}$ 层合板试样施加单轴拉伸载荷测定聚合物基复合材料纵横剪切性能。试件为均衡铺层，因此在拉伸时不会产生拉弯和拉剪耦合作用。但是由于层间应力的影响，测得的剪切强度值也不是很准确。

3.4.1 试样尺寸

如图 3-6 所示，试样的铺层顺序为$[\pm45°]_{ns}$（复合材料子层合板重复铺贴 n 次后，再进行对称铺贴）。其中对于单向带：$4\leqslant n\leqslant 6$；对于织物：$2\leqslant n\leqslant 4$。

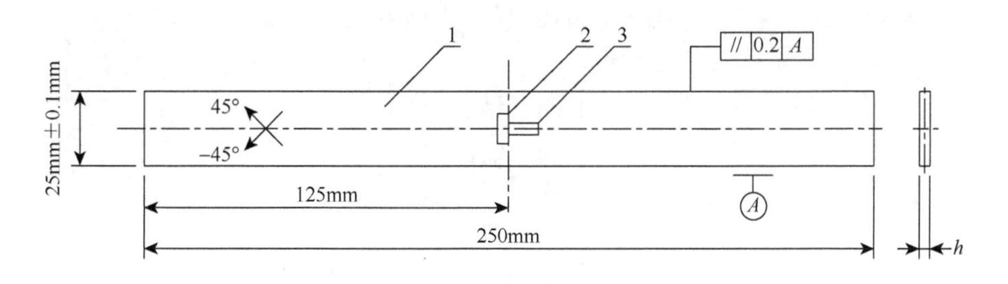

图 3-6　剪切试样

1-试样；2-横向应变计；3-纵向应变计；h-试样厚度

试验条件、试样状态调节、应变片和引伸计的安装同拉伸试验。将试样对中夹持于试验机夹头中，试样的中心线应与试验机夹头的中心线保持一致。应采用合适的夹头夹持力，以保证试样在加载过程中不打滑且不对试样造成损伤。

按1～3mm/min加载速度对试样连续加载至试样破坏或剪应变超过5%后停止试验，连续记录试样的载荷-应变（或载荷-位移）曲线。若试样破坏，则记录失效模式、最大载荷、破坏载荷以及破坏瞬间或尽可能接近破坏瞬间的应变。若采用引伸计测量变形，则由载荷-位移曲线通过拟合计算破坏应变。

3.4.2 试验数据计算

1）剪切强度和剪应力

剪切强度按式（3-15）计算，每一个数据点的剪应力按式（3-16）计算，结果保留3位有效数字：

$$S = \frac{P_{\max}}{2wh} \tag{3-15}$$

$$\tau = \frac{P}{2wh} \tag{3-16}$$

式中，S为剪切强度，MPa；τ为剪应力，MPa；$P_{\max}$为剪应变等于或小于5%的最大载荷，N；P为试样承受的载荷，N；w为试样宽度，mm；h为试样厚度，mm。

剪切强度和剪应力试验计算原理如下：

$[\pm 45°]_s$层合板受σ_x拉伸作用。利用应力应变转轴公式，45°层沿材料主方向的应力应变与层合板的应力σ_x，应变ε_x、ε_y之间存在关系：$\tau_{12} = -\sigma_x / 2$，$\gamma_{12} = -\varepsilon_x + \varepsilon_y$。

设层合板总厚度为t，$A_{ij} = \sum_{k=1}^{N} t_k (\bar{Q}_{ij})_k = \frac{t}{4}[(\bar{Q}_{ij})_{45°} + (\bar{Q}_{ij})_{-45°}] \times 2$，有

$$\boldsymbol{A} = t\begin{bmatrix} \bar{Q}_{11} & \bar{Q}_{12} & 0 \\ \bar{Q}_{12} & \bar{Q}_{22} & 0 \\ 0 & 0 & \bar{Q}_{66} \end{bmatrix}_{45°} \tag{3-17}$$

$$\begin{aligned} A_{11} &= A_{22} = \frac{t}{4}(Q_{11} + Q_{22} + 2Q_{12} + 4Q_{66}) \\ A_{12} &= A_{21} = \frac{t}{4}(Q_{11} + Q_{22} + 2Q_{12} - 4Q_{66}) \\ A_{66} &= \frac{t}{4}(Q_{11} + Q_{22} - 2Q_{12}) \end{aligned} \tag{3-18}$$

由本构关系解出层合板中面应变，即

$$\begin{bmatrix} t\sigma_x \\ 0 \\ 0 \end{bmatrix} = \begin{bmatrix} A_{11} & A_{12} & 0 \\ A_{21} & A_{22} & 0 \\ 0 & 0 & A_{66} \end{bmatrix} \begin{bmatrix} \varepsilon_x^0 \\ \varepsilon_y^0 \\ \gamma_{xy}^0 \end{bmatrix} \tag{3-19}$$

$$\varepsilon_x^0 = \frac{A_{11} t\sigma_x}{A_{11}^2 - A_{12}^2}, \quad \varepsilon_y^0 = \frac{-A_{12} t\sigma_x}{A_{11}^2 - A_{12}^2}, \quad \gamma_{xy}^0 = 0$$

各单层的应变与中面应变相同。将 $\theta = 45°$ 代入应变分量的坐标变换关系式

$$\begin{bmatrix} \varepsilon_1 \\ \varepsilon_2 \\ \gamma_{12} \end{bmatrix} = \boldsymbol{T}_\varepsilon \begin{bmatrix} \varepsilon_x \\ \varepsilon_y \\ 0 \end{bmatrix} \tag{3-20}$$

得 $\gamma_{12} = -\varepsilon_x + \varepsilon_y$，由 $\tau_{12} = Q_{66}\gamma_{12} = Q_{66}(-\varepsilon_x + \varepsilon_y)$，利用式（3-18）和式（3-19），运算后得到等式右端为 $-\sigma_x / 2$。

2）剪切模量

在 0.002～0.006 的剪应变区间内按照式（3-21）计算剪切模量。若材料在 0.006 剪应变以前破坏或者应力-应变曲线出现明显非线性，则应在应力-应变曲线的线性段选取一个合理的应变区间计算剪切模量。剪切模量结果取 3 位有效数字。

$$G_{12} = \frac{\Delta\tau}{\Delta\gamma} \tag{3-21}$$

$$\gamma = |\varepsilon_x| + |\varepsilon_y| \tag{3-22}$$

式中，G_{12} 为剪切模量，MPa；γ 为剪应变，rad/rad；ε_x 为纵向应变算术平均值，mm/mm；ε_y 为横向应变算术平均值，mm/mm；$\Delta\tau$ 为两个剪应变点之间的剪应力差值，MPa；$\Delta\gamma$ 为两个剪应变点之间的剪应变差值，rad/rad。

3）0.2%剪切强度

过剪应变轴上偏离零点 0.2%剪应变，作平行于剪应力-应变曲线线性段的直线，该直线与剪应力-应变曲线交点所对应的剪应力值即 0.2%剪切强度 $S_{0.2}$，如图 3-7 所示，对应的剪应变值为 0.2%剪应变 $\gamma_{0.2}$。

4）极限剪应变

当试样在剪应变小于 5%前发生破坏，破坏瞬间的应变为极限剪应变 γ_{12}；当试样在剪应变超过 5%后仍未发生破坏，极限剪应变即为 5%。

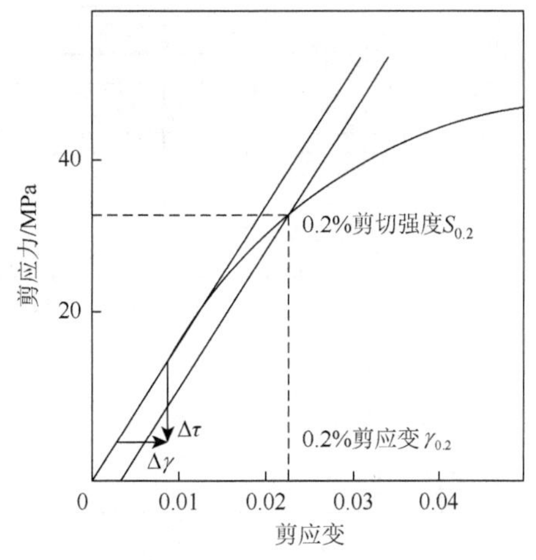

图 3-7　剪切模量及 0.2%剪切强度测量示意图

3.5　弯 曲 试 验[5]

弯曲试验参照标准《定向纤维增强聚合物基复合材料弯曲性能试验方法》（GB/T 3356—2014）进行力学性能试验，该标准适用于连续纤维增强聚合物基复合材料层合板弯曲性能的测定，也适用于其他聚合物基复合材料弯曲性能的测定。对聚合物基纤维增强复合材料层合板直条试样，采用三点弯曲或四点弯曲方法施加载荷，在试样中央或中间部位形成弯曲应力分布场，测试层合板弯曲性能。

3.5.1　试样尺寸

梁试件尺寸及弯曲加载如图 3-8 所示，试件的尺寸见表 3-4。为确保试件在弯矩作用下破坏发生在最外层纤维，跨厚比推荐为：玻璃纤维和芳纶纤维增强复合材料为 16∶1；碳纤维增强复合材料为 32∶1。

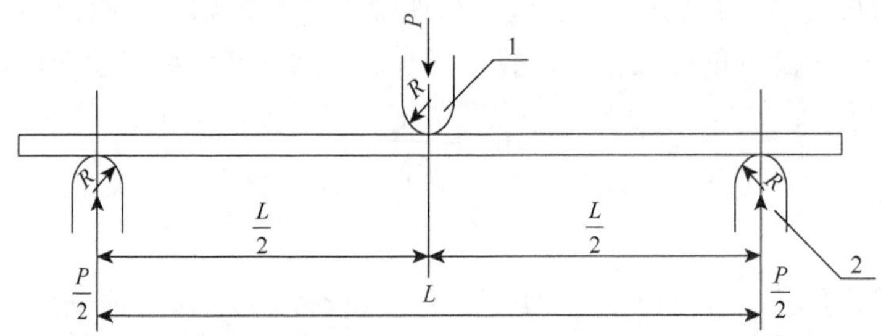

1-加载头；2-支座；R-加载头和支座半径，$R = 3\text{mm}$；P-载荷；L-支座跨距
对0°单向纤维增强复合材料层合板试样，也可采用加载头和支座半径$R = 5\text{mm}$

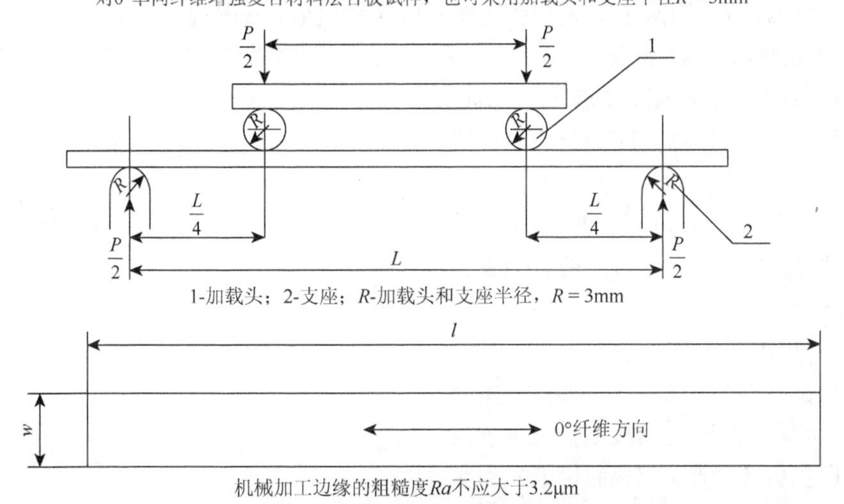

图 3-8　梁试件尺寸及弯曲加载

表 3-4　试样尺寸

试样类型	厚度 h	宽度 w	长度 l	跨厚比 L/h
聚合物基复合材料	2～6mm 推荐 4	（12.5±0.2）mm，对于织物增强的纺织复合材料，试样的宽度至少应为两个单胞	≥1.2L	碳纤维增强复合材料为 32∶1，玻璃纤维和芳纶纤维增强复合材料为 16∶1，如出现层间剪切破坏时可增加跨厚比

注：0°单向纤维增强复合材料试样厚度为（2±0.2）mm，宽度为（12.5±0.2）mm，长度为 L＋15mm。

加载头与支座的半径为 3mm，对于 0°单向纤维增强复合材料层合板试样，加载头与支座的半径可采用 5mm。推荐加载头和支座硬度为 HRC 40～45，加载方法分为 A（三点弯曲法）和 B（四点弯曲法）。

3.5.2　试验步骤

1）试验前准备

在最终的试样机械加工和状态调节后，测量试样中心截面处的宽度和厚度。宽度测量精确到 0.02mm，厚度测量精确到 0.01mm。

2）试样安装

对于方法 A，加载头应位于支座的中央，对于方法 B，加载跨距应是支座跨距的一半并对称安置在支座之间，跨距测量精确到 0.1mm。

将试样光滑面向下居中放在支座上，使试样的中心与加载头的中心对齐，并使试样的纵轴垂直于加载头和支座。

在试样下方安装位移传感器，位移传感器触头与试样下表面跨距中点处接触。

3）试验

本标准推荐的加载速度如下：①测量弯曲弹性模量时，加载速度为 1～2mm/min；②测量弯曲强度时，加载速度为 5～10mm/min。达到最大载荷，且载荷从最大载荷下降 30%停止试验。连续测量并记录试样的载荷-挠度曲线，记录试样的失效模式和最大载荷。破坏位置出现在试样外表面时试验结果有效。出现层间剪切破坏及在支座头或加载头下方出现的压碎破坏为无效失效模式，所记录的数据为无效数据。

3.5.3　试验数据计算

1）弯曲强度

对于方法 A，弯曲强度（即对应最大载荷的外表面最大应力）按式（3-23）计算，结果保留 3 位有效数字：

$$\sigma_{\mathrm{f}}=\frac{3P_{\max}L}{2wh^2} \tag{3-23}$$

对于方法B，弯曲强度（即对应最大载荷的外表面最大应力）按式（3-24）计算，结果保留3位有效数字：

$$\sigma_{\mathrm{f}}=\frac{3P_{\max}L}{4wh^2} \tag{3-24}$$

式中，σ_{f}为弯曲强度，MPa；$P_{\max}$为试样承受的最大载荷，N；L为跨距，mm；h为试样厚度，mm；w为试样宽度，mm。

2）破坏应变

对于方法A，破坏应变（即对应最大载荷的外表面最大应变）按式（3-25）计算，结果保留3位有效数字：

$$\varepsilon_{\mathrm{f}}=\frac{6\delta h}{L^2} \tag{3-25}$$

对于方法B，破坏应变（即对应最大载荷的外表面最大应变）按式（3-26）计算，结果保留3位有效数字：

$$\varepsilon_{\mathrm{f}}=\frac{4.36\delta h}{L^2} \tag{3-26}$$

式中，ε_{f}为破坏应变，mm/mm；δ为试样在跨距中央的挠度，mm。

3）弯曲弹性模量

弯曲弹性模量按式（3-27）计算，结果保留3位有效数字：

$$E_{\mathrm{fc}}=\frac{\Delta\sigma}{\Delta\varepsilon} \tag{3-27}$$

式中，E_{fc}为弯曲弹性模量，MPa；$\Delta\sigma$为两个所选应变点之间弯曲应力之差，MPa；$\Delta\varepsilon$为两个所选应变点之间应变之差，mm/mm。

计算弯曲弹性模量，推荐的应变范围为0.001～0.003。

参考文献

[1] 中华人民共和国国家质量监督检验检疫总局，中国国家标准化管理委员会. GB/T 1446—2005　纤维增强塑料性能试验方法总则[S]. 北京：中国标准出版社，2005.

[2] 中华人民共和国国家质量监督检验检疫总局，中国国家标准化管理委员会. GB/T 3354—2014　定向纤维增强聚合物基复合材料拉伸性能试验方法[S]. 北京：中国标准出版社，2014.

[3] 中华人民共和国国家质量监督检验检疫总局，中国国家标准化管理委员会. GB/T 1448—2005. 纤维增强塑料压缩性能试验方法[S]. 北京：中国标准出版社，2005.

[4] 中华人民共和国国家质量监督检验检疫总局，中国国家标准化管理委员会. GB/T 3355—2014. 聚合物基复合材料纵横剪切试验方法[S]. 北京：中国标准出版社，2014.

[5] 中华人民共和国国家质量监督检验检疫总局，中国国家标准化管理委员会. GB/T 3356—2014. 定向纤维增强聚合物基复合材料弯曲性能试验方法[S]. 北京：中国标准出版社，2014.

第4章　单层板及层合板弹性特性

4.1　单层板的弹性特性[1]

从力学的角度来分析复合材料，依照分析的对象，一般可分为宏观力学方法和细观力学方法。前者以复合材料的单层或层合板结构作为研究对象，分析复合材料表观的力学性能，忽略两相材料各自的性能差别及其相互作用，而将两相材料的影响反映在平均的表观性能上。后者是考虑两相材料的各自性能及其相互作用，研究其如何反映在平均的表观性能（即宏观的力学性能）上[2]。

用宏观力学方法分析单层板时，假设单层板为连续、均匀、正交各向异性的材料，并将分析限于线弹性与小变形的范围内。线弹性，是指材料在外力作用下，其变形与外力呈线性变化，且当外力除去后材料能恢复到原来状态。小变形，是指材料构件在外力作用下的变形与其原始尺寸相比十分微小[2]。

纤维增强复合材料是由两种基本原材料——基体和纤维组成的，构成复合材料的基本单元是单层板（简称单层，又名铺层）。与均质材料所制成的结构不同，复合材料层合结构的分析必须立足于对每一单层的分析。由于存在不同的组分层，决定了层合结构的厚度方向具有宏观非均质性。为了得到层合结构的刚度特性，必须弄清楚各单层的刚度特性；为了对层合结构的强度作出判断，必须首先对各单层的强度作出判断[1]。因此，单层的宏观力学分析是层合结构分析的基础。本章研究正交各向异性、均匀、连续的单层在线弹性、小变形情况下的刚度和强度。

4.1.1　单层板弹性主方向的弹性特性

单层板弹性主方向的弹性特性也称为单层板的正轴刚度特性。正轴刚度是指单层板在正轴［即单层材料的弹性主方向（图4-1）］上所显示的刚度性能。表达刚度性能的参数是由应力-应变关系所确定的。在工程上，一般单层板或层合板的厚度小于结构的其他尺寸，因此在复合材料分析与设计中通常是将单层板假设为平面应力状态，即只考虑单层板的面内应力，不考虑单层板面外应力，即认为单层板面外应力很小，可以忽略不计。

对于各向同性材料，表达其刚度性能的参数是工程弹性常数E、G、ν，它们分别为拉压弹性模量、剪切模量与泊松比，且三者之间有如下关系：

$$G = \frac{E}{2(1+\nu)} \tag{4-1}$$

所以，独立的弹性常数只有 2 个。而对于呈正交各向异性的单层，表达其刚度性能的工程弹性常数将增加到 5 个，独立的弹性常数为 4 个，即 E_1、E_2、ν_{12} 或 ν_{21}、G_{12}。

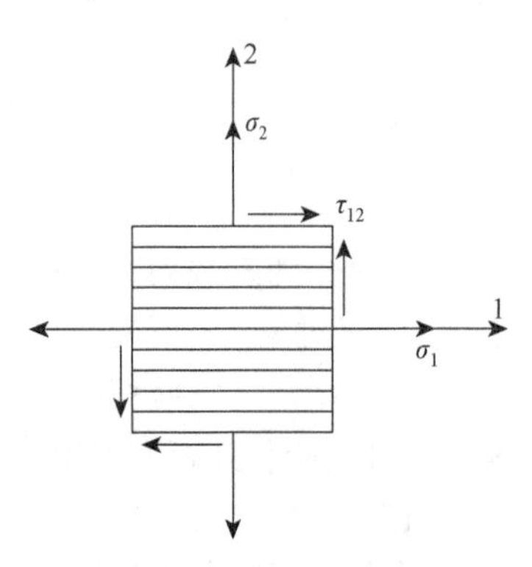

图 4-1　单层板的正轴坐标和相应的应力分量

在单层板面内的外力作用下，用 σ_1、σ_2 表示正应力分量，用 τ_{12} 表示剪应力分量（图 4-1）。这里下角标 1 和 2 分别表示材料的两个弹性主方向（或称正轴向），1 向为纵向，即刚度较大的材料主方向（principle direction of material）；2 向为横向，即刚度较小的材料主方向。相应地，1 轴和 2 轴称为正轴（on-axis）。所用坐标系 1-2 称为正轴坐标系。正应力的符号：正面正向或负面负向均为正，否则为负。所谓面的正负是指该面外法线方向与坐标方向同向还是反向。所谓向的正负是指应力方向与坐标方向同向还是反向。图 4-1 所示的应力分量均为正。

按照这一符号规则，正应力的符号规则与材料力学中的规定是一致的，而剪应力的符号规则与一般材料力学中的规定（剪应力以使单元体顺时针转向时为正，逆时针转向时为负）不同。

因本书讨论的复合材料限于线弹性与小变形情况下，所以材料力学中应变的叠加原理仍能适用于复合材料。也即所有应力分量 σ_1、σ_2、τ_{12} 引起的某一应变分量等于各个应力分量引起该应变分量的代数和。而且在正轴方向一点处的线应变 ε_1、ε_2 只与该点处的正应力 σ_1、σ_2 有关，而与剪应力 τ_{12} 无关；同时，该点处的剪应变 γ_{12} 也仅与剪应力 τ_{12} 有关，与正应力无关。约定应变的符号规则为，线应变伸长为正，缩短为负，剪应变以使与两个坐标方向一致的直角变小为正，变大为负。

因此，σ_1 引起的应变为

$$\varepsilon_{11} = \frac{1}{E_1}\sigma_1, \quad \varepsilon_{21} = -\frac{\nu_{21}}{E_1}\sigma_1 \tag{4-2}$$

式中，E_1 为纵向弹性模量，GPa；ν_{21} 为主泊松比；ε_{11} 为由 σ_1 引起的纵向应变：ε_{21} 为由 σ_1 引起的横向应变。

纵向单轴试验：

单向复合材料的纤维方向为纵向，表示纤维方向即材料主方向 1 承受单轴应力 σ_1，由此引起双轴应变，如图 4-2（a）所示。在线弹性情况下试验的应力-应变曲线如图 4-2（b）所示，由此可验证应力-应变关系式（4-2）。

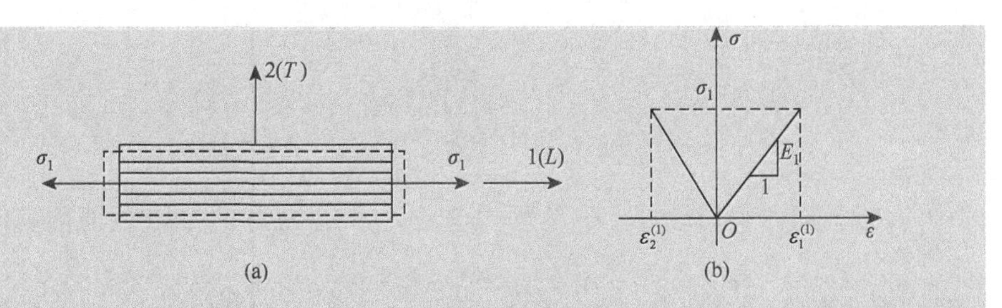

图 4-2　纵向单轴拉伸

由试验得到的纵向弹性模量，反映了单层板纵向的刚度特性，在相同的 σ_1 作用下，E_1 越大，ε_{11} 越小。主泊松比 ν_{21} 是单层板由纵向单轴应力引起的横向线应变与纵向线应变的比值。

因此，σ_2 引起的应变为

$$\varepsilon_{12}=-\frac{\nu_{12}}{E_2}\sigma_2,\quad \varepsilon_{22}=\frac{1}{E_2}\sigma_2 \tag{4-3}$$

式中，E_2 为横向弹性模量，GPa；ν_{12} 为次泊松比；ε_{12} 为由 σ_2 引起的纵向应变；ε_{22} 为由 σ_2 引起的横向应变。

横向单轴试验：
对于单向复合材料，垂直纤维方向为横向，表示垂直纤维方向，即材料另一个主方向 2 承受单轴应力 σ_2，由此引起双轴应变，如图 4-3（a）所示。在线弹性情况下试验的应力-应变曲线如图 4-3（b）所示，由此可验证应力-应变关系式（4-3）。

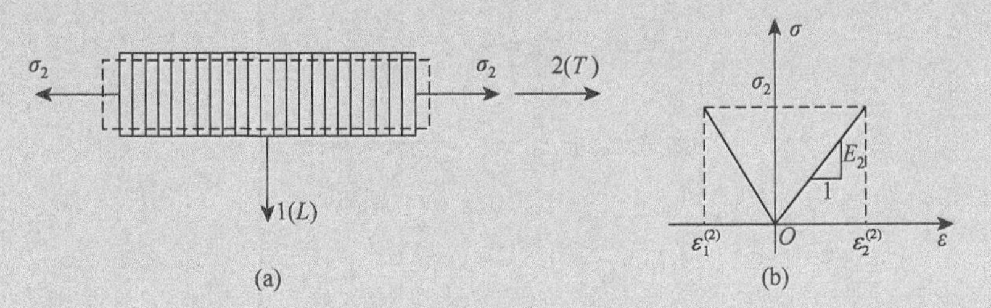

图 4-3　横向单轴拉伸

由试验得到的横向弹性模量，反映了单层板横向的刚度特性，在相同的 σ_2 作用下，E_2 越大，ε_{22} 越小。次泊松比 ν_{12} 是单层板由横向单轴应力引起的纵向线应变与横向线应变的比值。

τ_{12}引起的应变为

$$\gamma_{12} = \frac{1}{G_{12}}\tau_{12} \tag{4-4}$$

式中，G_{12}为面内剪切模量；τ_{12}为面内剪应力；γ_{12}为由τ_{12}引起的面内剪应变。

面内剪切实验：

单向板在材料的两个主方向上(即两个正轴向)处于纯剪应力状态，如图4-4(a)所示，这种纯剪应力状态可利用薄壁圆管的扭转试验等方法来实现，在纯剪应力状态下的应力-应变曲线如图4-4（b）所示。由τ_{12}引起的剪应变为γ_{12}。

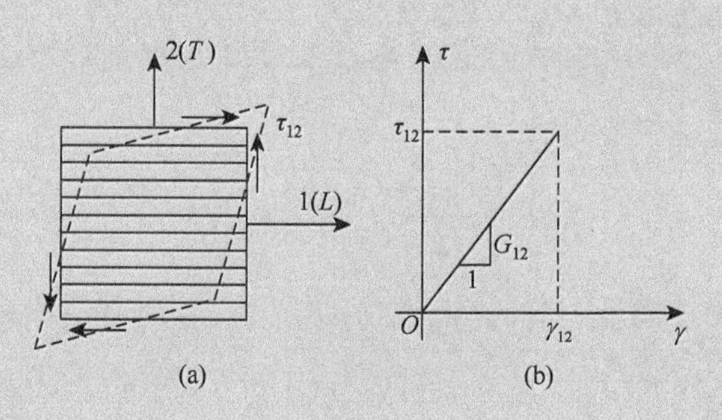

图4-4　面内剪切

由试验测得面内剪切模量，反映了单层板在其面内的抗剪刚度特性。在相同的τ_{12}作用下，G_{12}越大，γ_{12}越小。

在线弹性范围内，通过叠加原理，由σ_1、σ_2、τ_{12}引起的应变为

$$\begin{cases} \varepsilon_1 = \varepsilon_{11} + \varepsilon_{12} = \dfrac{1}{E_1}\sigma_1 - \dfrac{\nu_{12}}{E_2}\sigma_2 \\ \varepsilon_2 = \varepsilon_{21} + \varepsilon_{22} = -\dfrac{\nu_{21}}{E_1}\sigma_1 + \dfrac{1}{E_2}\sigma_2 \\ \gamma_{12} = \dfrac{1}{G_{12}}\tau_{12} \end{cases} \tag{4-5}$$

所有这些量称为单层板的正轴工程弹性常数，一共有5个。可以证明，其中的4个工程弹性常数间存在一定的数量关系：$\dfrac{\nu_{21}}{E_1} = \dfrac{\nu_{12}}{E_2}$，因此独立的工程弹性常数为4个。

单层板的正轴应变-应力关系改写成矩阵形式：

$$\begin{Bmatrix} \varepsilon_1 \\ \varepsilon_2 \\ \gamma_{12} \end{Bmatrix} = \begin{bmatrix} 1/E_1 & -\nu_{12}/E_2 & 0 \\ -\nu_{21}/E_1 & 1/E_2 & 0 \\ 0 & 0 & 1/G_{12} \end{bmatrix} \begin{Bmatrix} \sigma_1 \\ \sigma_2 \\ \tau_{12} \end{Bmatrix} \tag{4-6}$$

式中，系数矩阵分量可以写成

$$\begin{aligned} &S_{11} = 1/E_1, \quad S_{22} = 1/E_2 \\ &S_{12} = -\nu_{12}/E_2, \quad S_{21} = -\nu_{21}/E_1 \\ &S_{66} = 1/G_{12} \end{aligned} \tag{4-7}$$

这些量称为柔度分量。用柔度分量表示的应变-应力关系式为

$$\begin{Bmatrix} \varepsilon_1 \\ \varepsilon_2 \\ \gamma_{12} \end{Bmatrix} = \begin{bmatrix} S_{11} & S_{12} & 0 \\ S_{21} & S_{22} & 0 \\ 0 & 0 & S_{66} \end{bmatrix} \begin{Bmatrix} \sigma_1 \\ \sigma_2 \\ \tau_{12} \end{Bmatrix} \tag{4-8}$$

简写成 $\boldsymbol{\varepsilon} = \boldsymbol{S\sigma}$。

由（4-5）可解得应力 σ_1、σ_2、τ_{12}，以应变为已知量，应力为未知量，可得到应力-应变关系为

$$\begin{aligned} \sigma_1 &= \frac{E_1}{1-\nu_{21}\nu_{12}}\varepsilon_1 + \frac{\nu_{12}E_1}{1-\nu_{21}\nu_{12}}\varepsilon_2 \\ \sigma_2 &= \frac{\nu_{21}E_2}{1-\nu_{21}\nu_{12}}\varepsilon_1 + \frac{E_2}{1-\nu_{21}\nu_{12}}\varepsilon_2 \\ \tau_{12} &= G_{12}\gamma_{12} \end{aligned} \tag{4-9}$$

改写成矩阵形式：

$$\begin{Bmatrix} \sigma_1 \\ \sigma_2 \\ \tau_{12} \end{Bmatrix} = \begin{bmatrix} \dfrac{E_1}{1-\nu_{21}\nu_{12}} & \dfrac{\nu_{12}E_1}{1-\nu_{21}\nu_{12}} & 0 \\ \dfrac{\nu_{21}E_2}{1-\nu_{21}\nu_{12}} & \dfrac{E_2}{1-\nu_{21}\nu_{12}} & 0 \\ 0 & 0 & G_{12} \end{bmatrix} \begin{Bmatrix} \varepsilon_1 \\ \varepsilon_2 \\ \gamma_{12} \end{Bmatrix} \tag{4-10}$$

式中，应力-应变关系中的各个系数可以简单记为

$$\begin{aligned} &Q_{11} = \frac{E_1}{1-\nu_{21}\nu_{12}} \qquad Q_{12} = \frac{\nu_{12}E_1}{1-\nu_{21}\nu_{12}} \\ &Q_{21} = \frac{\nu_{21}E_2}{1-\nu_{21}\nu_{12}} \qquad Q_{22} = \frac{E_2}{1-\nu_{21}\nu_{12}} \\ &Q_{66} = G_{12} \end{aligned} \tag{4-11}$$

这些量称为刚度分量，则可以写成

$$\begin{Bmatrix}\sigma_1\\ \sigma_2\\ \tau_{12}\end{Bmatrix}=\begin{bmatrix}Q_{11} & Q_{12} & 0\\ Q_{21} & Q_{22} & 0\\ 0 & 0 & Q_{66}\end{bmatrix}\begin{Bmatrix}\varepsilon_1\\ \varepsilon_2\\ \gamma_{12}\end{Bmatrix} \tag{4-12}$$

简写成$\boldsymbol{\sigma}=\boldsymbol{Q}\boldsymbol{\varepsilon}$。

由于

$$\boldsymbol{\sigma}=\boldsymbol{Q}\boldsymbol{\varepsilon} \tag{4-13}$$

式（4-13）两端各乘$\boldsymbol{Q}^{-1}$，得

$$\boldsymbol{Q}^{-1}\boldsymbol{\sigma}=\boldsymbol{Q}^{-1}\boldsymbol{Q}\boldsymbol{\varepsilon} \tag{4-14}$$

其中$\boldsymbol{Q}\boldsymbol{Q}^{-1}=\boldsymbol{E}$，$\boldsymbol{E}\boldsymbol{\varepsilon}=\boldsymbol{\varepsilon}$，故有

$$\boldsymbol{\varepsilon}=\boldsymbol{Q}^{-1}\boldsymbol{\sigma} \tag{4-15}$$

对比式（4-8）可得

$$\boldsymbol{Q}^{-1}=\boldsymbol{S} \tag{4-16}$$

同理可得

$$\boldsymbol{Q}=\boldsymbol{S}^{-1} \tag{4-17}$$

实际复合材料工程中，通常会遇见横观各向同性纤维增强材料，即纵向和横向弹性性能相同。刚度参数还存在如下关系：

$$\begin{cases}Q_{11}=Q_{22}\\ S_{11}=S_{22}\\ E_1=E_2\end{cases} \tag{4-18}$$

这种横观各向同性单层板的工程弹性常数只需测 3 个。

4.1.2 单层板非弹性主方向的弹性特性

单层板非弹性主方向的弹性特性也称为单层板的偏轴刚度特性，类似确定单层板的正轴刚度参数，单层板的偏轴刚度参数也由单层板在偏轴下的应力-应变关系所确定。然而单层板在偏轴下的应力-应变关系不宜像确定单层板在正轴下的工程弹性常数那样，用试验方法来确定，但可以分别通过应力与应变的转换，将正轴下的应力-应变关系（或应变-应力关系）变为偏轴下的应力-应变关系（或应变-应力关系），从而确定偏轴下的模量分量（或柔量分量）与正轴模量分量（或柔量分量）之间的转换关系。由此再进一步得到偏轴工程弹性常数与正轴工程弹性常数之间的转换关系式。通过上述章节的学习，已经了解了坐标转换及单层板的正轴刚度，本节将通过对上述知识的应用，来探索单层板的非弹性主方向的弹性特性。

1）偏轴模量

图 4-5 所示偏轴应力-应变关系建立过程通常分三步。

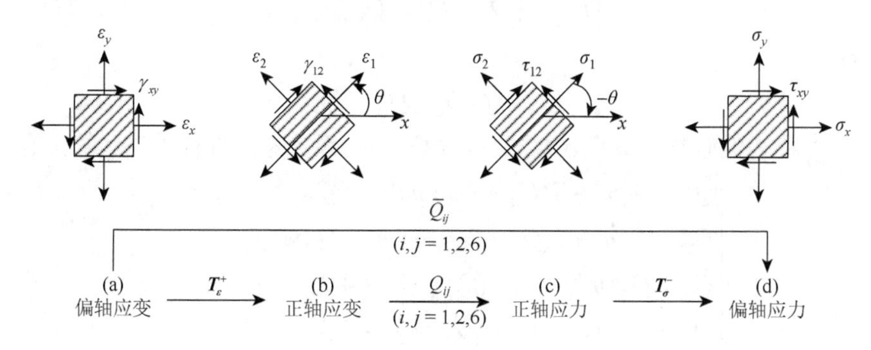

图 4-5　偏轴应力-应变关系的建立过程

（1）利用平面应力状态下的应变正转换矩阵，将偏轴应变转换成正轴应变。这种关系具体如下：

$$\begin{Bmatrix} \varepsilon_1 \\ \varepsilon_2 \\ \gamma_{12} \end{Bmatrix} = \boldsymbol{T}_\varepsilon \begin{Bmatrix} \varepsilon_x \\ \varepsilon_y \\ \gamma_{xy} \end{Bmatrix} \tag{4-19}$$

（2）利用正轴应力-应变关系，将正轴应变转换成正轴应力，具体计算如下：

$$\begin{Bmatrix} \sigma_1 \\ \sigma_2 \\ \tau_{12} \end{Bmatrix} = \boldsymbol{Q} \begin{Bmatrix} \varepsilon_1 \\ \varepsilon_2 \\ \gamma_{12} \end{Bmatrix} = \boldsymbol{Q}\boldsymbol{T}_\varepsilon \begin{Bmatrix} \varepsilon_x \\ \varepsilon_y \\ \gamma_{xy} \end{Bmatrix} \tag{4-20}$$

（3）利用平面应力状态下的应力负转换矩阵，将正轴应力转换成偏轴应力。这种关系具体如下：

$$\begin{Bmatrix} \sigma_x \\ \sigma_y \\ \tau_{xy} \end{Bmatrix} = \boldsymbol{T}_\sigma^{-1} \begin{Bmatrix} \sigma_1 \\ \sigma_2 \\ \tau_{12} \end{Bmatrix} = \boldsymbol{T}_\sigma^{-1}\boldsymbol{Q} \begin{Bmatrix} \varepsilon_1 \\ \varepsilon_2 \\ \gamma_{12} \end{Bmatrix} = \boldsymbol{T}_\sigma^{-1}\boldsymbol{Q}\boldsymbol{T}_\varepsilon \begin{Bmatrix} \varepsilon_x \\ \varepsilon_y \\ \gamma_{xy} \end{Bmatrix} \tag{4-21}$$

展开可写成

$$\begin{Bmatrix} \sigma_x \\ \sigma_y \\ \tau_{xy} \end{Bmatrix} = \begin{bmatrix} m^2 & n^2 & -2mn \\ n^2 & m^2 & 2mn \\ mn & -mn & m^2-n^2 \end{bmatrix} \begin{bmatrix} Q_{11} & Q_{12} & 0 \\ Q_{21} & Q_{22} & 0 \\ 0 & 0 & Q_{66} \end{bmatrix} \begin{bmatrix} m^2 & n^2 & mn \\ n^2 & m^2 & -mn \\ -2mn & 2mn & m^2-n^2 \end{bmatrix} \begin{Bmatrix} \varepsilon_x \\ \varepsilon_y \\ \gamma_{xy} \end{Bmatrix} \tag{4-22}$$

式中，简写成

$$\begin{Bmatrix} \sigma_x \\ \sigma_y \\ \tau_{xy} \end{Bmatrix} = \begin{bmatrix} \bar{Q}_{11} & \bar{Q}_{12} & \bar{Q}_{16} \\ \bar{Q}_{21} & \bar{Q}_{22} & \bar{Q}_{26} \\ \bar{Q}_{61} & \bar{Q}_{62} & \bar{Q}_{66} \end{bmatrix} \begin{Bmatrix} \varepsilon_x \\ \varepsilon_y \\ \gamma_{xy} \end{Bmatrix} \tag{4-23}$$

因此有

$$\bar{\boldsymbol{Q}} = \boldsymbol{T}_\sigma^{-1} \boldsymbol{Q} \boldsymbol{T}_\varepsilon$$

式中，$\bar{Q}_{ij}$ 称为偏轴模量分量，将式（4-22）中的系数矩阵进行乘法运算，有

$$\begin{cases} \bar{Q}_{11} = Q_{11}m^4 + 2(Q_{12} + 2Q_{66})m^2n^2 + Q_{22}n^4 \\ \bar{Q}_{22} = Q_{11}n^4 + 2(Q_{12} + 2Q_{66})m^2n^2 + Q_{22}m^4 \\ \bar{Q}_{12} = Q_{12}(m^4 + n^4) + (Q_{11} + Q_{22} - 4Q_{66})m^2n^2 \\ \bar{Q}_{66} = Q_{66}(m^4 + n^4) + (Q_{11} + Q_{22} - 2Q_{12} - 2Q_{66})m^2n^2 \\ \bar{Q}_{16} = (Q_{11} - Q_{12} - 2Q_{66})m^3n - (Q_{22} - Q_{12} - 2Q_{66})mn^3 \\ \bar{Q}_{26} = (Q_{11} - Q_{12} - 2Q_{66})mn^3 - (Q_{22} - Q_{12} - 2Q_{66})m^3n \end{cases} \tag{4-24}$$

改写成矩阵形式，即可得如下由正轴模量求偏轴模量的模量转换公式：

$$\begin{Bmatrix} \bar{Q}_{11} \\ \bar{Q}_{22} \\ \bar{Q}_{12} \\ \bar{Q}_{66} \\ \bar{Q}_{16} \\ \bar{Q}_{26} \end{Bmatrix} = \begin{bmatrix} m^4 & n^4 & 2m^2n^2 & 4m^2n^2 \\ n^4 & m^4 & 2m^2n^2 & 4m^2n^2 \\ m^2n^2 & m^2n^2 & m^4+n^4 & -4m^2n^2 \\ m^2n^2 & m^2n^2 & -2m^2n^2 & (m^2-n^2)^2 \\ m^3n & -mn^3 & mn^3-m^3n & 2(mn^3-m^3n) \\ mn^3 & -m^3n & m^3n-mn^3 & 2(m^3n-mn^3) \end{bmatrix} \begin{Bmatrix} Q_{11} \\ Q_{22} \\ Q_{12} \\ Q_{66} \end{Bmatrix} \tag{4-25}$$

式中，$m=\cos\theta$，$n=\sin\theta$ 与前面所述相同。这里 $\bar{Q}_{ij}=\bar{Q}_{ji}$，即偏轴模量仍具有对称性，所以式（4-25）中偏轴模量只需要列出 6 个。

2）偏轴柔量

偏轴柔量是由偏轴应力求得偏轴应变的过程，即建立应变-应力关系式。通常按照如下流程，分三步求解应变-应力关系式，如图 4-6 所示。

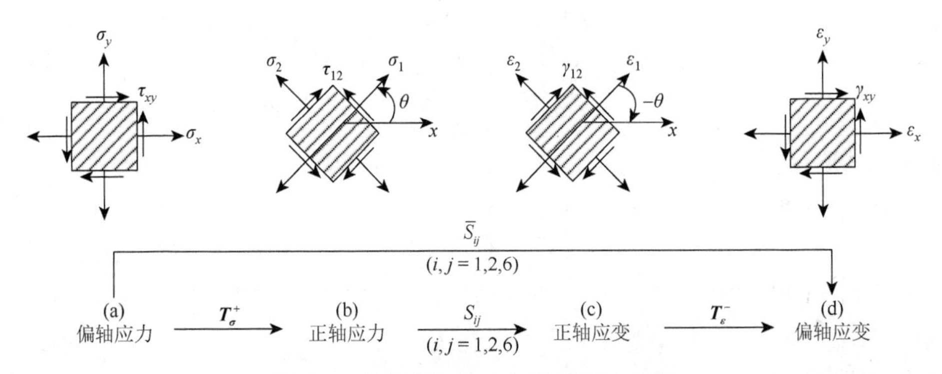

图 4-6 偏轴应变-应力关系的建立过程

（1）利用平面应力状态下的应力正转换矩阵，将偏轴应力转换成正轴应力。这种关系具体如下：

$$\begin{Bmatrix}\sigma_1\\ \sigma_2\\ \tau_{12}\end{Bmatrix}=\boldsymbol{T}_\sigma\begin{Bmatrix}\sigma_x\\ \sigma_y\\ \tau_{xy}\end{Bmatrix} \tag{4-26}$$

（2）利用正轴应变-应力关系，将正轴应力转换成正轴应变，具体计算如下：

$$\begin{Bmatrix}\varepsilon_1\\ \varepsilon_2\\ \gamma_{12}\end{Bmatrix}=\boldsymbol{S}\begin{Bmatrix}\sigma_1\\ \sigma_2\\ \tau_{12}\end{Bmatrix}=\boldsymbol{S}\boldsymbol{T}_\sigma\begin{Bmatrix}\sigma_x\\ \sigma_y\\ \tau_{xy}\end{Bmatrix} \tag{4-27}$$

（3）利用平面应力状态下的应变负转换矩阵，将正轴应变转换成偏轴应变。这种关系具体如下：

$$\begin{Bmatrix}\varepsilon_x\\ \varepsilon_y\\ \gamma_{xy}\end{Bmatrix}=\boldsymbol{T}_\varepsilon^{-1}\begin{Bmatrix}\varepsilon_1\\ \varepsilon_2\\ \gamma_{12}\end{Bmatrix}=\boldsymbol{T}_\varepsilon^{-1}\boldsymbol{S}\boldsymbol{T}_\sigma\begin{Bmatrix}\sigma_x\\ \sigma_y\\ \tau_{xy}\end{Bmatrix} \tag{4-28}$$

展开可写成

$$\begin{Bmatrix}\varepsilon_x\\ \varepsilon_y\\ \gamma_{xy}\end{Bmatrix}=\begin{bmatrix}m^2 & n^2 & -mn\\ n^2 & m^2 & mn\\ 2mn & -2mn & m^2-n^2\end{bmatrix}\begin{bmatrix}S_{11} & S_{12} & 0\\ S_{21} & S_{22} & 0\\ 0 & 0 & S_{66}\end{bmatrix}\begin{bmatrix}m^2 & n^2 & 2mn\\ n^2 & m^2 & -2mn\\ -mn & mn & m^2-n^2\end{bmatrix}\begin{Bmatrix}\sigma_x\\ \sigma_y\\ \tau_{xy}\end{Bmatrix} \tag{4-29}$$

式中，简写成

$$\begin{Bmatrix}\varepsilon_x\\ \varepsilon_y\\ \gamma_{xy}\end{Bmatrix}=\begin{bmatrix}\bar{S}_{11} & \bar{S}_{12} & \bar{S}_{16}\\ \bar{S}_{21} & \bar{S}_{22} & \bar{S}_{26}\\ \bar{S}_{61} & \bar{S}_{62} & \bar{S}_{66}\end{bmatrix}\begin{Bmatrix}\sigma_x\\ \sigma_y\\ \tau_{xy}\end{Bmatrix} \tag{4-30}$$

因此有

$$\bar{\boldsymbol{S}}=\boldsymbol{T}_\varepsilon^{-1}\boldsymbol{S}\boldsymbol{T}_\sigma$$

式中，$\bar{S}_{ij}$ 称为偏轴柔量分量，将式（4-29）中的系数矩阵进行乘法运算，有

$$
\begin{aligned}
\overline{S}_{11} &= S_{11}m^4 + (2S_{12} + S_{66})m^2n^2 + S_{22}n^4 \\
\overline{S}_{22} &= S_{11}n^4 + (2S_{12} + S_{66})m^2n^2 + S_{22}m^4 \\
\overline{S}_{12} &= S_{12}(m^4 + n^4) + (S_{11} + S_{22} - S_{66})m^2n^2 \\
\overline{S}_{66} &= S_{66}(m^4 + n^4) + 2(2S_{11} + 2S_{22} - 4S_{12} - S_{66})m^2n^2 \\
\overline{S}_{16} &= (2S_{11} - 2S_{12} - S_{66})m^3n - (2S_{22} - 2S_{12} - S_{66})mn^3 \\
\overline{S}_{26} &= (2S_{11} - 2S_{12} - S_{66})mn^3 - (2S_{22} - 2S_{12} - S_{66})m^3n
\end{aligned} \tag{4-31}
$$

写成矩阵形式，即可得如下由正轴柔量求偏轴柔量的模量转换公式：

$$
\begin{Bmatrix} \overline{S}_{11} \\ \overline{S}_{22} \\ \overline{S}_{12} \\ \overline{S}_{66} \\ \overline{S}_{26} \\ \overline{S}_{26} \end{Bmatrix} = \begin{bmatrix} m^4 & n^4 & 2m^2n^2 & m^2n^2 \\ n^4 & m^4 & 2m^2n^2 & m^2n^2 \\ m^2n^2 & m^2n^2 & m^4+n^4 & -m^2n^2 \\ 4m^2n^2 & 4m^2n^2 & -8m^2n^2 & (m^2-n^2)^2 \\ 2m^3n & -2mn^3 & 2(mn^3-m^3n) & mn^3-m^3n \\ 2mn^3 & -2m^3n & 2(m^3n-mn^3) & m^3n-mn^3 \end{bmatrix} \begin{Bmatrix} S_{11} \\ S_{22} \\ S_{12} \\ S_{66} \end{Bmatrix} \tag{4-32}
$$

式中，$m=\cos\theta$，$n=\sin\theta$，与前面所述相同。这里 $\overline{S}_{ij}=\overline{S}_{ji}$，即偏轴模量仍具有对称性，所以式（4-30）中偏轴模量只需要列出 6 个。

4.1.3　单层板工程弹性常数

为了进一步讨论单层正交各向异性材料的偏轴向弹性特性，将应力-应变关系式写成表观工程弹性常数形式：

$$
\begin{Bmatrix} \varepsilon_x \\ \varepsilon_y \\ \gamma_{xy} \end{Bmatrix} = \begin{bmatrix} \overline{S}_{11} & \overline{S}_{12} & \overline{S}_{16} \\ \overline{S}_{12} & \overline{S}_{22} & \overline{S}_{26} \\ \overline{S}_{16} & \overline{S}_{26} & \overline{S}_{66} \end{bmatrix} \begin{Bmatrix} \sigma_x \\ \sigma_y \\ \tau_{xy} \end{Bmatrix} = \begin{bmatrix} \dfrac{1}{E_x} & -\dfrac{\nu_{xy}}{E_y} & \dfrac{\eta_{x,xy}}{G_{xy}} \\ -\dfrac{\nu_{yx}}{E_x} & \dfrac{1}{E_y} & \dfrac{\eta_{y,xy}}{G_{xy}} \\ \dfrac{\eta_{xy,x}}{E_x} & \dfrac{\eta_{xy,y}}{E_y} & \dfrac{1}{G_{xy}} \end{bmatrix} \begin{Bmatrix} \sigma_x \\ \sigma_y \\ \tau_{xy} \end{Bmatrix} \tag{4-33}
$$

式中，

$$
\overline{S}_{11} = \frac{1}{E_x},\quad \overline{S}_{22} = \frac{1}{E_y},\quad \overline{S}_{16} = \frac{\eta_{x,xy}}{G_{xy}} = \frac{\eta_{xy,x}}{E_x}
$$

$$
\overline{S}_{12} = -\frac{\nu_{yx}}{E_x} = -\frac{\nu_{xy}}{E_y},\quad \overline{S}_{26} = \frac{\eta_{y,xy}}{G_{xy}} = \frac{\eta_{xy,y}}{E_y},\quad \overline{S}_{66} = \frac{1}{G_{xy}}
$$

$$
\begin{cases}
\dfrac{1}{E_x}=\bar{S}_{11}=\dfrac{1}{E_1}\cos^4\theta+\left(\dfrac{1}{G_{12}}-\dfrac{2\nu_{21}}{E_1}\right)\sin^2\theta\cos^2\theta+\dfrac{1}{E_2}\sin^4\theta \\
\dfrac{1}{E_y}=\bar{S}_{22}=\dfrac{1}{E_1}\sin^2\theta+\left(\dfrac{1}{G_{12}}-\dfrac{2\nu_{21}}{E_1}\right)\sin^2\theta\cos^2\theta+\dfrac{1}{E_2}\cos^4\theta \\
\nu_{xy}=-E_y\bar{S}_{12}=E_y\left[\dfrac{\nu_{21}}{E_1}\left(\sin^4\theta+\cos^4\theta\right)-\left(\dfrac{1}{E_1}+\dfrac{1}{E_2}-\dfrac{1}{G_{12}}\right)\sin^2\theta\cos^2\theta\right] \\
\dfrac{1}{G_{xy}}=\bar{S}_{66}=\dfrac{1}{G_{12}}\left(\sin^4\theta+\cos^4\theta\right)+4\left(\dfrac{1+2\nu_{21}}{E_1}+\dfrac{1}{E_2}-\dfrac{1}{2G_{12}}\right)\sin^2\theta\cos^2\theta \\
\eta_{xy,x}=E_x\bar{S}_{16}=E_x\left[\left(\dfrac{2}{E_1}+\dfrac{2\nu_{21}}{E_1}-\dfrac{1}{G_{12}}\right)\sin\theta\cos^3\theta-\left(\dfrac{2}{E_2}+\dfrac{2\nu_{21}}{E_2}-\dfrac{1}{G_{12}}\right)\sin^3\theta\cos\theta\right] \\
\eta_{xy,y}=E_y\bar{S}_{26}=E_y\left[\left(\dfrac{2}{E_1}+\dfrac{2\nu_{21}}{E_1}-\dfrac{1}{G_{12}}\right)\sin^3\theta\cos\theta-\left(\dfrac{2}{E_2}+\dfrac{2\nu_{21}}{E_2}-\dfrac{1}{G_{12}}\right)\sin\theta\cos^3\theta\right]
\end{cases}
\tag{4-34}
$$

单层板非弹性主方向的应力-应变关系式说明，在非弹性主方向上正应力会引起剪应变，剪应力会引起线应变，反之亦然。这种现象称为交叉效应。以上式中各交叉弹性系数 $\eta_{xy,x}$、$\eta_{xy,y}$ 和 $\eta_{x,xy}$、$\eta_{y,xy}$ 分别定义如下：

（1）$\eta_{xy,x}=\gamma_{xy}/\varepsilon_x$。只有应力分量 σ_x 单独作用（其余应力分量均为零）而引起的剪应变 γ_{xy} 与线应变 ε_x 的比值。

（2）$\eta_{xy,y}=\gamma_{xy}/\varepsilon_y$。只有应力分量 σ_y 单独作用（其余应力分量均为零）而引起的剪应变 γ_{xy} 与线应变 ε_y 的比值。

（3）$\eta_{x,xy}=\varepsilon_x/\gamma_{xy}$。只有应力分量 τ_{xy} 单独作用（其余应力分量均为零）而引起的线应变 ε_x 与剪应变 γ_{xy} 的比值。

（4）$\eta_{y,xy}=\varepsilon_y/\gamma_{xy}$。只有应力分量 τ_{xy} 单独作用（其余应力分量均为零）而引起的线应变 ε_y 与剪应变 γ_{xy} 的比值。

这样，只有 σ_x 单独作用时，引起的剪应变 $\gamma_{xy}=\eta_{xy,x}\varepsilon_x=\eta_{xy,x}\sigma_x/E_x$；只有 τ_{xy} 单独作用时，引起的线应变 $\varepsilon_x=\eta_{x,xy}\gamma_{xy}=\eta_{x,xy}\tau_{xy}/G_{xy}$，依此类推。

4.2　弹性薄板的基本假设

4.2.1　一维梁的应变位移关系[3, 4]

考虑简单荷载 P 作用下截面为 A 的矩形梁（图 4-7）任意截面处的正应力为

$$\sigma_x = \frac{P}{A} \tag{4-35}$$

各向同性线性弹性梁的法向应变为

$$\varepsilon_x = \frac{P}{EA} \tag{4-36}$$

式中，E 为梁的弹性模量。注意，假定梁中的法向应力和应变是均匀的、恒定的，并且荷载 P 必须施加在截面形心处。

设在梁的纵向对称面内，作用大小相等、方向相反的力偶，构成纯弯曲，如图 4-8 所示。这时梁的横截面上只有弯矩，因而只有与弯矩相关的正应力。梁在纯弯曲作用下，假定梁最初是直的，施加的载荷必须在一个对称平面内，避免扭曲。

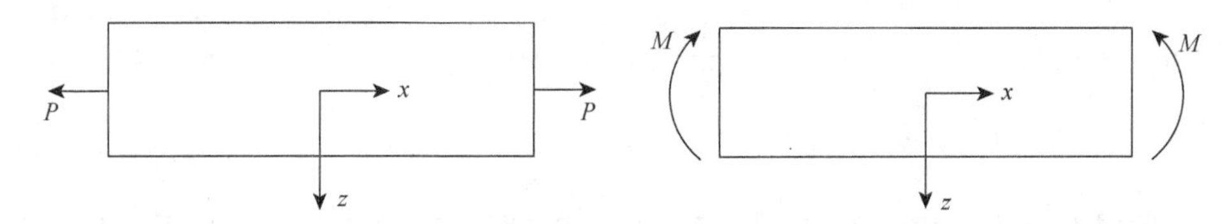

图 4-7　矩形梁轴向拉伸示意图　　图 4-8　矩形梁在纯弯曲作用下示意图

梁在纯弯曲作用下，在变形前梁的侧面上作纵向线 aa 和 bb，并作与它们垂直的横向线 mm 和 nn［图 4-9（a）］，然后使梁发生纯弯曲变形。变形后纵向线 aa 和 bb 弯成弧线［图 4-9（b）］，但横向直线 mm 和 nn 仍保持为直线，它们相对旋转一个角度后，仍然垂直于弧线 $\widehat{aa}$ 和 $\widehat{bb}$。根据这样的试验结果，可以假设，变形前原为平面的梁的横截面变形后仍保持为平面，且仍然垂直于变形后的梁轴线。这就是弯曲变形的平面假设。

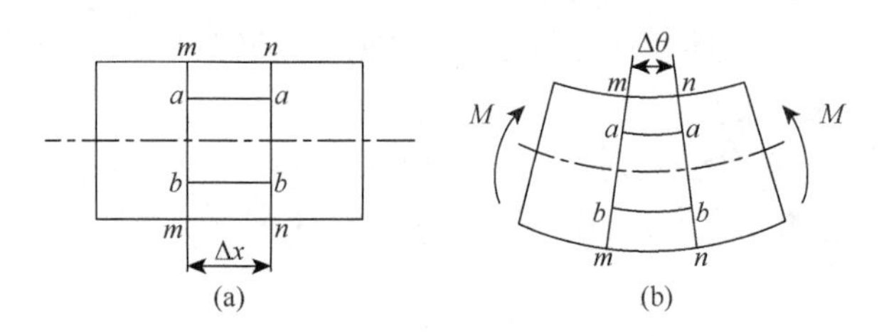

图 4-9　梁纯弯作用下侧面变形前后示意图

设想梁由平行于轴线的众多纵向纤维组成。发生弯曲变形后，如发生图 4-10 所示向下凸的弯曲，必然要引起靠近底面的纤维伸长，靠近顶面的纤维缩短。因为横截面仍保持为平面，所以沿截面高度，应由底面纤维的伸长连续地逐渐变为顶面纤维的缩短，中间必定有一层纤维的长度不变。这一层纤维称为中性层。中性层与横截面的交线称为中性轴。在中性层上、下两侧的纤维，如一侧伸长则另一侧必为缩短，这就形成横截面绕中性轴的轻微转动。由于梁上的载荷都作用于梁的纵向对称面内，梁的整体变形应对称于纵向对称面，这就要求中性轴与纵向对称面垂直。

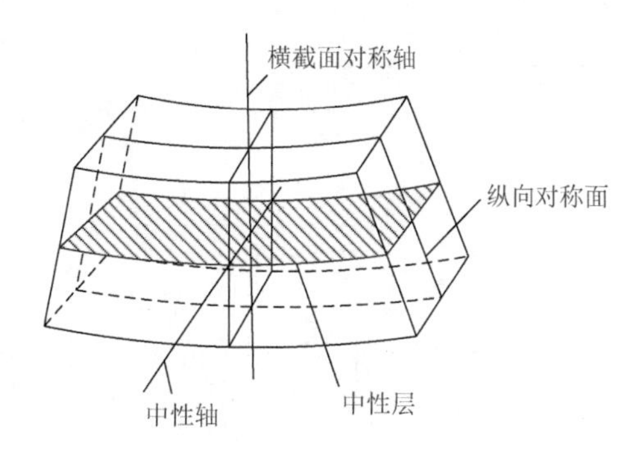

图 4-10　梁弯曲变形示意图

以上对弯曲变形进行了概括的描述。在纯弯曲变形中，还认为各纵向纤维之间并无相互作用的正应力。至此，对纯弯曲变形提出了两个假设：①平面假设；②纵向纤维间无正应力。根据这两个假设得出的理论结果，在长期工程实践中，符合实际情况，经得住实践的检验。而且，在纯弯曲的情况下，与弹性理论的结果也是一致的。

变形几何关系：弯曲变形前和变形后的梁段分别表示于图 4-11（a)、(b）中。以梁横截面的对称轴为 z 轴，且向下为正（图 4-11（c)），以中性轴为 y 轴，但中性轴的位置尚待确定。在中性轴尚未确定时，x 轴只能暂时认为是通过原点横截面的法线。根据平面假设，变形前相距为 $\mathrm{d}x$ 的两个横截面，变形后各自绕中性轴相对旋转了一个角度 $\mathrm{d}\theta$ 并仍保持为平面。这就使得距中性层为 z 的纤维 bb 的长度变为

$$\widehat{b'b'}=(\rho+z)\mathrm{d}\theta \tag{4-37}$$

式中，ρ 为中性层的曲率半径。纤维 bb 的原长度为 $\mathrm{d}x$，且 $\overline{bb}=\mathrm{d}x=\overline{OO}$。因为变形前、后中性层内纤维 OO 的长度不变，故有

$$\overline{bb}=\mathrm{d}x=\overline{OO}=\widehat{O'O'}=\rho\mathrm{d}\theta \tag{4-38}$$

纤维 bb 的应变为

$$\varepsilon_{xx}=\frac{(\rho+z)\mathrm{d}\theta-\rho\mathrm{d}\theta}{\rho\mathrm{d}\theta}=\frac{z}{\rho} \tag{4-39}$$

可见，纵向纤维的应变与它到中性层的距离成正比。

物理关系：因为纵向纤维之间无正应力，每一纤维都是单向拉伸或压缩。当应力小于比例极限时，由胡克定律可知

$$\sigma_{xx}=\frac{Ez}{\rho} \tag{4-40}$$

令 $\mathrm{d}A$ 代表横截面上距中性轴为 z 的面积微元［图 4-11（d)］，那么作用于这个面积上的微元力为 $\sigma_{xx}\mathrm{d}A$。因为横截面上没有法向力作用，$\sigma_{xx}\mathrm{d}A$ 沿整个横截面面积的积分必等于零，所以

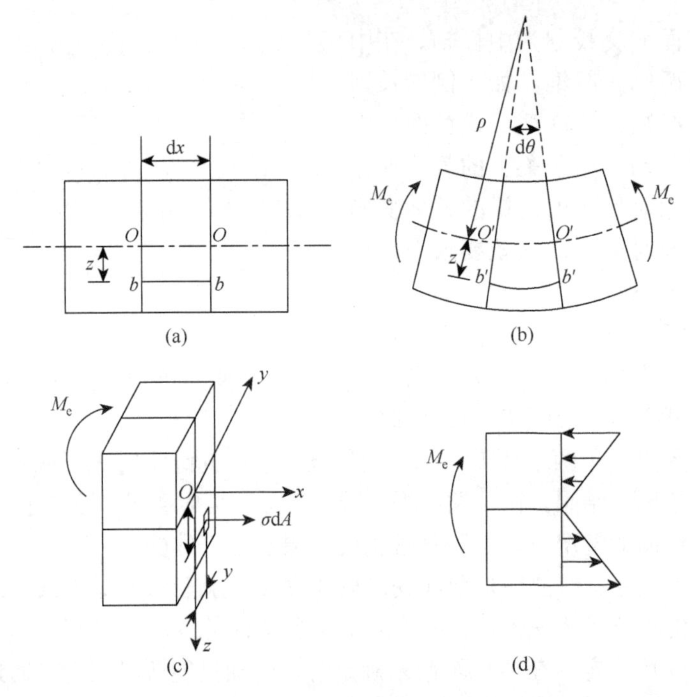

图 4-11　梁段弯曲变形前和变形后的示意图

$$\int \sigma_{xx} \mathrm{d}A = \int \kappa E z \mathrm{d}A = 0 \tag{4-41}$$

因为曲率 κ 和弹性模量 E 均为常数，由此方程断定

$$\int z \mathrm{d}A = 0 \tag{4-42}$$

该方程是对纯弯梁而言的，它说明了横截面面积对于中性轴即 y 轴的一次矩等于零。因此，中性轴通过横截面的形心。这一性质可以用于确定任一横截面形状的中性轴位置，如前所述，其限制条件 z 轴必为对称轴，因为 z 轴是一根对称轴，它也必定通过横截面的形心，于是 z 轴和 y 轴的原点位于形心处。而且，这两根轴均为横截面的主轴。

微元力 $\sigma_{xx}\mathrm{d}A$ 对中性轴之矩为 $\sigma_{xx}z\mathrm{d}A$，在整个横截面面积上所有这样的微元力矩的积分必等于弯矩 M，因此

$$M = \int \sigma_{xx} z \mathrm{d}A = \kappa E \int z^2 \mathrm{d}A = \kappa E I \tag{4-43}$$

式中，$I = \int z^2 \mathrm{d}A$ 为横截面面积对 y 轴即中性轴的惯性矩。方程（4-43）可重新写成下列形式：

$$\kappa = \frac{1}{\rho} = \frac{M}{EI} \tag{4-44}$$

该式表明，梁纵轴的曲率与弯矩 M 成正比，而与 EI 成反比，EI 称为梁的弯曲刚度。合并方程（4-40）和方程（4-44），得到梁的正应力方程：

$$\sigma_{xx}=\frac{Mz}{I} \tag{4-45}$$

现在考虑矩形梁同时受到弯矩和轴力作用（图 4-12），则有

$$\varepsilon_{xx}=\left(\frac{1}{AE}\right)P+\left(\frac{z}{EI}\right)M \tag{4-46}$$

$$\varepsilon_{xx}=\varepsilon_0+z\left(\frac{1}{\rho}\right) \tag{4-47}$$

$$\varepsilon_{xx}=\varepsilon_0+z\kappa \tag{4-48}$$

式中，ε_0 是中性层 $z=0$ 的应变，κ 是梁的曲率。这表明，在单轴和弯曲载荷联合作用下，应变随梁的厚度呈线性变化。

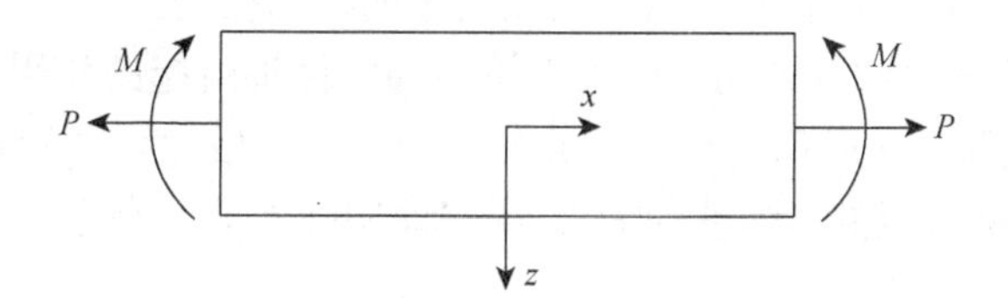

图 4-12　矩形梁同时受到弯矩和轴力作用示意图

4.2.2　薄板位移应变关系

如上所述，梁的轴向应变与梁在单轴载荷和弯曲作用下的平面应变及曲率有关。由一维线性的梁理论推广扩展二维薄板理论，但是如果不针对薄板这一特殊结构特点，引进某些变形几何假设，而直接从弹性力学的空间一般理论出发，如同建立柱体自由扭转问题及弹性平面问题的基本方程那样，来建立薄板的控制微分方程那是很困难的。只有采用一定的变形几何假设，才能将薄板的弯曲变形分析简化为二维问题。这一假设统称为“直法线假设”，它的基本内容最早是由 Kirchhoff 在 1850 年提出的。这一假设包括如下内容[5]：

（1）垂直板中平面的法线（中法线）在变形后仍为垂直弹性曲面的直线，且长度不变。

（2）垂直于中平面方向的正应力与其他两个方向正应力相比较，可以忽略不计。

其次，对于小挠度板（线性理论）还认为：

（3）板的中平面无伸缩变形。

假设（1）为变形几何假设，它实际上违背了连续性条件，相当于忽略了某些

剪应变。但是，由于变形前垂直中平面的法线在弯曲时的转角值通常大于上述剪应变，因此在决定法线转角时（即板的弯曲变形），这些剪应变对板弯曲后法线方向的影响是小到可以忽略的。然而，在列出从板中分割出的单元体平衡条件时，此剪应变所对应的剪应力（横向剪力）将起重要作用。而中法线长度不变的假设意味着，垂直于中平面方向的位移沿板的厚度方向没有变化，它们都等于中平面挠度。

为了研究假设（2）的物理意义，首先分析应力状态和变形状态，找出其中主要部分和次要部分。在物理关系中，只考虑主要应力和主要应变之间的关系。而在应变-应力物理关系中，将次要应力忽略不计。但这并不意味着在计算时可以完全丢掉这些次要应力和变形，而只是不考虑主要部分和次要部分之间的相互影响。

假设（3）只在薄板的线性理论中应用，即在薄板的线性（小挠度）理论中不考虑中平面的伸缩变形。

同板的上下表面等距离的点，所构成的平面称为板的“中平面”或简称为“中面”。中平面在板理论中的作用，同梁理论中的中性轴所起的作用相似。在垂直于中平面方向的荷载（一般称为横向荷载）作用下，板发生弯曲变形，此时中平面变成一个曲面，称为板的“弹性曲面”。中平面同弹性曲面在垂直中平面方向上的距离，称为板的“挠度”。

以图 4-13[4]所示的直角坐标系中一个板的侧面图为例。平板的原点在平板的中平面，即 $z=0$。设 u_0、v_0、w_0 分别为中平面上 x、y、z 方向的位移，u、v、w 分别为任意一点 x、y、z 方向上的位移。在除中平面外的任意点上，x-y 平面上的两个位移取决于点距中平面的距离和中平面挠度 w_0 在 x、y 方向的斜率。

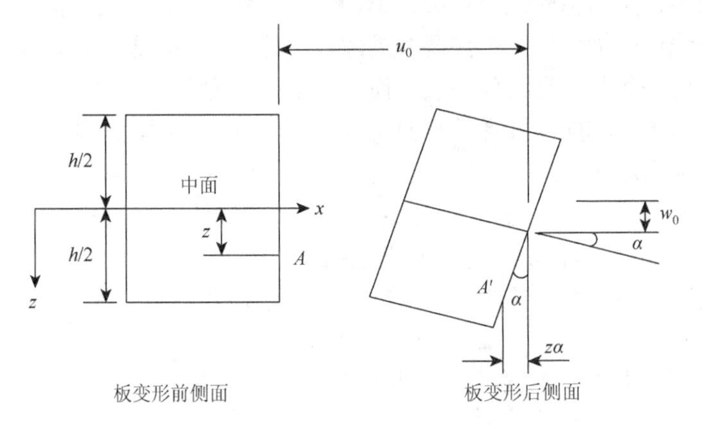

图 4-13　直角坐标系中一个板的侧面

图 4-13 中 A 点的 x 方向位移可由中平面位移与曲率的关系获得：

$$u = u_0 - z\alpha \tag{4-49}$$

式中，$\alpha=\dfrac{\partial w_0}{\partial x}$。

因此，在 x 方向上的位移为

$$u=u_0-z\frac{\partial w_0}{\partial x}\tag{4-50}$$

同理，在 y-z 平面上取一个横截面，则 y 方向上的位移为

$$v=v_0-z\frac{\partial w_0}{\partial y}\tag{4-51}$$

进而可求得应变为

$$\varepsilon_x=\frac{\partial u}{\partial x}=\frac{\partial u_0}{\partial x}-z\frac{\partial^2 w_0}{\partial x^2}\tag{4-52}$$

$$\varepsilon_y=\frac{\partial v}{\partial y}=\frac{\partial v_0}{\partial y}-z\frac{\partial^2 w_0}{\partial y^2}\tag{4-53}$$

$$\gamma_{xy}=\frac{\partial u}{\partial y}+\frac{\partial v}{\partial x}=\frac{\partial u_0}{\partial y}+\frac{\partial v_0}{\partial x}-2z\frac{\partial^2 w_0}{\partial x\partial y}\tag{4-54}$$

应变–位移方程的矩阵形式为

$$\begin{Bmatrix}\varepsilon_x\\ \varepsilon_y\\ \gamma_{xy}\end{Bmatrix}=\begin{Bmatrix}\dfrac{\partial u_0}{\partial x}\\ \dfrac{\partial v_0}{\partial y}\\ \dfrac{\partial u_0}{\partial y}+\dfrac{\partial v_0}{\partial x}\end{Bmatrix}+z\begin{Bmatrix}-\dfrac{\partial^2 w_0}{\partial x^2}\\ -\dfrac{\partial^2 w_0}{\partial y^2}\\ -2\dfrac{\partial^2 w_0}{\partial x\partial y}\end{Bmatrix}\tag{4-55}$$

式（4-55）右边的两个阵列为中面应变：

$$\begin{Bmatrix}\varepsilon_x^0\\ \varepsilon_y^0\\ \gamma_{xy}^0\end{Bmatrix}=\begin{Bmatrix}\dfrac{\partial u_0}{\partial x}\\ \dfrac{\partial v_0}{\partial y}\\ \dfrac{\partial u_0}{\partial y}+\dfrac{\partial v_0}{\partial x}\end{Bmatrix}\tag{4-56}$$

$$\begin{Bmatrix}\kappa_x\\ \kappa_y\\ \kappa_{xy}\end{Bmatrix}=\begin{Bmatrix}-\dfrac{\partial^2 w_0}{\partial x^2}\\ -\dfrac{\partial^2 w_0}{\partial y^2}\\ -2\dfrac{\partial^2 w_0}{\partial x\partial y}\end{Bmatrix}\tag{4-57}$$

$$\begin{Bmatrix} \varepsilon_x \\ \varepsilon_y \\ \gamma_{xy} \end{Bmatrix} = \begin{Bmatrix} \varepsilon_x^0 \\ \varepsilon_y^0 \\ \gamma_{xy}^0 \end{Bmatrix} + z \begin{Bmatrix} \kappa_x \\ \kappa_y \\ \kappa_{xy} \end{Bmatrix} \tag{4-58}$$

式中，κ_x、κ_y 称为板中面弯曲挠曲率；κ_{xy} 为板中面扭曲率。

式（4-58）为单层板应变与单层板曲率的线性关系。这也表明应变与 x 坐标和 y 坐标无关。另外，注意式（4-58）和式（4-49）之间的相似性。

4.3 经典层合板理论

将多层单向板按照某种次序叠放并黏结在一起制成整体的结构板，称为层合板（laminate）。每一层单向板（unidirectional lamina）称为层合板的一个铺层。各个铺层中纤维的方向不一定相同，纤维与基体材料也不一定相同，因而层合板在厚度方向上具有非均匀性。

层合板的宏观力学性能当然与各铺层的力学性能有关。各铺层的材料主方向不同，因此铺层的叠放次序也影响层合板的性能，这样可以不改变铺层的材料，而将各铺层的材料主方向按不同方向和不同顺序叠放，便会得到不同性能的层合板。

与单向板相比，层合板具有如下特性[6]：

（1）由于各个铺层的材料主方向不尽相同，因而层合板一般没有确定的材料主方向。

（2）层合板的结构刚度取决于铺层的性能与铺层叠放次序，对于确定的铺层与叠放次序，可以推算出层合板的结构刚度。

（3）层合板有耦合效应，即在面内拉（压）、剪切载荷下可产生弯、扭变形；反之，在弯、扭载荷下可产生拉（压）、剪切变形。

（4）一层或数层铺层破坏后，其余各层尚可能继续承载，层合板不一定失效。这样对层合板的强度分析比单向板来说要复杂得多。

（5）固化工艺在层合板中要引起温度应力（temperature stress），这是层合板的初应力（original stress）。

（6）由于各铺层黏结在一起，在变形时要满足变形协调条件，故各层之间存在层间应力（interlaminar stress）。

4.3.1 经典层合板理论基本假设[6]

这里研究的层合板为薄板，即层合板的厚度与板的长、宽相比小得多，且沿厚度方向的位移与板厚相比小得多。总厚度仍符合薄板假定，即厚度 t 与跨度 L 之比为(0.020～0.010)＜t/L＜(0.125～0.1)。

为了简化问题，对所研究的层合板进行如下假设：

（1）由于层合板是由各铺层黏结在一起而成的，假定铺层间黏结层很薄且黏结牢固，没有剪切变形。这样，沿层合板横截面上各单层的位移是连续的，铺层间没有滑移。

（2）整个层合板是等厚度的。

（3）各单层板可近似地认为处于平面应力状态。

（4）变形前垂直于中面的直线段，变形后仍垂直于变形后中面，此即直法线不变假定，亦即薄板的 Kirchhoff 直法线假设。

通常在复合材料设计中这样处理是合适的，在上述假定基础上建立的层合板理论称为经典层合板理论（classical laminate theory，CLT）。这个理论对薄的层合平板、层合曲板或层合壳均适用。

层合板由单层板组成，每一单层板可看成层合板中的一层，在平面应力状态下，正交各向异性单层板，在材料主方向的应力-应变关系由式（4-59）表示：

$$\begin{Bmatrix}\sigma_1\\ \sigma_2\\ \tau_{12}\end{Bmatrix}=\begin{bmatrix}Q_{11} & Q_{12} & 0\\ Q_{12} & Q_{22} & 0\\ 0 & 0 & Q_{66}\end{bmatrix}\begin{Bmatrix}\varepsilon_1\\ \varepsilon_2\\ \gamma_{12}\end{Bmatrix} \tag{4-59}$$

与材料主方向成任意角度 θ 的 x-y 坐标系中的应力-应变关系由式（4-60）表示：

$$\begin{Bmatrix}\sigma_x\\ \sigma_y\\ \tau_{xy}\end{Bmatrix}=\begin{bmatrix}\bar{Q}_{11} & \bar{Q}_{12} & \bar{Q}_{16}\\ \bar{Q}_{12} & \bar{Q}_{22} & \bar{Q}_{26}\\ \bar{Q}_{16} & \bar{Q}_{26} & \bar{Q}_{66}\end{bmatrix}\begin{Bmatrix}\varepsilon_x\\ \varepsilon_y\\ \gamma_{xy}\end{Bmatrix} \tag{4-60}$$

式中，$\bar{Q}_{ij}$ 为

$$\begin{aligned}
\bar{Q}_{11}&=Q_{11}\cos^4\theta+2(Q_{12}+2Q_{66})\sin^2\theta\cos^2\theta+Q_{22}\sin^4\theta\\
\bar{Q}_{12}&=Q_{12}(\sin^4\theta+\cos^4\theta)+(Q_{11}+Q_{22}-4Q_{66})\sin^2\theta\cos^2\theta\\
\bar{Q}_{16}&=(Q_{12}-Q_{22}+2Q_{66})\sin^3\theta\cos\theta+(Q_{11}-Q_{12}-2Q_{66})\sin\theta\cos^3\theta\\
\bar{Q}_{22}&=Q_{22}\cos^4\theta+2(Q_{12}+2Q_{66})\sin^2\theta\cos^2\theta+Q_{11}\sin^4\theta\\
\bar{Q}_{26}&=(Q_{12}-Q_{22}+2Q_{66})\sin\theta\cos^3\theta+(Q_{11}-Q_{12}-2Q_{66})\sin^3\theta\cos\theta\\
\bar{Q}_{66}&=(Q_{11}+Q_{22}-2Q_{12}-2Q_{66})\sin^2\theta\cos^2\theta+Q_{66}(\sin^4\theta+\cos^4\theta)
\end{aligned} \tag{4-61}$$

注意到 $\bar{Q}_{11}$、$\bar{Q}_{12}$、$\bar{Q}_{22}$、$\bar{Q}_{66}$ 是 θ 的偶函数，$\bar{Q}_{16}$、$\bar{Q}_{26}$ 是 θ 的奇函数，这些性质对下面分析层合板的刚度很有用。因单层板是层合板中的一层，如设为第 k 层，则

$$\sigma_k=\bar{Q}_k\varepsilon_k \tag{4-62}$$

将式（4-58）代入式（4-62），可得到层合板中第 k 层的应力-应变关系式：

$$\begin{Bmatrix} \sigma_x \\ \sigma_y \\ \tau_{xy} \end{Bmatrix}_k = \begin{bmatrix} \bar{Q}_{11} & \bar{Q}_{12} & \bar{Q}_{16} \\ \bar{Q}_{12} & \bar{Q}_{22} & \bar{Q}_{26} \\ \bar{Q}_{16} & \bar{Q}_{26} & \bar{Q}_{66} \end{bmatrix}_k \left(\begin{Bmatrix} \varepsilon_x^0 \\ \varepsilon_y^0 \\ \gamma_{xy}^0 \end{Bmatrix} + z \begin{Bmatrix} \kappa_x \\ \kappa_y \\ \kappa_{xy} \end{Bmatrix} \right) \tag{4-63}$$

因后一项中 z 是变量，κ_x、κ_y、κ_{xy} 对任一 k 层都一样，所以不标明 k 下标，只在 $\bar{\boldsymbol{Q}}$ 中标 k 下标，说明每一层 $\bar{\boldsymbol{Q}}$ 不全相同。

为了更清楚地表示层合板的应力-应变关系，以一个 4 层单层板组成的层合板为例，用图示说明。从图 4-14 可见，层合板应变由中面应变和弯曲应变两部分组成，沿厚度线性分布。而应力除与应变有关外，还与各单层刚度特性有关，若各层刚度不相同，则各层应力不连续分布，但在每一层内是线性分布的。

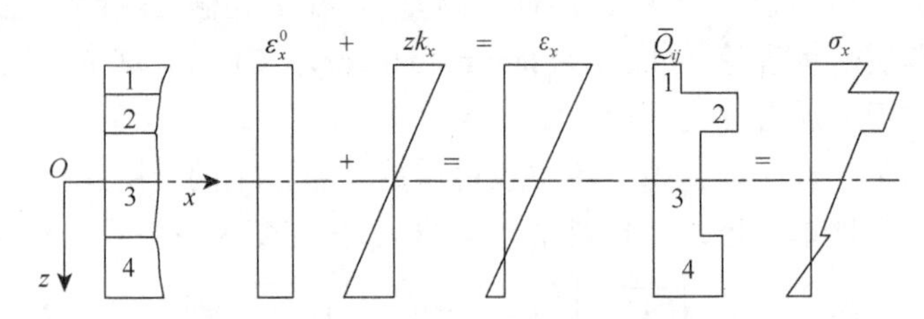

图 4-14　层合板沿厚度应力应变变化

4.3.2　力和力矩与中平面应变和板的曲率关系

式（4-58）中平面应变和板的曲率是求薄板应变和应力的未知数，式（4-63）给出了用这些未知数表示的每个薄板的应力。每一层的应力可以通过层合板的厚度积分得到合力和力矩（或外加力和力矩）。而对于层合板，力和力矩通常是已知的，这样就可以求得中平面应变和板的曲率。因此，接下来将研究力和力矩与中平面应变和板的曲率之间的关系。

如图 4-15[4]所示，由 n 层组成的层合板，每一层的厚度为 t_k。那么，层合板厚度 t 为

$$t = \sum_{k=1}^{n} t_k \tag{4-64}$$

然后，中平面的位置是从层合板的上表面或下表面开始的 $t/2$ 处。第任意 k 面（上、下）的 z 坐标值可以表示如下。

第一层：

$$\begin{cases} \text{上表面坐标：} z_0 = -\dfrac{t}{2} \\ \text{下表面坐标：} z_1 = -\dfrac{t}{2} + t_1 \end{cases} \tag{4-65}$$

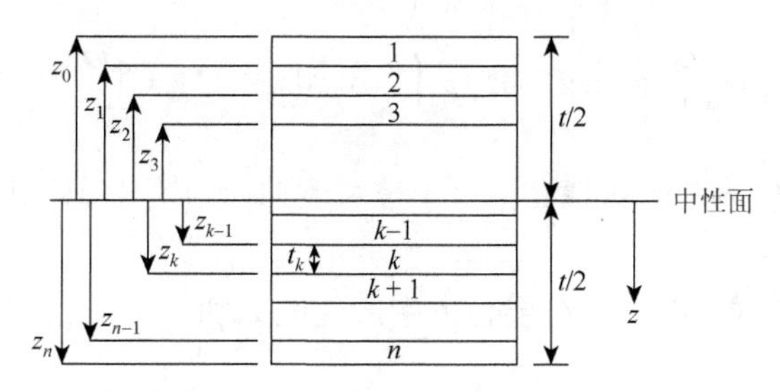

图 4-15　层合板中各层的坐标位置

第 k 层（$k=2, 3, \cdots, n-2, n-1$）：

$$\begin{cases} 上表面坐标：z_{k-1}=-\dfrac{t}{2}+\sum\limits_{1}^{k-1} t_k \\ 下表面坐标：z_k=-\dfrac{t}{2}+\sum\limits_{1}^{k} t_k \end{cases} \tag{4-66}$$

第 n 层：

$$\begin{cases} 上表面坐标：z_{n-1}=\dfrac{t}{2}-t_n \\ 下表面坐标：z_n=\dfrac{t}{2} \end{cases} \tag{4-67}$$

对每一层的整体应力进行积分，得到 x-y 平面上单位宽度（或长度）的合力：

$$N_x=\int_{-t/2}^{t/2} \sigma_x \mathrm{d}z, \quad N_y=\int_{-t/2}^{t/2} \sigma_y \mathrm{d}z, \quad N_{xy}=\int_{-t/2}^{t/2} \tau_{xy} \mathrm{d}z \tag{4-68}$$

式中，N_x、N_y、N_{xy} 为层合板横截面上单位宽度（或长度）上的内力（拉、压力或剪切力），如图 4-16 所示[7]，$t/2$ 为层合板厚度的一半。

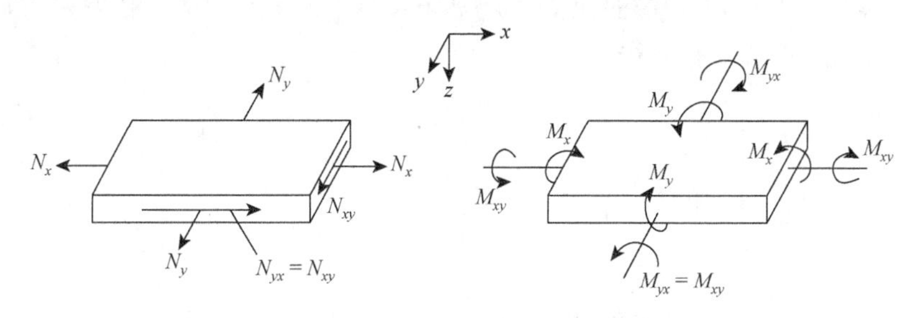

图 4-16　层合板的内力和内力矩

同理，对每层的整体应力进行积分，得到 x-y 平面上单位宽度的弯矩：

$$M_x = \int_{-t/2}^{t/2} \sigma_x z \mathrm{d}z, \quad M_y = \int_{-t/2}^{t/2} \sigma_y z \mathrm{d}z, \quad M_{xy} = \int_{-t/2}^{t/2} \tau_{xy} z \mathrm{d}z \tag{4-69}$$

式中，M_x、M_y、M_{xy}为层合板横截面上单位宽度的内力矩（弯矩或扭矩），如图 4-16 所示。

式（4-68）和式（4-69）在层合板中产生的力和力矩可用矩阵形式表示为

$$\begin{Bmatrix} N_x \\ N_y \\ N_{xy} \end{Bmatrix} = \int_{-t/2}^{t/2} \begin{Bmatrix} \sigma_x \\ \sigma_y \\ \tau_{xy} \end{Bmatrix} \mathrm{d}z, \quad \begin{Bmatrix} M_x \\ M_y \\ M_{xy} \end{Bmatrix} = \int_{-t/2}^{t/2} \begin{Bmatrix} \sigma_x \\ \sigma_y \\ \tau_{xy} \end{Bmatrix} z \mathrm{d}z \tag{4-70}$$

由于层合板的应力是不连续分布的，只能分层积分，如取图 4-15 所示各单层的 z 坐标，则式（4-70）可写成下列形式：

$$\begin{Bmatrix} N_x \\ N_y \\ N_{xy} \end{Bmatrix} = \sum_{k=1}^{n} \int_{z_{k-1}}^{z_k} \begin{Bmatrix} \sigma_x \\ \sigma_y \\ \tau_{xy} \end{Bmatrix}_k \mathrm{d}z, \quad \begin{Bmatrix} M_x \\ M_y \\ M_{xy} \end{Bmatrix} = \sum_{k=1}^{n} \int_{z_{k-1}}^{z_k} \begin{Bmatrix} \sigma_x \\ \sigma_y \\ \tau_{xy} \end{Bmatrix}_k z \mathrm{d}z \tag{4-71}$$

将式（4-63）代入式（4-71），则得内力、内力矩与应变的关系为

$$\begin{gathered} \begin{Bmatrix} N_x \\ N_y \\ N_{xy} \end{Bmatrix} = \sum_{k=1}^{n} \begin{bmatrix} \bar{Q}_{11} & \bar{Q}_{12} & \bar{Q}_{16} \\ \bar{Q}_{12} & \bar{Q}_{22} & \bar{Q}_{26} \\ \bar{Q}_{16} & \bar{Q}_{26} & \bar{Q}_{66} \end{bmatrix}_k \times \left(\int_{z_{k-1}}^{z_k} \begin{Bmatrix} \varepsilon_x^0 \\ \varepsilon_y^0 \\ \gamma_{xy}^0 \end{Bmatrix} \mathrm{d}z + \int_{z_{k-1}}^{z_k} \begin{Bmatrix} \kappa_x \\ \kappa_y \\ \kappa_{xy} \end{Bmatrix} z \mathrm{d}z \right) \\ \begin{Bmatrix} M_x \\ M_y \\ M_{xy} \end{Bmatrix} = \sum_{k=1}^{n} \begin{bmatrix} \bar{Q}_{11} & \bar{Q}_{12} & \bar{Q}_{16} \\ \bar{Q}_{12} & \bar{Q}_{22} & \bar{Q}_{26} \\ \bar{Q}_{16} & \bar{Q}_{26} & \bar{Q}_{66} \end{bmatrix}_k \times \left(\int_{z_{k-1}}^{z_k} \begin{Bmatrix} \varepsilon_x^0 \\ \varepsilon_y^0 \\ \gamma_{xy}^0 \end{Bmatrix} z \mathrm{d}z + \int_{z_{k-1}}^{z_k} \begin{Bmatrix} \kappa_x \\ \kappa_y \\ \kappa_{xy} \end{Bmatrix} z^2 \mathrm{d}z \right) \end{gathered} \tag{4-72}$$

由于 ε_x^0、ε_y^0、γ_{xy}^0 为中面应变，κ_x、κ_y、κ_{xy} 为中面曲率、扭曲率，它们与 z 无关，则式（4-72）积分得

$$\begin{gathered} \begin{Bmatrix} N_x \\ N_y \\ N_{xy} \end{Bmatrix} = \sum_{k=1}^{n} \bar{\boldsymbol{Q}}_k \times \left((z_k - z_{k-1}) \begin{Bmatrix} \varepsilon_x^0 \\ \varepsilon_y^0 \\ \gamma_{xy}^0 \end{Bmatrix} + \frac{1}{2}(z_k^2 - z_{k-1}^2) \begin{Bmatrix} \kappa_x \\ \kappa_y \\ \kappa_{xy} \end{Bmatrix} \right) \\ \begin{Bmatrix} M_x \\ M_y \\ M_{xy} \end{Bmatrix} = \sum_{k=1}^{n} \bar{\boldsymbol{Q}}_k \times \left(\frac{1}{2}(z_k^2 - z_{k-1}^2) \begin{Bmatrix} \varepsilon_x^0 \\ \varepsilon_y^0 \\ \gamma_{xy}^0 \end{Bmatrix} + \frac{1}{3}(z_k^3 - z_{k-1}^3) \begin{Bmatrix} \kappa_x \\ \kappa_y \\ \kappa_{xy} \end{Bmatrix} \right) \end{gathered} \tag{4-73}$$

式（4-73）可写成

$$\begin{cases}\begin{Bmatrix}N_x\\N_y\\N_{xy}\end{Bmatrix}=\begin{bmatrix}A_{11}&A_{12}&A_{16}\\A_{12}&A_{22}&A_{26}\\A_{16}&A_{26}&A_{66}\end{bmatrix}\begin{Bmatrix}\varepsilon_x^0\\\varepsilon_y^0\\\gamma_{xy}^0\end{Bmatrix}+\begin{bmatrix}B_{11}&B_{12}&B_{16}\\B_{12}&B_{22}&B_{26}\\B_{16}&B_{26}&B_{66}\end{bmatrix}\begin{Bmatrix}\kappa_x\\\kappa_y\\\kappa_{xy}\end{Bmatrix}\\ \begin{Bmatrix}M_x\\M_y\\M_{xy}\end{Bmatrix}=\begin{bmatrix}B_{11}&B_{12}&B_{16}\\B_{12}&B_{22}&B_{26}\\B_{16}&B_{26}&B_{66}\end{bmatrix}\begin{Bmatrix}\varepsilon_x^0\\\varepsilon_y^0\\\gamma_{xy}^0\end{Bmatrix}+\begin{bmatrix}D_{11}&D_{12}&D_{16}\\D_{12}&D_{22}&D_{26}\\D_{16}&D_{26}&D_{66}\end{bmatrix}\begin{Bmatrix}\kappa_x\\\kappa_y\\\kappa_{xy}\end{Bmatrix}\end{cases} \tag{4-74}$$

展开后有

$$\begin{Bmatrix}N_x\\N_y\\N_{xy}\\\hline M_x\\M_y\\M_{xy}\end{Bmatrix}=\left[\begin{array}{ccc|ccc}A_{11}&A_{12}&A_{16}&B_{11}&B_{12}&B_{16}\\A_{12}&A_{22}&A_{26}&B_{12}&B_{22}&B_{26}\\A_{16}&A_{26}&A_{66}&B_{16}&B_{26}&B_{66}\\\hline B_{11}&B_{12}&B_{16}&D_{11}&D_{12}&D_{16}\\B_{12}&B_{22}&B_{26}&D_{12}&D_{22}&D_{26}\\B_{16}&B_{26}&B_{66}&D_{16}&D_{26}&D_{66}\end{array}\right]\begin{Bmatrix}\varepsilon_x^0\\\varepsilon_y^0\\\gamma_{xy}^0\\\hline\kappa_x\\\kappa_y\\\kappa_{xy}\end{Bmatrix} \tag{4-75}$$

简写成

$$\begin{Bmatrix}\boldsymbol{N}\\\hline\boldsymbol{M}\end{Bmatrix}=\left[\begin{array}{c|c}\boldsymbol{A}&\boldsymbol{B}\\\hline\boldsymbol{B}&\boldsymbol{D}\end{array}\right]\begin{Bmatrix}\boldsymbol{\varepsilon}^0\\\hline\boldsymbol{\kappa}\end{Bmatrix} \tag{4-76}$$

式中，

$$\boldsymbol{A}=[A_{ij}],\quad \boldsymbol{B}=[B_{ij}],\quad \boldsymbol{D}=[D_{ij}]$$

$$\boldsymbol{\varepsilon}^0=\begin{Bmatrix}\varepsilon_x^0\\\varepsilon_y^0\\\gamma_{xy}^0\end{Bmatrix},\quad \boldsymbol{\kappa}=\begin{Bmatrix}\kappa_x\\\kappa_y\\\kappa_{xy}\end{Bmatrix},\quad \boldsymbol{N}=\begin{Bmatrix}N_x\\N_y\\N_{xy}\end{Bmatrix},\quad \boldsymbol{M}=\begin{Bmatrix}M_x\\M_y\\M_{xy}\end{Bmatrix} \tag{4-77}$$

子矩阵 $\boldsymbol{A}$、$\boldsymbol{B}$、$\boldsymbol{D}$ 分别称为面内刚度矩阵、耦合刚度矩阵、弯曲刚度矩阵。它们都是对称矩阵。由它们构成的 6×6 矩阵也是对称矩阵。各刚度矩阵的元，即诸刚度系数 A_{ij}、B_{ij}、D_{ij} 的计算公式为

$$\begin{aligned}A_{ij}&=\sum_{k=1}^{n}(\bar{Q}_{ij})_k(z_k-z_{k-1})\\B_{ij}&=\frac{1}{2}\sum_{k=1}^{n}(\bar{Q}_{ij})_k(z_k^2-z_{k-1}^2)\\D_{ij}&=\frac{1}{3}\sum_{k=1}^{n}(\bar{Q}_{ij})_k(z_k^3-z_{k-1}^3)\end{aligned} \tag{4-78}$$

由式（4-73）～式（4-78）可见，A_{ij} 只是面向内力与中面应变有关的刚度系数，与铺层次序无关，统称为拉伸刚度；B_{ij}、D_{ij} 与铺层次序有关，其中 D_{ij} 只是

内力矩与曲率及扭曲率有关的刚度系数，统称为弯曲刚度；而 B_{ij} 表示扭转、弯曲、拉伸之间有耦合关系，统称为耦合刚度[7]。

从上面的分析可以看出，一般层合板的物理关系很复杂。这种复杂性首先表现在面内要素与弯曲要素发生耦合，这是通过矩阵 $\boldsymbol{B}$ 表现出来的。显然，当 $\boldsymbol{B}=\boldsymbol{0}$ 时，这类耦合消失；只要矩阵 $\boldsymbol{B}$ 中有不为零的元素，就存在这类耦合。这种耦合是由层合板厚度方向的非均质性引起的。称面内要素与弯曲要素的耦合为耦合效应，其定义为：面向内力不仅引起中面应变，同时产生弯曲与扭转变形；同样，内力矩不仅引起弯扭变形，同时产生中面应变。

其次，轴力 N_x、N_y 可引起剪应变 γ_{xy}^0，剪切力 N_{xy} 可引起线应变 ε_x^0、ε_y^0，弯矩 M_x、M_y 可引起扭率 κ_{xy}，扭矩 M_{xy} 可引起曲率 κ_x、κ_y。这又是一类耦合，它们分别通过子矩阵 $\boldsymbol{A}$ 的元素 A_{16}、A_{26} 和子矩阵 $\boldsymbol{D}$ 的元素 D_{16}、D_{26} 表现出来。这种耦合是由层合板的各向异性引起的，这类耦合称为交叉效应。发生在面内称为面内交叉效应，发生在弯曲中称为弯曲交叉效应。因此可以定义为：面内交叉效应是，轴力可引起剪应变，剪力可引起线应变，反之亦然；弯曲交叉效应是，弯矩可引起扭率变化，扭矩可引起曲率变化，反之亦然。很明显，交叉效应并非层合板所特有，在均质各向异性材料中也存在。

还有一类耦合，即轴力 N_x 可以引起线应变 ε_y^0，轴力 N_y 可引起线应变 ε_x^0，弯矩 M_x 可引起曲率 κ_y，弯矩 M_y 可引起曲率 κ_x。这类耦合称为泊松效应。在面内称为面内泊松效应，在弯曲中称为弯曲泊松效应。这类耦合即使是在均质各向同性材料中也是司空见惯的。

以上讨论的三类耦合，虽然都反映了材料的物理特性，但是在层次上却有所不同。由耦合刚度矩阵 $\boldsymbol{B}$ 所表现出来的耦合效应对结构性质和结构分析的影响都是最重要的。

为了使用语言不致混淆，特将参考用语列在下文，阅读其他文献时可方便查阅。

为了对一般层合板物理关系式中各系数理解更加透彻，对关系式中每一个系数进行命名，也可对各种效应机理做进一步的理解。

在面内刚度矩阵 $\boldsymbol{A}$ 中：

A_{11}、A_{22} 为 x、y 方向（面内）刚度系数。

A_{12} 为（面内）泊松刚度系数。

A_{66} 为（面内）剪切刚度系数，剪切力与中面剪应变之间的刚度系数。

A_{16}、A_{26} 为（面内）耦合刚度系数，为剪切与拉伸之间的耦合刚度系数。

在弯曲刚度矩阵 $\boldsymbol{D}$ 中：

D_{11}、D_{22} 为 x、y 方向弯曲刚度系数。

D_{12} 为弯曲泊松刚度系数。

D_{66}为扭曲刚度系数，为扭转与扭曲率之间的刚度系数。

D_{16}、D_{26}为弯曲交叉刚度系数，为扭转与弯曲之间的耦合刚度系数。

在耦合刚度矩阵 $\boldsymbol{B}$ 中：

B_{11}、B_{22}为 x、y 方向耦合刚度系数。

B_{12}为泊松耦合刚度系数。

B_{66}为剪扭耦合刚度系数，为剪切与扭转之间的耦合刚度系数。

B_{16}、B_{26}为交叉耦合刚度系数，为拉伸与扭转或剪切与弯曲之间的耦合刚度系数。

下面将求出式（4-76）的两种变化形式：半逆形式和全逆形式。

将式（4-76）写成

$$\begin{aligned}\boldsymbol{N} &= \boldsymbol{A}\boldsymbol{\varepsilon}^0 + \boldsymbol{B}\boldsymbol{\kappa} \\ \boldsymbol{M} &= \boldsymbol{B}\boldsymbol{\varepsilon}^0 + \boldsymbol{D}\boldsymbol{\kappa}\end{aligned} \tag{4-79}$$

从上述第一式中解出 $\boldsymbol{\varepsilon}^0$。

$$\boldsymbol{\varepsilon}^0 = \boldsymbol{A}^{-1}\boldsymbol{N} - \boldsymbol{A}^{-1}\boldsymbol{B}\boldsymbol{\kappa} \tag{4-80}$$

代入第二式

$$\boldsymbol{M} = \boldsymbol{B}\boldsymbol{A}^{-1}\boldsymbol{N} + (\boldsymbol{D} - \boldsymbol{B}\boldsymbol{A}^{-1}\boldsymbol{B})\boldsymbol{\kappa} \tag{4-81}$$

合并写成半逆矩阵：

$$\begin{Bmatrix} \boldsymbol{\varepsilon}^0 \\ \hline \boldsymbol{M} \end{Bmatrix} = \left[\begin{array}{c|c} \boldsymbol{a} & \boldsymbol{b} \\ \hline \boldsymbol{c} & \boldsymbol{d} \end{array}\right] \begin{Bmatrix} \boldsymbol{N} \\ \hline \boldsymbol{\kappa} \end{Bmatrix} \tag{4-82}$$

式中，

$$\begin{aligned}&\boldsymbol{a} = \boldsymbol{A}^{-1}, \quad \boldsymbol{b} = -\boldsymbol{A}^{-1}\boldsymbol{B} \\ &\boldsymbol{c} = \boldsymbol{B}\boldsymbol{A}^{-1}, \quad \boldsymbol{d} = \boldsymbol{D} - \boldsymbol{B}\boldsymbol{A}^{-1}\boldsymbol{B}\end{aligned} \tag{4-83}$$

其中，$\boldsymbol{a}$、$\boldsymbol{d}$ 都是对称矩阵；$\boldsymbol{b}$、$\boldsymbol{c}$ 反映了耦合性质，一般说来它们是不对称的，并且存在 $\boldsymbol{c} = -\boldsymbol{b}^{\mathrm{T}}$ 的关系。将式（4-82）展开，并考虑到 $\boldsymbol{c}$、$\boldsymbol{b}$ 之间的关系，有

$$\begin{Bmatrix} \varepsilon_x^0 \\ \varepsilon_y^0 \\ \gamma_{xy}^0 \\ \hline M_x \\ M_y \\ M_{xy} \end{Bmatrix} = \left[\begin{array}{ccc|ccc} a_{11} & a_{12} & a_{16} & b_{11} & b_{12} & b_{16} \\ a_{12} & a_{22} & a_{26} & b_{21} & b_{22} & b_{26} \\ a_{16} & a_{26} & a_{66} & b_{61} & b_{62} & b_{66} \\ \hline -b_{11} & -b_{21} & -b_{61} & d_{11} & d_{12} & d_{16} \\ -b_{12} & -b_{22} & -b_{62} & d_{12} & d_{22} & d_{26} \\ -b_{16} & -b_{26} & -b_{66} & d_{16} & d_{26} & d_{66} \end{array}\right] \begin{Bmatrix} N_x \\ N_y \\ N_{xy} \\ \hline \kappa_x \\ \kappa_y \\ \kappa_{xy} \end{Bmatrix} \tag{4-84}$$

简写成

$$\begin{Bmatrix} \boldsymbol{\varepsilon}^0 \\ \hline \boldsymbol{M} \end{Bmatrix} = \left[\begin{array}{c|c} \boldsymbol{a} & \boldsymbol{b} \\ \hline -\boldsymbol{b}^{\mathrm{T}} & \boldsymbol{d} \end{array}\right] \begin{Bmatrix} \boldsymbol{N} \\ \hline \boldsymbol{\kappa} \end{Bmatrix} \tag{4-85}$$

这种半逆形式在用混合法分析层合结构时是必需的。

再将式（4-82）写成

$$\begin{aligned}\boldsymbol{\varepsilon}^0 &= \boldsymbol{a}\boldsymbol{N} + \boldsymbol{b}\boldsymbol{\kappa} \\ \boldsymbol{M} &= \boldsymbol{c}\boldsymbol{N} + \boldsymbol{d}\boldsymbol{\kappa}\end{aligned} \tag{4-86}$$

从第二式解得 $\boldsymbol{\kappa}$:

$$\boldsymbol{\kappa} = -\boldsymbol{d}^{-1}\boldsymbol{c}\boldsymbol{N} + \boldsymbol{d}^{-1}\boldsymbol{M} \tag{4-87}$$

代入第一式，得

$$\boldsymbol{\varepsilon}^0 = (\boldsymbol{a} - \boldsymbol{b}\boldsymbol{d}^{-1}\boldsymbol{c})\boldsymbol{N} + \boldsymbol{b}\boldsymbol{d}^{-1}\boldsymbol{M} \tag{4-88}$$

合并写成全逆形式:

$$\begin{Bmatrix}\boldsymbol{\varepsilon}^0 \\ \hline \boldsymbol{\kappa}\end{Bmatrix} = \left[\begin{array}{c|c}\boldsymbol{A}' & \boldsymbol{B}' \\ \hline \boldsymbol{H}' & \boldsymbol{D}'\end{array}\right]\begin{Bmatrix}\boldsymbol{N} \\ \hline \boldsymbol{M}\end{Bmatrix} \tag{4-89}$$

式中，

$$\begin{cases}\boldsymbol{A}' = \boldsymbol{a} - \boldsymbol{b}\boldsymbol{d}^{-1}\boldsymbol{c} \\ \boldsymbol{B}' = \boldsymbol{b}\boldsymbol{d}^{-1} \\ \boldsymbol{H}' = -\boldsymbol{d}^{-1}\boldsymbol{c} \\ \boldsymbol{D}' = \boldsymbol{d}^{-1}\end{cases} \tag{4-90}$$

再将式（4-83）代入，得

$$\begin{aligned}\boldsymbol{B}' &= (-\boldsymbol{A}^{-1}\boldsymbol{B})\boldsymbol{d}^{-1} \\ &= -\boldsymbol{A}^{-1}\boldsymbol{B}(-\boldsymbol{B}\boldsymbol{A}^{-1}\boldsymbol{B} + \boldsymbol{D})^{-1} \\ &= \boldsymbol{B}^{-1} - \boldsymbol{A}^{-1}\boldsymbol{B}\boldsymbol{D}^{-1} \\ \boldsymbol{H}' &= -\boldsymbol{d}^{-1}\boldsymbol{B}\boldsymbol{A}^{-1} \\ &= -(-\boldsymbol{B}\boldsymbol{A}^{-1}\boldsymbol{B} + \boldsymbol{D})^{-1}\boldsymbol{B}\boldsymbol{A}^{-1} \\ &= \boldsymbol{B}^{-1} - \boldsymbol{D}^{-1}\boldsymbol{B}\boldsymbol{A}^{-1}\end{aligned} \tag{4-91}$$

由于 $\boldsymbol{A}$、$\boldsymbol{B}$、$\boldsymbol{D}$ 都是对称矩阵，$\boldsymbol{A}^{-1}$、$\boldsymbol{B}^{-1}$、$\boldsymbol{D}^{-1}$ 也是对称矩阵，因此一般情况下 $\boldsymbol{B}' = \boldsymbol{H}'^{\mathrm{T}}$，特殊情况下有 $\boldsymbol{B}' = \boldsymbol{H}'$。因此，有

$$\begin{Bmatrix}\boldsymbol{\varepsilon}^0 \\ \hline \boldsymbol{\kappa}\end{Bmatrix} = \left[\begin{array}{c|c}\boldsymbol{A}' & \boldsymbol{B}' \\ \hline \boldsymbol{B}' & \boldsymbol{D}'\end{array}\right]\begin{Bmatrix}\boldsymbol{N} \\ \hline \boldsymbol{M}\end{Bmatrix} \tag{4-92}$$

式中，子矩阵 $\boldsymbol{A}'$、$\boldsymbol{B}'$、$\boldsymbol{D}'$分别称为面内柔度矩阵、耦合柔度矩阵、弯曲柔度矩阵。

4.3.3 算例

对于$[0°/45°/-45°/90°]_s$对称层合板，层合板各层厚度相等，总厚度 $h = 1.0566\text{mm}$，施加载荷 $N_x = 17.5\text{N/mm}$，计算每层中面产生的层应力。碳/环氧树脂材料的材料特性为

$$E_1 = 17.24 \times 10^4 \text{MPa}$$
$$E_2 = 1.17 \times 10^4 \text{MPa}$$
$$\nu_{21} = 0.30$$
$$\nu_{12} = \nu_{21}(E_2 / E_1) = 0.0204$$
$$G_{12} = 4.48 \times 10^3 \text{MPa}$$

解：

单层板正轴模量矩阵 $\boldsymbol{Q}$ 为

$$\boldsymbol{Q} = \begin{bmatrix} 173.5 & 3.53 & 0 \\ 3.53 & 11.8 & 0 \\ 0 & 0 & 4.48 \end{bmatrix} \times 10^3 \text{MPa}$$

分别计算 0°、45°、–45°、90°层的 $\bar{\boldsymbol{Q}}$ 矩阵：

$$\bar{\boldsymbol{Q}} = \boldsymbol{T}_\sigma^{-1} \boldsymbol{Q} \boldsymbol{T}_\varepsilon$$

式中，$\bar{\boldsymbol{Q}}$ 为偏轴模量矩阵；$\boldsymbol{T}_\sigma$ 为应力正转换矩阵；$\boldsymbol{T}_\varepsilon$ 为应变正转换矩阵。

对于 0°层：

$$\bar{\boldsymbol{Q}}_0 = \begin{bmatrix} 173.5 & 3.53 & 0 \\ 3.53 & 11.8 & 0 \\ 0 & 0 & 4.48 \end{bmatrix} \times 10^3 \text{MPa}$$

对于 45°层：

$$\bar{\boldsymbol{Q}}_{45} = \begin{bmatrix} 5.25 & 4.36 & 4.04 \\ 4.36 & 5.25 & 4.04 \\ 4.04 & 4.04 & 4.45 \end{bmatrix} \times 10^4 \text{MPa}$$

对于–45°层：

$$\bar{\boldsymbol{Q}}_{-45} = \begin{bmatrix} 5.25 & 4.36 & -4.04 \\ 4.36 & 5.25 & -4.04 \\ -4.04 & -4.04 & 4.45 \end{bmatrix} \times 10^4 \text{MPa}$$

对于 90°层：

$$\bar{\boldsymbol{Q}}_{90} = \begin{bmatrix} 11.8 & 3.53 & 0 \\ 3.53 & 173.5 & 0 \\ 0 & 0 & 4.48 \end{bmatrix} \times 10^3 \text{MPa}$$

对称层合板拉伸与弯曲之间不存在耦合关系，因此矩阵 $\boldsymbol{B}$ 恒等于零。层合板各层厚度相同，计算 A_{ij}：

$$A_{ij} = (Q_{ij})_0 h / 4 + (Q_{ij})_{45} h / 4 + (Q_{ij})_{-45} h / 4 + (Q_{ij})_{90} h / 4$$

此层合板的 $\boldsymbol{A}$ 矩阵为

$$\boldsymbol{A}=\begin{bmatrix}7.67 & 2.49 & 0\\ 2.49 & 7.67 & 0\\ 0 & 0 & 2.59\end{bmatrix}\times 10^{4}\,\mathrm{N/mm}$$

对刚度系数矩阵 $\boldsymbol{A}$ 求逆得柔度系数矩阵 $\boldsymbol{A}'$：

$$\boldsymbol{A}'=\begin{bmatrix}1.46 & -0.47 & 0\\ -0.47 & 1.46 & 0\\ 0 & 0 & 3.87\end{bmatrix}\times 10^{-5}\,\mathrm{mm/N}$$

计算中面应变 $\boldsymbol{\varepsilon}^0$ 如下：

$$\begin{Bmatrix}\varepsilon_x^0\\ \varepsilon_y^0\\ \gamma_{xy}^0\end{Bmatrix}=\boldsymbol{A}'\begin{Bmatrix}N_x\\ N_y\\ N_{xy}\end{Bmatrix}=\begin{bmatrix}1.46 & -0.47 & 0\\ -0.47 & 1.46 & 0\\ 0 & 0 & 3.87\end{bmatrix}\times 10^{-5}\times\begin{Bmatrix}17.5\\ 0\\ 0\end{Bmatrix}=\begin{Bmatrix}25.51\\ -8.28\\ 0\end{Bmatrix}\times 10^{-5}$$

对称平衡层合板在单轴张力下，应变将在整个厚度范围内保持恒定，但应力会发生变化，如图 4-17 所示[7]。

对于 0°层：

$$\begin{Bmatrix}\sigma_x\\ \sigma_y\\ \tau_{xy}\end{Bmatrix}_0=\bar{\boldsymbol{Q}}_0\begin{Bmatrix}\varepsilon_x^0\\ \varepsilon_y^0\\ \gamma_{xy}^0\end{Bmatrix}=\begin{bmatrix}173.5 & 3.53 & 0\\ 3.53 & 11.8 & 0\\ 0 & 0 & 4.48\end{bmatrix}\times 10^{3}\times\begin{Bmatrix}25.51\\ -8.28\\ 0\end{Bmatrix}\times 10^{-5}=\begin{Bmatrix}43.97\\ -0.074\\ 0\end{Bmatrix}\mathrm{MPa}$$

对于 45°层：

$$\begin{Bmatrix}\sigma_x\\ \sigma_y\\ \tau_{xy}\end{Bmatrix}_{45}=\bar{\boldsymbol{Q}}_{45}\begin{Bmatrix}\varepsilon_x^0\\ \varepsilon_y^0\\ \gamma_{xy}^0\end{Bmatrix}=\begin{bmatrix}5.25 & 4.36 & 4.04\\ 4.36 & 5.25 & 4.04\\ 4.04 & 4.04 & 4.45\end{bmatrix}\times 10^{4}\times\begin{Bmatrix}25.51\\ -8.28\\ 0\end{Bmatrix}\times 10^{-5}=\begin{Bmatrix}9.78\\ 6.77\\ 6.96\end{Bmatrix}\mathrm{MPa}$$

对于−45°层：

$$\begin{Bmatrix}\sigma_x\\ \sigma_y\\ \tau_{xy}\end{Bmatrix}_{-45}=\bar{\boldsymbol{Q}}_{-45}\begin{Bmatrix}\varepsilon_x^0\\ \varepsilon_y^0\\ \gamma_{xy}^0\end{Bmatrix}=\begin{bmatrix}5.25 & 4.36 & -4.04\\ 4.36 & 5.25 & -4.04\\ -4.04 & -4.04 & 4.45\end{bmatrix}\times 10^{4}\times\begin{Bmatrix}25.51\\ -8.28\\ 0\end{Bmatrix}\times 10^{-5}=\begin{Bmatrix}9.78\\ 6.77\\ -6.96\end{Bmatrix}\mathrm{MPa}$$

对于 90°层：

$$\begin{Bmatrix}\sigma_x\\ \sigma_y\\ \tau_{xy}\end{Bmatrix}_{90}=\bar{\boldsymbol{Q}}_{90}\begin{Bmatrix}\varepsilon_x^0\\ \varepsilon_y^0\\ \gamma_{xy}^0\end{Bmatrix}=\begin{bmatrix}11.8 & 3.53 & 0\\ 3.53 & 173.5 & 0\\ 0 & 0 & 4.48\end{bmatrix}\times 10^{3}\times\begin{Bmatrix}25.51\\ -8.28\\ 0\end{Bmatrix}\times 10^{-5}=\begin{Bmatrix}2.71\\ -13.46\\ 0\end{Bmatrix}\mathrm{MPa}$$

由计算结果也可知，尽管各铺层中的应变是相同的，但应力是不同的，其中 0°铺层承受的应力最高。使用应力转换公式即可将上述偏轴应力转换为正轴应力。

计算 0°、45°、−45°和 90°铺层正轴应力。

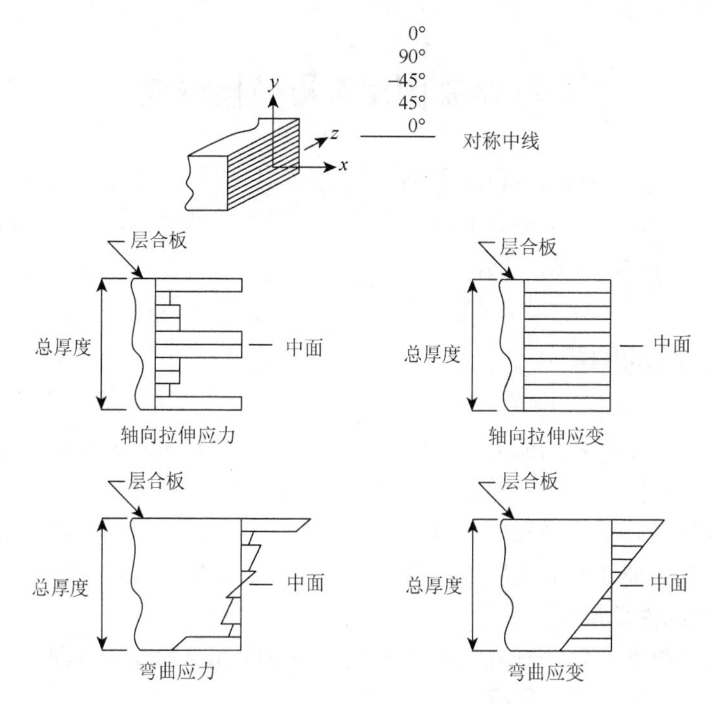

图 4-17　层板厚度中层板应力和应变的变化

对于 0°层：

$$\begin{Bmatrix}\sigma_1\\\sigma_2\\\tau_{12}\end{Bmatrix}_0=\boldsymbol{T}_\sigma^0\begin{Bmatrix}\sigma_x\\\sigma_y\\\tau_{xy}\end{Bmatrix}_0=\begin{bmatrix}1&0&0\\0&1&0\\0&0&1\end{bmatrix}\times\begin{Bmatrix}43.97\\-0.074\\0\end{Bmatrix}\text{MPa}=\begin{Bmatrix}43.97\\-0.074\\0\end{Bmatrix}\text{MPa}$$

对于 45°层：

$$\begin{Bmatrix}\sigma_1\\\sigma_2\\\tau_{12}\end{Bmatrix}_{45}=\boldsymbol{T}_\sigma^{45}\begin{Bmatrix}\sigma_x\\\sigma_y\\\tau_{xy}\end{Bmatrix}_{45}=\begin{bmatrix}0.5&0.5&1\\0.5&0.5&-1\\-0.5&0.5&0\end{bmatrix}\times\begin{Bmatrix}9.78\\6.77\\6.96\end{Bmatrix}\text{MPa}=\begin{Bmatrix}15.24\\1.32\\-1.51\end{Bmatrix}\text{MPa}$$

对于−45°层：

$$\begin{Bmatrix}\sigma_1\\\sigma_2\\\tau_{12}\end{Bmatrix}_{-45}=\boldsymbol{T}_\sigma^{-45}\begin{Bmatrix}\sigma_x\\\sigma_y\\\tau_{xy}\end{Bmatrix}_{-45}=\begin{bmatrix}0.5&0.5&-1\\0.5&0.5&1\\0.5&-0.5&0\end{bmatrix}\times\begin{Bmatrix}9.78\\6.77\\-6.96\end{Bmatrix}\text{MPa}=\begin{Bmatrix}15.24\\1.32\\1.51\end{Bmatrix}\text{MPa}$$

对于 90°层：

$$\begin{Bmatrix}\sigma_1\\\sigma_2\\\tau_{12}\end{Bmatrix}_{90}=\boldsymbol{T}_\sigma^{90}\begin{Bmatrix}\sigma_x\\\sigma_y\\\tau_{xy}\end{Bmatrix}_{90}=\begin{bmatrix}0&1&0\\1&0&0\\0&0&-1\end{bmatrix}\times\begin{Bmatrix}2.71\\-13.46\\0\end{Bmatrix}\text{MPa}=\begin{Bmatrix}-13.46\\2.71\\0\end{Bmatrix}\text{MPa}$$

4.4 特殊的层合板弹性特性

4.3 节讨论了一般层合板的弹性特性，工程上铺层不会是任意的，总会带有某些规则。因此，工程中遇到的层合板总有一定的特殊性，讨论这些特殊的层合板弹性特性是有其实际意义的。

4.4.1 单层板的刚度

前面讨论了单层板的应力-应变关系。本节从内力-应变关系来讨论单层板的面内刚度和弯曲刚度。讨论单层板刚度，一方面是为了刚度分析的系统性，另一方面是因为某些特殊层合板的刚度与单层板的刚度形式上相同，以便容易看出哪些层合板可以整体地看成均质板，而均质板的理论则是比较完善的。

1）各向同性单层板

各向同性材料有两个独立的弹性常数，各方向都是弹性主方向，所以参考轴方向总是与主方向一致，则有

$$\boldsymbol{Q}=\begin{bmatrix} Q_{11} & Q_{12} & 0 \\ Q_{12} & Q_{22} & 0 \\ 0 & 0 & Q_{66} \end{bmatrix}=\begin{bmatrix} \dfrac{E}{1-\nu^2} & \dfrac{\nu E}{1-\nu^2} & 0 \\ \dfrac{\nu E}{1-\nu^2} & \dfrac{E}{1-\nu^2} & 0 \\ 0 & 0 & \dfrac{E}{2(1+\nu)} \end{bmatrix} \tag{4-93}$$

令厚度为 t，可得

$$\begin{aligned} & A_{11}=A_{22}=A=\frac{Et}{1-\nu^2}, \quad D_{11}=D_{22}=D=\frac{Et^3}{12(1-\nu^2)} \\ & A_{12}=\nu A, \quad D_{12}=\nu D \\ & A_{66}=\frac{1-\nu}{2}A, \quad D_{66}=\frac{1-\nu}{2}D \\ & A_{16}=A_{26}=0, \quad D_{16}=D_{26}=0 \end{aligned} \tag{4-94}$$

$B_{ij}=0(i,j=1,2,6)$各向同性单层板不发生耦合效应，也不发生交叉效应。从而有最简单的内力-应变关系：

$$\left\{\begin{aligned}&\begin{Bmatrix}N_x\\N_y\\N_{xy}\end{Bmatrix}=\begin{bmatrix}A & \nu A & 0\\ \nu A & A & 0\\ 0 & 0 & \dfrac{1-\nu}{2}A\end{bmatrix}\begin{Bmatrix}\varepsilon_x^0\\ \varepsilon_y^0\\ \gamma_{xy}^0\end{Bmatrix}\\&\begin{Bmatrix}M_x\\M_y\\M_{xy}\end{Bmatrix}=\begin{bmatrix}D & \nu D & 0\\ \nu D & D & 0\\ 0 & 0 & \dfrac{1-\nu}{2}D\end{bmatrix}\begin{Bmatrix}\kappa_x\\ \kappa_y\\ \kappa_{xy}\end{Bmatrix}\end{aligned}\right. \tag{4-95}$$

2）横观各向同性单层板

若板面与各向同性面平行，则参考轴方向总是与主方向一致。记各向同性面内的弹性模量和泊松比为 E_1、ν_{12}，用以替换各向同性单层板的 E 和 ν，就可以从式（4-94）、式（4-95）直接得到横观各向同性单层板的相应结果：

$$\begin{aligned}&A_{11}=A_{22}=A=\frac{E_1t}{1-\nu_{12}^2},\quad D_{11}=D_{22}=D=\frac{E_1t^3}{12(1-\nu_{12}^2)}\\&A_{12}=\nu_{12}A,\quad D_{12}=\nu_{12}D\\&A_{66}=\frac{1-\nu_{12}}{2}A,\quad D_{66}=\frac{1-\nu_{12}}{2}D\\&A_{16}=A_{26}=0,\quad D_{16}=D_{26}=0\end{aligned} \tag{4-96}$$

$B_{ij}=0(i,j=1,2,6)$，横观各向同性单层板不发生耦合效应和交叉效应，其内力-应变关系为

$$\left\{\begin{aligned}&\begin{Bmatrix}N_x\\N_y\\N_{xy}\end{Bmatrix}=\begin{bmatrix}A & \nu_{12}A & 0\\ \nu_{12}A & A & 0\\ 0 & 0 & \dfrac{1-\nu_{12}}{2}A\end{bmatrix}\begin{Bmatrix}\varepsilon_x^0\\ \varepsilon_y^0\\ \gamma_{xy}^0\end{Bmatrix}\\&\begin{Bmatrix}M_x\\M_y\\M_{xy}\end{Bmatrix}=\begin{bmatrix}D & \nu_{12}D & 0\\ \nu_{12}D & D & 0\\ 0 & 0 & \dfrac{1-\nu_{12}}{2}D\end{bmatrix}\begin{Bmatrix}\kappa_x\\ \kappa_y\\ \kappa_{xy}\end{Bmatrix}\end{aligned}\right. \tag{4-97}$$

3）正轴正交各向异性单层板

对坐标轴 x-y 与材料主方向相重合的正交各向异性单层板，其刚度矩阵为

$$\boldsymbol{Q}=\begin{bmatrix} Q_{11} & Q_{12} & 0 \\ Q_{12} & Q_{22} & 0 \\ 0 & 0 & Q_{66} \end{bmatrix}=\begin{bmatrix} \dfrac{E_1}{1-\nu_{12}\nu_{21}} & \dfrac{\nu_{21}E_2}{1-\nu_{12}\nu_{21}} & 0 \\ \dfrac{\nu_{12}E_1}{1-\nu_{12}\nu_{21}} & \dfrac{E_2}{1-\nu_{12}\nu_{21}} & 0 \\ 0 & 0 & G_{12} \end{bmatrix} \tag{4-98}$$

在几何中面（$t/2$ 处），有下列结果：

$$\begin{aligned} &A_{11}=Q_{11}t, \quad D_{11}=Q_{11}t^3/12 \\ &A_{12}=Q_{12}t, \quad D_{12}=Q_{12}t^3/12 \\ &A_{22}=Q_{22}t, \quad D_{22}=Q_{22}t^3/12 \\ &A_{66}=Q_{66}t, \quad D_{66}=Q_{66}t^3/12 \\ &A_{16}=A_{26}=0, \quad D_{16}=D_{26}=0 \end{aligned} \tag{4-99}$$

$B_{ij}=0(i,j=1,2,6)$，这种单层板不发生耦合效应和交叉效应。与各向同性单层板不同，独立的面内刚度增加到四个，独立的弯曲刚度也增加到四个。其内力-应变关系为

$$\begin{cases} \begin{Bmatrix} N_x \\ N_y \\ N_{xy} \end{Bmatrix}=\begin{bmatrix} A_{11} & A_{12} & 0 \\ A_{12} & A_{22} & 0 \\ 0 & 0 & A_{66} \end{bmatrix}\begin{Bmatrix} \varepsilon_x^0 \\ \varepsilon_y^0 \\ \gamma_{xy}^0 \end{Bmatrix} \\ \begin{Bmatrix} M_x \\ M_y \\ M_{xy} \end{Bmatrix}=\begin{bmatrix} D_{11} & D_{12} & 0 \\ D_{12} & D_{22} & 0 \\ 0 & 0 & D_{66} \end{bmatrix}\begin{Bmatrix} \kappa_x \\ \kappa_y \\ \kappa_{xy} \end{Bmatrix} \end{cases} \tag{4-100}$$

4）偏轴正交各向异性单层板

正交各向异性材料单层板的材料上方向与坐标轴不重合，其刚度系数为

$$\bar{\boldsymbol{Q}}=\begin{bmatrix} \bar{Q}_{11} & \bar{Q}_{12} & \bar{Q}_{16} \\ \bar{Q}_{12} & \bar{Q}_{22} & \bar{Q}_{26} \\ \bar{Q}_{16} & \bar{Q}_{26} & \bar{Q}_{66} \end{bmatrix} \tag{4-101}$$

$A_{ij}=\bar{Q}_{ij}t$，$D_{ij}=\bar{Q}_{ij}t^3/12$，$B_{ij}=0(i,j=1,2,6)$。

这种单层板不发生耦合效应，但发生交叉效应，其内力-应变关系为

$$\begin{cases} \begin{Bmatrix} N_x \\ N_y \\ N_{xy} \end{Bmatrix}=\begin{bmatrix} A_{11} & A_{12} & A_{16} \\ A_{12} & A_{22} & A_{26} \\ A_{16} & A_{26} & A_{66} \end{bmatrix}\begin{Bmatrix} \varepsilon_x^0 \\ \varepsilon_y^0 \\ \gamma_{xy}^0 \end{Bmatrix} \\ \begin{Bmatrix} M_x \\ M_y \\ M_{xy} \end{Bmatrix}=\begin{bmatrix} D_{11} & D_{12} & D_{16} \\ D_{12} & D_{22} & D_{26} \\ D_{16} & D_{26} & D_{66} \end{bmatrix}\begin{Bmatrix} \kappa_x \\ \kappa_y \\ \kappa_{xy} \end{Bmatrix} \end{cases} \tag{4-102}$$

虽然刚度矩阵都是满阵，但独立的面内刚度和弯曲刚度仍然都是四个。

上述讨论的单层板有一个共同的特点，即都不发生耦合效应，面内要素和弯曲要素是分离的。

4.4.2 对称层合板的刚度

若各铺层的材料、厚度、铺设角均对称于层合板的中面，称为对称层合板（symmetric laminate），它是在工程中广泛采用的一类结构，其主要力学特征是不发生耦合效应。在分析对称层合板时，可以整体地将其看成均质各向异性板。

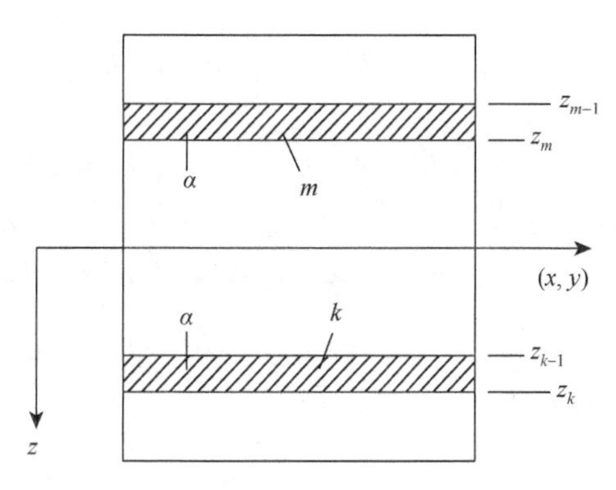

图 4-18　对称铺设层合板

如图 4-18 所示，若 k 层与 m 层是对称中面的两层，则由几何对称可知：

$$z_k = -z_{m-1}, \quad z_{k-1} = -z_m \tag{4-103}$$

由材料性能对称可知：

$$\bar{Q}_{ij}^{(k)} = \bar{Q}_{ij}^{(m)} \quad (i, j = 1, 2, 6) \tag{4-104}$$

按式（4-78）可考察 k 层与 m 层对耦合刚度系数 B_{ij} 的影响：

$$\frac{1}{2}\bar{Q}_{ij}^{(k)}(z_k^2 - z_{k-1}^2) + \frac{1}{2}\bar{Q}_{ij}^{(m)}(z_m^2 - z_{m-1}^2) \tag{4-105}$$

将式（4-103）、式（4-104）代入式（4-105）可知，两层的影响刚好抵消。其他对称情况也是如此，故对称层合板必有 $B_{ij} = 0$。这样，无论是怎样的对称层合板，都不会发生耦合效应。

由于不发生耦合效应，面内要素与弯曲要素为分离的，故对称层合板有如下的内力与应变关系：

$$\begin{Bmatrix} N_x \\ N_y \\ N_{xy} \end{Bmatrix} = \begin{bmatrix} A_{11} & A_{12} & A_{16} \\ A_{12} & A_{22} & A_{26} \\ A_{16} & A_{26} & A_{66} \end{bmatrix} \begin{Bmatrix} \varepsilon_x^0 \\ \varepsilon_y^0 \\ \gamma_{xy}^0 \end{Bmatrix}, \quad \begin{Bmatrix} M_x \\ M_y \\ M_{xy} \end{Bmatrix} = \begin{bmatrix} D_{11} & D_{12} & D_{16} \\ D_{12} & D_{22} & D_{26} \\ D_{16} & D_{26} & D_{66} \end{bmatrix} \begin{Bmatrix} \kappa_x \\ \kappa_y \\ \kappa_{xy} \end{Bmatrix} \tag{4-106}$$

在计算对称层合板刚度时，可应用其对称性，以减少计算工作量。

1）各向同性对称层合板

各向同性对称层合板由对称于中面各不同的各向同性单层板组成，每层的 $\boldsymbol{Q}$ 为

$$\boldsymbol{Q}_k = \begin{bmatrix} Q_{11} & Q_{12} & 0 \\ Q_{12} & Q_{22} & 0 \\ 0 & 0 & Q_{66} \end{bmatrix}_k \tag{4-107}$$

每层皆为各向同性材料，但各层间材料 E、ν 不同，由式（4-78）可得

$$
\begin{aligned}
&A_{11}=\sum_{k=1}^{n}(Q_{11})_k(z_k-z_{k-1})=A_{22}=A=A_{12}+2A_{66}\\
&D_{11}=\frac{1}{3}\sum_{z=1}^{n}(Q_{11})_k(z_k^3-z_{k-1}^3)=D_{22}=D=D_{12}+2D_{66}\\
&A_{12}=\sum_{k=1}^{n}(Q_{12})_k(z_k-z_{k-1}),\quad D_{12}=\frac{1}{3}\sum_{k=1}^{n}(Q_{12})_k(z_k^3-z_{k-1}^3)\\
&A_{66}=\sum_{k=1}^{n}(Q_{66})_k(z_k-z_{k-1}),\quad D_{66}=\frac{1}{3}\sum_{k=1}^{n}(Q_{66})_k(z_k^3-z_{k-1}^3)\\
&A_{16}=A_{26}=0,\quad D_{16}=D_{26}=0,\quad B_{ij}=0\quad(i,j=1,2,6)
\end{aligned}
\tag{4-108}
$$

因此有

$$
\begin{cases}
\begin{Bmatrix}N_x\\N_y\\N_{xy}\end{Bmatrix}=\begin{bmatrix}A_{11}&A_{12}&0\\A_{12}&A_{22}&0\\0&0&A_{66}\end{bmatrix}\begin{Bmatrix}\varepsilon_x^0\\\varepsilon_y^0\\\gamma_{xy}^0\end{Bmatrix}\\
\begin{Bmatrix}M_x\\M_y\\M_{xy}\end{Bmatrix}=\begin{bmatrix}D_{11}&D_{12}&0\\D_{12}&D_{22}&0\\0&0&D_{66}\end{bmatrix}\begin{Bmatrix}\kappa_x\\\kappa_y\\\kappa_{xy}\end{Bmatrix}
\end{cases}
\tag{4-109}
$$

2）规则对称正交铺设层合板

规则对称正交铺设层合板除在几何和材料性能方面都对称于中面之外，各单层板的材料主方向还必须与参考轴方向一致。作为例子，图 4-19 表示五层规则对称正交铺设层合板。

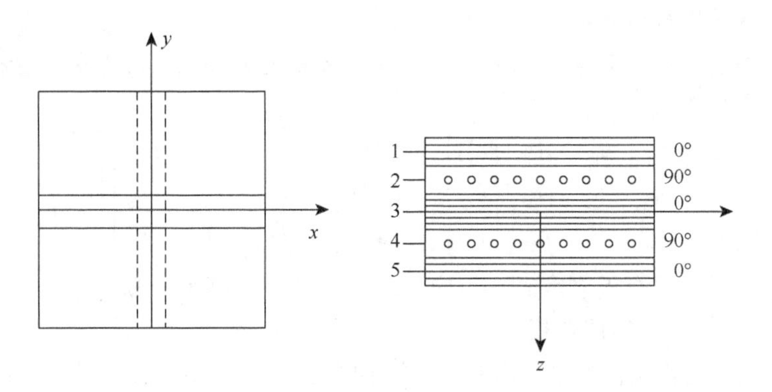

图 4-19　规则对称正交铺设层合板

它由对称于中面且坐标轴与材料主方向重合的正交各向异性单层板组成，每层板的 $\bar{\boldsymbol{Q}}$ 可表示为

$$\bar{\boldsymbol{Q}}_k=\begin{bmatrix}\bar{Q}_{11} & \bar{Q}_{12} & 0\\ \bar{Q}_{12} & \bar{Q}_{22} & 0\\ 0 & 0 & \bar{Q}_{66}\end{bmatrix}_k \tag{4-110}$$

根据 A_{ij}、B_{ij}、D_{ij} 的定义式可得

$$A_{16}=A_{26}=0,\quad D_{16}=D_{26}=0,\quad B_{ij}=0 \tag{4-111}$$

对于 1 方向与 x 方向一致（0°铺设）的 k 层，其刚度系数为

$$\begin{aligned}
&\bar{Q}_{11}^{(k)}=Q_{11}^{(k)}=\frac{E_1^{(k)}}{1-\nu_{12}^{(k)}\nu_{21}^{(k)}}\\
&\bar{Q}_{12}^{(k)}=Q_{12}^{(k)}=\frac{E_1^{(k)}\nu_{12}^{(k)}}{1-\nu_{12}^{(k)}\nu_{21}^{(k)}}\\
&\bar{Q}_{22}^{(k)}=Q_{22}^{(k)}=\frac{E_2^{(k)}}{1-\nu_{12}^{(k)}\nu_{21}^{(k)}}\\
&\bar{Q}_{66}^{(k)}=Q_{66}^{(k)}=G_{12}^{(k)}\\
&\bar{Q}_{16}^{(k)}=\bar{Q}_{26}^{(k)}=0
\end{aligned} \tag{4-112}$$

对于 1 方向与 y 方向一致（90°铺设）的 m 层，其刚度系数为

$$\begin{aligned}
&\bar{Q}_{11}^{(m)}=Q_{22}^{(m)}=\frac{E_2^{(m)}}{1-\nu_{12}^{(m)}\nu_{21}^{(m)}}\\
&\bar{Q}_{12}^{(m)}=Q_{12}^{(m)}=\frac{E_1^{(m)}\nu_{12}^{(m)}}{1-\nu_{12}^{(m)}\nu_{21}^{(m)}}\\
&\bar{Q}_{22}^{(m)}=Q_{11}^{(m)}=\frac{E_1^{(m)}}{1-\nu_{12}^{(m)}\nu_{21}^{(m)}}\\
&\bar{Q}_{66}^{(m)}=Q_{66}^{(m)}=G_{12}^{(m)}\\
&\bar{Q}_{16}^{(m)}=\bar{Q}_{26}^{(m)}=0
\end{aligned} \tag{4-113}$$

对称正交铺设层合板的内力-应变关系为

$$\begin{cases}\begin{Bmatrix}N_x\\ N_y\\ N_{xy}\end{Bmatrix}=\begin{bmatrix}A_{11} & A_{12} & 0\\ A_{12} & A_{22} & 0\\ 0 & 0 & A_{66}\end{bmatrix}\begin{Bmatrix}\varepsilon_x^0\\ \varepsilon_y^0\\ \gamma_{xy}^0\end{Bmatrix}\\ \begin{Bmatrix}M_x\\ M_y\\ M_{xy}\end{Bmatrix}=\begin{bmatrix}D_{11} & D_{12} & 0\\ D_{12} & D_{22} & 0\\ 0 & 0 & D_{66}\end{bmatrix}\begin{Bmatrix}\kappa_x\\ \kappa_y\\ \kappa_{xy}\end{Bmatrix}\end{cases} \tag{4-114}$$

将式（4-114）与各向同性单层板的内力-应变关系相比较，可以看出它们是相同的。因此，规则对称正交铺设层合板可以整体地看成参考轴与主轴一致的正交异性板。

3）规则对称角铺设层合板

规则对称角铺设层合板是对称层合板中又一个重要的特殊情况。这种层合板是由等厚的、材料性能相同的单层板与参数轴以“+α”、“−α”角交替对称铺设而成的。图 4-20 表示五层的规则对称角铺设层合板。

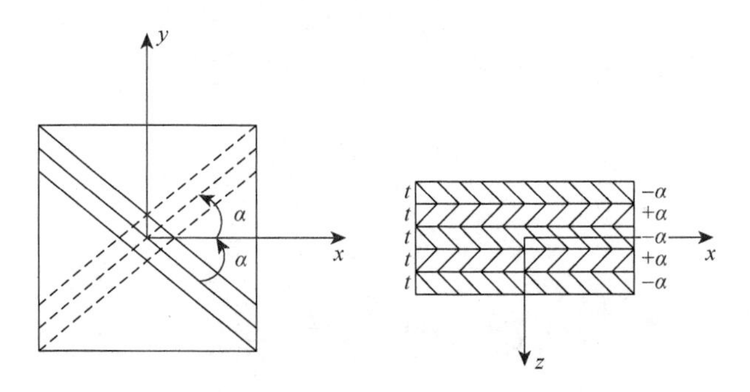

图 4-20　规则对称角铺设层合板

对于 α 角铺设单层板，有

$$\bar{\boldsymbol{Q}}_{\alpha}=\begin{bmatrix}\bar{Q}_{11} & \bar{Q}_{12} & \bar{Q}_{16}\\ \bar{Q}_{12} & \bar{Q}_{22} & \bar{Q}_{26}\\ \bar{Q}_{16} & \bar{Q}_{26} & \bar{Q}_{66}\end{bmatrix}_{\alpha} \tag{4-115}$$

对于−α 角铺设单层板，有

$$\bar{\boldsymbol{Q}}_{-\alpha}=\begin{bmatrix}\bar{Q}_{11} & \bar{Q}_{12} & \bar{Q}_{16}\\ \bar{Q}_{12} & \bar{Q}_{22} & \bar{Q}_{26}\\ \bar{Q}_{16} & \bar{Q}_{26} & \bar{Q}_{66}\end{bmatrix}_{-\alpha}=\begin{bmatrix}\bar{Q}_{11} & \bar{Q}_{12} & -\bar{Q}_{16}\\ \bar{Q}_{12} & \bar{Q}_{22} & -\bar{Q}_{26}\\ -\bar{Q}_{16} & -\bar{Q}_{26} & \bar{Q}_{66}\end{bmatrix}_{\alpha} \tag{4-116}$$

通过以上矩阵可以发现，这类层合板奇数层和偶数层单层板的刚度系数有以下关系：

$$\begin{gathered}(\bar{Q}_{11},\bar{Q}_{12},\bar{Q}_{22},\bar{Q}_{66})_{+\alpha}=(\bar{Q}_{11},\bar{Q}_{12},\bar{Q}_{22},\bar{Q}_{66})_{-\alpha}\\ (\bar{Q}_{16},\bar{Q}_{26})_{+\alpha}=-(\bar{Q}_{16},\bar{Q}_{26})_{-\alpha}\end{gathered} \tag{4-117}$$

这是因为$\bar{Q}_{11}$、$\bar{Q}_{12}$、$\bar{Q}_{22}$、$\bar{Q}_{66}$是铺设角 α 的偶函数，$\bar{Q}_{16}$、$\bar{Q}_{26}$是铺设角 α 的奇函数。考虑式（4-117），可将刚度系数 A_{ij}、B_{ij}、D_{ij} 归纳总结为

$$\begin{aligned}&(A_{11},A_{12},A_{22},A_{66})=(\bar{Q}_{11},\bar{Q}_{12},\bar{Q}_{22},\bar{Q}_{66})_{\alpha}t\\ &(D_{11},D_{12},D_{22},D_{66})=(\bar{Q}_{11},\bar{Q}_{12},\bar{Q}_{22},\bar{Q}_{66})_{\alpha}\frac{t^3}{12}\end{aligned}\quad (t\text{为总厚度}) \tag{4-118}$$

$$A_{16} = (\bar{Q}_{16})_\alpha \left(\sum_{\text{奇数层}} t_k - \sum_{\text{偶数层}} t_k \right)$$
$$A_{26} = (\bar{Q}_{26})_\alpha \left(\sum_{\text{奇数层}} t_k - \sum_{\text{偶数层}} t_k \right) \quad (t_k\text{为单层厚度}) \qquad (4\text{-}119)$$

$$D_{16} = \frac{1}{3}(\bar{Q}_{16})_\alpha \left[\sum_{+\alpha\text{铺层}} (z_k^3 - z_{k-1}^3) - \sum_{-\alpha\text{铺层}} (z_k^3 - z_{k-1}^3) \right]$$
$$D_{26} = \frac{1}{3}(\bar{Q}_{26})_\alpha \left[\sum_{+\alpha\text{铺层}} (z_k^3 - z_{k-1}^3) - \sum_{-\alpha\text{铺层}} (z_k^3 - z_{k-1}^3) \right] \qquad (4\text{-}120)$$

分析式（4-118）～式（4-120）可以看出：

（1）这类层合板虽然不发生耦合效应，但是发生交叉效应。

（2）交叉刚度系数 A_{16}、A_{26} 和 D_{16}、D_{26} 随层数 N 的增加按 $1/N$ 的比例减小，而最终趋向于零。

（3）在最少层数（$N=3$）时，交叉刚度系数取最大值，交叉效应最显著。

这种层合板比规则对称正交铺设层合板有更大的剪切刚度和扭曲刚度。在需要增加剪切刚度和扭曲刚度的情况下，常常采用这种层合板。不过，应当注意，交叉刚度对结构性能的影响相当敏感，只有确认它们十分接近零时，才能忽略它们的影响。但规则对称角铺设层合板，当层数较少（交叉刚度不能忽略）时，可以整体地看成参考轴与主轴一致的正交各向异性板。

4）各向异性对称层合板

除由于对称性而不存在耦合刚度 B_{ij} 外，再没有任何刚度的简化。刚度系数 A_{16}、A_{26}、D_{16}、D_{26} 都存在，且也不会因层数 N 的增加而趋于零。

4.4.3　反对称层合板的刚度

反对称层合板的层数为偶数（$N=2m$），距中面两侧距离相等的每一对单层板的材料相同，板厚也相等，但铺设角恰好是相反的，若一侧的单层板铺设角为$+\alpha$，另一侧必为$-\alpha$，即为反对称的铺设角。这种层合板力学特征是无交叉效应，但层数较少时会发生耦合效应。

下面将证明这类层合板的交叉刚度系数为零。图 4-21 所示的 k 层及 m 层为一对反对称铺设的单层板。因为单层板的交叉刚度系数 $\bar{Q}_{16}$、$\bar{Q}_{26}$ 是铺设角 α 的奇函数，故有下列物理上的反对称关系：

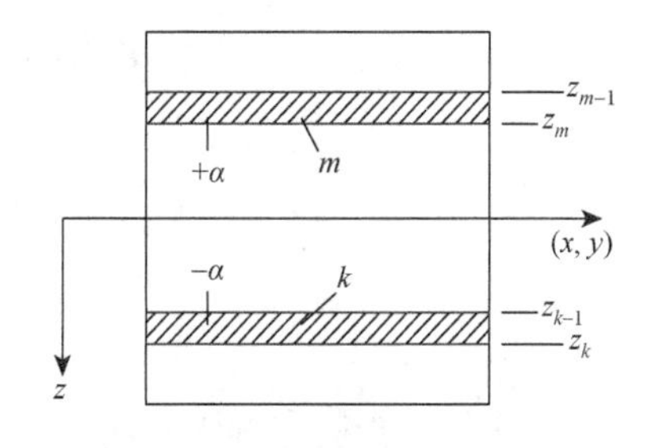

图 4-21　反对称铺设层合板

$$\bar{Q}_{16}^{(k)} = -\bar{Q}_{16}^{(m)}, \quad \bar{Q}_{26}^{(k)} = -\bar{Q}_{26}^{(m)} \tag{4-121}$$

由反对称层合板的定义可知：

$$z_k = -z_{m-1}, \quad z_{k-1} = -z_m \tag{4-122}$$

用式（4-78）考察 k 层和 m 层对交叉系数 A_{16}、A_{26}、D_{16}、D_{26} 的影响。对 A_{16} 影响是

$$\bar{Q}_{16}^{(k)}(z_k - z_{k-1}) + \bar{Q}_{16}^{(m)}(z_m - z_{m-1}) \tag{4-123}$$

对 D_{16} 影响是

$$\frac{1}{3}\bar{Q}_{16}^{(k)}(z_k^3 - z_{k-1}^3) + \frac{1}{3}\bar{Q}_{16}^{(m)}(z_m^3 - z_{m-1}^3) \tag{4-124}$$

将式（4-121）、式（4-122）代入式（4-123）、式（4-124），可知两层的影响刚好抵消。同理，A_{26}、D_{26} 也同样。由此可得出“反对称层合板不发生交叉效应”的结论，即 $A_{16} = A_{26} = D_{16} = D_{26} = 0$。而一般情况下其他刚度系数不会为零，故反对称层合板内力-应变关系式为

$$\begin{Bmatrix} N_x \\ N_y \\ N_{xy} \\ \hline M_x \\ M_y \\ M_{xy} \end{Bmatrix} = \left[\begin{array}{ccc|ccc} A_{11} & A_{12} & 0 & B_{11} & B_{12} & B_{16} \\ A_{12} & A_{22} & 0 & B_{12} & B_{22} & B_{26} \\ 0 & 0 & A_{66} & B_{16} & B_{26} & B_{66} \\ \hline B_{11} & B_{12} & B_{16} & D_{11} & D_{12} & 0 \\ B_{12} & B_{22} & B_{26} & D_{12} & D_{22} & 0 \\ B_{16} & B_{26} & B_{66} & 0 & 0 & D_{66} \end{array}\right] \begin{Bmatrix} \varepsilon_x^0 \\ \varepsilon_y^0 \\ \gamma_{xy}^0 \\ \hline \kappa_x \\ \kappa_y \\ \kappa_{xy} \end{Bmatrix} \tag{4-125}$$

常见的反对称层合板有下列几种。

1）反对称角铺设层合板

层合板中与中面相对称的单层板材料主方向与坐标轴夹角大小相等，但正负号相反且对应厚度相等，图 4-22 表示六层的反对称角铺设层合板。

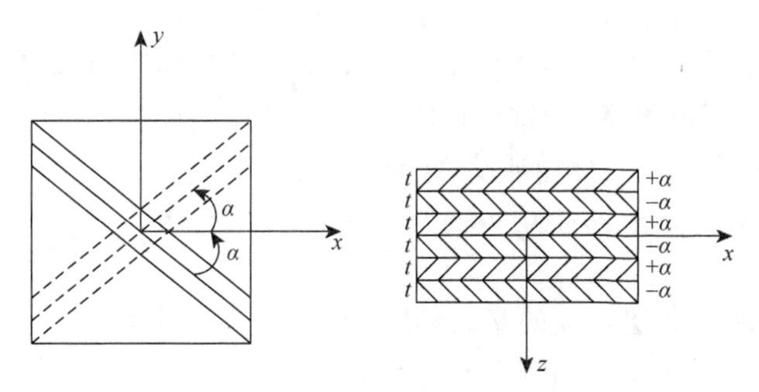

图 4-22　反对称角铺设层合板

这种层合板也称为规则反对称层合板。它除不发生交叉效应外，还有一些耦合效应系数，如 B_{11}、B_{12}、B_{22}、B_{66} 也为零。下面来证明 B_{11} 为零。

由式（4-78）可知：

$$B_{11}=\frac{1}{2}\sum_{k=1}^{2n}\bar{Q}_{11}^{(k)}(z_k^2-z_{k-1}^2) \tag{4-126}$$

由于 $\bar{Q}_{11}$ 是 α 角的偶函数，对$+\alpha$ 层和$-\alpha$ 层有相同的数值，所以可以从求和符号中提出，又因为各层等厚，所以

$$B_{11}=\frac{1}{2}\bar{Q}_{11}t\sum_{k=1}^{2n}(z_k+z_{k-1}) \tag{4-127}$$

将求和分成中面以上和以下两部分，则

$$B_{11}=\frac{1}{2}\bar{Q}_{11}t\left[\sum_{k=1}^{n}(z_k+z_{k-1})+\sum_{k=n+1}^{2n}(z_k+z_{k-1})\right] \tag{4-128}$$

在方括号内两个求和值的绝对值相等而符号相反，故等于零。于是 $B_{11}=0$。同理可以证明 $B_{12}=B_{22}=B_{66}=0$。因此，对于规则反对称层合板，有 $B_{11}=B_{12}=B_{22}=B_{66}=0$。

其内力-应变关系为

$$\begin{Bmatrix} N_x \\ N_y \\ N_{xy} \\ \hline M_x \\ M_y \\ M_{xy} \end{Bmatrix}=\left[\begin{array}{ccc|ccc} A_{11} & A_{12} & 0 & 0 & 0 & B_{16} \\ A_{12} & A_{22} & 0 & 0 & 0 & B_{26} \\ 0 & 0 & A_{66} & B_{16} & B_{26} & 0 \\ \hline 0 & 0 & B_{16} & D_{11} & D_{12} & 0 \\ 0 & 0 & B_{26} & D_{12} & D_{22} & 0 \\ B_{16} & B_{26} & 0 & 0 & 0 & D_{66} \end{array}\right]\begin{Bmatrix} \varepsilon_x^0 \\ \varepsilon_y^0 \\ \gamma_{xy}^0 \\ \hline \kappa_x \\ \kappa_y \\ \kappa_{xy} \end{Bmatrix} \tag{4-129}$$

为了得到较大的剪切刚度和扭转刚度就利用这种层合板。在不希望发生耦合效应时，唯一的办法是增加层数。当层数较多时，可近似地认为耦合效应消失，此时这类层合板可以整体地看成参数轴与主轴一致的正交异性板。

2）反对称正交铺设层合板

反对称正交铺设层合板是由偶数层正交各向异性铺层以铺设角 0°和 90°交替叠放而成的，如图 4-23 所示。

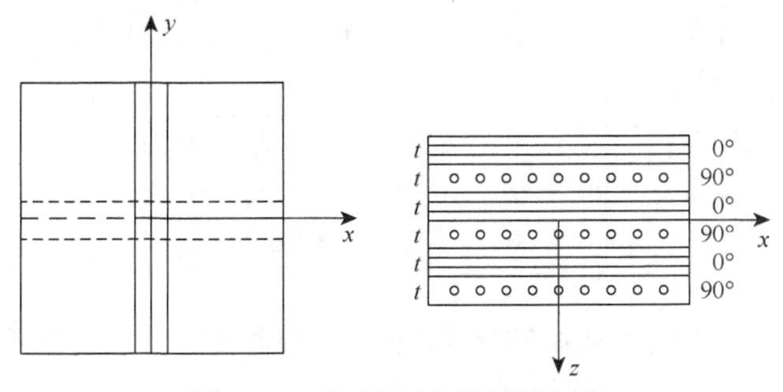

图 4-23　反对称正交铺设层合板

由于各铺层的铺设角交替为 0°和 90°，故有

$$\bar{Q}_{16} = Q_{16} = 0, \quad \bar{Q}_{26} = Q_{26} = 0 \tag{4-130}$$

于是，层合板刚度系数中：

$$A_{16} = A_{26} = B_{16} = B_{26} = D_{16} = D_{26} = 0 \tag{4-131}$$

假设在 $N(N=2n)$层铺层的反对称正交铺设层合板中，第 k 层与第 m 层为一对与中面对称的铺层，它们的铺设角分别为 0°和 90°，厚度为 t/N，因此有

$$\bar{Q}_{11}^{(k)} = \bar{Q}_{22}^{(m)}, \quad \bar{Q}_{22}^{(k)} = \bar{Q}_{11}^{(m)} \tag{4-132}$$

这两个铺层对层合板刚度系数的贡献值为

$$\begin{aligned} A_{11} &= (\bar{Q}_{11}^{(k)} + \bar{Q}_{11}^{(m)})\frac{t}{N} = (\bar{Q}_{22}^{(m)} + \bar{Q}_{11}^{(m)})\frac{t}{N} \\ A_{22} &= (\bar{Q}_{22}^{(k)} + \bar{Q}_{22}^{(m)})\frac{t}{N} = (\bar{Q}_{11}^{(m)} + \bar{Q}_{22}^{(m)})\frac{t}{N} \end{aligned} \tag{4-133}$$

因此有 $A_{11} = A_{22}$，同理可得 $D_{11} = D_{22}$。

根据几何对称可知，这两个铺层的中面坐标存在以下关系：

$$\frac{z_k + z_{k-1}}{2} = -\frac{z_m + z_{m-1}}{2} \tag{4-134}$$

因此

$$B_{12} = \frac{1}{2}\frac{N}{t}Q_{12}^{(k)}(z_k + z_{k-1}) + \frac{1}{2}\frac{N}{t}Q_{12}^{(m)}(z_m + z_{m-1}) = 0 \tag{4-135}$$

同理可得 $B_{66} = 0$，$B_{11} = -B_{22}$。

综合起来，反对称正交铺设层合板的内力-应变关系为

$$\begin{Bmatrix} N_x \\ N_y \\ N_{xy} \\ \hline M_x \\ M_y \\ M_{xy} \end{Bmatrix} = \left[\begin{array}{ccc|ccc} A_{11} & A_{12} & 0 & B_{11} & 0 & 0 \\ A_{12} & A_{22} & 0 & 0 & B_{22} & 0 \\ 0 & 0 & A_{66} & 0 & 0 & 0 \\ \hline B_{11} & 0 & 0 & D_{11} & D_{12} & 0 \\ 0 & B_{22} & 0 & D_{12} & D_{22} & 0 \\ 0 & 0 & 0 & 0 & 0 & D_{66} \end{array}\right] \begin{Bmatrix} \varepsilon_x^0 \\ \varepsilon_y^0 \\ \gamma_{xy}^0 \\ \hline \kappa_x \\ \kappa_y \\ \kappa_{xy} \end{Bmatrix} \tag{4-136}$$

图 4-24 为层合板主要类型的分类框图。图中着重汇总了耦合刚度系数、面内交叉刚度系数及弯曲交叉刚度系数是否为零。

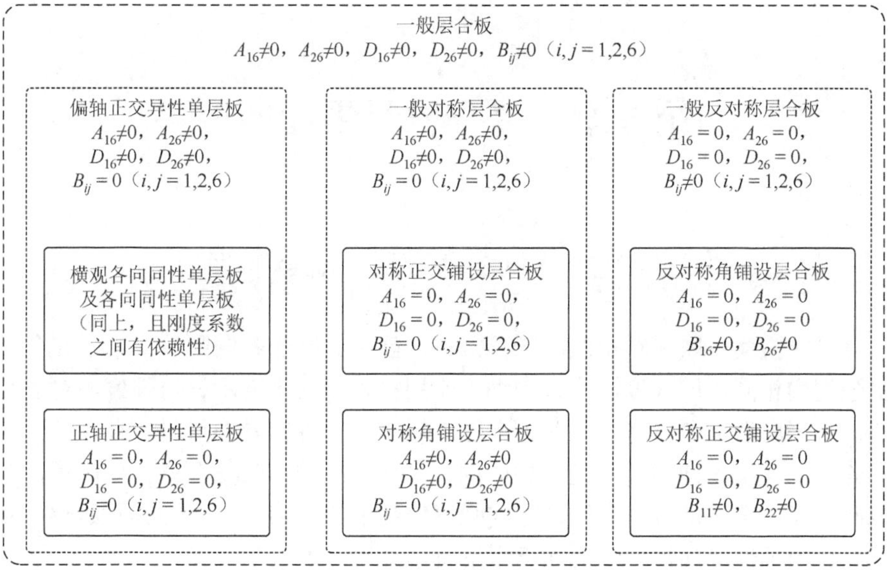

一般层合板

$A_{16}\neq0$，$A_{26}\neq0$，$D_{16}\neq0$，$D_{26}\neq0$，$B_{ij}\neq0$（$i,j=1,2,6$）

偏轴正交异性单层板

$A_{16}\neq0$，$A_{26}\neq0$，

$D_{16}\neq0$，$D_{26}\neq0$，

$B_{ij}=0$（$i,j=1,2,6$）

横观各向同性单层板及各向同性单层板（同上，且刚度系数之间有依赖性）

正轴正交异性单层板

$A_{16}=0$，$A_{26}=0$，

$D_{16}=0$，$D_{26}=0$，

$B_{ij}=0$（$i,j=1,2,6$）

一般对称层合板

$A_{16}\neq0$，$A_{26}\neq0$，

$D_{16}\neq0$，$D_{26}\neq0$，

$B_{ij}=0$（$i,j=1,2,6$）

对称正交铺设层合板

$A_{16}=0$，$A_{26}=0$，

$D_{16}=0$，$D_{26}=0$，

$B_{ij}=0$（$i,j=1,2,6$）

对称角铺设层合板

$A_{16}\neq0$，$A_{26}\neq0$

$D_{16}\neq0$，$D_{26}\neq0$

$B_{ij}=0$（$i,j=1,2,6$）

一般反对称层合板

$A_{16}=0$，$A_{26}=0$，

$D_{16}=0$，$D_{26}=0$，

$B_{ij}\neq0$（$i,j=1,2,6$）

反对称角铺设层合板

$A_{16}=0$，$A_{26}=0$

$D_{16}=0$，$D_{26}=0$

$B_{16}\neq0$，$B_{26}\neq0$

反对称正交铺设层合板

$A_{16}=0$，$A_{26}=0$

$D_{16}=0$，$D_{26}=0$

$B_{11}\neq0$，$B_{22}\neq0$

图4-24　层合板主要类型及其刚度系数

参 考 文 献

[1] 王耀先. 复合材料力学与结构设计[M]. 上海：华东理工大学出版社，2012.

[2] 王云飞. 弹性层合薄板有限条元法研究[D]. 焦作：河南理工大学，2007.

[3] 刘鸿文. 材料力学[M]. 北京：高等教育出版社，2017.

[4] Kaw A K. Mechanics of Composite Materials[M]. Second Edition. Florida：CRC Press，2006.

[5] 曲庆璋，章权，季求知，等. 弹性板理论[M]. 北京：人民交通出版社，1999.

[6] 沈观林，胡更开，刘彬. 复合材料力学[M]. 北京：清华大学出版社，2013.

[7] Campbell F C. Structural Composite Materials[M]. Materials Park，Ohio：ASM International，2010.

第 5 章　复合材料强度理论

5.1　正交各向异性材料的基本强度

材料的强度反映材料承载时抵抗破坏的能力。对于各向同性材料，在各个方向上强度均相同，即强度没有方向性，常用极限应力来表示材料强度。对于复合材料，其强度的显著特点是具有方向性。对于正交各向异性材料，存在三个材料主方向，不同主方向的强度是不相同的。例如，纤维增强复合材料单向板，沿纤维方向强度通常是沿着垂直纤维方向强度的几十倍。这样，与各向同性材料不同，在正交各向异性单向板中呈现如下强度特性：

（1）在材料力学或弹性理论中的主应力与主应变是与材料主方向无关的应力、应变极值，故主应力与主应变的概念在各向异性材料中是没有意义的。在正交各向异性材料中，应力主方向与应变主方向不一定同向；因为一个方向的强度比另一个方向低，所以最大工作应力不一定对应材料的危险状态，即不一定是控制设计的应力，必须在合理且比较实际的应力场和许用应力场下，才能判断材料的强度状态。

（2）在材料主方向坐标系下，若正交各向异性单向板处于简单应力状态，则其极限应力很容易通过试验测定，通常把这些极限应力称为单向板的基本强度（basis strength）。

对于正交异性材料的强度指标通常表述为铺层强度，铺层的强度也是确定单层或叠层复合材料层合板强度的基础。铺层的强度指标有 5 个，称为基本强度。这五个基本强度如图 5-1[1]所示。

各向同性材料中的强度指标用于表征材料在简单应力状态下的强度。在平面应力状态下的铺层具有正交各向异性的性能，而且铺层的失效机理在铺层纤维向和垂直纤维向以及面内剪切向是不同的，且铺层纤维向和垂直纤维向在拉和压时的失效机理也是不同的，所以铺层的强度指标需给出铺层在面内正轴向单轴应力和纯剪应力作用下的极限应力，称为铺层的基本强度，也称为复合材料的基本强度。其具体定义如下。

（1）纵向拉伸强度（longitudinal tensile strength）：铺层或单向层合板刚度较大的材料主方向作用单轴拉伸应力时的极限应力，记作 X_t。

（2）纵向压缩强度（longitudinal compressive strength）：铺层或单向层合板刚度较大的材料主方向作用单轴压缩应力时的极限应力，记作 X_c。

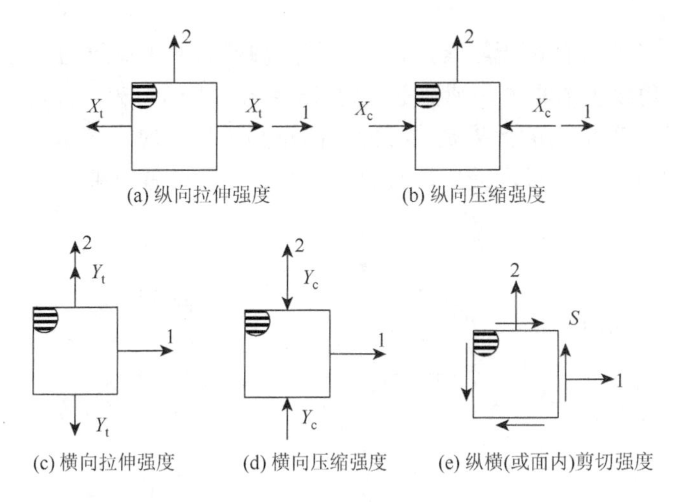

图 5-1 沿轴强度

（3）横向拉伸强度（transverse tensile strength）：铺层或单向层合板刚度较小的材料主方向作用单轴拉伸应力时的极限应力，记作 Y_t。

（4）横向压缩强度（transverse compressive strength）：铺层或单向层合板刚度较小的材料主方向作用单轴压缩应力时的极限应力，记作 Y_c。

（5）面内剪切强度（shear strength in plane of lamina）：铺层或单向层合板在材料主方向作用面内剪应力时的极限应力值，记作 S。

由于实际测试时，单个铺层太薄不容易测定，一般工程上用单向层合板来代替，表 5-1 给出了各种复合材料的基本强度。

表 5-1 几种正交异性复合材料的基本强度 （单位：MPa）

材料类别	材料名称	X_t	X_c	Y_t	Y_c	S
单向纤维	碳（高强度）/环氧树脂	1500	1200	50	250	70
	碳（高模量）/环氧树脂	1000	850	40	200	60
	玻璃/环氧树脂	1000	600	30	110	40
	芳纶/环氧树脂	1300	280	30	140	60
编织纤维	碳（高强度）/环氧树脂	600	570	600	570	90
	碳（高模量）/环氧树脂	350	150	350	150	35
	玻璃/环氧树脂	440	425	440	425	40
	芳纶/环氧树脂	480	190	480	190	50

采用材料主轴的强度作为基本强度仅是为了方便，并不是非此不可。其方便之处有二：一是便于试验；二是使强度问题与剪应力的正负号无关。为了说明剪

应力的正负号对强度问题无影响，以沿轴和离轴纯剪两种情形为例，如图 5-2 所示[1]，图中对角线上所画的是纯剪主应力（$\sigma'=\tau$，$\sigma''=\tau$，$\sigma'''=-\tau$）。从图中可见：沿轴纯剪，正负剪应力的效果是一样的；离轴则不然，对于图示 45°离轴，正剪应力对应于纵向受拉，横向受压，负剪应力则反之，两者效果完全不同。

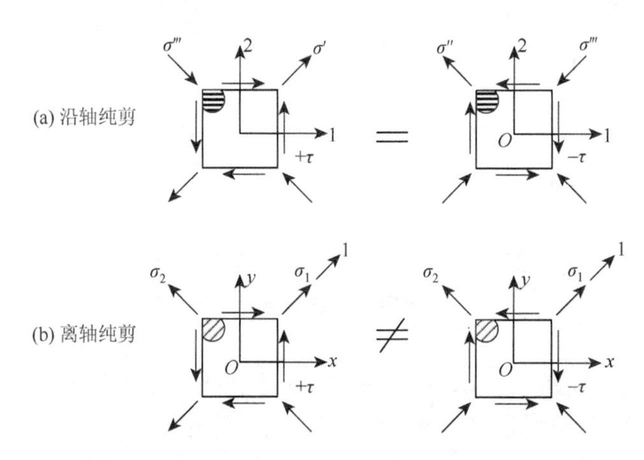

图 5-2　采用沿轴坐标系，剪应力正负号不影响强度

仅有反映材料主方向强度高低的基本强度还不足以判断单向板在实际工作应力下是否失效，因为单向板工作时通常处于复杂应力状态，即使在平面应力状态下，一般也是三个应力分量的某种组合状态。这种组合有无穷多个，因此无法做试验得出所有可能应力组合的极限状态。因此，需要寻找合理的判别准则，以便根据材料的基本强度来判断在各种实际应力状态下材料是否失效，这个判别准则就是复合材料的强度准则（strength criterion of composite material）。本章将介绍几种常用的复合材料强度准则。

5.2　复合材料的强度准则

对于各向同性材料，强度准则旨在用单向应力状态下的实测强度指标来预测复杂应力状态下材料的强度。这是由于不可能也没有必要对各种复杂应力状态下的强度都进行试验，而且实施复杂应力状态下的试验也很困难。对于各向异性材料，强度和弹性都与方向有关，问题就更加复杂。但正交各向异性的单层板，若只在主方向上承受单向应力或纯剪应力，则材料的强度可以通过试验解决。单层的强度准则是利用基本强度建立判别正交各向异性单层在各种平面应力状态下是否失效的准则。

自 20 世纪 60 年代以来，对复合材料强度准则的研究已吸引了一大批力学家和材料学家，他们曾提出针对不同材料对象和应用对象的各种强度准则，总数达 40 多种，可以说没有一个强度准则可以应用于所有的复合材料，本节侧重介绍平面应力状态下几个应用较广的复合材料强度准则。

复合材料宏观强度准则可分为两类：不区分破坏模式的准则和区分破坏模式的准则。前者将复合材料的某层应力状态代入统一的应力与强度交互关系的破坏判据表达式中，当条件满足时，意味着材料失效。后者从复合材料的破坏机制出发，建立不同破坏模式下的应力与强度交互关系的破坏判据表达式，当条件满足时，意味着对应破坏模式发生。基于破坏模式的准则能够用于复合材料破坏机制的判断。目前，常用的复合材料宏观强度准则有最大应力强度准则、最大应变强度准则、Tsai-Hill 强度准则、Hoffman 强度准则、Tsai-Wu 强度准则、Hashin 强度准则、Puck 强度准则等。

5.2.1　最大应力强度准则

最大应力强度准则（maximum stress criterion）认为，只要材料主方向上任何一个应力分量达到相应的基本强度值，材料便破坏。

对于各向同性材料最大正应力破坏判据的表述如下：一方面，无论材料受到何种应力状态作用，只要其第一主应力超过了材料的单向拉伸强度，就说明该材料出现了拉伸破坏；另一方面，只要材料中的第三主应力小于材料单向压缩强度的负值，就说明材料产生了压缩破坏。

对于复合材料，假定单向复合材料处于平面应力状态，最大应力破坏判据就可以表述为：材料主方向的应力必须小于各自方向的强度，否则即判断发生破坏。

对于拉伸应力，有

$$\begin{cases} \sigma_1 < X_t \\ \sigma_2 < Y_t \\ |\tau_{12}| < S \end{cases} \tag{5-1}$$

对于压缩应力，有

$$\begin{cases} \sigma_1 > -X_c \\ \sigma_2 > -Y_c \end{cases} \tag{5-2}$$

当上述 5 个不等式中任一个不满足时，材料以不等式右侧方式相应破坏机理而破坏。

最大应力失效理论的失效包络线如图 5-3 所示，该理论的优点是使用简单，被工程界广泛应用，它对单轴应力下的强度预测较为合理，但主要缺点是应力分量之间没有相互作用。当作用应力在偏轴向时，必须将应力分量转换到正轴向，然后由正向的应力分量利用判据式才能判别失效与否。但此理论对双轴、多轴应力状态下的强度预测明显偏大，且对适当横向压缩会提高材料剪切强度的行为也无法预测。

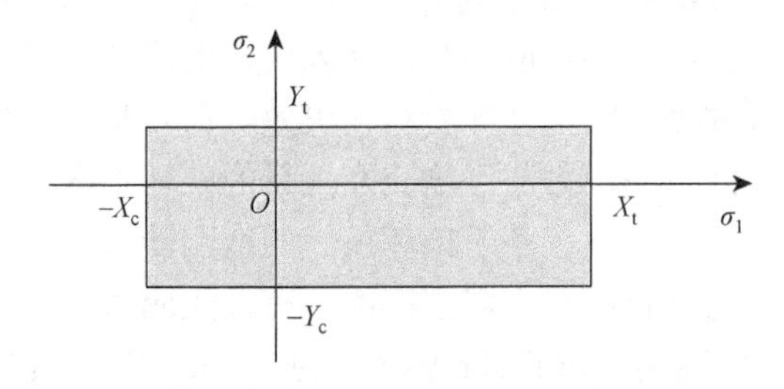

图 5-3　最大应力失效准则的失效包络线

式（5-1）和式（5-2）中左端项是沿材料主方向的三个应力分量 σ_1、σ_2、τ_{12}，但在实际问题中这三个应力分量往往未知，而已知的却是非材料主方向上的应力分量 σ_x、σ_y、τ_{xy}。这样，在应用该准则时，需要借助应力转轴公式，计算得到材料主方向上的应力分量。例如，图 5-4 所示的单向板在 x 方向（非材料主方向）单轴拉伸（压缩），此时应力分量 $\sigma_x \neq 0$，$\sigma_y = 0$，$\tau_{xy} = 0$。于是，沿材料主轴的应力分量为

$$\begin{aligned} \sigma_1 &= \sigma_x \cos^2 \theta \\ \sigma_2 &= \sigma_x \sin^2 \theta \\ \tau_{12} &= -\sigma_x \sin\theta \cos\theta \end{aligned} \tag{5-3}$$

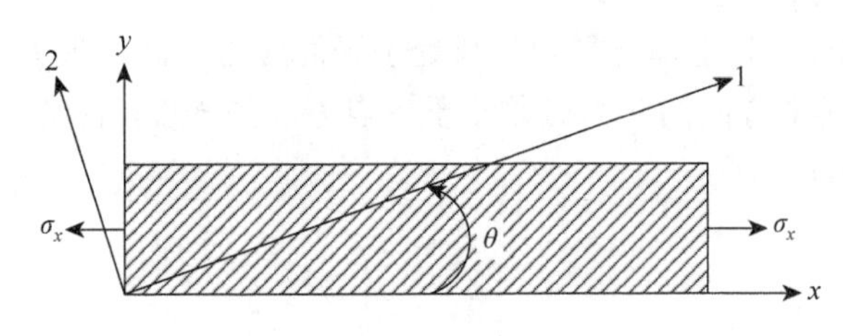

图 5-4　偏轴加载

将式（5-3）中的应力分量与相应的强度相等，即可得到最大的 σ_x 值，假设离轴强度为 F_x，则有

$$\begin{array}{l|l} \sigma_x > 0 & \sigma_x < 0 \\ F_{xt} = \dfrac{X_t}{\cos^2 \theta} & F_{xc} = \dfrac{X_c}{\cos^2 \theta} \\ F_{yt} = \dfrac{Y_t}{\sin^2 \theta} & F_{yc} = \dfrac{Y_c}{\sin^2 \theta} \\ F_{xy} = \dfrac{S}{\sin\theta \cos\theta} & F_{xy} = \dfrac{S}{\sin\theta \cos\theta} \end{array} \tag{5-4}$$

最大应力强度准则更适用于材料的脆性破坏模式。

5.2.2　最大应变强度准则

最大应变强度准则（maximum strain criterion）认为，只要材料主方向上任何一个应变分量达到材料相应基本强度所对应的应变值时，材料便破坏。

在最大应变破坏理论中，假定在任何正常拉压下的线应变或剪应变分量等于或超过相应的极限应变时，薄板就会发生破坏。这个理论的数学表述如下：

$$
\begin{aligned}
&\varepsilon_{c1} < \varepsilon_1 < \varepsilon_{t1} \\
&\varepsilon_{c2} < \varepsilon_2 < \varepsilon_{t2} \\
&|\gamma_{12}| < \gamma_S
\end{aligned}
\tag{5-5}
$$

式中，ε_{t1}、ε_{c1}、ε_{t2}、ε_{c2}、γ_S 分别为纵向拉伸、纵向压缩、横向拉伸、横向压缩和剪切的单向复合材料的破坏应变，其数值一般由试验确定。当应变增大到不满足式（5-5）时，则认为材料发生破坏。

如果认为材料破坏前均适用线弹性假设，式（5-5）可以改写为

$$
\varepsilon_1 = \frac{X_t}{E_1} = \frac{\sigma_1}{E_1} - \nu_{12}\frac{\sigma_2}{E_1} \tag{5-6}
$$

化简（5-6）可得

$$
\sigma_2 = \frac{\sigma_1 - X_t}{\nu_{12}} \tag{5-7}
$$

同理，应变与横向应力的关系如下：

$$
\varepsilon_2 = \frac{Y_t}{E_2} = \frac{\sigma_2}{E_2} - \nu_{21}\frac{\sigma_1}{E_2} \tag{5-8}
$$

化简（5-8）可得

$$
\sigma_2 = \nu_{21}\sigma_1 + Y_t \tag{5-9}
$$

该理论的失效包络图如图 5-5 所示［基于式（5-7）和式（5-9）］。

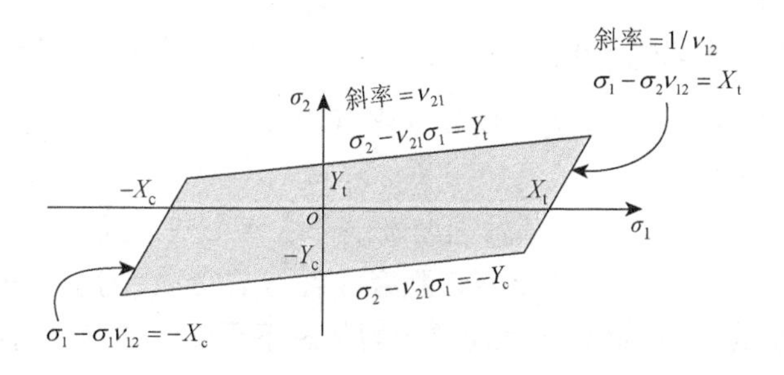

图 5-5　最大应变破坏理论的破坏包络线

式（5-9）和式（5-7）的形式与金属材料最大应变强度准则形式相似。但应注意，这里的应变不是沿主应力方向，而是沿材料主轴方向。如果单层中作用的应变不是沿主轴方向，则应该利用应变坐标转换公式先求出 ε_1、ε_2、γ_{12}。

最大应变强度准则的优点是使用简单，特别是在实际计算或测量过程中往往首先得出应变量，因而不需再通过应力-应变关系来计算应力。如果应变状态是单向应变状态，则该强度准则可以适用。但是，实际的应变状态往往是各应变组合的复杂状态，由于没有考虑各个应变分量的综合影响，该强度准则在理论上存在缺陷，实际应用上误差也较大。

图 5-6 为最大应力强度准则和最大应变强度准则在同一标样上叠加的两个破坏包络图比较。

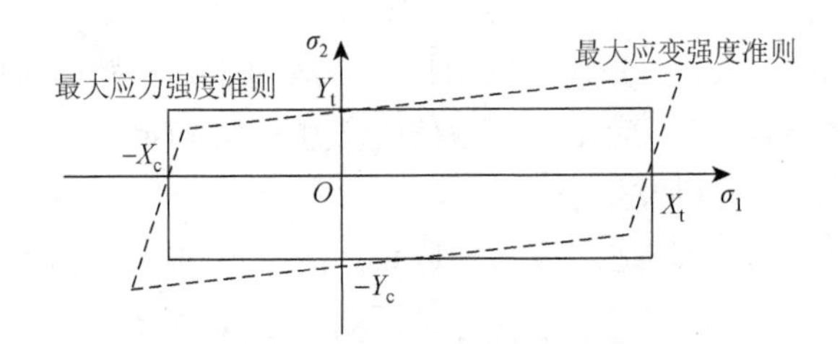

图 5-6　最大应力强度准则和最大应变强度准则失效包络线的比较

5.2.3　Tsai-Hill 强度准则

1）三向应力状态

Tsai-Hill 强度准则是从各向同性材料的米泽斯（Mises）畸变能屈服准则推导出来的，米泽斯屈服准则为

$$(\sigma_y-\sigma_z)^2+(\sigma_z-\sigma_x)^2+(\sigma_x-\sigma_y)^2+6(\tau_{yz}^2+\tau_{zx}^2+\tau_{xy}^2)<2\sigma_s^2 \qquad (5\text{-}10)$$

式中，σ_s 为各向同性材料的屈服点。推广到正交各向异性材料中，将屈服条件改写成单轴拉伸的屈服应力：

$$F(\sigma_2-\sigma_3)^2+G(\sigma_3-\sigma_1)^2+H(\sigma_1-\sigma_2)^2+2L\tau_{23}^2+2M\tau_{31}^2+2N\tau_{12}^2=1 \qquad (5\text{-}11)$$

式中，F、G、H、L、M、N 为各向异性强度参数；σ_1、σ_2、σ_3、τ_{23}、τ_{31}、τ_{12} 为材料主方向的应力分量。

各向异性强度参数由六个基本强度确定，这六个基本强度分别是材料主方向的三个轴向强度 X、Y、Z 和三个剪切强度 S_{23}、S_{13}、S_{12}。为了用基本强度来表示各向异性强度参数，现在考察各个简单应力状态下正交各向异性材料的屈服条件，于是得

$$
\begin{cases}
(G+H)X^2=1 & (\text{仅}\sigma_1 \neq 0,\text{其他应力分量均为零}) \\
(F+H)Y^2=1 & (\text{仅}\sigma_2 \neq 0,\text{其他应力分量均为零}) \\
(F+G)Z^2=1 & (\text{仅}\sigma_3 \neq 0,\text{其他应力分量均为零}) \\
2LS_{23}^2=1 & (\text{仅}\tau_{23} \neq 0,\text{其他应力分量均为零}) \\
2MS_{31}^2=1 & (\text{仅}\tau_{31} \neq 0,\text{其他应力分量均为零}) \\
2NS_{12}^2=1 & (\text{仅}\tau_{12} \neq 0,\text{其他应力分量均为零})
\end{cases}
\tag{5-12}
$$

求解式（5-12），得出各向异性强度参数：

$$
\begin{cases}
H=\dfrac{1}{2}\left(\dfrac{1}{X^2}+\dfrac{1}{Y^2}-\dfrac{1}{Z^2}\right) \\
G=\dfrac{1}{2}\left(\dfrac{1}{X^2}+\dfrac{1}{Z^2}-\dfrac{1}{Y^2}\right) \\
F=\dfrac{1}{2}\left(\dfrac{1}{Y^2}+\dfrac{1}{Z^2}-\dfrac{1}{X^2}\right) \\
L=\dfrac{1}{2S_{23}^2} \\
M=\dfrac{1}{2S_{31}^2} \\
N=\dfrac{1}{2S_{12}^2}
\end{cases}
\tag{5-13}
$$

2）单向板的 Tsai-Hill 强度准则

单向板处于平面应力状态，即 $\sigma_3=\tau_{23}=\tau_{31}=0$，这样，式（5-11）简化为

$$
(G+H)\sigma_1^2+(F+H)\sigma_2^2-2H\sigma_1\sigma_2+2N\tau_{12}^2=1 \tag{5-14}
$$

现在视一正交各向异性单向板的横截面如图 5-7 所示，2、3 两轴均垂直于纤维的横向方向。由于对称，沿 2 轴材料的强度应与沿 3 轴的相同，即 $Y=Z$。令 1-2 平面内的抗剪强度 $S_{12}=S$，这样由式（5-12）和式（5-13）可得

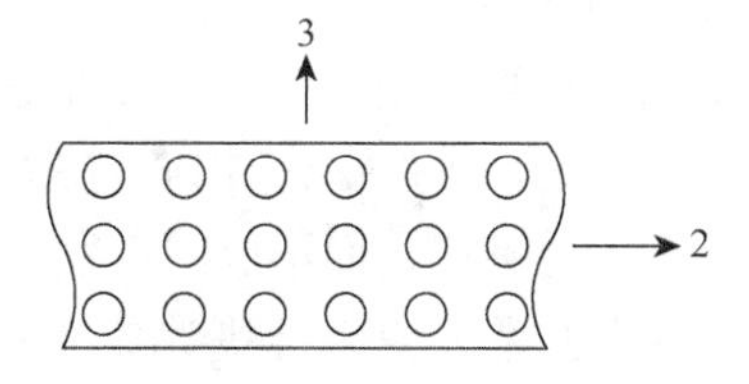

图 5-7　纤维沿 1 方向铺设的单向板横截面

$$\begin{cases} G+H=\dfrac{1}{X^2} \\ F+H=\dfrac{1}{Y^2} \\ 2H=\dfrac{1}{X^2} \\ 2N=\dfrac{1}{S^2} \end{cases} \tag{5-15}$$

将式（5-15）代入式（5-14）中，得到正交各向异性单向板的 Tsai-Hill 强度准则的表达式为

$$\frac{\sigma_1^2}{X^2}-\frac{\sigma_1\sigma_2}{X^2}+\frac{\sigma_2^2}{Y^2}+\frac{\tau_{12}^2}{S^2}=1 \tag{5-16}$$

式（5-16）即称为 Tsai-Hill 强度准则。Tsai-Hill 强度准则只有一个表达式。若表达式左端各项之和等于或大于 1，材料将失效；要保证材料正常工作，不等式左侧各项之和必须小于 1。应当指出，Tsai-Hill 强度准则原则上只能用于在弹性主方向材料的拉伸强度和压缩强度相同（即 $X_c = X_t = X$，$Y_c = Y_t = Y$）的复合材料单层。Tsai-Hill 强度准则将单层材料主方向的三个应力和相应的基本强度联系在一个表达式中，考虑了它们之间的相互影响，该准则与试验结果吻合较好。

现在考察由图 5-4 所示的单向板非材料主方向拉伸（压缩）情况，应用应力转轴公式和式（5-16），可得到单向板在非材料主方向上，承受单向载荷时的 Tsai-Hill 强度准则的表达式为

$$\frac{\cos^4\theta}{X^2}+\left(\frac{1}{S^2}-\frac{1}{X^2}\right)\sin^2\theta\cos^2\theta+\frac{\sin^4\theta}{Y^2}=\frac{1}{\sigma_x^2} \tag{5-17}$$

Tsai-Hill 强度准则有如下优越性：

（1）和最大应力、最大应变强度准则不同，曲线连续、光滑、没有尖点。这说明非材料主方向的强度 σ_x 随 θ 角的变化是单调的。

（2）对于拉伸应力 σ_x 随 θ 角的增加而连续减少，没有像最大应力、最大应变强度准则那样，随 θ 角的增加反而增大。

（3）考虑了基本强度 X、Y、S 之间的相互作用。

（4）该准则也适用于各向同性材料。对于各向同性材料，$X=Y=\sqrt{3}S$，这样式（5-17）退化为 $\sigma_x<X$，即 σ_x 与 θ 角无关，这就是各向同性材料的屈服准则。

与最大应力准则不同，在 Tsai-Hill 强度准则中，考虑各个应力分量的综合影响，应用该准则时，只能判定是否发生破坏，而不能判定发生何种形式的破坏。由于考虑了应力分量的相互影响，基于最大应力准则判定不破坏的情形，也可能满足 Tsai-Hill 强度准则的破坏条件。该理论的失效包络图如图 5-8 所示。该理论的优点是应

力分量之间存在相互作用，但该理论并没有区分拉伸强度和压缩强度，也不像最大应力强度准则或最大应变强度准则那样易于使用。

图 5-9 显示了最大应力强度准则、最大应变强度准则和 Tsai-Hill 强度准则的三个失效包络线叠加在一起进行比较。

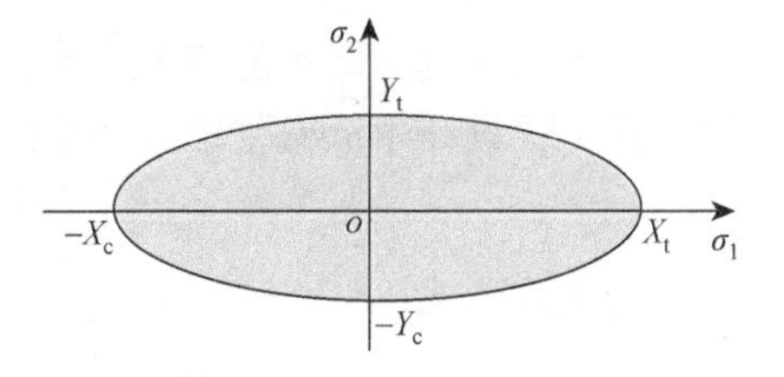

图 5-8　Tsai-Hill 强度准则的失效包络线

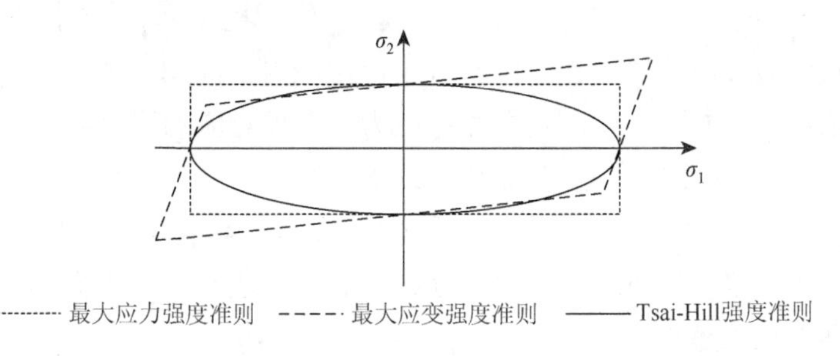

图 5-9　三种强度准则失效包络线的比较

5.2.4　Hoffman 强度准则

Tsai-Hill 强度准则原则上只适用于材料主方向上拉伸、压缩强度相同的单向板，没有考虑单层拉压强度不同对材料破坏的影响。Hoffman 对 Tsai-Hill 强度准则进行修正，增加了 σ_1 和 σ_2 的奇函数项，提出了 Hoffman 强度准则：

$$\frac{\sigma_1^2-\sigma_1\sigma_2}{X_tX_c}+\frac{\sigma_2^2}{Y_tY_c}+\frac{X_c-X_t}{X_tX_c}\sigma_1+\frac{Y_c-Y_t}{Y_tY_c}\sigma_2+\frac{\tau_{12}^2}{S^2}<1 \tag{5-18}$$

式中，σ_1 和 σ_2 的一次项体现了单层拉压强度不相等对材料破坏的影响。显然，当 $X_c=X_t$，$Y_c=Y_t$ 时，式（5-18）就成为 Tsai-Hill 强度准则。与 Tsai-Hill 强度准则类似，该准则也考虑了应力分量之间的相互作用。不同之处在于该准则考虑了拉伸强度与压缩强度的区别。

5.2.5　Tsai-Wu 强度准则

上述强度准则均有不完善之处，为此蔡（Stephen W. Tsai）和吴（Edward M. Wu）综合了多个强度准则的特性，以张量的形式提出新的强度准则，即 Tsai-Wu 强度准则。

假定在应力空间中的破坏面存在：

$$F_i\sigma_i+F_{ij}\sigma_i\sigma_j+F_{ijk}\sigma_i\sigma_j\sigma_k+\cdots=1 \tag{5-19}$$

对于单向板（即平面应力状态），$i, j, k = 1, 2, 6$；F_i、F_{ij}、F_{ijk} 为材料的强度参数。在工程设计中通常仅取式（5-19）的前两项，此时强度准则表示为

$$F_i\sigma_i + F_{ij}\sigma_i\sigma_j = 1 \tag{5-20}$$

改写为矩阵形式：

$$\begin{Bmatrix} F_1 & F_2 & F_6 \end{Bmatrix}\begin{Bmatrix} \sigma_1 \\ \sigma_2 \\ \sigma_6 \end{Bmatrix} + \begin{Bmatrix} \sigma_1 & \sigma_2 & \sigma_6 \end{Bmatrix}\begin{bmatrix} F_{11} & F_{12} & F_{16} \\ F_{12} & F_{22} & F_{26} \\ F_{16} & F_{26} & F_{66} \end{bmatrix}\begin{Bmatrix} \sigma_1 \\ \sigma_2 \\ \sigma_6 \end{Bmatrix} = 1 \tag{5-21}$$

在材料主方向坐标系中，剪应力 τ_{12} 的方向（正、负号）改变不会影响材料的强度，因而在式（5-21）中，凡是与剪应力一次项对应的强度参数必须为零，即 $F_6 = F_{16} = F_{26} = 0$，代入式（5-21）中，并展开得

$$F_1\sigma_1 + F_2\sigma_2 + F_{11}\sigma_1^2 + F_{22}\sigma_2^2 + F_{66}\sigma_6^2 + 2F_{12}\sigma_1\sigma_2 = 1 \tag{5-22}$$

式中，前五个强度参数 F_1、F_2、F_{11}、F_{22}、F_{66} 可由沿材料主方向的单轴拉伸（压缩）和纯剪切试验获得。

$$\begin{cases} F_1X_t + F_{11}X_t^2 = 1 & (\text{仅}\sigma_1 > 0,\text{其余应力分量均为零}) \\ -F_1X_c + F_{11}X_c^2 = 1 & (\text{仅}\sigma_1 < 0,\text{其余应力分量均为零}) \\ F_2Y_t + F_{22}Y_t^2 = 1 & (\text{仅}\sigma_2 > 0,\text{其余应力分量均为零}) \\ -F_2Y_c + F_{22}Y_c^2 = 1 & (\text{仅}\sigma_2 < 0,\text{其余应力分量均为零}) \\ F_{66}S^2 = 1 & (\text{仅}\tau_{12} \neq 0,\text{其余应力分量均为零}) \end{cases} \tag{5-23}$$

从式（5-23）可以解出

$$\begin{cases} F_1 = \dfrac{1}{X_t} - \dfrac{1}{X_c} \\ F_{11} = \dfrac{1}{X_tX_c} \\ F_2 = \dfrac{1}{Y_t} - \dfrac{1}{Y_c} \\ F_{22} = \dfrac{1}{Y_tY_c} \\ F_{66} = \dfrac{1}{S^2} \end{cases} \tag{5-24}$$

这样，用五个基本强度 X_t、X_c、Y_t、Y_c、S 表示五个强度参数 F_1、F_2、F_{11}、F_{22}、F_{66}，剩下的 F_{12} 无法由单轴拉伸（压缩）试验获得，必须采用双轴拉伸（压缩）试验获得。要采用双轴试验，是因为在式（5-22）中 F_{12} 是 $\sigma_1\sigma_2$ 乘积项的系数，它反映了 1、2 两个材料主方向拉伸（压缩）强度的相互影响，称为影响系数。现在通过双轴拉伸试验来确定 F_{12}。

令 $\sigma_1 = \sigma_2 = \sigma_0$，$\sigma_6 = 0$，由式（5-22）有

$$(F_1 + F_2)\sigma_0 + (F_{11} + F_{22} + 2F_{12})\sigma_0^2 = 1 \tag{5-25}$$

将式（5-24）代入式（5-25）中解得 F_{12}：

$$F_{12} = \frac{1}{2\sigma_0^2}\left[1 - \left(\frac{1}{X_t} - \frac{1}{X_c} + \frac{1}{Y_t} - \frac{1}{Y_c}\right)\sigma_0 - \left(\frac{1}{X_t X_c} + \frac{1}{Y_t Y_c}\right)\sigma_0^2\right] \tag{5-26}$$

由式（5-26）可知：

（1）影响系数 F_{12} 不仅依赖于基本强度，同时还与双向拉伸强度 σ_0 有关。

（2）该准则解决了 Tsai-Hill 强度准则与 Hoffman 强度准则中所缺的 $\dfrac{\sigma_1\sigma_2}{X_t X_c}$、$\dfrac{\sigma_1\sigma_2}{Y_t Y_c}$ 项的问题，这样更具有普遍性。

测定材料影响系数 F_{12} 的沿材料主方向 1、2 的双轴试验难度很大，不易进行；而且也不容易精确测定双向拉伸强度 σ_0。可采用下面的理论分析方法确定 F_{12}。取沿材料主方向的应力分量 σ_1、σ_2、τ_{12} 为三维空间的三个正交坐标轴，组成右手坐标系，这个空间称为应力空间。这样，凡是满足强度准则表达式（5-22）的一个极限应力状态（σ_1^*、σ_2^*、τ_{12}^*）将是该应力空间中的一点；而凡是满足式（5-22）的所有极限应力状态在该应力空间中对应一个围绕坐标原点的极限曲面，称为强度包络面，它应该是一个封闭的曲面。

因为要确定 F_{12}，故可令 $\tau_{12} = 0$。平面 $\tau_{12} = 0$ 与强度包络面的交线为一 σ_1-σ_2 坐标面内的二次曲线，其方程为

$$F_1\sigma_1 + F_2\sigma_2 + F_{11}\sigma_1^2 + 2F_{12}\sigma_1\sigma_2 + F_{22}\sigma_2^2 - 1 = 0 \tag{5-27}$$

既然这条二次曲线是强度包络面与 σ_1-σ_2 坐标面的交线，那么应该是条椭圆线，而不是一条抛物线或双曲线。这样，在式（5-27）中系数间有下列关系：

$$F_{11}F_{22} - F_{12}^2 > 0 \tag{5-28}$$

即

$$-\sqrt{F_{11}F_{22}} < F_{12} < \sqrt{F_{11}F_{22}} \tag{5-29}$$

引入无量纲的正则化影响系数 F_{12}^*，即令

$$F_{12}^* = \frac{F_{12}}{\sqrt{F_{11}F_{22}}} \tag{5-30}$$

则

$$-1 < F_{12}^* < 1 \tag{5-31}$$

这就是 F_{12}^* 的取值范围。若取 $F_{12}^* = -0.5$，则 Tsai-Wu 强度准则就退化为广义的 Tsai-Hill 强度准则。有时为简便起见，取 $F_{12}^* = 0$，与 $F_{12}^* = -0.5$ 相比，多数复合材料计算表明，两者差异不超过 10%。

Tsai-Wu 强度准则中应力分量之间存在相互作用，且区分了拉伸强度和压缩强度，易于使用，从而成为应用最广泛的复合材料强度准则之一。但是它的缺陷在于：一是很难通过试验获得反映双向正应力相互作用的张量系数；二是不能反映破坏模式；三是它是单层材料的破坏准则，能预测首层破坏，不能预测极限承载力，对于层合结构的最终破坏预测精度不够；四是作为张量多项式准则不能适应预测 FRP 失效行为的多样性，Tsai-Wu 强度准则属于整体强度准则，使用单纯的插值公式而不是基于失效假设，没考虑真实的材料行为，不管某单个应力是否会导致纤维失效或纤维间失效，将所有的应力都放入一个公式。

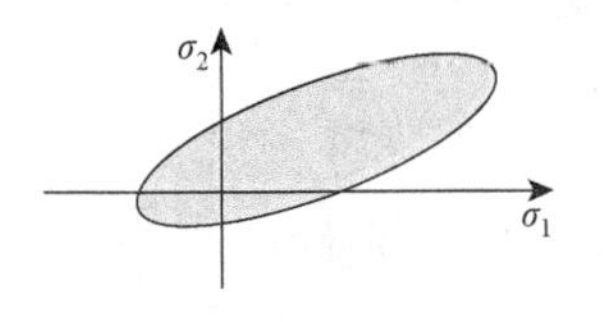

图 5-10　Tsai-Wu 强度准则的一般失效椭圆包络线

Tsai-Wu 强度准则的失效包络线如图 5-10 所示。

5.2.6　Hashin 强度准则

Hashin 强度准则包括以下四种破坏模式：纤维拉伸破坏、纤维压缩破坏、基体在横向拉伸和剪切下的破坏、基体在横向压缩和剪切下的破坏。其表达形式如下。

纤维拉伸（$\sigma_1 \geqslant 0$）：

$$\left(\frac{\sigma_1}{X_t}\right)^2 + \alpha\left(\frac{\tau_{12}}{S_{23}}\right)^2 = 1 \tag{5-32}$$

纤维压缩（$\sigma_1 < 0$）：

$$\left(\frac{\sigma_1}{X_c}\right)^2 = 1 \tag{5-33}$$

基体拉伸（$\sigma_2 \geqslant 0$）：

$$\left(\frac{\sigma_2}{Y_t}\right)^2 + \alpha\left(\frac{\tau_{12}}{S_{23}}\right)^2 = 1 \tag{5-34}$$

基体压缩（$\sigma_2 < 0$）：

$$\left(\frac{\sigma_2}{2S_{12}}\right)^2 + \left[\left(\frac{Y_c}{2S_{12}}\right)^2 - 1\right]\frac{\sigma_2}{Y_c} + \left(\frac{\tau_{12}}{S_{23}}\right)^2 = 1 \tag{5-35}$$

Hashin 强度准则形式简单，能够区分材料的失效模式，目前在学术界广泛使用，也被植入 ANSYS 等多款 CAE 软件，用于复合材料的结构设计和失效分析。但是，它对于适当的横向压缩会提高材料剪切破坏强度的行为，不能给出合理的解释。

5.2.7　Puck 强度准则[2]

Puck 强度准则是基于单层板受双轴应力破坏的大量试验结果发展而成的，在 1991 年启动并在 2004 年完成的复合材料“破坏分析奥运会”上，该理论对单向复合材料的预报与试验吻合得相当好，对层合板的最终破坏强度谱以及应力-应变曲线的预报也大体上与试验符合。总体上，Puck 强度准则的精度比较高，是目前最好的理论之一。

Puck 强度准则需要考虑以下几点：

（1）纤维断裂（fiber fracture，FF）和纤维间断裂（inter fiber fracture，IFF）需要区分考虑，因为试验证明纤维间断裂行为和纤维断裂的失效断裂现象、失效机制完全不同。由于 FRP 材料的脆性特征，Puck 强度准则的假设如下：平行于纤维方向的平面由作用在断裂面上的应力 σ_n 和 $\tau_{n\psi}$ 引起；如果 σ_n 是拉伸应力，它与剪应力 $\tau_{n\psi}$ 一起或单独（$\tau_{n\psi}=0$）引起失效；如果 σ_n 是压缩应力，随着 σ_n 增大，它将通过提高失效平面的失效抵抗能力来阻碍断裂。

（2）复合材料具有双模量力学行为，拉伸和压缩失效行为相互独立，因此需要采用独立的强度方程。

（3）斜率参数目前文献中只给出了玻璃纤维和碳纤维两种材料的参考值。

Puck 在 Hashin 强度准则的工作基础上，提出一个基于试验现象的失效准则分析单向层合板的失效行为。Puck 和 Schurmann 基于大量试验认为，平行于纤维方向的 IFF，是脆性断裂。因此，Puck 将失效准则分为在断裂失效面上，分别考虑正应力拉伸和压缩两种不同应力条件下材料的不同失效机理，如图 5-11 所示。假设基体的损伤是脆性的，平行于纤维方向，和 Hashin 强度准则类似，将失效模式分为拉伸和压缩。基于大量试验，对于纤维间失效，区分了材料拉伸和压缩应力，由于断裂面上拉伸、压缩两种正应力状态下的失效模式不同，需采用不同的失效判据。

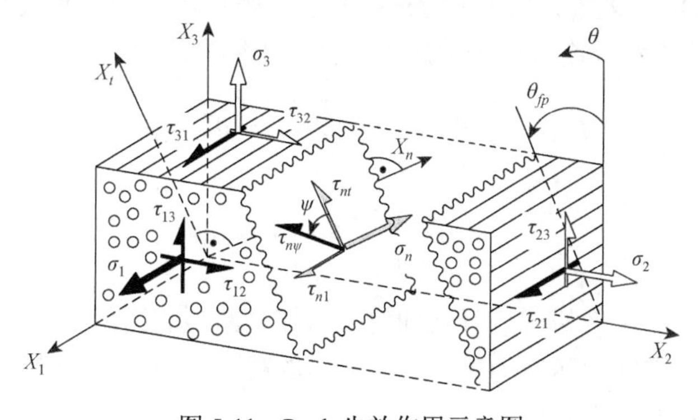

图 5-11　Puck 失效作用示意图

纤维失效 FF：标志着最终失效，因为纤维组成了主要承载结构，最终过载应当只引起纤维失效这一种破坏。对于 FF 失效，Puck 给出了其定义。

纤维拉伸失效（$\sigma_1 \geqslant 0$）：

$$\frac{1}{\varepsilon_1^{\mathrm{t}}}\left(\varepsilon_1 + \frac{v_{21}}{E_1} m_\sigma \sigma_2\right) = 1 \tag{5-36}$$

纤维压缩失效（$\sigma_1 < 0$）：

$$\frac{1}{\varepsilon_1^{\mathrm{c}}}\left|\left(\varepsilon_1 + \frac{v_{21}}{E_1} m_\sigma \sigma_2\right)\right| + (10\gamma_{12})^2 = 1 \tag{5-37}$$

式中，$\varepsilon_1^{\mathrm{t}}$、$\varepsilon_1^{\mathrm{c}}$是拉伸、压缩状态的极限应变：$\varepsilon_1^{\mathrm{t}} = \dfrac{X_{\mathrm{t}}}{E_1}$，$\varepsilon_1^{\mathrm{c}} = \dfrac{X_{\mathrm{c}}}{E_1}$，$m_\sigma$ 是垂直于纤维方向应力的放大系数，对于碳纤维 $m_\sigma = 1.1$。

纤维失效后，破坏纤维会释放出高能量从而引起纤维束分裂开来的局部纤维/基体复合材料完全破坏，也使该层材料无法承受横向载荷。一旦发生 FF 失效，也没有必要再讨论 IFF 失效，同时，纤维断裂通常导致相邻层分层失效。

纤维间失效 IFF：纤维间失效模式特征是基体断裂和纤维间开裂脱胶。根据断裂平面相对于纤维方向的角度不同，Puck 将纤维间失效分为三类不同的模式 A、B、C。其中不同的应力状态下对应不同的细观失效破坏机理。

复合材料基体在应力作用下，会产生一种平行纤维方向贯穿整个单层厚度的裂纹，称为纤维间失效。IFF 的破坏模式主要分为三种：

失效模式 A：失效模式为纤维间树脂拉裂，断裂角度为 $\theta_{\mathrm{fp}} = 0°$，横向拉伸失效模式（$\sigma_2 \geqslant 0$）：

$$f_{\mathrm{E,IFF}} = \sqrt{\left(\frac{\tau_{12}}{S_{12}}\right)^2 + \left(1 - p_{\mathrm{vp}}^{+}\frac{Y_{\mathrm{t}}}{S_{12}}\right)^2\left(\frac{\sigma_2}{Y_{\mathrm{t}}}\right)^2} + p_{\mathrm{vp}}^{+}\frac{\sigma_2}{S_{12}} = 1 \tag{5-38}$$

失效模式 B：失效模式为纤维间树脂压坏，剪应力作用平面断裂角度为 $\theta_{\mathrm{fp}} = 0°$，承受横向压缩应力和长度方向的剪应力，横向压缩失效模式如下（$\sigma_2 < 0$）：

$$f_{\mathrm{E,IFF}} = \frac{1}{S_{12}}\left(\sqrt{\tau_{12}^2 + (p_{\mathrm{vp}}^{-}\sigma_2)^2} + p_{\mathrm{vp}}^{-}\sigma_2\right) = 1 \tag{5-39}$$

$$0 \leqslant \left|\frac{\sigma_2}{\tau_{12}}\right| \leqslant \frac{R_{\mathrm{vv}}^{A}}{|\tau_{12\mathrm{c}}|} \tag{5-40}$$

失效模式 C：失效模式为纤维间树脂压坏，断裂面为斜面，当承受横向压缩载荷和纤维长度方向的剪应力时，长度方向的剪应力超过一定值，引起断裂平面不再平行于纤维方向。表达式为

$$
\begin{cases}
\cos\theta_{\text{fp}} = \sqrt{\dfrac{f_{\text{w}} R_{\text{vv}}^{\text{A}}}{-\sigma_2}} \\
\sigma_2 < 0 \\
0 \leqslant \left|\dfrac{\tau_{12}}{\sigma_2}\right| \leqslant \dfrac{|\tau_{12\text{c}}|}{R_{\text{vv}}^{\text{A}}} \\
f_{\text{E,IFF}} = \left[\left(\dfrac{\tau_{12}}{2(1+p_{\text{vv}}^{-})S_{12}}\right)^2 + \left(\dfrac{\sigma_{22}}{Y_{\text{c}}}\right)^2\right]\dfrac{Y_{\text{c}}}{-\sigma_{22}} = 1
\end{cases}
\tag{5-41}
$$

式中，$f_{\text{E,IFF}}$ 为应力危险系数；S_{12} 为材料剪切强度；Y_{t}、Y_{c} 为材料横向拉伸强度和压缩强度；p_{vp}^{+}、p_{vp}^{-}、p_{vv}^{+}、p_{vv}^{-} 为倾角参数，分别取值为：$p_{\text{vp}}^{+} = 0.35$、$p_{\text{vp}}^{-} = 0.3$、$p_{\text{vv}}^{+} = 0.25 \sim 0.3$、$p_{\text{vv}}^{-} = 0.25 \sim 0.3$；其他未说明同前，其中部分参数计算如下：

$$
\varepsilon_1^{\text{t}} = \frac{X_{\text{t}}}{E_1} \qquad \varepsilon_1^{\text{c}} = \frac{X_{\text{c}}}{E_1} \qquad R_{\text{vv}}^{\text{A}} = S_{12}\frac{p_{\text{vv}}^{-}}{p_{\text{vp}}^{-}} \qquad \tau_{12\text{c}} = S_{12}\sqrt{1+2p_{\text{vv}}^{-}} \tag{5-42}
$$

对于 Puck 给出的 5 种失效模式，只要满足其相应失效准则，即认为其失效，并且对于 IFF 的失效，可以通过公式计算出裂缝的角度。图 5-12 展现了 IFF 失效的 3 种情况，根据 Puck 强度准则对于 IFF 失效的 3 种模式分别对应的断裂角计算方法为

$$
\text{失效模式A：}\theta_{\text{fp}} = 0°,\quad \text{失效模式B：}\theta_{\text{fp}} = 0°,\quad \text{失效模式C：}\theta_{\text{fp}} = \arccos\sqrt{\frac{f_{\text{w}} R_{\text{vv}}^{\text{A}}}{-\sigma_2}} \tag{5-43}
$$

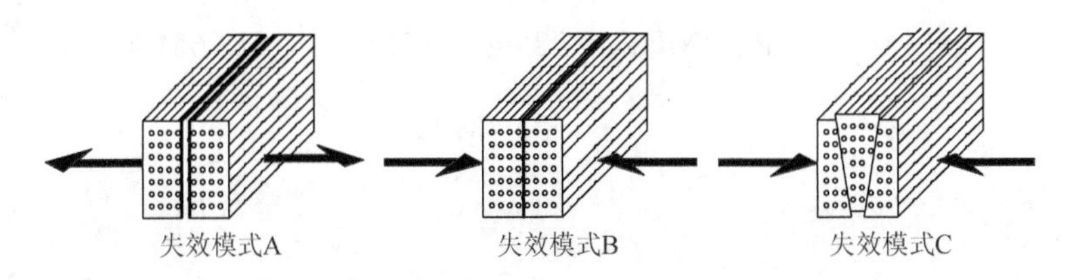

图 5-12　平面应力状态的解析解

5.2.8　算例

对于 T300/5208 碳纤维增强复合材料单向板，已知材料的弹性常数和基本强度：

$E_1 = 181\text{GPa}$，$E_2 = 10.3\text{GPa}$，$\nu_{21} = 0.28$，$G_{12} = 7.17\text{GPa}$

$X_{\text{t}} = 1500\text{MPa}$，$X_{\text{c}} = 1500\text{MPa}$，$Y_{\text{t}} = 40\text{MPa}$，$Y_{\text{c}} = 246\text{MPa}$，$S = 68\text{MPa}$

若单向板任一点的应力状态如图 5-13 所示，$\sigma_x = 500\text{MPa}$，$\sigma_y = 40\text{MPa}$，$\tau_{xy} = 60\text{MPa}$，$\theta = 15°$。试分别按最大应力、最大应变、Tsai-Hill、Tsai-Wu 强度准则校核其强度。

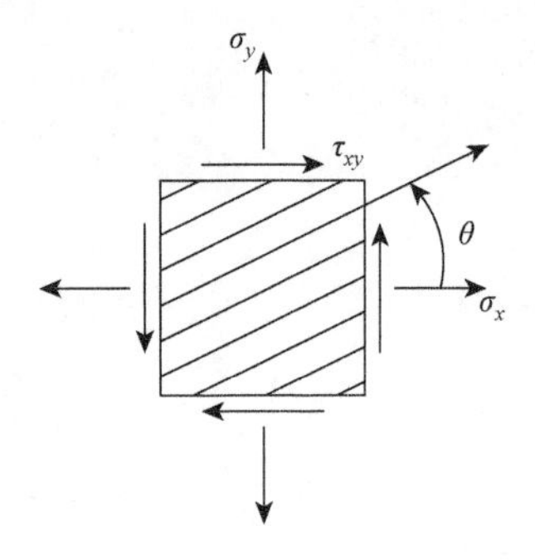

图 5-13　T300/5208 碳纤维增强复合材料单向板的应力状态

解：

首先求出单向板沿材料主方向的应力分量σ_1、σ_2、τ_{12}。

$m=\cos 15°=0.966$，$n=\sin 15°=0.259$

使用转换公式：

$$\begin{Bmatrix}\sigma_1\\ \sigma_2\\ \tau_{12}\end{Bmatrix}=\boldsymbol{T}_\sigma\begin{Bmatrix}\sigma_x\\ \sigma_y\\ \tau_{xy}\end{Bmatrix}=\begin{bmatrix}m^2 & n^2 & 2mn\\ n^2 & m^2 & -2mn\\ -mn & mn & m^2-n^2\end{bmatrix}\begin{Bmatrix}\sigma_x\\ \sigma_y\\ \tau_{xy}\end{Bmatrix}$$

$$\begin{Bmatrix}\sigma_1\\ \sigma_2\\ \tau_{12}\end{Bmatrix}=\begin{bmatrix}0.9332 & 0.0671 & 0.5004\\ 0.0671 & 0.9332 & -0.5004\\ -0.2502 & 0.2502 & 0.8661\end{bmatrix}\times\begin{Bmatrix}500\\ 40\\ 60\end{Bmatrix}\text{MPa}=\begin{Bmatrix}499.19\\ 40.81\\ -63.04\end{Bmatrix}\text{MPa}$$

（1）按最大应力强度准则，$\sigma_2=40.82\text{MPa}>Y_t=40\text{MPa}$，故该单向板在 2 方向上失效。

（2）按最大应变强度准则有

$$\nu_{12}=\nu_{21}\frac{E_2}{E_1}=0.28\times\frac{10.3}{181}=0.016$$

$$\sigma_1-\nu_{12}\sigma_2=499.19\text{MPa}-0.016\times 40.81\text{MPa}=498.54\text{MPa}$$

$$\sigma_2-\nu_{21}\sigma_1=40.81\text{MPa}-0.28\times 499.19\text{MPa}=-98.96\text{MPa}$$

$$|\tau_{12}|=63.04\text{MPa}$$

因为

$$\sigma_1-\nu_{12}\sigma_2=498.54\text{MPa}<X_t=1500\text{MPa}$$

$$|\sigma_2-\nu_{21}\sigma_1|=|-98.96\text{MPa}|=98.96\text{MPa}<Y_c=246\text{MPa}$$

$$|\tau_{12}|=63.04\text{MPa}<S=68\text{MPa}$$

故该单向板不会失效。

（3）按 Tsai-Hill 强度准则，有

$$\frac{\sigma_1^2}{X^2}-\frac{\sigma_1\sigma_2}{X^2}+\frac{\sigma_2^2}{Y^2}+\frac{\tau_{12}^2}{S^2}=\frac{(499.19)^2}{1500^2}-\frac{499.19\times 40.81}{1500^2}+\frac{40.81^2}{40^2}+\frac{63.04^2}{68^2}=2>1$$

故该单向板失效（计算中，2 方向基本强度取其最小值，此处是 Y_t）。

（4）根据 Tsai-Wu 强度准则，有

$$F_1=\frac{1}{X_t}-\frac{1}{X_c}=\frac{1}{1500}\text{MPa}^{-1}-\frac{1}{1500}\text{MPa}^{-1}=0$$

$$F_{11}=\frac{1}{X_tX_c}=\frac{1}{1500\times1500}\text{MPa}^{-2}=0.444\times10^{-6}\text{MPa}^{-2}$$

$$F_2=\frac{1}{Y_t}-\frac{1}{Y_c}=\frac{1}{40}\text{MPa}^{-1}-\frac{1}{246}\text{MPa}^{-1}=0.021\text{MPa}^{-1}$$

$$F_{22}=\frac{1}{Y_tY_c}=\frac{1}{40\times246}\text{MPa}^{-2}=0.102\times10^{-3}\text{MPa}^{-2}$$

$$F_{66}=\frac{1}{S^2}=\frac{1}{68^2}\text{MPa}^{-2}=0.216\times10^{-3}\text{MPa}^{-2}$$

在材料主方向坐标系中，剪应力 τ_{12} 的方向（正、负号）改变不会影响材料的剪切强度，因此可得

$$F_6=F_{16}=F_{26}=0$$

取 $F_{12}=-\frac{1}{2}\sqrt{F_{11}F_{22}}$，则有

$$F_{12}=-\frac{1}{2}\sqrt{0.444\times10^{-6}\times0.102\times10^{-3}}\text{MPa}^{-2}=-3.360\times10^{-6}\text{MPa}^{-2}$$

代入各强度参数，有

$$\begin{aligned}&F_{11}\sigma_1^2+2F_{12}\sigma_1\sigma_2+F_{22}\sigma_2^2+F_{66}\sigma_6^2+F_1\sigma_1+F_2\sigma_2\\=&0.444\times10^{-6}\times499.19^2+2\times(-3.360\times10^{-6})\times499.19\times40.81\\&+0.102\times10^{-3}\times40.81^2+0.216\times10^{-3}\times63.04^2+0+0.021\times40.81=1.86>1\end{aligned}$$

故该单向板失效。

5.3　叠层复合材料的强度分析

5.3.1　强度比及强度比方程[3]

基本强度只给出铺层在正轴向单轴应力或纯剪应力情况下的铺层强度。失效准则给出了偏轴应力或各种平面应力状态下判别其是否失效的判据。上述失效准则只能定性地判断是否失效，并不能定量地说明在不失效时的安全裕度。因而引进强度比（strength ratio）的定义，对于给定的作用应力分量，用强度比方程（equation of strength ratio）能定量地给出它的安全裕度，从而能给出在某一给定作用应力状态下的极限应力分量，而得知该应力状态下铺层的强度。

强度比的定义：铺层在作用应力下，极限应力的某一分量与其对应的作用应力分量之比称为强度/应力比，简称强度比，记为 R，即

$$R=\frac{\sigma_{ia}}{\sigma_i}=\frac{\varepsilon_{ia}}{\varepsilon_i}\quad (i=1,2,6) \tag{5-44}$$

式中，σ_i、ε_i 是由外荷载计算得出的实际应力、应变分量，σ_{ia}、ε_{ia} 是与 σ_i、ε_i 对应的极限应力分量、应变分量。强度比反映了实际应力与极限应力之间的关系，是一个比例系数，其数值表示了安全裕度的一种度量。

这里“对应”的含义是基于假设 $\sigma_i(i=1, 2, 6)$是比例加载的，也就是说，各应力分量是以一定的比例同步增加的，在实际结构中基本如此。为了说明方便，假定只有 σ_1 和 σ_2 的两个应力分量（即 $\sigma_6=0$）。比例加载在应力空间中的含义为应力矢量的方位不变。当 σ_1 增加 $\Delta\sigma_1$ 时，则 σ_2 增加 $\Delta\sigma_2$，且总有

$$\frac{\Delta\sigma_2}{\Delta\sigma_1}=\frac{\sigma_2}{\sigma_1}=\frac{\sigma_{2(a)}}{\sigma_{1(a)}} \tag{5-45}$$

因此，对应于 σ_i 的极限应力分量，是指与各 σ_i 构成的施加应力矢量相同方位极限应力矢量的对应分量 $\sigma_{i(a)}$。

须注意的是，与 σ_i 对应的极限应力分量不仅与失效面线有关，而且与施加应力矢量的方位有关。不要把 σ_i 对应的极限应力分量误解为基本强度。只有在单轴应力或纯剪应力状态下，σ_i 对应的极限应力分量才是基本强度，如图 5-14 所示。在二维应力空间中强度包络线是一个围绕坐标原点的椭圆。对于一单向板，其实际应力场所对应的应力空间点的位置有三种可能：①落在椭圆线上，说明材料已进入极限状态。②落在椭圆线外面，说明材料已失效。③落在椭圆线的内部，说明材料没有失效，单向板的施加应力尚可继续增加。

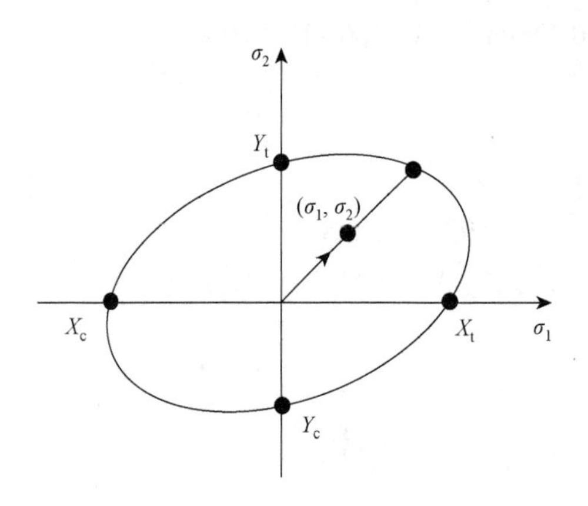

图 5-14　比例加载时应力矢量

强度比 R 取值的含义：

（1）$R=\infty$表明作用的应力为零值。

（2）$R>1$ 表明作用应力为安全值，具体来说，$R-1$ 表明作用应力到铺层失效时尚可增加的应力倍数。

（3）$R=1$ 表明作用的应力正好达到极限值。

（4）$R<1$ 表明作用应力超过极限应力，所以没有实际意义，但设计计算中出现 $R<1$ 仍然是有用的，它表明必须使作用应力下降，或加大结构尺寸。

强度比方程：引入强度比 R 这一参数后，可以把复合材料的各类强度准则方程写成 R 的函数，这些变换后的方程称为强度比方程。

1）Tsai-Hill 强度准则的强度比方程

当式（5-16）不等号左端等于 1 时，材料已进入极限状态，式中的实际应力分量已为极限应力分量，故式中的 σ_i，应改为 $\sigma_{i(a)}$，即

$$\left[\frac{\sigma_{1(a)}}{X}\right]^2-\frac{\sigma_{1(a)}\sigma_{2(a)}}{X^2}+\left[\frac{\sigma_{2(a)}}{Y}\right]^2+\left[\frac{\tau_{12(a)}}{S}\right]^2-1=0 \tag{5-46}$$

引入强度比 R，得

$$\left[\left(\frac{\sigma_1}{X}\right)^2-\frac{\sigma_1\sigma_2}{X^2}+\left(\frac{\sigma_2}{Y}\right)^2+\left(\frac{\tau_{12}}{S}\right)^2\right]R^2-1=0 \tag{5-47}$$

式中，X，当 σ_i 为拉应力时用 X_t，为压应力时用 X_c；Y，当 σ_i 为拉应力时用 Y_t，为压应力时用 Y_c。

将式（5-47）改写成

$$AR^2-1=0 \tag{5-48}$$

$$R=\pm\frac{1}{\sqrt{A}}=\pm\frac{\sqrt{A}}{A} \tag{5-49}$$

$$A=\left(\frac{\sigma_1}{X}\right)^2-\frac{\sigma_1\sigma_2}{X^2}+\left(\frac{\sigma_2}{Y}\right)^2+\left(\frac{\tau_{12}}{S}\right)^2 \tag{5-50}$$

由方程式可解得两个根，其中一个正根是对应于给定的应力分量；另一个负根只是表明它的绝对值是对应于与给定应力分量大小相同而符号相反的应力分量的强度比。由此再利用强度比定义式即可求得极限应力各分量，即该施加应力状态下按比例增加时的单层强度。

2）Hoffman 强度准则的强度比方程

$$\left[\frac{\sigma_1^2-\sigma_1\sigma_2}{X_tX_c}+\frac{\sigma_2^2}{Y_tY_c}+\frac{\tau_{12}^2}{S^2}\right]R^2+\left[\frac{X_c-X_t}{X_tX_c}\sigma_1+\frac{Y_c-Y_t}{Y_tY_c}\sigma_2\right]R-1=0 \tag{5-51}$$

3）Tsai-Wu 强度准则的强度比方程

Tsai-Wu 强度准则失效判据的强度比方程为

$$(F_{11}\sigma_1^2+2F_{12}\sigma_1\sigma_2+F_{22}\sigma_2^2+F_{66}\tau_{12}^2)R^2+(F_1\sigma_1+F_2\sigma_2)R-1=0 \tag{5-52}$$

$$AR^2+BR-1=0 \tag{5-53}$$

$$R=\frac{-B\pm\sqrt{B^2+4A}}{2A} \tag{5-54}$$

$$A=F_{11}\sigma_1^2+2F_{12}\sigma_1\sigma_2+F_{22}\sigma_2^2+F_{66}\tau_{12} \tag{5-55}$$

$$B=F_1\sigma_1+F_2\sigma_2 \tag{5-56}$$

对于平面应力状态下应变空间中的强度比方程，同理可得出

$$(G_{11}\varepsilon_1^2+2G_{12}\varepsilon_1\varepsilon_2+G_{22}\varepsilon_2^2+G_{66}\gamma_{12}^2)R^2+(G_1\varepsilon_1+G_2\varepsilon_2)R-1=0 \tag{5-57}$$

4）Puck 强度准则的强度比方程

平面应力状态下材料破坏时由外力引起的应力分量为 $\sigma_{ia}=R\sigma_i(i=1,2,6)$，$\varepsilon_{ia}=R\varepsilon_i(i=1,2,6)$将其代入 Puck 强度准则，则有如下方程。

纤维拉伸失效（FFt）：

$$\frac{1}{\varepsilon_1^{\mathrm{t}}}\left(\varepsilon_1+\frac{\nu_{12}}{E_1}m_\sigma\sigma_2\right)R=1 \tag{5-58}$$

$$R=\frac{E_1\varepsilon_1^{\mathrm{t}}}{E_1\varepsilon_1+\nu_{12}m_\sigma\sigma_2} \tag{5-59}$$

纤维压缩失效（FFc）：

$$(10\gamma_{12})^2R^2+\left|\left(\varepsilon_1+\frac{\nu_{12}}{E_1}m_\sigma\sigma_2\right)\right|R-\varepsilon_1^{\mathrm{c}}=0 \tag{5-60}$$

$$R=\frac{-\left|\left(\varepsilon_1+\frac{\nu_{12}}{E_1}m_\sigma\sigma_2\right)\right|\pm\sqrt{\left(\varepsilon_1+\frac{\nu_{12}}{E_1}m_\sigma\sigma_2\right)^2+4\varepsilon_1^{\mathrm{c}}(10\gamma_{12})^2}}{200\gamma_{12}^2} \tag{5-61}$$

纤维间树脂拉裂（IFFA）：

$$\sqrt{\left(\frac{\tau_{12}}{S_{12}}\right)^2+\left(1-p_{\mathrm{vp}}^{+}\frac{Y_{\mathrm{t}}}{S_{12}}\right)^2\left(\frac{\sigma_2}{Y_{\mathrm{t}}}\right)^2}R+p_{\mathrm{vp}}^{+}\frac{\sigma_2}{S_{12}}R=1 \tag{5-62}$$

$$R=\frac{S_{12}}{S_{12}\sqrt{\left(\frac{\tau_{12}}{S_{12}}\right)^2+\left(1-p_{\mathrm{vp}}^{+}\frac{Y_{\mathrm{t}}}{S_{12}}\right)^2\left(\frac{\sigma_2}{Y_{\mathrm{t}}}\right)^2}+p_{\mathrm{vp}}^{+}\sigma_2} \tag{5-63}$$

纤维间树脂压坏（IFFB），剪应力作用平面：

$$\frac{1}{S_{12}}\left(\sqrt{\tau_{12}^2+(p_{\mathrm{vp}}^{-}\sigma_2)^2}R+p_{\mathrm{vp}}^{-}\sigma_2R\right)=1 \tag{5-64}$$

$$R=\frac{S_{12}}{\sqrt{\tau_{12}^2+(p_{\mathrm{vp}}^{-}\sigma_2)^2}+p_{\mathrm{vp}}^{-}\sigma_2} \tag{5-65}$$

纤维间树脂压坏（IFFC），角度斜面：

$$\left[\left(\frac{\tau_{12}}{2(1+p_{\mathrm{vv}}^{-})S_{12}}\right)^2+\left(\frac{\sigma_{22}}{Y_{\mathrm{c}}}\right)^2\right]\frac{Y_{\mathrm{c}}R}{(-\sigma_{22})}=1 \tag{5-66}$$

$$R=\frac{-\sigma_{22}}{Y_{\mathrm{c}}\left[\left(\frac{\tau_{12}}{2(1+p_{\mathrm{vv}}^{-})S_{12}}\right)^2+\left(\frac{\sigma_{22}}{Y_{\mathrm{c}}}\right)^2\right]} \tag{5-67}$$

5.3.2　叠层复合材料强度破坏过程

在叠层复合材料中，各个单层材料的材料性质、纤维方向、厚度等各不相同，至少各层的纤维方向是不同的。因此，各个单层对外应力的抵抗能力也是各不相同的。叠层复合材料在一定的外载作用下，一般说不可能各层同时发生破坏，而应该是各层逐步地被破坏。

例如，当外载荷逐渐增大时，先在某个最弱的单层中发生破坏，使该层部分或全部失去承载能力，也就是说，该层的刚度有所减弱或变为零。所以，此时整个叠层复合材料的刚度也开始有所下降，但作为整个叠层复合材料，其仍能继续承载。在这之后，随着载荷的继续增长，再次导致另一个次弱的单层发生破坏，相应地，该单层的刚度减弱或丧失，并使整个叠层复合材料刚度再一次下降。这样，一直延续到整个叠层复合材料的每一层均发生破坏。从而使叠层复合材料彻底破坏。

因此，叠层复合材料的强度指标一般有两个：在外荷载作用下，最先一层失效时的叠层复合材料正则化内力称为最先一层失效强度，其对应的荷载称为最先一层失效荷载，如果此时认定叠层复合材料破坏，最先一层失效荷载即为最终荷载，此即为首层破坏准则（first ply failure criterion），从图 5-15 中叠层复合材料破坏过程曲线可知：外载荷 P 从零逐渐增加，当达到某点 a 时，叠层复合材料发生非致命破坏，刚度突然变小（此时相当于第一层单层材料发生破坏），a 点相似于金属材料屈服现象的开始。目前一般把 a 点的强度称为首层破坏（first ply failure，FPF）强度。

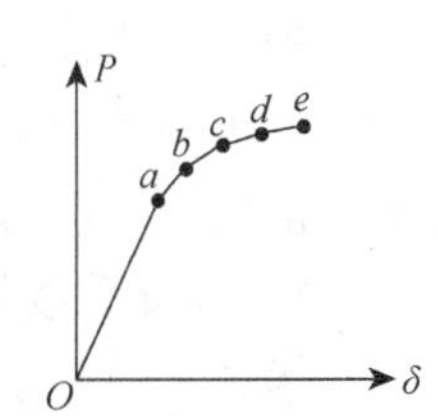

图 5-15　叠层复合材料破坏过程

叠层复合材料用最先一层失效强度作为强度指标，一般来说似乎保守了些。因为多向叠层复合材料各单层具有不同的铺设方向，各单层应力状况不同，强度储备也不相同，最弱的单层失效后，只是改变了层合板的刚度特性，并不意味着整个层合板失效。

叠层复合材料最先一层破坏通常为非致命破坏（基体的拉伸或压缩破坏），是叠层复合材料中最为常见的破坏模式，这是因为基体的强度一般远低于纤维的强度。非致命破坏一般不会导致叠层复合材料完全丧失承载能力，后续载荷（后续载荷增量）依然可以施加到叠层复合材料。叠层复合材料某层发生非致命破坏后，整个叠层复合材料刚度相对破坏前的刚度必然有所降低。叠层复合材料的后续分析中必须要折减破坏层的刚度贡献，如图 5-15 所示，点 b、c、d、e 表示叠层复合材料每个单层破坏的开始，在单层破坏之后叠层复合材料的刚度有所降低，曲线的斜率也有所下降。

随着荷载的继续增大，叠层复合材料一旦出现致命破坏，就说明叠层复合材料达到了极限破坏，对应的外荷载称为叠层复合材料的极限强度，而不管致命破坏发生在哪一次（哪一层），即使初始破坏是由致命破坏所引起的，计算也将终止。另外，无论出现多少次非致命破坏，都不能看作为极限破坏，刚度衰减和载荷施加将会不断延续下去。如图 5-15 所示，伴随着 b、c、d 刚度不断下降，单层材料逐个破坏完毕，最终，在 e 点发生整个叠层复合材料的断裂，它相当于所有单层材料均已破坏的时刻（e 点相似于金属材料的断裂点）。所以，借用金属材料的术语，可称 a 点为叠层复合材料的屈服点，其相应的强度称为叠层复合材料的屈服强度；可称 e 点为叠层复合材料的断裂点，其相应的强度称为叠层复合材料的强度“极限”值。目前，一般把 e 点称为末层破坏（last ply failure，LPF）强度。叠层复合材料的破坏过程就是从材料屈服到断裂的过程，或者是从材料首层破坏到末层破坏的过程。

5.3.3 层合板的强度极限

确定层合板的强度极限比确定层合板最先一层失效强度要困难得多，预测的精确性也要差得多。这主要是由于多向层合板逐层失效过程极为复杂。本节介绍两种常用计算层合板强度极限的方法。

1）计算强度极限的增量法

增量法是基于假定层合板失效过程的应力-应变关系是增量关系，按照这种增量关系计算强度极限的方法。用增量法计算强度极限的流程图如图 5-16 所示。首先确定最先一层失效强度，以及对应于最先一层失效强度时的层合板各铺层应力，将最先失效层退化，计算失效层退化后的层合板刚度，按此刚度确定下一层失效时的强度增量与各层应力增量；再将该失效层退化，按上述顺序依次计算层合板

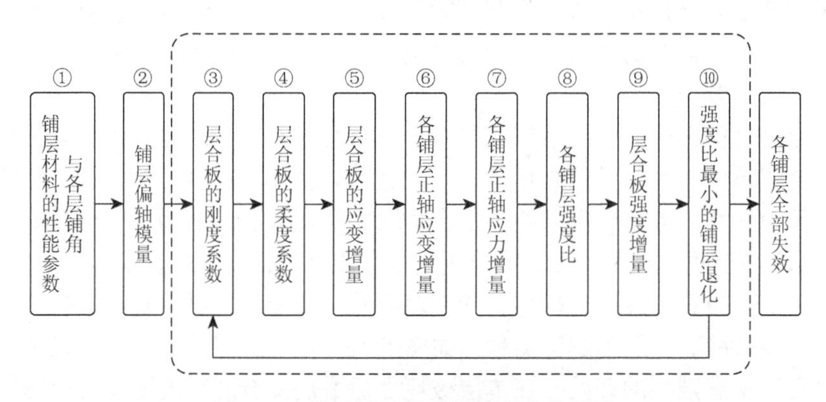

图 5-16 增量法计算强度极限的流程图

刚度、强度增量与各层应力增量；直至层合板的各层全部失效，最先一层失效强度与所有各层失效时强度增量的总和即为层合板的强度极限。

2）计算强度极限的全量法

全量法假定层合板失效过程的应力-应变关系为全量关系。按照这种全量关系计算极限强度的方法称为全量法。计算时要考虑各层失效的顺序，一旦失效层刚度退化后，其强度直接按退化后的层合板计算，而无须考虑失效时的各层应力。所以全量法较为近似，但比增量法简便。

用全量法计算极限强度的流程图如图 5-17 所示。首先进行层合板的各层应力分析，然后利用强度比方程计算层合板各个铺层的强度比。强度比最小的铺层最先失效，将最先失效层退化，然后计算失效层退化后的层合板刚度（称为一次退化后的层合板刚度）以及各层的应力，再求各层的强度比。一次退化后，强度比最小的铺层继之失效，又令该层退化，然后再计算二次退化后的层合板刚度，以及各层的应力，再求各层的强度比。二次退化后又有强度比最小的铺层继之失效，这样各层依次失效，即可得到各层失效时的各个强度比。这些层失效时的强度比最大值对应的层合板正则化内力即为层合板强度极限。

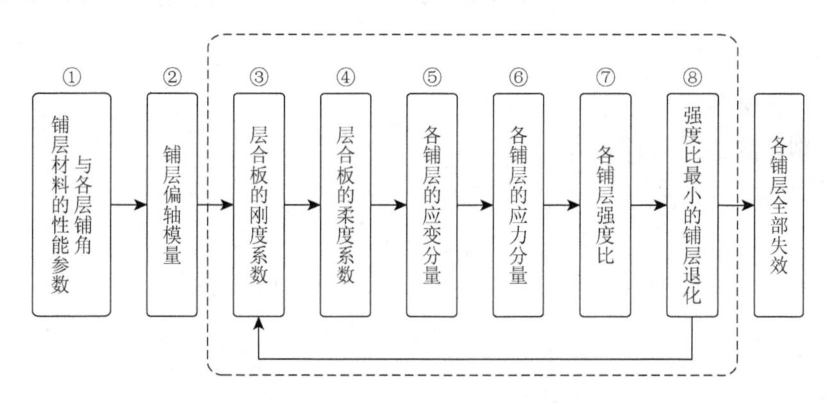

图 5-17　全量法计算极限强度的流程图

3）刚度衰减修正方法

对于叠层复合材料，有两种刚度衰减修正方法。

（1）完全刚度衰减：只要叠层复合材料某单层发生非致命破坏，不管何种破坏模式，该层所有刚度均消失，后续分析中将叠层复合材料的该层剔除，这说明采用完全刚度衰减方法分析时，叠层复合材料中任何一层的刚度衰减最多只进行一次。

（2）非完全刚度衰减：非完全刚度衰减意味着某层（原本已经产生了非致命破坏）在后续增量加载中依然会分担载荷，并且依然要进行破坏检验。该层基体中的应力早已达到临界值，因此后续破坏判别将只需检验纤维中的应力是否达到临界值，而不再检验基体的破坏。非完全刚度衰减表明叠层复合材料某单层发生非致命破坏时，刚度衰减持续不断地施加，从而导致层合板的变形无限制放大。这显然与实际不符，因此极限破坏还应施加一个临界应变约束条件，一旦复合材料中任何一个应变的绝对值超过了该临界应变，同样认为叠层复合材料达到了极限破坏。

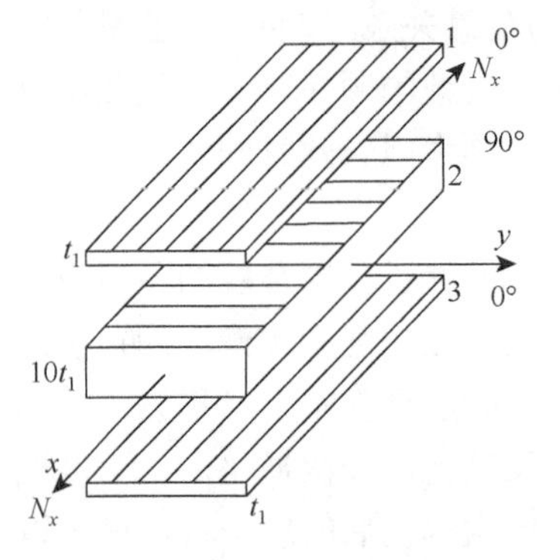

图 5-18 三层对称正交铺设层合板

5.3.4 算例

三层对称正交铺设层合板如图 5-18 所示。受荷载 $N_x = N$，其余荷载皆为零。外层厚度 t_1，内层厚度 $t_2 = 10t_1$，正交铺设比 $m = 0.2$。求使层合板开始发生破坏的荷载。玻璃/环氧树脂单层板性能为

$$E_1 = 5.40\times10^4\,\text{MPa},\ E_2 = 1.80\times10^4\,\text{MPa},\ \nu_{21} = 0.25,\ G_{12} = 8.80\times10^3\,\text{MPa},$$
$$X_t = X_c = 1.05\times10^3\,\text{MPa},\ Y_t = 2.80\times10\,\text{MPa},\ Y_c = 14.0\times10\,\text{MPa},\ S = 4.2\times10\,\text{MPa}$$

解：

（1）计算各层 Q_{ij} 和 A_{ij}。

分别计算各层的 $\boldsymbol{Q}$ 矩阵。

0°层：

$$\boldsymbol{Q}_0 = \begin{bmatrix} 5.515 & 0.4596 & 0 \\ 0.4596 & 1.838 & 0 \\ 0 & 0 & 0.880 \end{bmatrix} \times 10^4\,\text{MPa}$$

90°层：

$$\boldsymbol{Q}_{90} = \begin{bmatrix} 1.838 & 0.4596 & 0 \\ 0.4596 & 5.515 & 0 \\ 0 & 0 & 0.880 \end{bmatrix} \times 10^4\,\text{MPa}$$

由 $A_{ij} = (Q_{ij})_0 2t_1 + (Q_{ij})_{90} 10t_1$，$t = 12t_1$，得到 $\boldsymbol{A}$ 矩阵：

$$\boldsymbol{A} = \begin{bmatrix} A_{11} & A_{12} & 0 \\ A_{12} & A_{22} & 0 \\ 0 & 0 & A_{66} \end{bmatrix} = \begin{bmatrix} 2.451 & 0.4596 & 0 \\ 0.4596 & 4.902 & 0 \\ 0 & 0 & 0.880 \end{bmatrix} \times 10^4 t\ \ \text{MPa}$$

对称层合板耦合刚度矩阵 $\boldsymbol{B} \equiv \boldsymbol{0}$，由此可得 $\boldsymbol{A}' = \boldsymbol{A}^{-1}$。

$$
\boldsymbol{A}'=\begin{bmatrix} \dfrac{A_{22}}{A_{11}A_{22}-A_{12}^2} & -\dfrac{A_{12}}{A_{11}A_{22}-A_{12}^2} & 0 \\ -\dfrac{A_{12}}{A_{11}A_{22}-A_{12}^2} & \dfrac{A_{11}}{A_{11}A_{22}-A_{12}^2} & 0 \\ 0 & 0 & \dfrac{1}{A_{66}} \end{bmatrix} t^{-1}
$$

$$
=\begin{bmatrix} 4.153 & -0.3893 & 0 \\ -0.3893 & 2.076 & 0 \\ 0 & 0 & 11.36 \end{bmatrix} \times 10^{-5} t^{-1} (\text{MPa})^{-1}
$$

（2）求中面应变 ε_x^0，ε_y^0，γ_{xy}^0。

$$
\begin{Bmatrix} \varepsilon_x^0 \\ \varepsilon_y^0 \\ \gamma_{xy}^0 \end{Bmatrix} = \begin{bmatrix} A'_{11} & A'_{12} & 0 \\ A'_{12} & A'_{22} & 0 \\ 0 & 0 & A'_{66} \end{bmatrix} \begin{Bmatrix} N_x \\ 0 \\ 0 \end{Bmatrix} = \begin{Bmatrix} 4.153 \\ -0.3839 \\ 0 \end{Bmatrix} \frac{N_x}{t} \times 10^{-5}
$$

（3）求各层应力。

$$
\begin{Bmatrix} \sigma_1 \\ \sigma_2 \\ \tau_{12} \end{Bmatrix}_0 = \begin{Bmatrix} \sigma_x \\ \sigma_y \\ \tau_{xy} \end{Bmatrix}_0 = \boldsymbol{Q}_0 \begin{Bmatrix} \varepsilon_x^0 \\ \varepsilon_y^0 \\ \gamma_{xy}^0 \end{Bmatrix} = \begin{Bmatrix} 2.272 \\ 0.1193 \\ 0 \end{Bmatrix} \frac{N_x}{t} \text{MPa}
$$

$$
\begin{Bmatrix} \sigma_x \\ \sigma_y \\ \tau_{xy} \end{Bmatrix}_{90} = \boldsymbol{Q}_{90} \begin{Bmatrix} \varepsilon_x^0 \\ \varepsilon_y^0 \\ \gamma_{xy}^0 \end{Bmatrix} = \begin{Bmatrix} 0.7455 \\ -0.0239 \\ 0 \end{Bmatrix} \frac{N_x}{t} \text{MPa}
$$

$$
\begin{Bmatrix} \sigma_1 \\ \sigma_2 \\ \tau_{12} \end{Bmatrix}_{90} = \begin{Bmatrix} \sigma_y \\ \sigma_x \\ \tau_{xy} \end{Bmatrix}_{90} = \begin{Bmatrix} -0.0239 \\ 0.7455 \\ 0 \end{Bmatrix} \frac{N_x}{t} \text{MPa}
$$

（4）用 Tsai-Hill 强度准则求荷载。

$$
\frac{\sigma_1^2}{X_t^2} - \frac{\sigma_1 \sigma_2}{X_t^2} + \frac{\sigma_2^2}{Y_t^2} + \frac{\tau_{12}^2}{S^2} = 1
$$

将求得的各单层材料主方向应力分别代入，解出

$$
\left(\frac{N_x}{t}\right)_0 = 210.4\text{MPa}
$$

$$
\left(\frac{N_x}{t}\right)_{90} = 37.0\text{MPa}
$$

即当荷载达到 $N_x / t = 37.0\text{MPa}$ 时，层合板第二层发生破坏。

参 考 文 献

[1] 周履，范赋群. 复合材料力学[M]. 北京：高等教育出版社，1991.

[2] Puck A，Schürmann H. Failure analysis of FRP laminates by means of physically based phenomenological models[J]. Composites Science and Technology，1998，(58)：1045-1067.

[3] 王耀先. 复合材料力学与结构设计[M]. 上海：华东理工大学出版社，2012.

第6章 复合材料层合圆管的弹性计算理论

为了研究FRP层合圆管在轴心受压下的力学性能，首先需要确定轴心受压下FRP管的应力-应变场分布。根据问题简化假设的不同，一些计算理论被提出，主要有经典薄板理论、经典层合板理论及三维弹性理论等。其中，经典薄板理论是第一个完整的各向异性层合板理论，由于基于Kirchhoff理论，该理论不考虑剪切变形影响；经典层合板理论假设中面法线始终垂直于中面，厚度方向的应变为零，位移场沿厚度方向呈线性变化，其过度简化假设造成求解精度不足；三维弹性理论根据问题对称性，通过结构基本物理、几何、协调微分方程，构造应力函数，最终根据边界条件求解应力函数所含参数，而应力函数构造的复杂性大大增加了问题求解的难度。

本章基于结构及载荷对称性及合理简化假设，采用复合材料三维弹性理论方法，建立可直接求解任意多层、任意角度的层合管应力应变场的计算模型，并进行程序化，通过与相关文献中的理论进行对比分析，验证模型的正确性。另外，基于Puck强度准则，引入强度比方程，求解5种破坏模式下的强度比，从而建立轴心受压下FRP管件首层破坏承载力计算模型，通过试验验证计算模型的正确性并与常用的强度准则进行对比分析。

6.1 轴心受压单层圆管计算模型

6.1.1 力学模型和基本假设

FRP圆管的弹性力学模型如图6-1所示，采用柱坐标系，模型轴心受压，圆管由N层铺层组成，每一铺层可为任意角度。

根据管件和荷载的对称性，并参考文献[1]做出以下假设：

（1）层间变形一致性。层合管各层之间黏结良好，且黏结层很薄，其本身不发生变形，即单个铺层之间变形连续，层合管保持等厚度。

（2）平截面假定。根据层合管的轴对称性，在轴心荷载作用下，层合管的轴线不会发生偏转，层合管轴线始终垂直于圆截面。

（3）线弹性，小变形、小应变假定，符合圣维南原理（应力集中等问题在远处受影响小）。

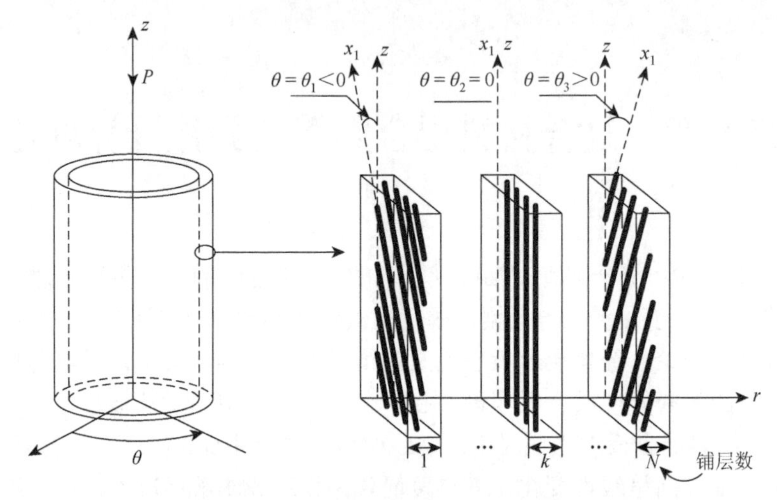

图 6-1　FRP 圆管的弹性力学模型

以微元体为研究对象，如图 6-2 所示，根据以上假设可以得出：

（1）位移、应力、应变均与环向无关。

（2）应力、应变均与轴向无关。

（3）径向位移只与径向相关，$u=u(r)$。

（4）厚度方向剪应力，$\tau_{r\theta}=0$，$\tau_{zr}=0$。

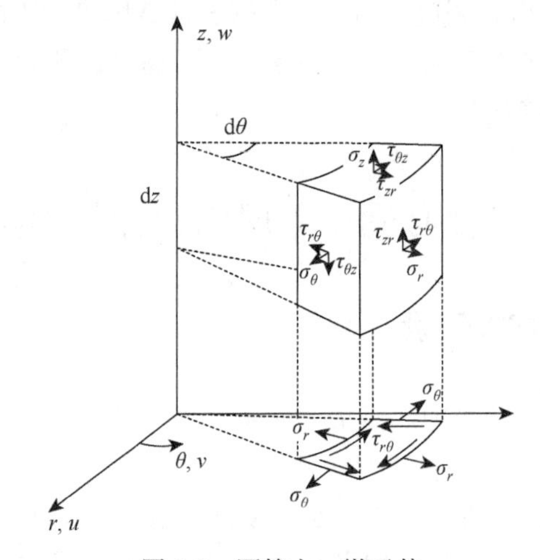

图 6-2　圆管上一微元体

6.1.2　单层圆管计算模型

1. 平衡方程简化

柱坐标系下圆柱体的平衡微分方程为

$$\begin{cases}\dfrac{\partial\sigma_r}{\partial r}+\dfrac{1}{r}\dfrac{\partial\tau_{\theta r}}{\partial\theta}+\dfrac{\partial\tau_{zr}}{\partial z}+\dfrac{\sigma_r-\sigma_\theta}{r}+F_r=0\\ \dfrac{\partial\tau_{r\theta}}{\partial r}+\dfrac{1}{r}\dfrac{\partial\sigma_\theta}{\partial\theta}+\dfrac{\partial\tau_{z\theta}}{\partial z}+\dfrac{2\tau_{r\theta}}{r}+F_\theta=0\\ \dfrac{\partial\tau_{rz}}{\partial r}+\dfrac{1}{r}\dfrac{\partial\tau_{\theta z}}{\partial\theta}+\dfrac{\partial\sigma_z}{\partial z}+\dfrac{\tau_{rz}}{r}+F_z=0\end{cases}\tag{6-1}$$

式中，F_r、F_θ、F_z 分别为单位体积的体力在柱坐标系三方向上的投影，本书条件下其值取为 0。

根据基本假设，简化式（6-1）得

$$\frac{\partial\sigma_r}{\partial r}+\frac{\sigma_r-\sigma_\theta}{r}=0\tag{6-2}$$

2. 几何方程求解

小应变情况下，柱坐标系下圆柱体的几何方程为

$$\begin{cases}\varepsilon_r=\dfrac{\partial u}{\partial r}\\ \varepsilon_\theta=\dfrac{1}{r}\dfrac{\partial v}{\partial\theta}+\dfrac{u}{r}\\ \varepsilon_z=\dfrac{\partial w}{\partial z}\end{cases}\qquad\begin{cases}\gamma_{\theta z}=\dfrac{\partial v}{\partial z}+\dfrac{1}{r}\dfrac{\partial w}{\partial\theta}\\ \gamma_{rz}=\dfrac{\partial w}{\partial r}+\dfrac{\partial u}{\partial z}\\ \gamma_{r\theta}=\dfrac{1}{r}\dfrac{\partial u}{\partial\theta}+\dfrac{\partial v}{\partial r}-\dfrac{v}{r}\end{cases}\tag{6-3}$$

将几何方程（6-3）中的第 2、3、4 式求二阶偏导数：

$$\begin{cases}r\dfrac{\partial^2\varepsilon_\theta}{\partial z^2}=\dfrac{\partial^3 v}{\partial\theta\partial z^2}+\dfrac{\partial^2 u}{\partial z^2}\\ \dfrac{\partial^2\varepsilon_z}{\partial\theta^2}=\dfrac{\partial^3 w}{\partial z\partial\theta^2}\\ \dfrac{\partial^2\gamma_{\theta z}}{\partial z\partial\theta}=\dfrac{\partial^3 v}{\partial z^2\partial\theta}+\dfrac{1}{r}\dfrac{\partial^3 w}{\partial\theta^2\partial z}\end{cases}\tag{6-4}$$

将（6-4）前两式代入第 3 式可得

$$\frac{\partial^2\gamma_{\theta z}}{\partial z\partial\theta}=\frac{\partial^3 v}{\partial z^2\partial\theta}+\frac{1}{r}\frac{\partial^3 w}{\partial\theta^2\partial z}=r\frac{\partial^2\varepsilon_\theta}{\partial z^2}-\frac{\partial^2 u}{\partial z^2}+\frac{1}{r}\frac{\partial^2\varepsilon_z}{\partial\theta^2}\tag{6-5}$$

将式（6-3）中的第 3、5 式求一阶偏导数：

$$\begin{cases}\dfrac{\partial\varepsilon_z}{\partial r}=\dfrac{\partial^2 w}{\partial z\partial r}\\ \dfrac{\partial\gamma_{rz}}{\partial z}=\dfrac{\partial^2 w}{\partial r\partial z}+\dfrac{\partial^2 u}{\partial z^2}\end{cases}\tag{6-6}$$

化简可得

$$\frac{\partial^2 u}{\partial z^2}=\frac{\partial \gamma_{rz}}{\partial z}-\frac{\partial \varepsilon_z}{\partial r} \tag{6-7}$$

将式（6-7）代入式（6-5）可得

$$\frac{\partial^2 \gamma_{\theta z}}{\partial z \partial \theta}=r\frac{\partial^2 \varepsilon_\theta}{\partial z^2}-\left(\frac{\partial \gamma_{rz}}{\partial z}-\frac{\partial \varepsilon_z}{\partial r}\right)+\frac{1}{r}\frac{\partial^2 \varepsilon_z}{\partial \theta^2} \tag{6-8}$$

根据基本假设可得

$$\frac{\partial \varepsilon_z}{\partial z}=0 \tag{6-9}$$

设

$$\varepsilon_z=a \tag{6-10}$$

由于坐标系原点设在圆管底部，由几何方程可知

$$\omega(z)=az \tag{6-11}$$

根据基本假设，几何方程（6-3）可化简为

$$\begin{cases}\varepsilon_r=\dfrac{\partial u}{\partial r}\\ \varepsilon_\theta=\dfrac{u}{r}\\ \varepsilon_z=a\end{cases},\quad \begin{cases}\gamma_{\theta z}=\dfrac{\partial v}{\partial z}\\ \gamma_{rz}=0\\ \gamma_{r\theta}=\dfrac{\partial v}{\partial r}-\dfrac{v}{r}\end{cases} \tag{6-12}$$

由式（6-12）$\varepsilon_z=a$，$\gamma_{r\theta}=\dfrac{\partial v}{\partial r}-\dfrac{v}{r}$可设

$$v(z,r)=brz \tag{6-13}$$

$$\begin{cases}\varepsilon_r=\dfrac{\partial u}{\partial r}\\ \varepsilon_\theta=\dfrac{u}{r}\\ \varepsilon_z=a\end{cases},\quad \begin{cases}\gamma_{\theta z}=b\cdot r\\ \gamma_{rz}=0\\ \gamma_{r\theta}=0\end{cases} \tag{6-14}$$

3. 建立整体坐标系下物理方程

正交异性材料若用工程弹性常数来表示柔度分量矩阵，则可表示为

$$
\boldsymbol{S}=\begin{bmatrix}
\frac{1}{E_1} & -\frac{\nu_{12}}{E_2} & -\frac{\nu_{13}}{E_3} & 0 & 0 & 0\\
-\frac{\nu_{21}}{E_1} & \frac{1}{E_2} & -\frac{\nu_{23}}{E_3} & 0 & 0 & 0\\
-\frac{\nu_{31}}{E_1} & -\frac{\nu_{32}}{E_2} & \frac{1}{E_3} & 0 & 0 & 0\\
0 & 0 & 0 & \frac{1}{G_{23}} & 0 & 0\\
0 & 0 & 0 & 0 & \frac{1}{G_{13}} & 0\\
0 & 0 & 0 & 0 & 0 & \frac{1}{G_{12}}
\end{bmatrix} \tag{6-15}
$$

式中，E_1、E_2、E_3 分别为材料 1、2、3 弹性主方向上的弹性模量，即只有一个主方向上有应力时，正应力与该方向线应变之比；ν_{ij} 为单独在 j 方向作用正应力 σ_j 时，i 方向与 j 方向应变之比的负值，即泊松比；G_{ij} 为 ij 平面内的剪切模量。

刚度矩阵为

$$
\boldsymbol{Q}=\boldsymbol{S}^{-1} \tag{6-16}
$$

柱坐标系下正交异性材料的偏轴刚度矩阵可以通过坐标系变换由正轴刚度矩阵得到：

$$
\bar{\boldsymbol{Q}}=\boldsymbol{T}_{\sigma}^{-}\boldsymbol{Q}(\boldsymbol{T}_{\sigma}^{-})^{\mathrm{T}} \tag{6-17}
$$

式中，

$$
\boldsymbol{T}_{\sigma}^{-}=\begin{bmatrix}
0 & 0 & 1 & 0 & 0 & 0\\
\sin^2\theta & \cos^2\theta & 0 & 0 & 0 & 2\sin\theta\cos\theta\\
\cos^2\theta & \sin^2\theta & 0 & 0 & 0 & -2\sin\theta\cos\theta\\
\sin\theta\cos\theta & -\sin\theta\cos\theta & 0 & 0 & 0 & \cos^2\theta-\sin^2\theta\\
0 & 0 & 0 & -\sin\theta & \cos\theta & 0\\
0 & 0 & 0 & \cos\theta & \sin\theta & 0
\end{bmatrix} \tag{6-18}
$$

其中，偏轴转角 θ 的含义如图 6-1 所示。

转换后柱坐标系下的刚度矩阵为

$$\bar{\boldsymbol{Q}}=\begin{bmatrix}\bar{Q}_{11} & \bar{Q}_{12} & \bar{Q}_{13} & \bar{Q}_{14} & 0 & 0\\ \bar{Q}_{21} & \bar{Q}_{22} & \bar{Q}_{23} & \bar{Q}_{24} & 0 & 0\\ \bar{Q}_{31} & \bar{Q}_{32} & \bar{Q}_{33} & \bar{Q}_{34} & 0 & 0\\ \bar{Q}_{41} & \bar{Q}_{42} & \bar{Q}_{43} & \bar{Q}_{44} & 0 & 0\\ 0 & 0 & 0 & 0 & \bar{Q}_{55} & \bar{Q}_{56}\\ 0 & 0 & 0 & 0 & \bar{Q}_{65} & \bar{Q}_{66}\end{bmatrix} \tag{6-19}$$

式中，

$$\bar{Q}_{11}=\frac{E_1^2(E_2\nu_{23}^2-E_3)}{H}$$

$$\bar{Q}_{12}=\bar{Q}_{21}=\frac{-E_1E_2E_3(\nu_{21}+\nu_{23}\nu_{31})\cos^2\theta-E_1E_3(E_3\nu_{31}+E_2\nu_{23}\nu_{21})\sin^2\theta}{H}$$

$$\bar{Q}_{13}=\bar{Q}_{31}=\frac{-E_1E_3(E_3\nu_{31}+E_2\nu_{23}\nu_{21})\cos^2\theta-E_1E_2E_3(\nu_{21}+\nu_{23}\nu_{31})\sin^2\theta}{H}$$

$$\bar{Q}_{14}=\bar{Q}_{41}=\frac{-E_1E_2E_3(\nu_{21}+\nu_{23}\nu_{31})-E_1E_3(E_3\nu_{31}+E_2\nu_{23}\nu_{21})}{H}\cos\theta\sin\theta$$

$$\bar{Q}_{22}=\frac{\cos^4\theta E_2E_3(E_3\nu_{31}^2-E_1)-2\cos^2\theta\sin^2\theta E_2E_3(E_1\nu_{23}+E_3\nu_{21}\nu_{31})}{H}$$
$$+\frac{\sin^4\theta E_3^2(E_2\nu_{21}^2-E_1)}{H}+4G_{23}\sin^2\theta\cos^2\theta$$

$$\bar{Q}_{23}=\bar{Q}_{32}=\frac{2\cos^2\theta\sin^2\theta E_3^2(E_2\nu_{21}^2-E_1)-\cos^4\theta E_2E_3(E_1\nu_{23}+E_3\nu_{21}\nu_{31})-\sin^4\theta E_2E_3(E_1\nu_{23}+E_3\nu_{21}\nu_{31})}{H}$$
$$-4G_{23}\sin^2\theta\cos^2\theta$$

$$\bar{Q}_{24}=\bar{Q}_{42}=\frac{\sin\theta\cos^3\theta E_2E_3(E_3\nu_{31}^2-E_1)-\sin^3\theta\cos\theta E_2E_3(E_1\nu_{23}+E_3\nu_{21}\nu_{31})}{H}$$
$$+\frac{\sin^3\theta\cos\theta E_3^2(E_2\nu_{21}^2-E_1)-\sin\theta\cos^3 E_2E_3(E_1\nu_{23}+E_3\nu_{21}\nu_{31})}{H}$$
$$+2G_{23}\sin\theta\cos\theta(\cos^2\theta-\sin^2\theta)$$

$$\bar{Q}_{33}=\frac{2\cos^2\theta\sin^2\theta E_2E_3(E_1\nu_{23}+E_3\nu_{21}\nu_{31})-\cos^4\theta E_3^2(E_2\nu_{21}^2-E_1)}{H}$$
$$-\sin^4\theta\frac{E_2E_3(E_3\nu_{31}^2-E_1)}{H}+4G_{23}\sin^2\theta\cos^2\theta$$

$$\bar{Q}_{34}=\bar{Q}_{43}=\sin\theta\cos^3\theta\frac{E_2E_3(E_1\nu_{23}+E_3\nu_{21}\nu_{31})-E_3^2(E_2\nu_{21}^2-E_1)}{H}$$
$$-\sin^3\theta\cos\theta\frac{E_2E_3(E_3\nu_{31}^2-E_1)+E_2E_3(E_1\nu_{23}+E_3\nu_{21}\nu_{31})}{H}$$
$$-2G_{23}\sin\theta\cos\theta(\cos^2\theta-\sin^2\theta)$$

$$\bar{Q}_{44}=\sin^2\theta\cos^2\theta\frac{E_3^2(E_2\nu_{21}^2-E_1)-E_2E_3(E_1\nu_{23}+E_3\nu_{21}\nu_{31})}{H}$$

$$+\sin^2\theta\cos^2\theta\frac{E_2E_3(E_3\nu_{31}^2-E_1)-E_2E_3(E_1\nu_{23}+E_3\nu_{21}\nu_{31})}{H}+G_{23}(\cos^2\theta-\sin^2\theta)^2$$

$$\bar{Q}_{55}=G_{13}\cos^2\theta+G_{12}\sin^2\theta$$

$$\bar{Q}_{56}=\bar{Q}_{65}=G_{13}\cos\theta\sin\theta+G_{12}\cos\theta\sin\theta$$

$$\bar{Q}_{66}=G_{12}\cos^2\theta+G_{13}\sin^2\theta$$

$$H=E_3^2\nu_{31}^2+E_2E_3\nu_{21}^2+2E_2E_3\nu_{21}\nu_{23}\nu_{31}-E_1E_3+E_1E_2\nu_{23}^2$$

整体坐标系下的物理方程为

$$\begin{Bmatrix}\sigma_r\\\sigma_\theta\\\sigma_z\\\tau_{\theta z}\\\tau_{zr}\\\tau_{r\theta}\end{Bmatrix}=\begin{bmatrix}\bar{Q}_{11}&\bar{Q}_{12}&\bar{Q}_{13}&\bar{Q}_{14}&0&0\\\bar{Q}_{21}&\bar{Q}_{22}&\bar{Q}_{23}&\bar{Q}_{24}&0&0\\\bar{Q}_{31}&\bar{Q}_{32}&\bar{Q}_{33}&\bar{Q}_{34}&0&0\\\bar{Q}_{41}&\bar{Q}_{42}&\bar{Q}_{43}&\bar{Q}_{44}&0&0\\0&0&0&0&\bar{Q}_{55}&\bar{Q}_{56}\\0&0&0&0&\bar{Q}_{65}&\bar{Q}_{66}\end{bmatrix}\begin{Bmatrix}\varepsilon_r\\\varepsilon_\theta\\\varepsilon_z\\\gamma_{\theta z}\\\gamma_{zr}\\\gamma_{r\theta}\end{Bmatrix}\tag{6-20}$$

4. 求解径向位移方程

将几何方程（6-14）代入物理方程（6-20）计算得

$$\begin{aligned}
\sigma_r&=\bar{Q}_{11}\varepsilon_r+\bar{Q}_{12}\varepsilon_\theta+\bar{Q}_{13}\varepsilon_z+\bar{Q}_{14}\gamma_{\theta z}=\bar{Q}_{11}\frac{\partial u}{\partial r}+\bar{Q}_{12}\frac{u}{r}+\bar{Q}_{13}a+\bar{Q}_{14}br\\
\sigma_\theta&=\bar{Q}_{21}\varepsilon_r+\bar{Q}_{22}\varepsilon_\theta+\bar{Q}_{23}\varepsilon_z+\bar{Q}_{24}\gamma_{\theta z}=\bar{Q}_{21}\frac{\partial u}{\partial r}+\bar{Q}_{22}\frac{u}{r}+\bar{Q}_{23}a+\bar{Q}_{24}br\\
\sigma_z&=\bar{Q}_{31}\varepsilon_r+\bar{Q}_{32}\varepsilon_\theta+\bar{Q}_{33}\varepsilon_z+\bar{Q}_{34}\gamma_{\theta z}=\bar{Q}_{31}\frac{\partial u}{\partial r}+\bar{Q}_{32}\frac{u}{r}+\bar{Q}_{33}a+\bar{Q}_{34}br\\
\tau_{\theta z}&=\bar{Q}_{41}\varepsilon_r+\bar{Q}_{42}\varepsilon_\theta+\bar{Q}_{43}\varepsilon_z+\bar{Q}_{44}\gamma_{\theta z}=\bar{Q}_{41}\frac{\partial u}{\partial r}+\bar{Q}_{42}\frac{u}{r}+\bar{Q}_{43}a+\bar{Q}_{44}br\\
\tau_{zr}&=0\\
\tau_{r\theta}&=0
\end{aligned}\tag{6-21}$$

将式（6-21）代入平衡方程（6-2）可得

$$\bar{Q}_{11}\frac{\partial^2u}{\partial r^2}+\bar{Q}_{11}\frac{1}{r}\frac{\partial u}{\partial r}-\bar{Q}_{22}\frac{u}{r^2}+b(2\bar{Q}_{14}-\bar{Q}_{24})+\frac{a}{r}(\bar{Q}_{13}-\bar{Q}_{23})=0\tag{6-22}$$

该方程为欧拉方程，进一步简化为

$$r^2\frac{\mathrm{d}^2u}{\mathrm{d}r^2}+r\frac{\mathrm{d}u}{\mathrm{d}r}-Au=B'r^2+C'r\tag{6-23}$$

式中，$A=\dfrac{\bar{Q}_{22}}{\bar{Q}_{11}}$；$B'=-b\dfrac{(2\bar{Q}_{14}-\bar{Q}_{24})}{\bar{Q}_{11}}$；$C'=-a\dfrac{(\bar{Q}_{13}-\bar{Q}_{23})}{\bar{Q}_{11}}$。方程（6-23）的解可表示为

$$u(r)=cr^{\sqrt{A}}+\mathrm{d}r^{-\sqrt{A}}+\frac{B'}{4-A}r^2+\frac{C'}{1-A}r \tag{6-24}$$

其中，$A\neq 1$ 且 $A\neq 4$。

当 $A=1$ 时，有

$$u(r)=cr+\mathrm{d}r^{-1}+\frac{B'}{3}r^2 \tag{6-25}$$

当 $A=4$ 时，有

$$u(r)=cr^2+\mathrm{d}r^{-2}-\frac{C'}{3}r \tag{6-26}$$

至此，根据转轴后材料刚度系数 $\bar{Q}_{22}$ 与 $\bar{Q}_{11}$ 比值不同，得到圆管 3 种不同形式的径向位移方程式（6-24）～式（6-26）。若材料为各向同性材料，则 $A=1$，径向位移函数采用式(6-25)形式。考虑到环向位移方程(6-13)和轴向位移方程(6-11)，圆管位移方程式可用 4 个未知量 a、b、c、d 表达。

5. 利用边界条件求解位移方程的待定系数

将位移方程代入式（6-21）可得以下应力表达式，其中参数 B 和 C 的赋值参照表 6-1：

$$\begin{aligned}\sigma_r=&(\bar{Q}_{13}-\bar{Q}_{11}C-\bar{Q}_{12}C)a+(\bar{Q}_{14}-2\bar{Q}_{11}B-\bar{Q}_{12}B)rb\\&+(\bar{Q}_{11}\sqrt{A}+\bar{Q}_{12})r^{\sqrt{A}-1}c+(\bar{Q}_{12}-\bar{Q}_{11}\sqrt{A})r^{-\sqrt{A}-1}d\end{aligned} \tag{6-27}$$

$$\begin{aligned}\sigma_z=&(\bar{Q}_{33}-\bar{Q}_{31}C-\bar{Q}_{32}C)a+(\bar{Q}_{34}-2\bar{Q}_{31}B-\bar{Q}_{32}B)rb\\&+(\bar{Q}_{31}\sqrt{A}+\bar{Q}_{32})r^{\sqrt{A}-1}c+(\bar{Q}_{32}-\bar{Q}_{31}\sqrt{A})r^{-\sqrt{A}-1}d\end{aligned} \tag{6-28}$$

$$\begin{aligned}\tau_{\theta z}=&(\bar{Q}_{43}-\bar{Q}_{41}C-\bar{Q}_{42}C)a+(\bar{Q}_{44}-2\bar{Q}_{41}B-\bar{Q}_{42}B)rb\\&+(\bar{Q}_{41}\sqrt{A}+\bar{Q}_{42})r^{\sqrt{A}-1}c+(\bar{Q}_{42}-\bar{Q}_{41}\sqrt{A})r^{-\sqrt{A}-1}d\end{aligned} \tag{6-29}$$

上述 4 个未知量需 4 个边界条件进行求解，现建立以下 4 个边界条件。

1）轴压力 P 平衡

$$P=\int_{r_{\mathrm{in}}}^{r_{\mathrm{ou}}}\int_0^{2\pi}\sigma_z r\mathrm{d}\theta\mathrm{d}r \tag{6-30}$$

将式（6-28）代入式（6-30）得

$$(-\bar{Q}_{31}\sqrt{A}+\bar{Q}_{32})\frac{(r_{\text{ou}}^{-\sqrt{A}+1}-r_{\text{in}}^{-\sqrt{A}+1})}{-\sqrt{A}+1}d+\frac{\bar{Q}_{31}\sqrt{A}+\bar{Q}_{32}}{\sqrt{A}+1}(r_{\text{ou}}^{\sqrt{A}+1}-r_{\text{in}}^{\sqrt{A}+1})c$$
$$+\frac{1}{3}(\bar{Q}_{34}-2\bar{Q}_{31}B-\bar{Q}_{32}B)(r_{\text{ou}}^{3}-r_{\text{in}}^{3})b+\frac{1}{2}(\bar{Q}_{33}-\bar{Q}_{31}C-\bar{Q}_{32}C)(r_{\text{ou}}^{2}-r_{\text{in}}^{2})a=\frac{-|F|}{2\pi}\quad (A\neq 1)$$
$$(-\bar{Q}_{31}\sqrt{A}+\bar{Q}_{32})(\ln r_{\text{ou}}-\ln r_{\text{in}})d+\frac{\bar{Q}_{31}\sqrt{A}+\bar{Q}_{32}}{\sqrt{A}+1}(r_{\text{ou}}^{\sqrt{A}+1}-r_{\text{in}}^{\sqrt{A}+1})c$$
$$+\frac{1}{3}(\bar{Q}_{34}-2\bar{Q}_{31}B-\bar{Q}_{32}B)(r_{\text{ou}}^{3}-r_{\text{in}}^{3})b+\frac{1}{2}(\bar{Q}_{33}-\bar{Q}_{31}C-\bar{Q}_{32}C)(r_{\text{ou}}^{2}-r_{\text{in}}^{2})a=\frac{-|F|}{2\pi}\quad (A=1)$$
$$(6\text{-}31)$$

2）扭矩平衡

$$T=\int_{r_{\text{in}}}^{r_{\text{ou}}}\int_{0}^{2\pi}\tau_{\theta z}r^{2}\mathrm{d}\theta\mathrm{d}r=0 \tag{6-32}$$

将式（6-29）代入式（6-32）得

$$\begin{cases}\frac{1}{3}(\bar{Q}_{43}-\bar{Q}_{41}C-\bar{Q}_{42}C)a(r_{\text{ou}}^{3}-r_{\text{in}}^{3})+\frac{1}{4}(\bar{Q}_{44}-2\bar{Q}_{41}B-\bar{Q}_{42}B)(r_{\text{ou}}^{4}-r_{\text{in}}^{4})b\\ +(\bar{Q}_{41}\sqrt{A}+\bar{Q}_{42})\frac{r_{\text{ou}}^{\sqrt{A}+2}-r_{\text{in}}^{\sqrt{A}+2}}{\sqrt{A}+2}c+(-\bar{Q}_{41}\sqrt{A}+\bar{Q}_{42})\frac{r_{\text{ou}}^{-\sqrt{A}+2}-r_{\text{in}}^{-\sqrt{A}+2}}{-\sqrt{A}+2}d=0\quad (A\neq 4)\\ \frac{1}{3}(\bar{Q}_{43}-\bar{Q}_{41}C-\bar{Q}_{42}C)a(r_{\text{ou}}^{3}-r_{\text{in}}^{3})+\frac{1}{4}(\bar{Q}_{44}-2\bar{Q}_{41}B-\bar{Q}_{42}B)(r_{\text{ou}}^{4}-r_{\text{in}}^{4})b\\ +(\bar{Q}_{41}\sqrt{A}+\bar{Q}_{42})\frac{r_{\text{ou}}^{\sqrt{A}+2}-r_{\text{in}}^{\sqrt{A}+2}}{\sqrt{A}+2}c+(-\bar{Q}_{41}\sqrt{A}+\bar{Q}_{42})(\ln r_{\text{ou}}-\ln r_{\text{in}})d=0\quad (A=4)\end{cases}$$
$$(6\text{-}33)$$

3）管内外面径向应力为零

$$\begin{cases}\sigma_{r}|_{r_{\text{in}}}=0\\ \sigma_{r}|_{r_{\text{ou}}}=0\end{cases} \tag{6-34}$$

式中，r_{in}、r_{ou}分别表示管的内外半径。

将式（6-27）代入式（6-34）得

$$\begin{cases}(\bar{Q}_{13}-\bar{Q}_{11}C-\bar{Q}_{12}C)a+(\bar{Q}_{14}-2\bar{Q}_{11}B-\bar{Q}_{12}B)r_{\text{in}}b\\ +(\bar{Q}_{11}\sqrt{A}+\bar{Q}_{12})r_{\text{in}}^{\sqrt{A}-1}c+(-\bar{Q}_{11}\sqrt{A}+\bar{Q}_{12})r_{\text{in}}^{-\sqrt{A}-1}d=0\\ (\bar{Q}_{13}-\bar{Q}_{11}C-\bar{Q}_{12}C)a+(\bar{Q}_{14}-2\bar{Q}_{11}B-\bar{Q}_{12}B)r_{\text{ou}}b\\ +(\bar{Q}_{11}\sqrt{A}+\bar{Q}_{12})r_{\text{ou}}^{\sqrt{A}-1}c+(-\bar{Q}_{11}\sqrt{A}+\bar{Q}_{12})r_{\text{ou}}^{-\sqrt{A}-1}d=0\end{cases} \tag{6-35}$$

将式(6-31)、式(6-33)、式(6-35)组成系数矩阵方程，利用矩阵求解式(6-37)的未知数：

$$\begin{bmatrix} M_{11} & M_{12} & M_{13} & M_{14} \\ M_{21} & M_{22} & M_{23} & M_{24} \\ M_{31} & M_{32} & M_{33} & M_{34} \\ M_{41} & M_{42} & M_{43} & M_{44} \end{bmatrix} \begin{Bmatrix} a \\ b \\ c \\ d \end{Bmatrix} = \begin{Bmatrix} \dfrac{-|F|}{2\pi} \\ 0 \\ 0 \\ 0 \end{Bmatrix} \tag{6-36}$$

$$\begin{Bmatrix} a \\ b \\ c \\ d \end{Bmatrix} = \begin{bmatrix} M_{11} & M_{12} & M_{13} & M_{14} \\ M_{21} & M_{22} & M_{23} & M_{24} \\ M_{31} & M_{32} & M_{33} & M_{34} \\ M_{41} & M_{42} & M_{43} & M_{44} \end{bmatrix}^{-1} \begin{Bmatrix} \dfrac{-|F|}{2\pi} \\ 0 \\ 0 \\ 0 \end{Bmatrix} \tag{6-37}$$

式中，

$$M_{11} = \frac{1}{2}(\bar{Q}_{33} - \bar{Q}_{31}C - \bar{Q}_{32}C)(r_{\mathrm{ou}}^2 - r_{\mathrm{in}}^2)$$

$$M_{12} = \frac{1}{3}(\bar{Q}_{34} - 2\bar{Q}_{31}B - \bar{Q}_{32}B)(r_{\mathrm{ou}}^3 - r_{\mathrm{in}}^3)$$

$$M_{13} = \frac{\bar{Q}_{31}\sqrt{A} + \bar{Q}_{32}}{\sqrt{A}+1}(r_{\mathrm{ou}}^{\sqrt{A}+1} - r_{\mathrm{in}}^{\sqrt{A}+1})$$

$$M_{14} = (-\bar{Q}_{31}\sqrt{A} + \bar{Q}_{32})E$$

$$M_{21} = \frac{1}{3}(\bar{Q}_{43} - \bar{Q}_{41}C - \bar{Q}_{42}C)(r_{\mathrm{ou}}^3 - r_{\mathrm{in}}^3)$$

$$M_{22} = \frac{1}{4}(\bar{Q}_{44} - 2\bar{Q}_{41}B - \bar{Q}_{42}B)(r_{\mathrm{ou}}^4 - r_{\mathrm{in}}^4)$$

$$M_{23} = (\bar{Q}_{41}\sqrt{A} + \bar{Q}_{42})\frac{r_{\mathrm{ou}}^{\sqrt{A}+2} - r_{\mathrm{in}}^{\sqrt{A}+2}}{\sqrt{A}+2}$$

$$M_{24} = (-\bar{Q}_{41}\sqrt{A} + \bar{Q}_{42})D$$

$$M_{31} = \bar{Q}_{13} - \bar{Q}_{11}C - \bar{Q}_{12}C$$

$$M_{32} = (\bar{Q}_{14} - 2\bar{Q}_{11}B - \bar{Q}_{12}B)r_{\mathrm{in}}$$

$$M_{33} = (\bar{Q}_{11}\sqrt{A} + \bar{Q}_{12})r_{\mathrm{in}}^{\sqrt{A}-1}$$

$$M_{34} = (-\bar{Q}_{11}\sqrt{A} + \bar{Q}_{12})r_{\mathrm{in}}^{-\sqrt{A}-1}$$

$$M_{41} = \bar{Q}_{13} - \bar{Q}_{11}C - \bar{Q}_{12}C$$

$$M_{42} = (\bar{Q}_{14} - 2\bar{Q}_{11}B - \bar{Q}_{12}B)r_{\mathrm{ou}}$$

$$M_{43} = (\bar{Q}_{11}\sqrt{A} + \bar{Q}_{12})r_{\mathrm{ou}}^{\sqrt{A}-1}$$

$$M_{44} = (-\bar{Q}_{11}\sqrt{A} + \bar{Q}_{12})r_{\mathrm{ou}}^{-\sqrt{A}-1}$$

其中，B、C、D、E 赋值见表 6-1。

表 6-1　参数赋值

$A \neq 1$ 且 $A \neq 4$	$A=4$	$A=1$
$B=\dfrac{2\bar{Q}_{14}-\bar{Q}_{24}}{4\bar{Q}_{11}-\bar{Q}_{22}}$	$B=0$	$B=\dfrac{2\bar{Q}_{14}-\bar{Q}_{24}}{4\bar{Q}_{11}-\bar{Q}_{22}}$
$C=\dfrac{\bar{Q}_{13}-\bar{Q}_{23}}{\bar{Q}_{11}-\bar{Q}_{22}}$	$C=\dfrac{\bar{Q}_{13}-\bar{Q}_{23}}{\bar{Q}_{11}-\bar{Q}_{22}}$	$C=0$
$D=\dfrac{r_{\text{ou}}^{-\sqrt{A}+2}-r_{\text{in}}^{-\sqrt{A}+2}}{-\sqrt{A}+2}$	$D=\ln r_{\text{ou}}-\ln r_{\text{in}}$	$D=\dfrac{r_{\text{ou}}^{-\sqrt{A}+2}-r_{\text{in}}^{-\sqrt{A}+2}}{-\sqrt{A}+2}$
$E=\dfrac{(r_{\text{ou}}^{-\sqrt{A}+1}-r_{\text{in}}^{-\sqrt{A}+1})}{-\sqrt{A}+1}$	$E=\dfrac{(r_{\text{ou}}^{-\sqrt{A}+1}-r_{\text{in}}^{-\sqrt{A}+1})}{-\sqrt{A}+1}$	$E=\ln r_{\text{ou}}-\ln r_{\text{in}}$

6.2　任意铺层角度的多层圆管计算模型

6.2.1　建立位移方程和应力表达式

对于任意铺层角度的多层复合材料圆管，根据基本假设可知其轴向、环向位移与单层没有区别，对于径向位移，因为每层的刚度不一样，可设每层的位移方程的形式是相同的（但系数不同）。对于任意第 k 层，半径为 r，其径向位移为

$$u^k(r)=c^k r^{\sqrt{A^k}}+d^k r^{-\sqrt{A^k}}-bB^k r^2-aC^k r \tag{6-38}$$

此时第 k 层的应力表达式为

$$\begin{aligned}\sigma_r^k=&(\bar{Q}_{13}^k-\bar{Q}_{11}^k C^k-\bar{Q}_{12}^k C^k)a+(\bar{Q}_{14}^k-2\bar{Q}_{11}^k B^k-\bar{Q}_{12}^k B^k)rb\\&+(\bar{Q}_{11}^k\sqrt{A^k}+\bar{Q}_{12}^k)r^{\sqrt{A^k}-1}c^k+(-\bar{Q}_{11}^k\sqrt{A^k}+\bar{Q}_{12}^k)r^{-\sqrt{A^k}-1}d^k\end{aligned} \tag{6-39}$$

$$\begin{aligned}\sigma_z^k=&(\bar{Q}_{33}^k-\bar{Q}_{31}^k C^k-\bar{Q}_{32}^k C^k)a+(\bar{Q}_{34}^k-2\bar{Q}_{31}^k B^k-\bar{Q}_{32}^k B^k)rb\\&+(\bar{Q}_{31}^k\sqrt{A^k}+\bar{Q}_{32}^k)r^{\sqrt{A^k}-1}c^k+(-\bar{Q}_{31}^k\sqrt{A^k}+\bar{Q}_{32}^k)r^{-\sqrt{A^k}-1}d^k\end{aligned} \tag{6-40}$$

$$\begin{aligned}\tau_{\theta z}^k=&(\bar{Q}_{43}^k-\bar{Q}_{41}^k C^k-\bar{Q}_{42}^k C^k)a+(\bar{Q}_{44}^k-2\bar{Q}_{41}^k B^k-\bar{Q}_{42}^k B^k)rb\\&+(\bar{Q}_{41}^k\sqrt{A^k}+\bar{Q}_{42}^k)r^{\sqrt{A^k}-1}c^k+(-\bar{Q}_{41}^k\sqrt{A^k}+\bar{Q}_{42}^k)r^{-\sqrt{A^k}-1}d^k\end{aligned} \tag{6-41}$$

轴向和环向位移方程没有变化，每一层均为两个未知数，需要两个方程，径向位移此时多出两个未知数，即每增加一层，未知数增加两个，未知数总数为 $2k+2$ 个，需利用边界条件建立 $2k+2$ 个平衡方程，确定位移方程中的未知参数。

6.2.2 利用边界条件求解位移方程的待定系数

1）轴压力 P 平衡

$$\sum_{k=1}^{N}\int_{r_k}^{r_{k+1}}\int_0^{2\pi}\sigma_z^k r\mathrm{d}\theta\mathrm{d}r = P \tag{6-42}$$

将式（6-40）代入式（6-42）得

$$\sum_{k=1}^{N}\left[(-\bar{Q}_{31}^k\sqrt{A^k}+\bar{Q}_{32}^k)E^k d^k+\frac{\bar{Q}_{31}^k\sqrt{A^k}+\bar{Q}_{32}^k}{\sqrt{A^k}+1}(r_{k+1}^{\sqrt{A^k}+1}-r_k^{\sqrt{A^k}+1})c^k\right.$$
$$\left.+\frac{1}{3}b(\bar{Q}_{34}^k-2\bar{Q}_{31}^k B^k-\bar{Q}_{32}^k B^k)(r_{k+1}^3-r_k^3)+\frac{1}{2}(\bar{Q}_{33}^k-\bar{Q}_{31}^k C^k-\bar{Q}_{32}^k C^k)(r_{k+1}^2-r_k^2)a\right]=\frac{P}{2\pi} \tag{6-43}$$

2）扭矩平衡

$$\sum_{k=1}^{N}\int_{r_k}^{r_{k+1}}\int_0^{2\pi}\tau_{\theta z}^k r^2\mathrm{d}\theta\mathrm{d}r = 0 \tag{6-44}$$

将式（6-41）代入式（6-44）得

$$\sum_{k=1}^{N}\left[\frac{1}{3}(\bar{Q}_{43}^k-\bar{Q}_{41}^k C^k-\bar{Q}_{42}^k C^k)a(r_{k+1}^3-r_k^3)+\frac{1}{4}(\bar{Q}_{44}^k-2\bar{Q}_{41}^k B^k-\bar{Q}_{42}^k B^k)\right.$$
$$\left.(r_{k+1}^4-r_k^4)b+(\bar{Q}_{41}^k\sqrt{A^k}+\bar{Q}_{42}^k)\frac{r_{k+1}^{\sqrt{A^k}+2}-r_k^{\sqrt{A^k}+2}}{\sqrt{A^k}+2}c^k+(\bar{Q}_{42}^k-\bar{Q}_{41}^k\sqrt{A^k})D^k d^k\right]=0 \tag{6-45}$$

3）管内外面径向应力为零

$$\begin{cases}\sigma_r^1\big|_{r_1}=0\\ \sigma_r^N\big|_{r_{N+1}}=0\end{cases} \tag{6-46}$$

将式（6-39）代入式（6-46）得

$$\begin{cases}\sigma_r^1\big|_{r_1}=(\bar{Q}_{13}^1-\bar{Q}_{11}^1 C^1-\bar{Q}_{12}^1 C^1)a+(\bar{Q}_{14}^1-2\bar{Q}_{11}^1 B^1-\bar{Q}_{12}^1 B^1)r_1 b\\ \qquad +(\bar{Q}_{11}^1\sqrt{A^1}+\bar{Q}_{12}^1)r_1^{\sqrt{A^1}-1}c^1+(\bar{Q}_{12}^1-\bar{Q}_{11}^1\sqrt{A^1})r_1^{-\sqrt{A^1}-1}d^1=0\\ \sigma_r^N\big|_{r_{N+1}}=(\bar{Q}_{13}^N-\bar{Q}_{11}^N C^N-\bar{Q}_{12}^N C^N)a+(\bar{Q}_{14}^N-2\bar{Q}_{11}^N B^N-\bar{Q}_{12}^N B^N)r_{N+1}b\\ \qquad +(\bar{Q}_{11}^N\sqrt{A^N}+\bar{Q}_{12}^N)r_{N+1}^{\sqrt{A^N}-1}c^N+(\bar{Q}_{12}^N-\bar{Q}_{11}^N\sqrt{A^N})r_{N+1}^{-\sqrt{A^N}-1}d^N=0\end{cases} \tag{6-47}$$

4）层间径向位移连续

$$u^k(r_{k+1})=u^{k+1}(r_{k+1}) \tag{6-48}$$

将式（6-38）代入式（6-48）得

$$\begin{aligned}&c^k r_{k+1}^{\sqrt{A^k}} + d^k r_{k+1}^{-\sqrt{A^k}} - bB^k r_{k+1}^2 - aC^k r_{k+1}\\&-(c^{k+1} r_{k+1}^{\sqrt{A^{k+1}}} + d^{k+1} r_{k+1}^{-\sqrt{A^{k+1}}} - bB^{k+1} r_{k+1}^2 - aC^{k+1} r_{k+1}) = 0\end{aligned} \tag{6-49}$$

5）层间径向应力连续

$$\sigma_r^k\Big|_{r_{k+1}} = \sigma_r^{k+1}\Big|_{r_{k+1}} \tag{6-50}$$

将式（6-39）代入式（6-50）得

$$\begin{aligned}&(\bar{Q}_{13}^k - \bar{Q}_{11}^k C^k - \bar{Q}_{12}^k C^k)a + (\bar{Q}_{14}^k - 2\bar{Q}_{11}^k B^k - \bar{Q}_{12}^k B^k) r_{k+1} b\\&+(\bar{Q}_{11}^k \sqrt{A^k} + \bar{Q}_{12}^k) r_{k+1}^{\sqrt{A^k}-1} c^k + (-\bar{Q}_{11}^k \sqrt{A^k} + \bar{Q}_{12}^k) r_{k+1}^{-\sqrt{A^k}-1} d^k\\&=(\bar{Q}_{13}^{k+1} - \bar{Q}_{11}^{k+1} C^{k+1} - \bar{Q}_{12}^{k+1} C^{k+1})a + (\bar{Q}_{14}^{k+1} - 2\bar{Q}_{11}^{k+1} B^{k+1} - \bar{Q}_{12}^{k+1} B^{k+1}) r_{k+1} b\\&+(\bar{Q}_{11}^{k+1} \sqrt{A^{k+1}} + \bar{Q}_{12}^{k+1}) r_{k+1}^{\sqrt{A^{k+1}}-1} c^{k+1} + (-\bar{Q}_{11}^{k+1} \sqrt{A^{k+1}} + \bar{Q}_{12}^{k+1}) r_{k+1}^{-\sqrt{A^{k+1}}-1} d^{k+1}\end{aligned} \tag{6-51}$$

式（6-42）～式（6-51）中，$r_1 = r_{\text{in}}$、$r_{N+1} = r_{\text{ou}}$，综合之，求解方程组：

$$\begin{bmatrix} M_{11} & M_{12} & \cdots & \cdots & M_{1n} \\ M_{21} & & & & \\ \vdots & & \ddots & & \vdots \\ & & & \ddots & \\ \vdots & & & & \vdots \\ & & & & \\ M_{n1} & & \cdots & \cdots & M_{nn} \end{bmatrix} \begin{Bmatrix} a \\ b \\ c^1 \\ d^1 \\ \vdots \\ c^{N-1} \\ d^{N-1} \\ c^N \\ d^N \end{Bmatrix} = \begin{Bmatrix} \dfrac{P}{2\pi} \\ 0 \\ 0 \\ \vdots \\ \vdots \\ 0 \\ 0 \\ 0 \end{Bmatrix} \tag{6-52}$$

式中，$n = 2N + 2$，求解待定参数：

$$\begin{Bmatrix} a \\ b \\ c^1 \\ d^1 \\ \vdots \\ c^{N-1} \\ d^{N-1} \\ c^N \\ d^N \end{Bmatrix} = \begin{bmatrix} M_{11} & M_{12} & \cdots & \cdots & M_{1n} \\ M_{21} & & & & \\ \vdots & & \ddots & & \vdots \\ & & & \ddots & \\ \vdots & & & & \vdots \\ & & & & \\ M_{n1} & & \cdots & \cdots & M_{nn} \end{bmatrix}^{-1} \begin{Bmatrix} \dfrac{P}{2\pi} \\ 0 \\ 0 \\ \vdots \\ \vdots \\ 0 \\ 0 \\ 0 \end{Bmatrix} \tag{6-53}$$

当$i=1$时，M_{1j}对应式（6-43）中系数：

$$\begin{aligned}
&M_{11}=\sum_{k=1}^{N}\frac{1}{2}(\bar{Q}_{33}^{k}-\bar{Q}_{31}^{k}C^{k}-\bar{Q}_{32}^{k}C^{k})(r_{k+1}^{2}-r_{k}^{2})\\
&M_{12}=\sum_{k=1}^{N}\frac{1}{3}(\bar{Q}_{34}^{k}-2\bar{Q}_{31}^{k}B^{k}-\bar{Q}_{32}^{k}B^{k})(r_{k+1}^{3}-r_{k}^{3})\\
&M_{1j}=\frac{\bar{Q}_{31}^{k}\sqrt{A^{k}}+\bar{Q}_{32}^{k}}{\sqrt{A^{k}}+1}(r_{k+1}^{\sqrt{A^{k}}+1}-r_{k}^{\sqrt{A^{k}}+1})\quad (j=2m+1,j\neq 1)\\
&M_{1j}=(-\bar{Q}_{31}^{k}\sqrt{A^{k}}+\bar{Q}_{32}^{k})E^{k}\quad (j=2m,j\neq 2)
\end{aligned}\tag{6-54}$$

当$i=2$时，M_{2j}对应式（6-45）中系数：

$$\begin{aligned}
&M_{21}=\sum_{k=1}^{N}\frac{1}{3}(\bar{Q}_{43}^{k}-\bar{Q}_{41}^{k}C^{k}-\bar{Q}_{42}^{k}C^{k})(r_{k+1}^{3}-r_{k}^{3})\\
&M_{22}=\sum_{k=1}^{N}\frac{1}{4}(\bar{Q}_{44}^{k}-2\bar{Q}_{41}^{k}B^{k}-\bar{Q}_{42}^{k}B^{k})(r_{k+1}^{4}-r_{k}^{4})\\
&M_{2j}=(\bar{Q}_{41}^{k}\sqrt{A^{k}}+\bar{Q}_{42}^{k})\frac{r_{k+1}^{\sqrt{A^{k}}+2}-r_{k}^{\sqrt{A^{k}}+2}}{\sqrt{A^{k}}+2}\quad (j=2m+1,j\neq 1)\\
&M_{2j}=(\bar{Q}_{42}^{k}-\bar{Q}_{41}^{k}\sqrt{A^{k}})D^{k}\quad (j=2m,j\neq 2)
\end{aligned}\tag{6-55}$$

当$i=3$时，M_{3j}对应式（6-47）第一式中系数：

$$\begin{aligned}
&M_{31}=(\bar{Q}_{13}^{1}-\bar{Q}_{11}^{1}C^{1}-\bar{Q}_{12}^{1}C^{1})\\
&M_{32}=(\bar{Q}_{14}^{1}-2\bar{Q}_{11}^{1}B^{1}-\bar{Q}_{12}^{1}B^{1})r_{1}\\
&M_{33}=(\bar{Q}_{11}^{1}\sqrt{A^{1}}+\bar{Q}_{12}^{1})r_{1}^{\sqrt{A^{1}}-1}\\
&M_{34}=(\bar{Q}_{12}^{1}-\bar{Q}_{11}^{1}\sqrt{A^{1}})r_{1}^{-\sqrt{A^{1}}-1}\\
&M_{3j}=0\quad (j\neq 1,2,3,4)
\end{aligned}\tag{6-56}$$

当$i=4$时，M_{4j}对应式（6-47）第二式中系数：

$$\begin{aligned}
&M_{41}=\bar{Q}_{13}^{N}-\bar{Q}_{11}^{N}C^{N}-\bar{Q}_{12}^{N}C^{N}\\
&M_{42}=(\bar{Q}_{14}^{N}-2\bar{Q}_{11}^{N}B^{N}-\bar{Q}_{12}^{N}B^{N})r_{N+1}\\
&M_{4,2N+1}=(\bar{Q}_{11}^{N}\sqrt{A^{N}}+\bar{Q}_{12}^{N})r_{N+1}^{\sqrt{A^{N}}-1}\\
&M_{4,2N+2}=(\bar{Q}_{12}^{N}-\bar{Q}_{11}^{N}\sqrt{A^{N}})r_{N+1}^{-\sqrt{A^{N}}-1}\\
&M_{4,j}=0\quad (j\neq 1,\ 2,\ 2N+1,\ 2N+2)
\end{aligned}\tag{6-57}$$

当$i=2m+1(i\neq 1,3)$时，$M_{(2m+1)j}$对应式（6-49）中系数：

$$
\begin{aligned}
&M_{(2m+1)1} = (C^{k+1} - C^k) r_{k+1} \\
&M_{(2m+1)2} = (B^{k+1} - B^k) r_{k+1}^2 \\
&M_{(2m+1)(2m-1)} = r_{k+1}^{\sqrt{A^k}} \\
&M_{(2m+1)2m} = r_{k+1}^{-\sqrt{A^k}} \\
&M_{(2m+1)(2m+1)} = -r_{k+1}^{\sqrt{A^{k+1}}} \\
&M_{(2m+1)(2m+2)} = -r_{k+1}^{-\sqrt{A^{k+1}}} \\
&M_{(2m+1)j} = 0 \quad (j \neq 1, 2, 2m-1, 2m, 2m+1, 2m+2)
\end{aligned}
\tag{6-58}
$$

当 $i = 2m + 2 (i \neq 2, 4)$ 时，$M_{(2m+2)j}$ 对应（6-51）中系数：

$$
\begin{aligned}
&M_{(2m+2)1} = (\bar{Q}_{13}^k - \bar{Q}_{11}^k C^k - \bar{Q}_{12}^k C^k) - (\bar{Q}_{13}^{k+1} - \bar{Q}_{11}^{k+1} C^{k+1} - \bar{Q}_{12}^{k+1} C^{k+1}) \\
&M_{(2m+2)2} = [(\bar{Q}_{14}^k - 2\bar{Q}_{11}^k B^k - \bar{Q}_{12}^k B^k) - (\bar{Q}_{14}^{k+1} - 2\bar{Q}_{11}^{k+1} B^{k+1} - \bar{Q}_{12}^{k+1} B^{k+1})] \cdot r_{k+1} \\
&M_{(2m+2)(2m-1)} = (\bar{Q}_{11}^k \cdot \sqrt{A^k} + \bar{Q}_{12}^k) \cdot r_{k+1}^{\sqrt{A^k} - 1} \\
&M_{(2m+2)2m} = (-\bar{Q}_{11}^k \cdot \sqrt{A^k} + \bar{Q}_{12}^k) r_{k+1}^{-\sqrt{A^k} - 1} \\
&M_{(2m+2)(2m+1)} = -(\bar{Q}_{11}^{k+1} \sqrt{A^{k+1}} + \bar{Q}_{12}^{k+1}) r_{k+1}^{\sqrt{A^{k+1}} - 1} \\
&M_{(2m+2)(2m+2)} = -(-\bar{Q}_{11}^{k+1} \sqrt{A^{k+1}} + \bar{Q}_{12}^{k+1}) r_{k+1}^{-\sqrt{A^{k+1}} - 1} \\
&M_{(2m+2)j} = 0 \quad (j \neq 1, 2, 2m-1, 2m, 2m+1, 2m+2)
\end{aligned}
\tag{6-59}
$$

6.2.3　求解应力应变场

此时，可得任意层位移方程：

$$
\begin{aligned}
&u^k = u^k(r) \\
&v = v(z, r) \\
&w = w(z)
\end{aligned}
\tag{6-60}
$$

将式（6-60）代入几何方程（6-14），可得任意层的应变为

$$
\begin{aligned}
&\varepsilon_r^k = \frac{\partial u^k}{\partial r} \\
&\varepsilon_\theta^k = \frac{u^k}{r} \\
&\varepsilon_z^k = a \\
&\gamma_{\theta z}^k = br
\end{aligned}
\tag{6-61}
$$

将式（6-61）代入物理方程（6-20），得到任意层的应力：

$$\begin{Bmatrix} \sigma_r^k \\ \sigma_\theta^k \\ \sigma_z^k \\ \tau_{\theta z}^k \end{Bmatrix} = \begin{bmatrix} \bar{Q}_{11}^k & \bar{Q}_{12}^k & \bar{Q}_{13}^k & \bar{Q}_{14}^k \\ \bar{Q}_{21}^k & \bar{Q}_{22}^k & \bar{Q}_{23}^k & \bar{Q}_{24}^k \\ \bar{Q}_{31}^k & C_{32}^k & \bar{Q}_{33}^k & \bar{Q}_{34}^k \\ \bar{Q}_{41}^k & C_{42}^k & \bar{Q}_{43}^k & \bar{Q}_{44}^k \end{bmatrix} \begin{Bmatrix} \dfrac{\partial u^k}{\partial r} \\ \dfrac{u^k}{r} \\ a \\ br \end{Bmatrix} \tag{6-62}$$

利用 MATLAB 编制计算程序，即可求得轴压荷载作用下任意铺层 FRP 管件的应力应变场分布，程序流程如图 6-3 所示。

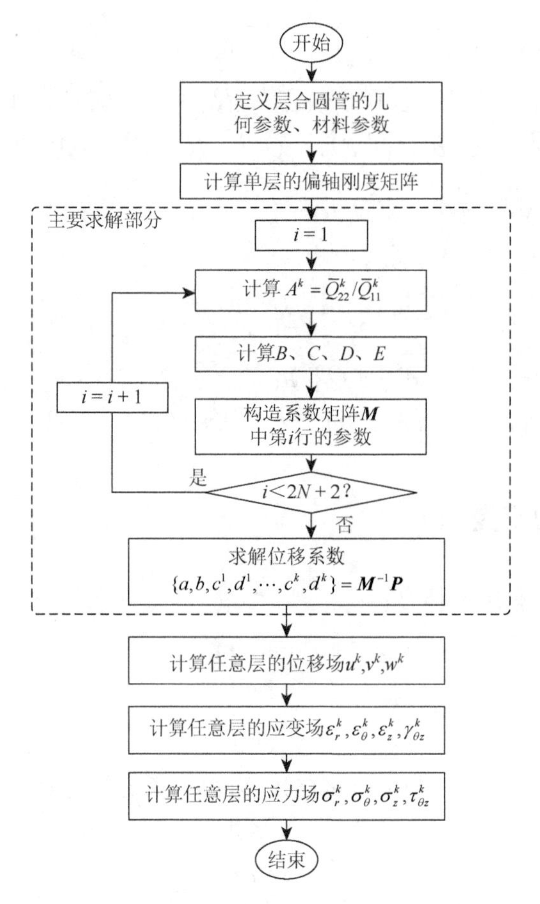

图 6-3　层合管应力应变场计算程序流程

6.3　按应力求解的多层圆管计算模型

在 6.1 节中，建立了任意单层圆管的控制方程，这包括它的平衡方程、几何方程和整体坐标系下的物理方程。在进行求解时，上文实际上采用的是按位移求解的方法，它以位移分量为基本函数，从方程和边界条件中消去应力分量和应变分量，导出只含有位移分量的方程和相应的边界条件，并由此解出位移分量，然后再求出应变分量和应力分量[2]。在本节中，将以应力为基本未知函数，从方程和边界条件中消去位移分量和应变分量，构造用于求解的应力函数。更为详细的推导过程可参考文献[1]。

6.3.1　应力函数

对于层合管的任意第 k 层，均存在如下本构关系，$\boldsymbol{\varepsilon}=\bar{\boldsymbol{S}}\boldsymbol{\sigma}$：

$$\begin{Bmatrix}\varepsilon_r\\ \varepsilon_\theta\\ \varepsilon_z\\ \gamma_{\theta z}\\ \gamma_{rz}\\ \gamma_{r\theta}\end{Bmatrix}=\begin{bmatrix}\bar{S}_{11}&\bar{S}_{12}&\bar{S}_{13}&\bar{S}_{14}&0&0\\ \bar{S}_{21}&\bar{S}_{22}&\bar{S}_{23}&\bar{S}_{24}&0&0\\ \bar{S}_{31}&\bar{S}_{32}&\bar{S}_{33}&\bar{S}_{34}&0&0\\ \bar{S}_{41}&\bar{S}_{42}&\bar{S}_{43}&\bar{S}_{44}&0&0\\ 0&0&0&0&\bar{S}_{55}&\bar{S}_{56}\\ 0&0&0&0&\bar{S}_{65}&\bar{S}_{66}\end{bmatrix}\begin{Bmatrix}\sigma_r\\ \sigma_\theta\\ \sigma_z\\ \tau_{\theta z}\\ \tau_{rz}\\ \tau_{r\theta}\end{Bmatrix}\tag{6-63}$$

式中，$\bar{\boldsymbol{S}}$ 为圆柱坐标系下的偏轴柔度矩阵。

根据微元体平衡方程，考虑到各应力场与 z 独立，在柱坐标系下有如下关系：

$$\begin{cases}\dfrac{\partial\sigma_r}{\partial r}+\dfrac{1}{r}\dfrac{\partial\tau_{r\theta}}{\partial\theta}+\dfrac{\sigma_r-\sigma_\theta}{r}=0\\ \dfrac{\partial\tau_{r\theta}}{\partial r}+\dfrac{1}{r}\dfrac{\partial\sigma_\theta}{\partial\theta}+\dfrac{2\tau_{r\theta}}{r}=0\\ \dfrac{\partial\tau_{rz}}{\partial r}+\dfrac{1}{r}\dfrac{\partial\tau_{\theta z}}{\partial\theta}+\dfrac{\tau_{rz}}{r}=0\end{cases}\tag{6-64}$$

Lekhnitskii[3]对上述本构方程组及平衡方程组进行如下定义：

$$D=\bar{S}_{13}\sigma_r+\bar{S}_{23}\sigma_\theta+\bar{S}_{33}\sigma_z+\bar{S}_{34}\tau_{\theta z}\tag{6-65}$$

$$\beta_{ij}=\bar{S}_{ij}-\frac{\bar{S}_{i3}\bar{S}_{3j}}{\bar{S}_{33}}\tag{6-66}$$

式中，D 仅为坐标 r 和 θ 的函数；β_{ij} 为折减弹性常数，根据式（6-66），可以得到 $\beta_{i3}=\beta_{3j}=0$。

通过对应变张量积分，并进行代数变换，具体推导过程可见文献[3]第三章，可得 D 为

$$D=\kappa_x r\sin\theta-\kappa_y r\cos\theta+\varepsilon\tag{6-67}$$

式中，κ_x 及 κ_y 分别为弯矩所造成的 x 及 y 方向所垂直平面内管件的曲率；ε 和 θ

为管件受轴向力和扭矩而产生的整体形变，这一点将在 6.3.3 节进一步讨论，可以认为是四个与管件的力边界条件有关的未知量。

采用应力函数 F 及 Φ 表达应力分量，如下：

$$\begin{cases} \sigma_r = \dfrac{\partial F}{r\partial r} + \dfrac{\partial^2 F}{r^2\partial\theta^2}, \quad \sigma_\theta = \dfrac{\partial^2 F}{\partial r^2} \\ \tau_{r\theta} = \dfrac{\partial F}{r^2\partial\theta} - \dfrac{\partial^2 F}{r\partial r\partial\theta}, \quad \tau_{r\theta} = \dfrac{\partial \Phi}{r\partial\theta}, \quad \tau_{\theta z} = -\dfrac{\partial\Phi}{\partial r} \\ \sigma_z = \dfrac{1}{\bar{S}_{33}}(D - \bar{S}_{13}\sigma_r - \bar{S}_{23}\sigma_\theta - \bar{S}_{34}\tau_{\theta z}) \end{cases} \tag{6-68}$$

可见上述采用应力函数表示的应力分量自动满足平衡方程，将上述应力函数表示的应力分量进行代数推导，并结合变形协调方程，最终可得关于应力函数的两个方程：

$$\begin{cases} L_4 F + L_3\Phi = \dfrac{2}{r}\dfrac{\bar{S}_{13} - \bar{S}_{23}}{\bar{S}_{33}}(k_x \sin\theta - k_y\cos\theta) \\ L_3' F + L_2\Phi = \dfrac{\bar{S}_{34}}{\bar{S}_{33}}\left(2k_x\sin\theta - 2k_y\cos\theta + \dfrac{\varepsilon}{r}\right) - 2\theta \end{cases} \tag{6-69}$$

式中，L_i 为 i 阶微分符号，具体可见 Lekhnitskii 专著。

根据文献[1]，方程（6-69）的通解为

$$\begin{aligned} F &= f_1(r)(\kappa_x\sin\theta - \kappa_y\cos\theta) + f_2(r) \\ \Phi &= \phi_1(r)(\kappa_x\sin\theta - \kappa_y\cos\theta) + \phi_2(r) \end{aligned} \tag{6-70}$$

在该通解中，与函数 f_1 和 ϕ_1 有关的部分代表圆管在纯弯矩作用下的应力函数，f_2 和 ϕ_2 则代表在轴力、扭转以及内外压力作用下的轴对称问题。其中，纯弯矩作用下的应力函数将用于求解二次弯矩所产生的应力应变场，将在 8.4 节进一步讨论，本章中仅考虑纯轴向作用力的情况。

通过将式（6-70）代入式（6-69），求解可以得到

$$\begin{aligned} f_2 &= \sum_{i=1}^{2}\frac{K_i'}{m_i'+1}r^{m_i'+1} + K_3' + K_4' r + \frac{K_5'}{2}r^2 + \frac{\mu_3}{3}\theta r^3 \\ \phi_2 &= \sum_{i=1}^{2}\frac{K_i' g_i'}{m_i'}r^{m_i'} + K_4'\frac{\beta_{11}}{\beta_{14}}\ln r + K_5'\frac{\beta_{14}+\beta_{24}}{\beta_{44}}r + K_6' + \frac{\bar{S}_{34}}{\bar{S}_{33}\bar{S}_{44}}\varepsilon r + \frac{\mu_4}{2}\theta r^2 \end{aligned} \tag{6-71}$$

式中，K_i' 是六个任意常数，其余参数的表达式如下：

$$m'_{1,2}=\pm\sqrt{\frac{\beta_{11}\beta_{44}-\beta_{14}^2}{\beta_{22}\beta_{44}-\beta_{24}^2}}$$

$$g'_i=\frac{\beta_{14}+\beta_{24}m'_i}{\beta_{44}},\quad i=1,2$$

$$\begin{Bmatrix}\mu_3\\\mu_4\end{Bmatrix}=\begin{bmatrix}\beta_{14}+2\beta_{24} & -\beta_{44}\\ 4\beta_{22}-\beta_{11} & \beta_{14}-2\beta_{24}\end{bmatrix}^{-1}\begin{Bmatrix}1\\0\end{Bmatrix}$$

6.3.2　应力应变场

根据式（6-68），代入式（6-71）所表达的应力函数，可以得到任意第 k 层的应力场为

$$\begin{aligned}
&\sigma_r=\sum_{i=1}^{2}K'_i r^{m'_i-1}+\frac{K'_4}{r}+K'_5+\mu_3\theta r^2\\
&\sigma_\theta=\sum_{i=1}^{2}K'_i m'_i r^{m'_i-1}+K'_5+2\mu_3\theta r\\
&\tau_{r\theta}=-\frac{2}{3}\mu_3 r\\
&\tau_{rz}=\frac{1}{2}\mu_4 r\\
&\tau_{\theta z}=-\sum_{i=1}^{2}K'_i g'_i r^{m'_i-1}-K'_4\frac{\beta_{11}}{\beta_{14}r}-K'_5\frac{\beta_{14}+\beta_{24}}{\beta_{44}}-\frac{\overline{S}_{34}}{\overline{S}_{33}\overline{S}_{44}}\varepsilon-\mu_4\theta r\\
&\sigma_z=\frac{1}{\overline{S}_{33}}(\varepsilon-\overline{S}_{13}\sigma_r-\overline{S}_{23}\sigma_\theta-\overline{S}_{34}\tau_{\theta z})
\end{aligned}\tag{6-72}$$

将式（6-72）代入物理方程式（6-63）即可得到相应的应变场。

由几何方程

$$\begin{aligned}
&\varepsilon_r=\frac{\partial u}{\partial r}\qquad \varepsilon_\theta=\frac{1}{r}\frac{\partial v}{\partial\theta}+\frac{u}{r}\qquad \varepsilon_z=\frac{\partial w}{\partial z}\\
&\gamma_{\theta z}=\frac{\partial v}{\partial z}+\frac{1}{r}\frac{\partial w}{\partial\theta}\quad \gamma_{rz}=\frac{\partial w}{\partial r}+\frac{\partial u}{\partial z}\quad \gamma_{r\theta}=\frac{\partial v}{\partial r}+\frac{1}{r}\frac{\partial u}{\partial\theta}-\frac{v}{r}
\end{aligned}\tag{6-73}$$

积分即可得到位移场 $u_r=u$、$u_\theta=v$ 和 $u_z=w$。

6.3.3　边界条件

对于一多层圆管，考虑图 6-1 所示的受力情况，其中 P 表示轴向均匀荷载。由荷载边界条件可以得到

$$
\begin{aligned}
P &= \sum_{n=1}^{N} \int_0^{2\pi} \int_{a_n}^{b_n} \sigma_z r \mathrm{d}\theta \mathrm{d}r \\
0 &= \sum_{n=1}^{N} \int_0^{2\pi} \int_{a_n}^{b_n} \tau_{\theta z} r^2 \mathrm{d}\theta \mathrm{d}r
\end{aligned} \tag{6-74}
$$

对于多层圆管的最内层和最外层，分别有如下两组边界条件：

$$
\begin{aligned}
&\sigma_r = 0, \quad \tau_{rz} = \tau_{r\theta} = 0, \quad r = a_1 \\
&\sigma_r = 0, \quad \tau_{rz} = \tau_{r\theta} = 0, \quad r = b_N
\end{aligned} \tag{6-75}
$$

对于层与层之间的交界面，还应考虑应力和位移的连续性条件：

$$
\begin{cases}
\{\sigma_r, \tau_{r\theta}, \tau_{rz}\}^k = \{\sigma_r, \tau_{r\theta}, \tau_{rz}\}^{k+1} \\
\{u_r, u_\theta, u_z\}^k = \{u_r, u_\theta, u_z\}^{k+1}
\end{cases} \quad (r = b_k, k = 1, \cdots, N-1) \tag{6-76}
$$

从式（6-67）和式（6-72）中可以看出，每一层均存在 K_1' 、…、 K_6' 六个未知数，对于圆管整体则存在 θ、ε、κ_x、κ_y 四个反映圆管整体变形的未知数，因而共有 $6N+4$ 个未知量；由于式（6-71）未考虑弯矩作用下的应力函数，显然 κ_x 和 κ_y 应为 0，实际上未知量数量为 $6N+2$ 个。在上述建立的三组边界条件中，式（6-74）提供了两组方程，式（6-75）提供了 6 组方程，连续性条件式（6-76）提供了 $6N-6$ 组方程，共计 $6N+2$ 组方程，满足求解的条件。根据上述边界条件，即可建立形如式（6-52）的一组线性方程组，从而解出应力应变场。

6.4　几种弹性计算理论对比分析

本节主要考察本章方法与传统复合材料管件主要理论应力应变场计算的差别，如经典层合板理论（classical laminated composite shell，CLCS）和三维弹性理论。由于各种计算方法都是基于一定的假设条件，如经典层合板理论基于径向应变为零的假设，Chouchaoui 等[1]、Tsukrov 等[4]的三维弹性理论采用应力函数法进行求解，其位移结果显示其环向位移为零。为了进一步验证和分析本章方法和各计算方法的适用性、准确性，将通过变化管件的壁厚和铺层两个方面参数来研究分析，绘制各种工况下的应力分布，并进行对比。考察管件内径为 $r_{\text{in}} = 9\text{mm}$，壁厚 $t = 1.5\text{mm}$，轴压力为 40kN 时，3 种铺层形式：$[45°]_{10}$、$[\pm 45°]_5$、$[0°/90°]_5$，材料参数见表 6-2，以应力为纵坐标，以 $(r - r_{\text{in}})/t$ 为横坐标，绘制层合管沿厚度方向应力分布图（图 6-4～图 6-6）。

表 6-2　材料参数

工程常数	值
E_1/GPa	95
E_2/GPa	7.4
G_{12}/GPa	3.6
G_{23}/GPa	2.74
ν_{21}	0.3
ν_{32}	0.35

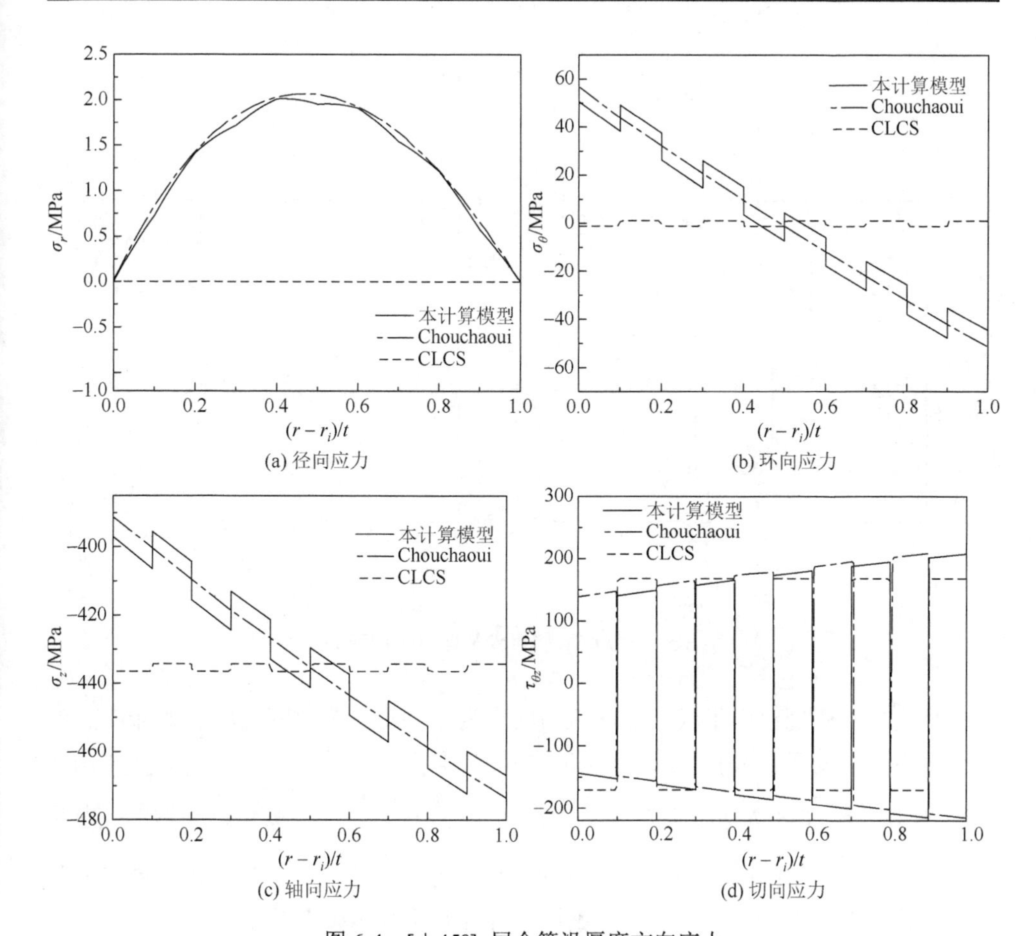

图 6-4　$[\pm 45°]_5$层合管沿厚度方向应力

本章提出的计算模型考虑了径向应力，环向应力、轴向应力为厚度方向 r 的函数，计算结果与文献[1]（Chouchaoui）吻合较好；而经典层合板理论（CLCS）轴向应力为本模型计算结果的平均值，反映不出沿厚度方向的变化。对于正交铺层，如$[0°/90°]_5$铺层（图 6-5）经典层合板理论与本模型吻合较好，说明层合板理论适用于正交铺层的应力应变场计算。

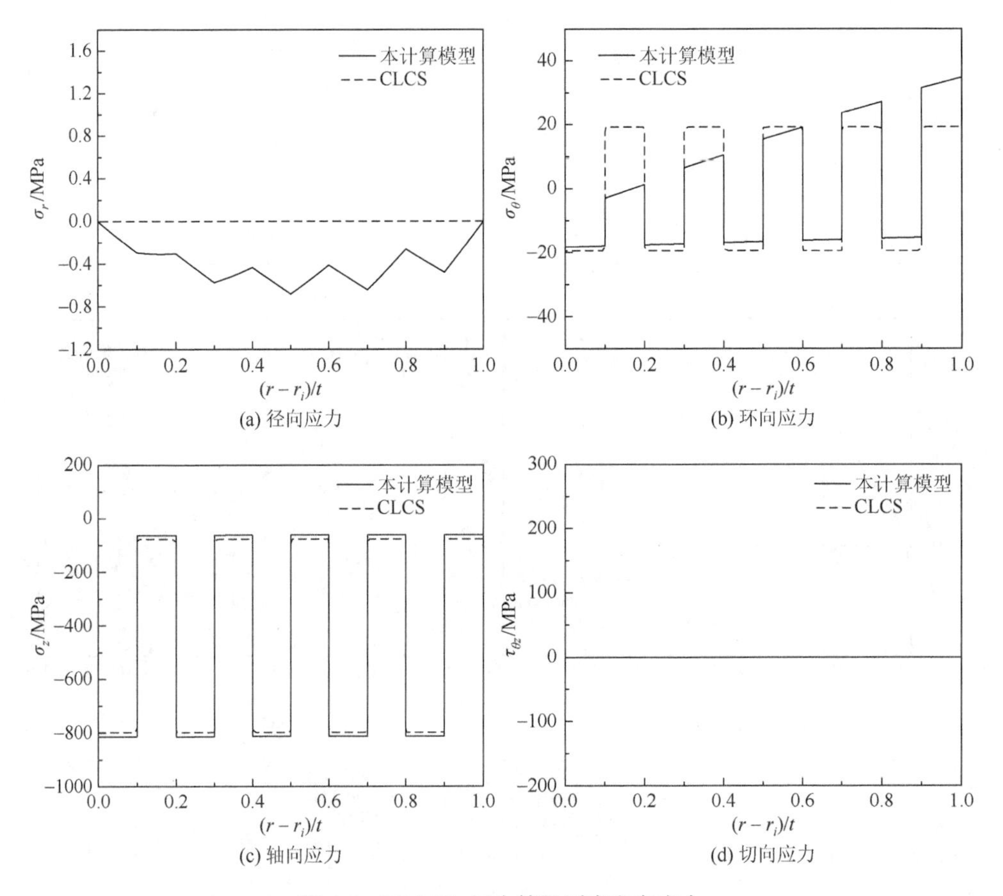

图 6-5　$[0°/90°]_5$层合管沿厚度方向应力

经典层合板理论由于假设径向应力应变为零，对于单角度铺层，如$[45°]_{10}$铺层（图 6-6），没有自约束，因此环向应力和面内剪应力均为零。文献[1]、[4]采用应力函数法求解，得到环向位移为零，根据$\gamma_{\theta z}=\dfrac{\partial v}{\partial z}+\dfrac{1}{r}\dfrac{\partial w}{\partial \theta}$将导致剪应变为零，因此 Chouchaoui 等[1]、Tsukrov 等[4]的三维弹性理论方法不适用于单角度铺层的应力应变场计算，但对于均衡铺层和正交铺层，计算结果与本模型基本一致。

从$[\pm 45°]_5$和$[0°/90°]_5$两种铺层的应力分布图 6-4、图 6-5 可以看出，如果层合管某相邻铺层角度不同，将导致该相邻层刚度矩阵不同，两层交接处将发生应力交错，反映出层合效应，而对于均衡铺层，虽然铺层角度的正负不影响各层刚度矩阵内值的大小，但由于本计算模型从位移函数出发，均衡铺层的应变在相邻铺层

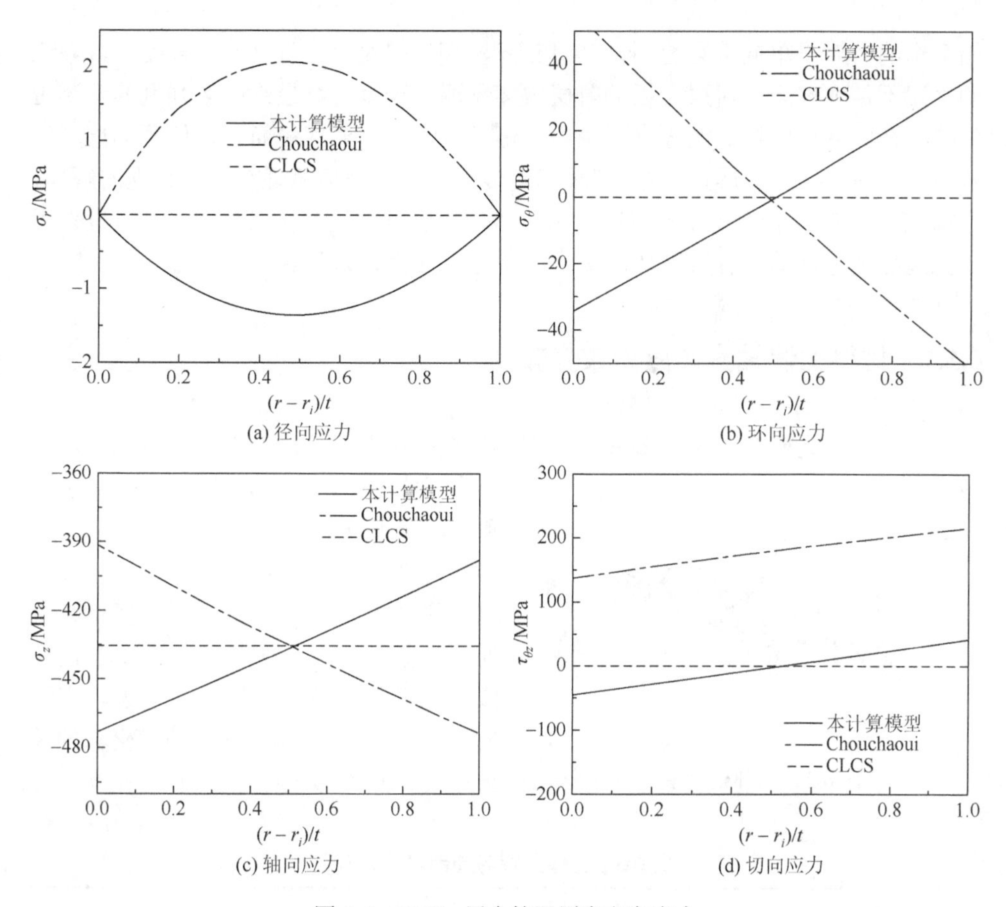

(a) 径向应力　(b) 环向应力

(c) 轴向应力　(d) 切向应力

图 6-6　$[45°]_{10}$ 层合管沿厚度方向应力

发生变化，因此也就发生应力交错。对于正交对称铺层，文献[1]、[4]能够反映出层间的应力突变，但对于均衡铺层，其应力值取相邻铺层应力的均值。

综上所述，本三维解析理论模型适用于任意铺层角度、任意多层组合的层合管的应力应变计算；经典层合板理论适用于正交铺层的层合管计算，在计算轴向应力时，虽然其反映不出沿厚度方向的变化，但其平均值与薄壁、中厚壁的三维计算值相差较小，在精度要求不高的情况下，也可采用。文献[1]、[4]三维弹性理论方法基于环向位移为零，即认为 $\gamma_{\theta z}=0$，只适用于均衡铺层和正交铺层管件。

6.5　层合管首层破坏力学模型

以往研究者运用复合材料宏观强度准则表明，Tsai-Wu 强度准则是不区分破坏模式强度理论中运用最广泛的，预测精度相对较高。该理论考虑了各应力之间的相互影响，对于单向复合材料，该理论预测精度最高[5]，而对于层合板，该理论的表现不是很理想，对层合板的首层破坏预测比较差，对最终破坏强度的预测也欠佳。在区分破坏模式的强度理论中，最大应力准则形式最简单，但预测精度较差。Puck 强度准则的形式相对复杂，但对复合材料的破坏机理有相对合理的解释，目前在工程应用中逐步开始应用，由于该理论的合理性和完备性[6]，本节拟采用该强度准则进行基于首层破坏的复合材料层合管承载力预测。

6.5.1　材料主偏轴方向应力应变转换

以微元体为研究对象（图 6-2），在整体柱坐标系下，层合管轴心受压时，将产生正应力：轴向应力σ_z、环向应力σ_θ和径向应力σ_r；平面内剪应力$\tau_{\theta z}$（0°、90°铺层时除外）。

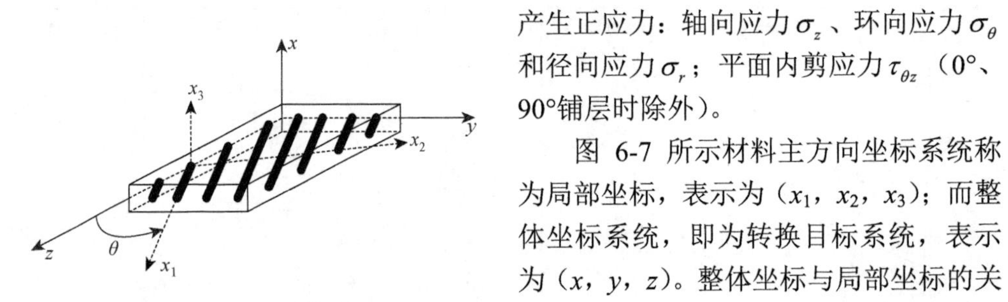

图 6-7　局部坐标系

图 6-7 所示材料主方向坐标系统称为局部坐标，表示为（x_1，x_2，x_3）；而整体坐标系统，即为转换目标系统，表示为（x，y，z）。整体坐标与局部坐标的关系见表 6-3。

表 6-3　整体坐标与局部坐标关系

坐标轴	x_1	x_2	x_3
x	l_1	m_1	n_1
y	l_2	m_2	n_2
z	l_3	m_3	n_3

此时的应力正转换矩阵、应变正转换矩阵分别为

$$\boldsymbol{T}_\sigma=\begin{bmatrix} l_1^2 & m_1^2 & n_1^2 & 2m_1n_1 & 2n_1l_1 & 2l_1m_1 \\ l_2^2 & m_2^2 & n_2^2 & 2m_2n_2 & 2n_2l_2 & 2l_2m_2 \\ l_3^2 & m_3^2 & n_3^2 & 2m_3n_3 & 2n_3l_3 & 2l_3m_3 \\ l_2l_3 & m_2m_3 & n_2n_3 & m_2n_3+m_3n_2 & l_2n_3+l_3n_2 & m_2l_3+m_3l_2 \\ l_3l_1 & m_3m_1 & n_3n_1 & m_1n_3+m_3n_1 & l_1n_3+l_3n_1 & l_1m_3+l_3m_1 \\ l_1l_2 & m_1m_2 & n_1n_2 & m_2n_1+m_1n_2 & l_2n_1+l_1n_2 & m_2l_1+m_1l_2 \end{bmatrix} \tag{6-77}$$

$$
\boldsymbol{T}_\varepsilon = \begin{bmatrix}
l_1^2 & m_1^2 & n_1^2 & m_1 n_1 & n_1 l_1 & l_1 m_1 \\
l_2^2 & m_2^2 & n_2^2 & m_2 n_2 & n_2 l_2 & l_2 m_2 \\
l_3^2 & m_3^2 & n_3^2 & m_3 n_3 & n_3 l_3 & l_3 m_3 \\
2l_2 l_3 & 2m_2 m_3 & 2n_2 n_3 & m_2 n_3 + m_3 n_2 & l_2 n_3 + l_3 n_2 & m_2 l_3 + m_3 l_2 \\
2l_3 l_1 & 2m_3 m_1 & 2n_3 n_1 & m_1 n_3 + m_3 n_1 & l_1 n_3 + l_3 n_1 & l_1 m_3 + l_3 m_1 \\
2l_1 l_2 & 2m_1 m_2 & 2n_1 n_2 & m_2 n_1 + m_1 n_2 & l_2 n_1 + l_1 n_2 & m_2 l_1 + m_1 l_2
\end{bmatrix} \tag{6-78}
$$

这里定义由偏轴到正轴的转换为正转换，即 $\boldsymbol{T}_\sigma^+$ 和 $\boldsymbol{T}_\varepsilon^+$，由正轴到偏轴的转换为负转换，即 $\boldsymbol{T}_\sigma^-$ 和 $\boldsymbol{T}_\varepsilon^-$。其中，4 个转换矩阵存在以下关系：

$$(\boldsymbol{T}^+)^{-1} = \boldsymbol{T}^- \tag{6-79}$$

$$\boldsymbol{T}_\sigma^{\mathrm{T}} = \boldsymbol{T}_\varepsilon^{-1} \tag{6-80}$$

$$\boldsymbol{T}_\varepsilon^{\mathrm{T}} = \boldsymbol{T}_\sigma^{-1} \tag{6-81}$$

从偏轴应变到正轴应变要乘以 $\boldsymbol{T}_\varepsilon^+$，正轴应变乘以正轴刚度矩阵得到正轴应力，正轴应力乘以 $\boldsymbol{T}_\sigma^-$ 就得到偏轴应力，而偏轴应力又等于偏轴应变和偏轴刚度的乘积，可得

$$\bar{\boldsymbol{Q}} = \boldsymbol{T}_\sigma^- \boldsymbol{Q} (\boldsymbol{T}_\sigma^-)^{\mathrm{T}} \tag{6-82}$$

$$\bar{\boldsymbol{S}} = \boldsymbol{T}_\varepsilon^- \boldsymbol{S} (\boldsymbol{T}_\varepsilon^-)^{\mathrm{T}} \tag{6-83}$$

这里需要转换的是柱坐标系和纤维方向坐标系，柱坐标系的径向始终和纤维 3 方向重合。由柱坐标系向纤维方向转换，即偏轴向正轴转换的正转换，见表 6-4。

表 6-4　柱坐标系向纤维方向坐标系转换

坐标方向	r		θ		z	
	角度	余弦值	角度	余弦值	角度	余弦值
1	90°	$l_1=0$	$90°-\theta$	$m_1=\sin\theta$	θ	$n_1=\cos\theta$
2	90°	$l_2=0$	θ	$m_2=\cos\theta$	$90°+\theta$	$n_2=-\sin\theta$
3	0°	$l_3=1$	90°	$m_3=0$	90°	$n_3=0$

将 l、m、n 值代入式（6-77）及式（6-78）可得应力正转换矩阵：

$$
\boldsymbol{T}_\sigma^+ = \begin{bmatrix}
0 & \sin^2\theta & \cos^2\theta & 2\sin\theta\cos\theta & 0 & 0 \\
0 & \cos^2\theta & \sin^2\theta & -2\sin\theta\cos\theta & 0 & 0 \\
1 & 0 & 0 & 0 & 0 & 0 \\
0 & 0 & 0 & 0 & -\sin\theta & \cos\theta \\
0 & 0 & 0 & 0 & \cos\theta & \sin\theta \\
0 & \sin\theta\cos\theta & -\sin\theta\cos\theta & \cos^2\theta-\sin^2\theta & 0 & 0
\end{bmatrix} \tag{6-84}
$$

应变正转换矩阵：

$$
\boldsymbol{T}_{\varepsilon}^{+}=\begin{bmatrix}
0 & \sin^2\theta & \cos^2\theta & \sin\theta\cos\theta & 0 & 0\\
0 & \cos^2\theta & \sin^2\theta & -\sin\theta\cos\theta & 0 & 0\\
1 & 0 & 0 & 0 & 0 & 0\\
0 & 0 & 0 & 0 & -\sin\theta & \cos\theta\\
0 & 0 & 0 & 0 & \cos\theta & \sin\theta\\
0 & 2\sin\theta\cos\theta & -2\sin\theta\cos\theta & \cos^2\theta-\sin^2\theta & 0 & 0
\end{bmatrix} \tag{6-85}
$$

由纤维方向向柱坐标系转换，即正轴向偏轴转换的负转换，见表 6-5。

表 6-5　纤维方向坐标系向柱坐标系转换

坐标方向	1		2		3	
	角度	余弦值	角度	余弦值	角度	余弦值
r	90°	$l_1=0$	90°	$m_1=0$	0°	$n_1=1$
θ	$90°-\theta$	$l_2=\sin\theta$	θ	$m_2=\cos\theta$	90°	$n_2=0$
z	θ	$l_3=\cos\theta$	$90°+\theta$	$m_3=\sin\theta$	90°	$n_3=0$

将 l、m、n 代入式（6-84）和式（6-85）可得应力负转换矩阵：

$$
\boldsymbol{T}_{\sigma}^{-}=\begin{bmatrix}
0 & 0 & 1 & 0 & 0 & 0\\
\sin^2\theta & \cos^2\theta & 0 & 0 & 0 & 2\sin\theta\cos\theta\\
\cos^2\theta & \sin^2\theta & 0 & 0 & 0 & -2\sin\theta\cos\theta\\
\sin\theta\cos\theta & -\sin\theta\cos\theta & 0 & 0 & 0 & \cos^2\theta-\sin^2\theta\\
0 & 0 & 0 & -\sin\theta & \cos\theta & 0\\
0 & 0 & 0 & \cos\theta & \sin\theta & 0
\end{bmatrix} \tag{6-86}
$$

应变负转换矩阵：

$$
\boldsymbol{T}_{\varepsilon}^{-}=\begin{bmatrix}
0 & 0 & 1 & 0 & 0 & 0\\
\sin^2\theta & \cos^2\theta & 0 & 0 & 0 & \sin\theta\cos\theta\\
\cos^2\theta & \sin^2\theta & 0 & 0 & 0 & -\sin\theta\cos\theta\\
2\sin\theta\cos\theta & -2\sin\theta\cos\theta & 0 & 0 & 0 & \cos^2\theta-\sin^2\theta\\
0 & 0 & 0 & -\sin\theta & \cos\theta & 0\\
0 & 0 & 0 & \cos\theta & \sin\theta & 0
\end{bmatrix} \tag{6-87}
$$

轴压作用下应力、应变通过 6.1 节计算方法获得，由于只存在纤维 1、2、3、6 方向上的应力，将整体柱坐标系上的应力应变转换到材料方向上，各应力、应变分别为

$$\begin{bmatrix}\sigma_1\\\sigma_2\\\sigma_3\\\sigma_6\end{bmatrix}=\begin{bmatrix}0 & \sin^2\theta & \cos^2\theta & 2\sin\theta\cos\theta\\0 & \cos^2\theta & \sin^2\theta & -2\sin\theta\cos\theta\\1 & 0 & 0 & 0\\0 & \sin\theta\cos\theta & -\sin\theta\cos\theta & \cos^2\theta-\sin^2\theta\end{bmatrix}\begin{bmatrix}\sigma_r\\\sigma_\theta\\\sigma_z\\\tau_{\theta z}\end{bmatrix} \tag{6-88}$$

$$\begin{bmatrix}\varepsilon_1\\\varepsilon_2\\\varepsilon_3\\\varepsilon_6\end{bmatrix}=\begin{bmatrix}0 & \sin^2\theta & \cos^2\theta & \sin\theta\cos\theta\\0 & \cos^2\theta & \sin^2\theta & -\sin\theta\cos\theta\\1 & 0 & 0 & 0\\0 & 2\sin\theta\cos\theta & -2\sin\theta\cos\theta & \cos^2\theta-\sin^2\theta\end{bmatrix}\begin{bmatrix}\varepsilon_r\\\varepsilon_\theta\\\varepsilon_z\\\varepsilon_{\theta z}\end{bmatrix} \tag{6-89}$$

6.5.2　基于 Puck 强度准则的层合管强度计算模型

1. 强度比方程与强度比求解

在线弹性范围内，层合管的应力状态是随着外荷载的变化而线性变化的，一旦荷载确定，各个应力分量之间的比例关系也就确定，随着荷载的增加各应力分量也线性增加，直至破坏。定义材料某一应力分量的极限应力与实际作用应力分量的比值为强度比，记作

$$R=\frac{\sigma_{ia}}{\sigma_i}=\frac{\varepsilon_{ia}}{\varepsilon_i}\quad(i=1,2,6) \tag{6-90}$$

式中，σ_i、ε_i是由外荷载计算得出的实际应力、应变分量；σ_{ia}、ε_{ia}是与σ_i、ε_i对应的极限应力、应变分量。强度比反映了实际应力与极限应力之间的关系，是一个比例系数，其数值表示安全裕度的一种度量。

本章采用 Puck 强度准则作为层合管首层破坏的判据。平面应力状态下材料破坏时由轴压力引起的应力分量为$\sigma_{ia}=R\sigma_i(i=1,2,6)$，$\varepsilon_{ia}=R\varepsilon_i(i=1,2,6)$，将其代入 Puck 强度准则，则有如下公式。

纤维拉伸失效（FFt）：

$$\frac{1}{\varepsilon_1^{\mathrm{t}}}\left(\varepsilon_1+\frac{\nu_{21}}{E_1}m_\sigma\sigma_2\right)R=1 \tag{6-91}$$

$$R=\frac{E_1\varepsilon_1^{\mathrm{t}}}{E_1\varepsilon_1+\nu_{21}m_\sigma\sigma_2} \tag{6-92}$$

纤维压缩失效（FFc）：

$$(10\gamma_{12})^2R^2+\left|\left(\varepsilon_1+\frac{\nu_{21}}{E_1}m_\sigma\sigma_2\right)\right|R-\varepsilon_1^{\mathrm{c}}=0 \tag{6-93}$$

$$R=\frac{-\left|\left(\varepsilon_1+\frac{\nu_{21}}{E_1}m_\sigma\sigma_2\right)\right|\pm\sqrt{\left(\varepsilon_1+\frac{\nu_{21}}{E_1}m_\sigma\sigma_2\right)^2+4\varepsilon_1^{\mathrm{c}}(10\gamma_{12})^2}}{200\gamma_{12}^2} \tag{6-94}$$

纤维间树脂拉裂（IFFA）：

$$\sqrt{\left(\frac{\tau_{12}}{S_{12}}\right)^2+\left(1-p_{\mathrm{vp}}^{+}\frac{Y_{\mathrm{t}}}{S_{12}}\right)^2\left(\frac{\sigma_2}{Y_{\mathrm{t}}}\right)^2}R+p_{\mathrm{vp}}^{+}\frac{\sigma_2}{S_{12}}R=1 \tag{6-95}$$

$$R=\frac{S_{12}}{S_{12}\sqrt{\left(\frac{\tau_{12}}{S_{12}}\right)^2+\left(1-p_{\mathrm{vp}}^{+}\frac{Y_{\mathrm{t}}}{S_{12}}\right)^2\left(\frac{\sigma_2}{Y_{\mathrm{t}}}\right)^2}+p_{\mathrm{vp}}^{+}\sigma_2} \tag{6-96}$$

纤维间树脂压坏（IFFB），剪应力作用平面：

$$\frac{1}{S_{12}}\left(\sqrt{\tau_{12}^2+(p_{\mathrm{vp}}^{-}\sigma_2)^2}R+p_{\mathrm{vp}}^{-}\sigma_2R\right)=1 \tag{6-97}$$

$$R=\frac{S_{12}}{\sqrt{\tau_{12}^2+(p_{\mathrm{vp}}^{-}\sigma_2)^2}+p_{\mathrm{vp}}^{-}\sigma_2} \tag{6-98}$$

纤维间树脂压坏（IFFC），角度斜面：

$$\left[\left(\frac{\tau_{12}}{2(1+p_{\mathrm{vv}}^{-})S_{12}}\right)^2+\left(\frac{\sigma_2}{Y_{\mathrm{c}}}\right)^2\right]\frac{Y_{\mathrm{c}}R}{-\sigma_2}=1 \tag{6-99}$$

$$R=\frac{-\sigma_2}{Y_{\mathrm{c}}\left[\left(\frac{\tau_{12}}{2(1+p_{\mathrm{vv}}^{-})S_{12}}\right)^2+\left(\frac{\sigma_2}{Y_{\mathrm{c}}}\right)^2\right]} \tag{6-100}$$

式中，$\varepsilon_1^{\mathrm{t}}$、$\varepsilon_1^{\mathrm{c}}$为拉伸、压缩状态的极限应变：$\varepsilon_1^{\mathrm{t}}=\frac{X_{\mathrm{t}}}{E_1}$，$\varepsilon_1^{\mathrm{c}}=\frac{X_{\mathrm{c}}}{E_1}$；$m_\sigma$为垂直于纤维方向应力的放大系数，碳纤维$m_\sigma=1.1$。$S_{12}$为材料剪切强度，$Y_{\mathrm{t}}$、$Y_{\mathrm{c}}$为材料横向拉伸强度和压缩强度；$p_{\mathrm{vp}}^{+}$、$p_{\mathrm{vp}}^{-}$、$p_{\mathrm{vv}}^{-}$是倾角参数，需要由三轴试验来确定，Puck 给出了碳纤维材料的倾角参数值：分别取值为 0.35、0.3、0.25～0.3、0.25～0.3；$R_{\mathrm{vv}}^{\mathrm{A}}=S_{12}\frac{p_{\mathrm{vv}}^{-}}{p_{\mathrm{vp}}^{-}}$，$\tau_{12\mathrm{c}}=S_{12}\sqrt{1+2p_{\mathrm{vv}}^{-}}$。

2. 首层破坏强度计算方法

在任意铺层的层合管一端施加初始轴压荷载 P_0，利用 6.1 节应力应变场解析方法计算出该初始荷载下层合管每一层的应力应变状态，将相关应力应变代入强度理论方程中计算出各层的强度比。其中，最小值所对应的层为安全富余度最小的层，该层首先发生破坏并可判断该层的破坏模式。层合管的轴压首层破坏承载力可表示为

$$P = R_{\min} P_0 \tag{6-101}$$

利用 MATLAB 编制计算程序，流程如图 6-8 所示。

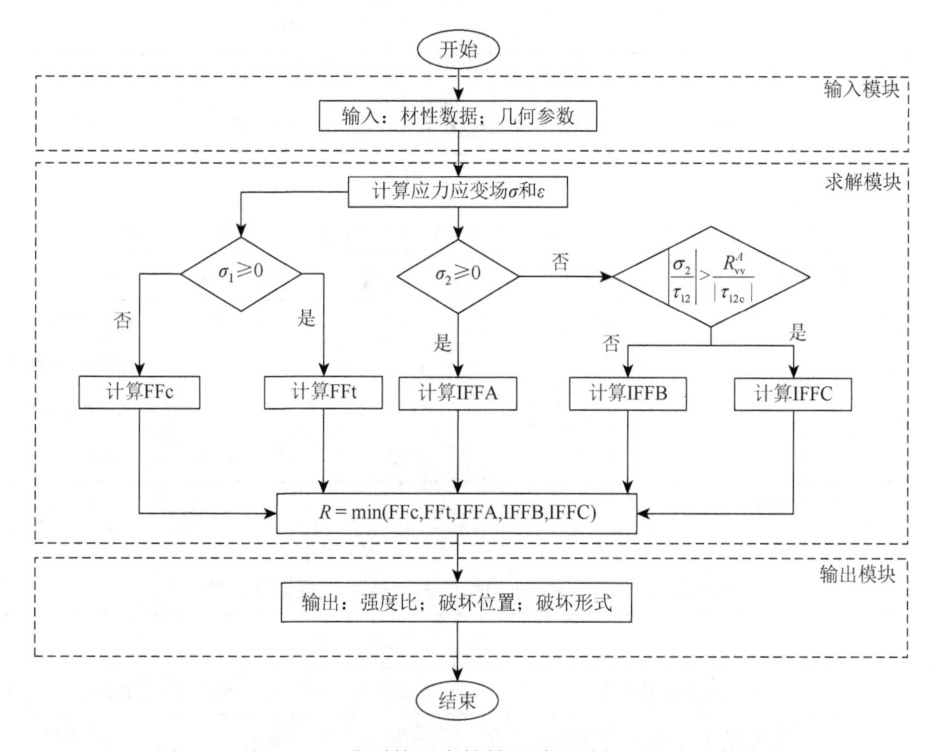

图 6-8　基于 Puck 准则的层合管轴压首层破坏承载力计算流程

6.5.3　算例

采用 30°、40°、50°和 60°等 4 种缠绕角度的碳/环氧树脂管件，以及环向层（90°）含量为 20%的缠绕角为 30°、40°、50°和 60°等四种碳/环氧树脂管件作为算例，与首层破坏力学模型进行对比，同时考察三种复合材料宏观强度理论对层合管轴压承载能力预测的适用性。管件制作采用缠绕工艺，材料基本弹性参数见表 6-6，管件发生整体破坏三种强度理论计算结果见表 6-7、表 6-8。

表 6-6 材料参数

工程常数	值	强度特性	值
E_1/GPa	95.2	X_t/MPa	1100
$E_2 = E_3$/GPa	10.3	X_c/MPa	750
$G_{12} = G_{13}$/GPa	4.8	Y_t/MPa	31
G_{23}/GPa	5.5	Y_c/MPa	110
$\nu_{21} = \nu_{31}$	0.3	S_{23}/MPa	45
ν_{32}	0.35	$S_{12} = S_{13}$/MPa	49

表 6-7 $[\pm\theta]_{10}$ 铺层压缩强度试验结果与理论计算值

铺层	$[\pm\theta]_{10}$				
θ/(°)	Puck 强度准则		Tsai-Wu 强度准则	最大应力强度准则	
	强度/MPa	破坏模式	强度/MPa	强度/MPa	破坏模式
30	160.1	内侧 IFFA	128.6	210.9	纤维剪切破坏
40	104.1	内侧 FFc	103.7	113.3	纤维剪切破坏
50	82.9	内侧 FFc	105.4	88.2	纤维剪切破坏
60	93.0	内侧 FFc	108.9	98.6	纤维剪切破坏

注：内侧表示管内壁。

表 6-8 $[90°_2/(\pm\theta)_8/90°_2]$铺层试验结果与理论计算值

铺层	$[90°_2/(\pm\theta)_8/90°_2]$				
θ/(°)	Puck 强度准则		Tsai-Wu 强度准则	最大应力强度准则	
	强度/MPa	破坏模式	强度/MPa	强度/MPa	破坏模式
30	247.7	内界面 FFc	260.9	336.4	θ 层剪切
40	150.8	内界面 FFc	179.9	182.0	θ 层剪切
50	107.8	内界面 FFc	138.1	122.4	θ 层剪切
60	103.7	外界面 FFc	117.5	113.8	θ 层剪切

注：内界面表示内侧环向层与角度层交界处。

图 6-9 对比了两种铺层管件，不同强度理论的计算预测值对比。在首层破坏形式上，Tsai-Wu 强度准则属于不区分破坏模式的强度准则，因此无法预测试件的破坏模式。

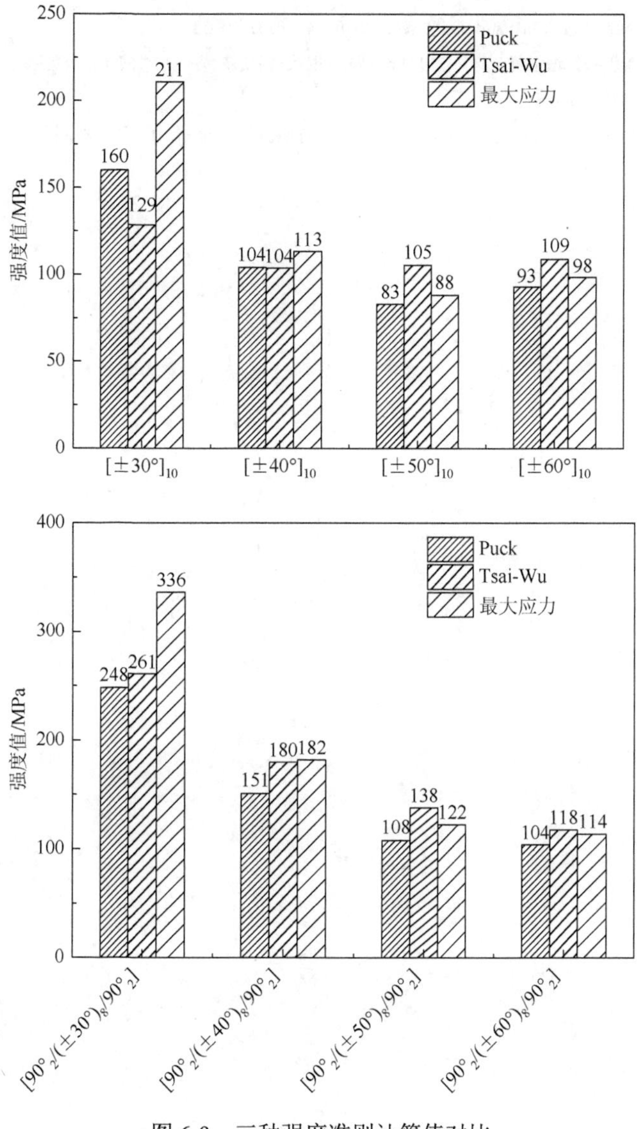

图 6-9　三种强度准则计算值对比

参 考 文 献

[1] Chouchaoui C S，Ocha O O. Similitude study for a laminated cylindrical tube under tensile，torsion，bending，internal and external pressure. Part I：governing equations[J]. Composite Structures，1999，44（4）：221-229.

[2] 徐芝纶. 弹性力学简明教程[M]. 4 版. 北京：高等教育出版社，2013.

[3] Lekhnitskii S G. Theory of Elasticity of an Anisotropic Body[M]. Moscow，Moscow：Mir Publishers，1981.

[4] Tsukrov I，Drach B. Elastic deformation of composite cylinders with cylindrically orthotropic layers[J].

International Journal of Solids and Structures，2010，47（1）：25-33.
[5] 黄争鸣，张华山. 纤维增强复合材料强度理论的研究现状与发展趋势——“破坏分析奥运会”评估综述[J]. 力学进展，2007，（1）：80-98.
[6] 吴义韬，姚卫星，沈浩杰. 复合材料宏观强度准则预测能力分析[J]. 复合材料学报，2015，32（3）：864-873.

第7章　复合材料圆柱壳轴压局部屈曲分析方法

7.1　薄壁圆柱壳轴压屈曲性能概述

7.1.1　屈曲的基本概念

在结构受压静力分析中，通常存在两种失稳现象：一类是如整体受压扁平壳或横向受压扁拱式桁架的极值点屈曲，在这一过程中会伴随结构的突然变形跳跃（snap-through）；另一类是如式（7-1）圆柱壳或细长杆在轴压状态下的分枝屈曲（bifurcation buckling）。对于存在多条平衡路径的系统，如果两条平衡路径相交于一点，该点就称为分枝点，结构从原本的平衡路径向新的平衡路径的转移即为发生了分枝屈曲。例如，在理想受压杆的稳定性分析中，当轴向压力较小时，如果给予压杆一微小的横向扰动，压杆在撤去扰动后会恢复原本的理想直线状态，表明在这一荷载范围内直线状态是满足平衡条件的；当荷载达到某一临界值后，压杆在横向扰动撤去后无法再恢复至原本的直线状态，只能保持横向的弯曲变形以满足平衡条件。这一临界荷载即为分枝屈曲临界荷载。

又如，假定一理想轴压圆柱壳在临界状态下发生均匀的轴对称屈曲变形模态，提取该变形模态下的单位宽度轴向壳带可以构建出如下的平衡方程[1]：

$$D\frac{\mathrm{d}^4w}{\mathrm{d}x^4}+N_x\frac{\mathrm{d}^2w}{\mathrm{d}x^2}+\frac{Et}{r^2}w=0 \tag{7-1}$$

式中，x 为轴向坐标；N_x 为均匀轴向分布力；$D=Et^3/12(1-\nu^2)$代表壳带的抗弯刚度；t 为壳的厚度；w 为壳带的径向位移；r 为圆柱壳半径。在简支边界条件以及轴对称变形屈曲模态下条带的径向位移 w 可以写作 $w=A\sin\frac{m\pi x}{l}$，其中 l 为壳带的长度（即圆柱壳的轴向高度），$m=1, 2, \cdots$为正整数，代表壳带可能出现的轴向半波数。将位移函数代入平衡方程后，得到临界应力为

$$\sigma_{\mathrm{cr}}=\frac{N_{x,\mathrm{cr}}}{t}=D\left(\frac{m^2\pi^2}{tl^2}+\frac{E}{r^2D}\frac{l^2}{m^2\pi^2}\right) \tag{7-2}$$

对 σ_{cr} 做关于 m 的求导，$\mathrm{d}\sigma_{\mathrm{cr}}/\mathrm{d}m=0$，就可以得到最小的临界荷载值。由于 m 为离散变量，这一临界荷载仅代表近似值。在这一最小临界点的邻域内，存在一组对应于不同 m 值的分枝点，因此在该点附近存在多个分枝平衡路径。

像式（7-1）那样，通过直接构建平衡方程以求解结构临界荷载的方法，通常称为平衡法。

现代用于分析圆柱壳的弹性稳定性一般理论多是基于能量法的基本原理。能量法的观点认为，系统在平衡状态下所具有的总势能必然满足驻值条件，为考察系统是否稳定，可以通过相邻两状态的总势能差 $\Delta\Pi$ 来建立平衡准则与稳定性准则。其基本原理为，将 $\Delta\Pi$ 进行泰勒展开：

$$\Pi = \Pi(x, y(x), y'(x)) \tag{7-3}$$

$$\Delta\Pi = \delta\Pi + \frac{1}{2!}\delta^2\Pi + \cdots \tag{7-4}$$

式中，δ 表示变分运算，有

$$\begin{aligned}\delta\Pi &= \frac{\partial\Pi}{\partial y}\delta y + \frac{\partial\Pi}{\partial y'}\delta y' \\ \delta^2\Pi &= \delta(\delta\Pi) = \frac{\partial^2\Pi}{\partial y^2}\delta y^2 + 2\frac{\partial^2\Pi}{\partial y\partial y'}\delta y\delta y' + \frac{\partial^2\Pi}{\partial y'^2}\delta y'^2\end{aligned} \tag{7-5}$$

系统的平衡稳定判断条件为：

（1）$\delta\Pi = 0$，$\delta^2\Pi > 0$，稳定平衡。

（2）$\delta\Pi = 0$，$\delta^2\Pi < 0$，不稳定平衡。

（3）$\delta\Pi = 0$，$\delta^2\Pi = 0$，随遇平衡，对应临界荷载。

采用能量法与采用平衡法分析圆柱壳的稳定性实际上具有很多等价之处。一方面，在构建出系统总势能泛函之后，令其一阶变分为零，则能够得到与平衡法完全相同的平衡微分控制方程。另一方面，通过确定总势能的二阶变分，甚至高阶变分的正负号，则可以判断系统的平衡状态是否稳定，这是平衡法所不能做到的。此外，采用能量法可以更为方便地考虑结构的几何非线性以及缺陷的影响。通过采用增量迭代法，便可以得到结构的非线性平衡路径。有关弹性稳定性的一般理论，读者可参考文献[2]～[4]。

7.1.2 圆柱壳的局部屈曲

圆柱壳是海上结构物、管道、塔架结构以及航空航天等领域中常见的基本结构形式，在其使用中一般会受到轴向压力和横向压力的组合作用。当轴向压应力为主导作用力时，具有较大径厚比的圆柱壳结构通常会在荷载达到一定程度后发生与结构整体屈曲相对应的局部屈曲（local buckling）现象。这主要表现为壳壁上的部分区域或整体发生表面皱曲，结构在压应力主导状态下通过横向的几何变形来趋向新的平衡状态。

基于最小重量、最大利用效率理念所设计出的圆柱结构往往具有薄壁特征。

作为其重量小、面内刚度利用率高的代价，几何缺陷对于圆柱壳承载性能的影响是不容忽视的。薄壳的线性屈曲临界荷载（即特征值屈曲临界荷载）最早由 Lorenz、Timoshenko 等系统研究[5]，后续由 Donnell 和 Wan[6]首先提出采用非线性大挠度理论分析薄壳的后屈曲状态，而圆柱壳的初始缺陷对于屈曲的影响同样由 Donnell、Koiter[7]等最先考虑在内。实际上，由于初始几何缺陷的存在，真实圆柱壳的临界荷载是不会超过前述分支点临界荷载的。通过对薄壁圆柱壳后屈曲行为的研究发现，对于存在初始缺陷的圆柱壳，其荷载位移图线中会存在明显的非线性软化现象，因此其后屈曲平衡状态下所对应的荷载要显著低于线性临界荷载。在以往的实践中，对于圆柱壳临界荷载的预测往往借助经验方法，将线性临界荷载值进行折减。例如，式（7-6）是 NASA SP-8007[8]关于轴压圆柱壳折减系数（knockdown factor，KDF）的建议取值：

$$\rho = 1 - 0.902\left[1 - \mathrm{e}^{-\left(\frac{1}{16}\sqrt{\frac{R}{t}}\right)}\right] \tag{7-6}$$

式中，ρ 的表达式是依据当时条件下收集到的试验数据下限值所拟合出的经验表达式，如图 7-1 所示，其中纵坐标表示试验所得临界荷载与线性临界荷载的比值。对于复合材料圆柱壳，NASA SP-8007 通过等效厚度的方法给出了同样的表达式：

$$\begin{aligned} \rho &= 1 - 0.902\left(1 - \mathrm{e}^{-\frac{1}{16}\sqrt{\frac{R}{t_{\mathrm{eq}}}}}\right) \\ t_{\mathrm{eq}} &= 3.4689\sqrt[4]{\frac{D_{11}D_{22}}{A_{11}A_{22}}} \end{aligned} \tag{7-7}$$

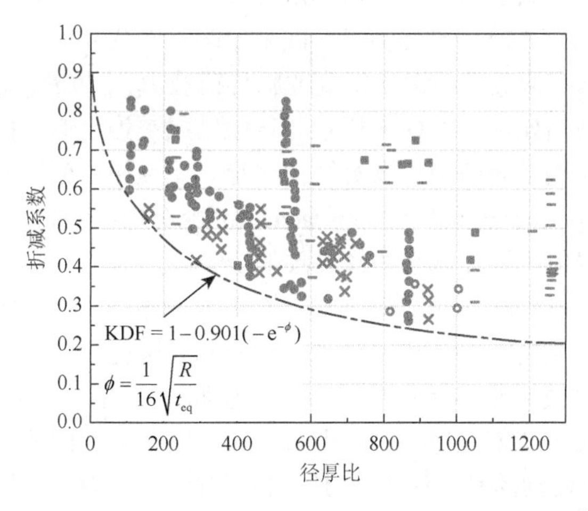

图 7-1　各向同性圆柱壳在压缩荷载作用下的试验结果[8]

上述经验方法采取的是试验下限值，因而所得到的折减系数往往会过于保守地估计圆柱壳的临界荷载值。与经验方法相对应的，则是借助能量法、有限元方法等的非线性分析手段。在这里通过一个复合材料圆柱壳的案例来说明非线性屈曲分析与分枝屈曲分析的不同。考虑一具有$[\pm 45°/0°_4]$铺层结构的圆柱壳，其在端部承受均匀轴向压缩位移。在试验中观察到，随着轴向压缩位移的增大，圆柱壳首先在局部区域内产生肉眼不易观测到的微小凹陷［图 7-2（a）］，随后横向变形不断扩展，最终呈现出图 7-2（b）所示的菱形波变形模态，这一变形模态可以采用一个谐波函数近似表示为

$$w(x,y)=w_0\sin\frac{m\pi x}{l}\sin\frac{ny}{2r}\quad(n,m=1,2,\cdots)\tag{7-8}$$

式中，w_0为位移幅值，m 和 n 分别为轴向和环向半波数；l 为轴向长度；r 为圆柱壳半径；x 和 y 分别为轴向和环向坐标。将试验条件下的平均临界荷载标记为$P_{\text{cr, exp}}$。随后采用有限元方法进行特征值屈曲分析，有限元给出的特征值屈曲临界荷载为 $P_{\text{cr, eig}}$，是平均试验结果 $P_{\text{cr, exp}}$ 的 1.25 倍，且由于复合材料±45°铺层造成的刚度耦合效应，有限元特征值屈曲分析给出了图 7-2（c）所示的螺旋形屈曲模态，可以用函数表示为[9]

$$w=w_0\sin\left(\frac{ny}{r}-\frac{nm'x}{r}\right)\tag{7-9}$$

其中，n 为环向完整波纹的数量；m'为波纹的坡度（波纹垂直高度与水平宽度的比值）。

显然，试验结果与线性屈曲分析结果存在显著差异。结构在屈曲前所出现的微小凹陷变形，可以认为是初始缺陷造成的一种横向扰动，与 7.1.1 节中压杆的横向扰动类似。为了能够将结构的初始缺陷考虑在内，在壳体承受轴向压缩之前，首先在其横向施加一微小的扰动荷载（perturbation load），其数量级为 10^{-2}kN，使得圆柱壳在承受轴压之前壳壁上存在一微小的凹陷形状几何缺陷，随后采用荷载增量法进行分析。有限元分析最终得到的临界荷载 $P_{\text{cr, nl}}$ 与 $P_{\text{cr, exp}}$ 处于同一水平，结构在屈曲后呈现出如图 7-2（d）所示与试验结果更为近似的模态。以上通过引入横向扰动荷载作为初始缺陷进而对结构进行非线性屈曲分析的方法称为单一扰动荷载法（single perturbation load approach，SPLA），且随着扰动荷载的增大，非线性屈曲临界荷载值将逐渐减小并最终收敛于一固定值附近。

图 7-3 所示为理想圆柱壳和带有缺陷圆柱壳的平衡路径，其中纵坐标代表实际承受轴向荷载与线性临界荷载的比值，横坐标为圆柱壳横向变形的幅值与壳壁厚度的比值。通过线性临界荷载分析（即分枝屈曲分析），得到的是荷载系数为 1 时的荷载，即曲线 OAC 的顶点 A；但进行带有初始缺陷的非线性屈曲分析或试验分析时，实际上得到的是曲线 OBC 所示的平衡路径，并往往以曲线的极值点代表结构的屈曲临界荷载。

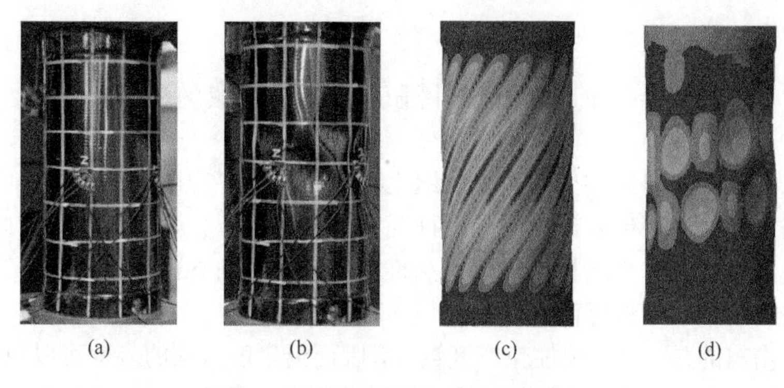

图 7-2　复合材料圆柱壳的屈曲模态

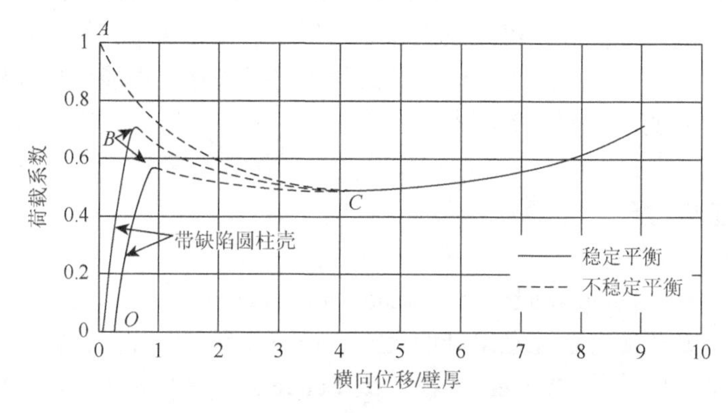

图 7-3　圆柱壳轴压荷载下平衡路径[10]

在工程实践中，为了克服薄壁管壳结构过早地发生局部屈曲失效，在实际使用中有时要配合加强结构来避免这一低效的失效模式，或是提高这一失效模式对应的临界荷载。常见的加强形式如泡沫夹芯结构，通过在内外蒙皮之间填充一材质柔软的泡沫芯层，使得内外蒙皮之间距离足够远，能够像工字梁那样承受更多的轴向荷载。此外，还有诸如格栅夹芯结构、蜂窝夹芯结构以及筋条增强结构（图 7-4）等。对此，本章在不带加强形式的各向同性圆柱管壳及复合材料层合圆柱管壳局部屈曲分析的基础上，还介绍了泡沫夹芯管结构以及带有筋条增强的泡沫夹芯管结构的局部屈曲分析方法。

图 7-4　筋条增强结构[11]

7.2 各向同性圆柱壳的平衡微分方程

在求解复合材料圆柱壳的屈曲问题之前，首先从各向同性圆柱壳屈曲问题的分析方法出发，利用能量法推导出圆柱壳的平衡微分方程，从而可以在此基础上将针对各向同性圆柱壳结构的求解方法推广到针对各向异性的复合材料领域，并对能量法的基本原理进行简要介绍。

需要指出的是，由于圆柱壳厚度较小，因而沿厚度方向的应变可以忽略不计，即采用薄板假定，只需要二维的位移场函数即可满足需求，大大简化了计算难度。对于薄板的位移和应变分析，可以采用经典的 Kirchhoff 薄板假定。该假定认为，垂直于薄板中面的法线，在薄板发生弯曲变形之后仍然保持直线，且垂直于变形之后的薄板中面。因此，通过该假定得到的理论模型往往不能分析薄板厚度方向的压缩、拉伸应变以及相应的应力。

7.2.1 应变与位移

应变与位移之间的运动学方程（kinematic equations）是构建内力与结构变形之间的关系以及平衡方程无法绕开的第一个环节。理想圆柱壳的应变与位移之间的关系可以通过经典的 Donnell 方程[12]或 Sanders 方程[13]表示。由于前者在形式上相较于后者采用了更为简化的假设条件，因而也被更多的学者采用和研究。借助 Silvestre 等[14]在相关文献中对 Donnell 圆柱壳模型和 Sanders 圆柱壳模型的对比分析，在本节中主要给出 Donnell 应变方程，作为后续分析的基础。

在给出应变方程之前，考虑图 7-5 所示受均匀轴压 N_x 的圆柱壳。用切向坐标系 x、θ、z 作为圆柱壳的坐标系统，其中 θ 为圆柱壳的环向，z 为厚度方向，x 为轴向，原点 O 位于圆柱壳的端部横截面壳壁几何中面上 $\theta=0$ 的位置；并用 u、v、w 分别表示壳壁中任一点沿 x、θ、z 方向的位移，圆柱壳的半径记为 R。

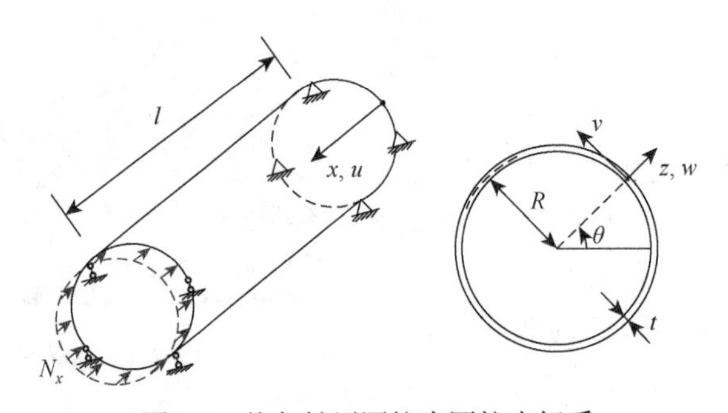

图 7-5　均匀轴压圆柱壳圆柱坐标系

根据前述薄壳理论假设，壳体内任一点处的应变分量 ε_x、ε_θ 和 $\gamma_{x\theta}$ 分别为

$$
\begin{aligned}
\varepsilon_x &= u_{,x} + \frac{1}{2}(w_{,x})^2 + \frac{1}{2}\beta^2 - zw_{,xx} \\
\varepsilon_\theta &= \frac{v_{,\theta} + w}{R} + \frac{1}{2}\beta_\theta^2 + \frac{1}{2}\beta^2 + z\left(\frac{1}{R}\beta_{\theta,\theta}\right) \\
\gamma_{x\theta} &= \frac{u_{,\theta}}{R} + v_{,x} - w_{,x}\beta_\theta + z\left(-\frac{w_{,x\theta}}{R} + \beta_{\theta,x} + \frac{1}{R}\beta\right)
\end{aligned}
\tag{7-10}
$$

式中，β_θ 为 Kirchhoff 假设中垂直于几何中面的圆柱壳纵平面绕 x 轴的转动；β 为横平面绕 z 轴的转动。Donnell 圆柱壳理论和 Sanders 圆柱壳理论的区别在于，β_θ 和 β 的表示有所不同。

在 Sanders 方程中，有

$$
\begin{aligned}
\beta_\theta &= \frac{v}{R} - \frac{w_{,\theta}}{R} \\
\beta &= \frac{1}{2}\left(v_{,x} - \frac{u_{,\theta}}{R}\right)
\end{aligned}
\tag{7-11}
$$

而在 Donnell 方程中采用了更为简化的方法，忽略了平面绕 z 轴的转动：

$$
\begin{aligned}
\beta_\theta &= -\frac{w_{,\theta}}{R} \\
\beta &= 0
\end{aligned}
\tag{7-12}
$$

通过将式（7-12）代入式（7-10），即可得到应变与位移之间的关系为

$$
\begin{aligned}
\varepsilon_x &= \varepsilon_x^0 + z\kappa_x \\
\varepsilon_\theta &= \varepsilon_\theta^0 + z\kappa_\theta \\
\gamma_{x\theta} &= \gamma_{x\theta}^0 + z\kappa_{x\theta}
\end{aligned}
\tag{7-13}
$$

式中，ε_x^0、ε_θ^0、$\gamma_{x\theta}^0$ 为参考中面的应变，代表薄膜受载方式，表示中面的拉伸和剪切变形；κ_x、κ_θ、$\kappa_{x\theta}$ 为参考中面的曲率，表示薄壳的弯曲变形，其中 $\kappa_{x\theta}$ 为薄壳的扭转变形。它们的表达式分别为

$$
\begin{cases}
\varepsilon_x^0 = u_{,x} + \underline{\dfrac{1}{2}(w_{,x})^2} \\
\varepsilon_\theta^0 = \dfrac{1}{R}(v_{,\theta} + w) + \underline{\dfrac{1}{2}\left(\dfrac{w_{,\theta}}{R}\right)^2}, \\
\gamma_{x\theta}^0 = \dfrac{1}{R}u_{,\theta} + v_{,x} + \underline{\dfrac{w_{,x}w_{,\theta}}{R}}
\end{cases}
\quad
\begin{cases}
\kappa_x = -w_{,xx} \\
\kappa_\theta = -\dfrac{w_{,\theta\theta}}{R^2} \\
\kappa_{x\theta} = -2\dfrac{w_{,x\theta}}{R}
\end{cases}
\tag{7-14}
$$

式中，带有下划线的部分表示位移偏导数的二次项，在进行小变形线性分析时可以忽略不计，但在进行非线性分析时需要考虑在内。

将式（7-14）中的所有应变记作向量 $\boldsymbol{\varepsilon}$:

$$\boldsymbol{\varepsilon}^{\mathrm{T}}=\{\varepsilon_x^0 \quad \varepsilon_\theta^0 \quad \gamma_{x\theta}^0 \quad \kappa_x \quad \kappa_\theta \quad \kappa_{x\theta}\} \tag{7-15}$$

并可以拆分为 $\boldsymbol{\varepsilon}=\boldsymbol{\varepsilon}_0+\boldsymbol{\varepsilon}_N$，其中 $\boldsymbol{\varepsilon}_0$ 为应变的线性项，$\boldsymbol{\varepsilon}_N$ 为应变的二次非线性项，分别可以用矩阵的形式表示为

$$\boldsymbol{\varepsilon}_0=\begin{Bmatrix} u_{,x} \\ \dfrac{1}{R}(v_{,\theta}+w) \\ \dfrac{1}{R}u_{,\theta}+v_{,x} \\ -w_{,xx} \\ -\dfrac{1}{R^2}w_{,\theta\theta} \\ -2\dfrac{1}{R}w_{,x\theta} \end{Bmatrix}=\begin{bmatrix} \dfrac{\partial}{\partial x} & 0 & 0 \\ 0 & \dfrac{1}{R}\dfrac{\partial}{\partial\theta} & \dfrac{1}{R} \\ \dfrac{1}{R}\dfrac{\partial}{\partial\theta} & \dfrac{\partial}{\partial x} & 0 \\ 0 & 0 & -\dfrac{\partial^2}{\partial x^2} \\ 0 & 0 & -\dfrac{1}{R^2}\dfrac{\partial^2}{\partial\theta^2} \\ 0 & 0 & -2\dfrac{1}{R}\dfrac{\partial^2}{\partial x\partial\theta} \end{bmatrix}\begin{Bmatrix} u \\ v \\ w \end{Bmatrix} \tag{7-16}$$

$$\boldsymbol{\varepsilon}_N=\begin{Bmatrix} \dfrac{1}{2}(w_{,x})^2 \\ \dfrac{1}{2}\left(\dfrac{w_{,\theta}}{R}\right)^2 \\ \dfrac{1}{R}w_{,x}w_{,\theta} \\ 0 \\ 0 \\ 0 \end{Bmatrix}=\frac{1}{2}\begin{bmatrix} w_{,x} & 0 \\ 0 & \dfrac{1}{R}w_{,\theta} \\ \dfrac{1}{R}w_{,\theta} & w_{,x} \\ 0 & 0 \\ 0 & 0 \\ 0 & 0 \end{bmatrix}\begin{bmatrix} 0 & 0 & \dfrac{\partial}{\partial x} \\ 0 & 0 & \dfrac{1}{R}\dfrac{\partial}{\partial\theta} \end{bmatrix}\begin{Bmatrix} u \\ v \\ w \end{Bmatrix} \tag{7-17}$$

将上述两式简写作 $\boldsymbol{\varepsilon}_0=\boldsymbol{d}_0\boldsymbol{u}$，$\boldsymbol{\varepsilon}_N=1/2\boldsymbol{A}\boldsymbol{d}_N\boldsymbol{u}$，其中 $\boldsymbol{d}_0$、$\boldsymbol{d}_N$ 称为微分算子矩阵，$\boldsymbol{u}$ 为位移向量。

7.2.2　本构方程

根据壳体的各向同性假设，本构关系可以表示为

$$\begin{Bmatrix} \sigma_x \\ \sigma_\theta \\ \sigma_{x\theta} \end{Bmatrix} = \begin{bmatrix} \dfrac{E}{1-\nu^2} & \dfrac{E\nu}{1-\nu^2} & \\ \dfrac{E\nu}{1-\nu^2} & \dfrac{E}{1-\nu^2} & \\ & & \dfrac{E}{2(1+\nu)} \end{bmatrix} \begin{Bmatrix} \varepsilon_x \\ \varepsilon_\theta \\ \gamma_{x\theta} \end{Bmatrix} \tag{7-18}$$

式中，σ_x、σ_θ 和 $\sigma_{x\theta}$ 为壳体内部任一位置处的应力，壳体中面单位长度上的合力和弯矩可以通过对式（7-18）沿厚度方向积分得到：

$$\begin{aligned} \{N_x \quad N_\theta \quad N_{x\theta}\}^{\mathrm{T}} &= \int_{-t/2}^{t/2} \{\sigma_x \quad \sigma_\theta \quad \sigma_{x\theta}\}^{\mathrm{T}} \mathrm{d}z \\ \{M_x \quad M_\theta \quad M_{x\theta}\}^{\mathrm{T}} &= \int_{-t/2}^{t/2} \{\sigma_x \quad \sigma_\theta \quad \sigma_{x\theta}\}^{\mathrm{T}} z\mathrm{d}z \end{aligned} \tag{7-19}$$

将式（7-13）代入式（7-18），并按式（7-19）进行积分，可以得到内力与应变之间的关系为

$$\begin{Bmatrix} N_x \\ N_\theta \\ N_{x\theta} \\ M_x \\ M_\theta \\ M_{x\theta} \end{Bmatrix} = \begin{bmatrix} C & \nu C & & & & \\ \nu C & C & & & & \\ & & (1-\nu)C/2 & & & \\ & & & D & \nu D & \\ & & & \nu D & D & \\ & & & & & (1-\nu)D/2 \end{bmatrix} \begin{Bmatrix} \varepsilon_x^0 \\ \varepsilon_\theta^0 \\ \varepsilon_{x\theta}^0 \\ \kappa_x \\ \kappa_\theta \\ \kappa_{x\theta} \end{Bmatrix} \tag{7-20}$$

式中，$C = Et/(1-\nu^2)$ 为壳的弹性刚度系数；$D = Et^3/[12(1-\nu^2)]$ 为壳的弯曲刚度系数。在小变形条件下忽略应变的二次项，从而可以将式（7-20）简写为 $\boldsymbol{N} = \boldsymbol{F}_{\mathrm{iso}}\boldsymbol{\varepsilon}_0$。其中，$\boldsymbol{N}$ 即为内力向量，如图 7-6 所示，$\boldsymbol{F}_{\mathrm{iso}}$ 为各向同性圆柱壳的本构关系矩阵。将式（7-16）代入式（7-20），可以得到内力与位移之间的关系为

$$\boldsymbol{N} = \boldsymbol{F}_{\mathrm{iso}}\boldsymbol{d}_0\boldsymbol{u} \tag{7-21}$$

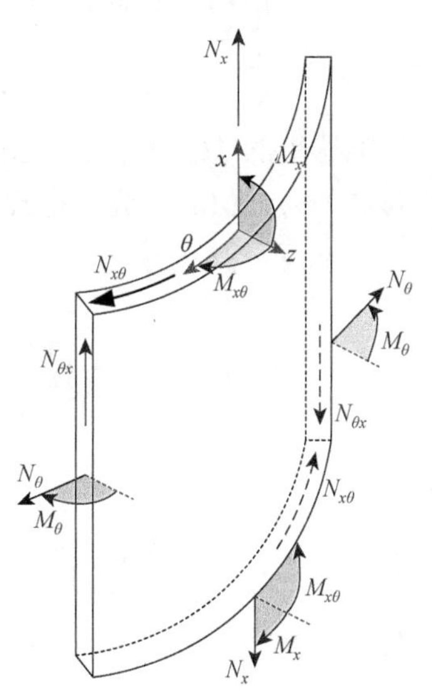

图 7-6　壳元内力状态

7.2.3　基于能量法的圆柱壳平衡方程推导

对于图 7-5 所示的承受均匀轴压 N_x 的圆柱壳，结构的总势能可以写作

$$\Pi = U + V \tag{7-22}$$

式中，U 为圆柱壳的应变能；V 为外力势能。7.1.2 节中已经指出，系统在平衡状态下所具有的总势能必然满足驻值条件：

$$\delta\Pi = \delta U + \delta V = 0 \tag{7-23}$$

因此，从该式可以推导出圆柱壳的平衡微分方程，这与采用平衡法直接建立圆柱壳的平衡微分方程是完全等价的。下面分别建立圆柱壳在均匀轴压作用下的应变能、外力势能以及二者的一阶变分表达式。应当注意，虽然分开讨论了应变能及外力势能的变分项，但两者的变分对象都是同一个位移向量 $\boldsymbol{u}$。

1）应变能 U

在均匀轴压 N_x 作用下，圆柱壳的应变能为

$$\begin{aligned} U &= \frac{1}{2}\int_0^l \int_0^{2\pi} \boldsymbol{N}^{\mathrm{T}} \boldsymbol{\varepsilon}_0 r \mathrm{d}\theta \mathrm{d}x \\ &= \frac{1}{2}\int_0^l \int_0^{2\pi} \boldsymbol{u}^{\mathrm{T}} \boldsymbol{d}_0^{\mathrm{T}} \boldsymbol{F}_{\mathrm{iso}} \boldsymbol{d}_0 \boldsymbol{u} r \mathrm{d}\theta \mathrm{d}x \end{aligned} \tag{7-24}$$

根据变分的运算法则 $\delta U = \dfrac{\partial U}{\partial \boldsymbol{u}}\delta \boldsymbol{u}$，以及矩阵相乘的求导运算法则

$$\begin{aligned} & f(\boldsymbol{x}) = \boldsymbol{x}^{\mathrm{T}} \boldsymbol{A} \boldsymbol{x} \\ & \frac{\partial f(\boldsymbol{x})}{\partial \boldsymbol{x}} = \boldsymbol{A}\boldsymbol{x} + \boldsymbol{A}^{\mathrm{T}} \boldsymbol{x} \end{aligned} \tag{7-25}$$

可以得到矩阵形式下应变能的一阶变分 δU 为

$$\delta U = \int_0^l \int_0^{2\pi} \delta \boldsymbol{u}^{\mathrm{T}} \boldsymbol{d}_0^{\mathrm{T}} \boldsymbol{F}_{\mathrm{iso}} \boldsymbol{d}_0 \boldsymbol{u} r \mathrm{d}\theta \mathrm{d}x \tag{7-26}$$

式中，位移的一阶变分 $\delta \boldsymbol{u}^{\mathrm{T}} = \{\delta u \ \delta v \ \delta w\}$。

2）外力势能

在圆柱壳承受均匀轴向压缩时，考虑小变形假设，有

$$V = -N_x \int_0^l \int_0^{2\pi} \frac{1}{2}(w_{,x})^2 r \mathrm{d}\theta \mathrm{d}x \tag{7-27}$$

注意这里的 1/2 指的是小变形假设下轴向压缩位移算式的乘数，并非外力功中位移与外力乘积的系数。将式（7-27）写作矩阵形式：

$$V = -\frac{N_x}{2}\int_0^l \int_0^{2\pi} \{u \quad v \quad w\} \begin{bmatrix} 0 & & \\ & 0 & \\ & & \dfrac{\partial}{\partial x} \end{bmatrix} \begin{bmatrix} 0 & & \\ & 0 & \\ & & \dfrac{\partial}{\partial x} \end{bmatrix} \begin{Bmatrix} u \\ v \\ w \end{Bmatrix} r \mathrm{d}\theta \mathrm{d}x \tag{7-28}$$

并将其记为 $V = -\dfrac{N_x}{2}\int_0^l \int_0^{2\pi} \boldsymbol{u}^{\mathrm{T}} \boldsymbol{d}_V^{\mathrm{T}} \boldsymbol{d}_V \boldsymbol{u} r \mathrm{d}\theta \mathrm{d}x$。与应变能的变分相似，外力势能 V 的一阶变分为

$$\delta V = -\int_0^l \int_0^{2\pi} \delta \boldsymbol{u}^{\mathrm{T}} \boldsymbol{d}_V^{\mathrm{T}} N_x \boldsymbol{d}_V \boldsymbol{u} r \mathrm{d}\theta \mathrm{d}x \tag{7-29}$$

在推导得出应变能与外力势能的一阶变分式后，就可以得到系统总势能的一阶变分为

$$\delta\Pi = \iint \delta\boldsymbol{u}^{\mathrm{T}}(\boldsymbol{d}_0^{\mathrm{T}}\boldsymbol{F}_{\mathrm{iso}}\boldsymbol{d}_0 - \boldsymbol{d}_V^{\mathrm{T}}N_x\boldsymbol{d}_V)\boldsymbol{u}r\mathrm{d}\theta\mathrm{d}x = 0 \tag{7-30}$$

从而可以得出结论，如果想要始终满足平衡条件，即上式始终成立，则系统总势能对于形函数的任意变分$\{\delta u\}$，应该始终有

$$(\boldsymbol{d}_0^{\mathrm{T}}\boldsymbol{F}_{\mathrm{iso}}\boldsymbol{d}_0 - \boldsymbol{d}_V^{\mathrm{T}}N_x\boldsymbol{d}_V)\boldsymbol{u} = \{0 \quad 0 \quad 0\}^{\mathrm{T}} \tag{7-31}$$

注意到式（7-31）中包含了三个平衡条件，通过将式中各个矩阵的具体表达式展开，就可以得到如下一组方程：

$$\begin{cases} u_{,xx} + \dfrac{1-\nu}{2R^2}u_{,\theta\theta} + \dfrac{1+\nu}{2R}v_{,x\theta} + \dfrac{\nu}{R}w_{,x} = 0 \\ \dfrac{1+\nu}{2R}u_{,x\theta} + \dfrac{1-\nu}{2}v_{,xx} + \dfrac{1}{R^2}v_{,\theta\theta} + \dfrac{1}{R^2}w_{,\theta} = 0 \\ \dfrac{\nu C}{R}u_{,x} + \dfrac{C}{R^2}v_{,\theta} + \dfrac{C}{R^2}w + Dw_{,xxxx} + \dfrac{D}{R^4}w_{,\theta\theta\theta\theta} + \dfrac{2\nu D + 2(1-\nu)D}{R^2}w_{,xx\theta\theta} = N_x w_{,xx} \end{cases} \tag{7-32}$$

式（7-32）即为基于能量法的驻值条件推导得到的各向同性圆柱壳平衡微分方程。为了更进一步地对其进行化简，可以将式（7-21）所示的内力表达式：

$$\begin{cases} N_x = Cu_{,x} + \dfrac{\nu C}{R}v_{,\theta} + \dfrac{\nu C}{R}w \\ N_\theta = \nu Cu_{,x} + \dfrac{C}{R}v_{,\theta} + \dfrac{C}{R}w \\ N_{x\theta} = \dfrac{(1-\nu)C}{2R}u_{,\theta} + \dfrac{(1-\nu)C}{2}v_{,x} \end{cases}, \quad \begin{cases} M_x = -Dw_{,xx} - \nu D\dfrac{w_{,\theta\theta}}{R^2} \\ M_\theta = -\nu Dw_{,xx} - \dfrac{D}{R^2}w_{,\theta\theta} \\ M_{x\theta} = -\dfrac{(1-\nu)D}{R}w_{,x\theta} \end{cases} \tag{7-33}$$

代入式（7-32），就可以得到

$$\begin{gathered} \frac{\partial N_x}{\partial x} + \frac{1}{R}\frac{\partial N_{x\theta}}{\partial \theta} = 0 \\ \frac{1}{R}\frac{\partial N_\theta}{\partial \theta} + \frac{\partial N_x}{\partial x} = 0 \\ \frac{\partial^2 M_x}{\partial x^2} + \frac{1}{R^2}\frac{\partial^2 M_\theta}{\partial \theta^2} + \frac{2}{R}\frac{\partial^2 M_{x\theta}}{\partial x \partial \theta} - \frac{N_\theta}{R} + N_x\frac{\partial^2 w}{\partial x^2} = 0 \end{gathered} \tag{7-34}$$

式（7-34）即为图 7-5 所示圆柱壳在均匀轴压荷载下的平衡微分方程。

7.3　复合材料圆柱壳的特征值屈曲

对于线性稳定问题，屈曲分析可以归结为以下二阶变分问题：

$$\delta^2 \Pi = \delta(\delta U + \delta V) = 0 \tag{7-35}$$

通过一定的运算，可以将式（7-35）推导得到如下表达式：

$$\delta \boldsymbol{c}^{\mathrm{T}} (\boldsymbol{K} + \lambda \boldsymbol{K}_{\mathrm{G}}) \delta c = 0 \tag{7-36}$$

式中，λ 为特征值；$\boldsymbol{K}$ 和 $\boldsymbol{K}_{\mathrm{G}}$ 分别为弹性刚度矩阵和几何刚度矩阵；$\delta \boldsymbol{c}$ 为对于形函数系数向量的变分。式（7-36）只有在满足条件

$$\det(\boldsymbol{K}_0 + \lambda \boldsymbol{K}_{\mathrm{G}}) = 0 \tag{7-37}$$

的情况下才能始终成立。通过求解该行列式，便可得到圆柱壳的特征值屈曲临界荷载。

7.3.1　应变与位移函数

总势能 Π 也称为系统的泛函。假设泛函中的位移变量关于坐标系统的最高阶导数为 m 阶，即其中的微分算子最多包含 m 阶偏导数，就称该问题是 C^{m-1} 变分问题，也就是说试函数的 0～$m-1$ 阶导数应该是连续的，以保证泛函中的积分存在[15]。关于该问题的边界条件，可以确定出两类：本质边界条件和自然边界条件。本质边界条件也称为几何边界条件，在结构力学中，本质边界条件对应于指定的位移和转角。在本质边界条件中，C^{m-1} 变分问题的导数至多为 $m-1$ 阶。第二类是自然边界条件，也称为力边界条件，对应的是指定的边界力和边界力矩，因而这些边界条件的最高阶导数为 m～$2m-1$ 阶[16]。

7.2 节已经讨论了圆柱壳这一连续系统的控制平衡方程的微分形式。在处理较为简单的系统时，可以通过积分法等求出微分方程的精确解，但对于较为复杂的系统，则可以采用近似方法。本节主要介绍采用经典的 Ritz 法，即采用一簇试函数求取近似解。在 Ritz 分析中，所选取的试函数只需要满足本质边界条件，而不需要满足自然边界条件。对试函数的边界条件放松要求的原因是自然边界条件往往隐含在泛函 Π 中。在这里不再对该问题做进一步的阐述，感兴趣的读者可以参考文献[2]、[15]、[16]。本节中主要关心如何通过实际的操作实现 Ritz 法的有关步骤，因此只需要知道，对于 7.2.3 节中构建的圆柱壳泛函，在选取试函数时，其应具有 C^1 连续性，即边界条件最高阶只需考虑 1 阶导数即可。那么对于图 7-5 所示的均匀轴压圆柱壳，在选取形函数时只需满足如式（7-38）所示的边界条件同时保证边界处一阶导数存在即可。

$$\begin{aligned} & u|_{x=0} = 0 \\ & v|_{x=0} = 0, \quad v|_{x=l} = 0 \\ & w|_{x=0} = 0, \quad w|_{x=l} = 0 \end{aligned} \tag{7-38}$$

可行的位移函数与所建立模型的收敛性和精确度是息息相关的。所选取的形

函数可以是简单的三角函数或是正交多项式函数的线性组合。为了满足结构的边界条件，通过对傅里叶级数做出改进，在齐次基底函数线性组合的基础上，再添加一些辅助函数仅供满足边界条件，使模型具有较好的收敛性。参考已有文献[17]、[18]，在这里给出如下一组形函数：

$$
\begin{aligned}
u &= u_{00}\frac{x}{l} + \sum_{i=1}^{m_u}\sum_{j=1}^{n_u}\sin\frac{i\pi x}{l}[u_{ij1}\sin(j\theta) + u_{ij2}\cos(j\theta)] \\
v &= \sum_{i=1}^{m_v}\sum_{j=1}^{n_v}\sin\frac{i\pi x}{l}[v_{ij1}\sin(j\theta) + v_{ij2}\cos(j\theta)] \\
w &= \sum_{i=1}^{m_w}\sum_{j=1}^{n_w}\sin\frac{i\pi x}{l}[w_{ij1}\sin(j\theta) + w_{ij2}\cos(j\theta)]
\end{aligned}
\tag{7-39}
$$

式中，m_u、n_u、m_v、n_v、m_w、n_w 表示级数的截断数；i 和 j 分别表示轴向半波数和环向完整波数，u_{00}、u_{ij1}、u_{ij2}、v_{ij1}、v_{ij2} 以及 w_{ij1} 和 w_{ij2} 表示基底函数的系数。从式（7-39）可以看出，在求和符号之后的三角函数项中，第一项 $\sin\frac{i\pi x}{l}$ 保证了基底函数在 $x=0$ 和 $x=l$ 处取值均为 0，即基底函数是齐次的；通过对 u 增加一线性项 x/l 使得形函数可以描述圆柱壳发生的轴向均匀压缩变形。此外，还可以给 v 和 w 增加额外的辅助函数使其能够描述圆柱壳在端部发生的扭转变形或径向变形。

式（7-39）所示的位移函数可以用矩阵表示为

$$
\boldsymbol{u} = \boldsymbol{g}\boldsymbol{c} \tag{7-40}
$$

式中，$\boldsymbol{g}$ 包含了所有的基底函数；$\boldsymbol{c}$ 为对应的系数。$\boldsymbol{g}$ 的展开形式为

$$
\boldsymbol{g} = \begin{bmatrix} g_{u0} & \boldsymbol{g}_{u1}^{\mathrm{T}} & \boldsymbol{g}_{u2}^{\mathrm{T}} & & & & & & \\ & & & g_{v0} & \boldsymbol{g}_{v1}^{\mathrm{T}} & \boldsymbol{g}_{v2}^{\mathrm{T}} & & & \\ & & & & & & g_{w0} & \boldsymbol{g}_{w1}^{\mathrm{T}} & \boldsymbol{g}_{w2}^{\mathrm{T}} \end{bmatrix} \tag{7-41}
$$

其中，g_{u0}、g_{v0}、g_{w0} 代表与边界条件有关的辅助函数：

$$
\begin{aligned}
g_{u0} &= x/l \\
g_{v0} &= 0 \\
g_{w0} &= 0
\end{aligned}
\tag{7-42}
$$

将三角函数 $\sin(i\pi/l)\sin(j\theta)$ 和 $\sin(i\pi/l)\cos(j\theta)$ 分别简写为 S_iS_j 和 S_iC_j，式（7-41）中的各函数向量为

$$
\begin{aligned}
\boldsymbol{g}_{u1}^{\mathrm{T}}, \boldsymbol{g}_{v1}^{\mathrm{T}}, \boldsymbol{g}_{w1}^{\mathrm{T}} &= \left\{S_1S_1 \quad S_1S_2 \quad \cdots \quad S_1S_{n_{u,v,w}} \quad \cdots \quad S_{m_{u,v,w}}S_{n_{u,v,w}}\right\} \\
\boldsymbol{g}_{u2}^{\mathrm{T}}, \boldsymbol{g}_{v2}^{\mathrm{T}}, \boldsymbol{g}_{w2}^{\mathrm{T}} &= \left\{S_1C_1 \quad S_1C_2 \quad \cdots \quad S_1C_{n_{u,v,w}} \quad \cdots \quad S_{m_{u,v,w}}C_{n_{u,v,w}}\right\}
\end{aligned}
\tag{7-43}
$$

与之相对应的，系数向量为

$$\boldsymbol{c}^{\mathrm{T}}=\{u_{00}\quad \boldsymbol{u}_{ij1}^{\mathrm{T}}\quad \boldsymbol{u}_{ij2}^{\mathrm{T}}\quad v_{00}\quad \boldsymbol{v}_{ij1}^{\mathrm{T}}\quad \boldsymbol{v}_{ij2}^{\mathrm{T}}\quad w_{00}\quad \boldsymbol{w}_{ij1}^{\mathrm{T}}\quad \boldsymbol{w}_{ij2}^{\mathrm{T}}\} \tag{7-44}$$

进一步地，将式（7-40）代入式（7-14），可以得到采用 Ritz 系数表达的应变向量：

$$\boldsymbol{\varepsilon}=\boldsymbol{\varepsilon}_0+\boldsymbol{\varepsilon}_N=\left(\boldsymbol{B}_0+\frac{1}{2}\boldsymbol{B}_N\right)\boldsymbol{c} \tag{7-45}$$

式中，$\boldsymbol{B}_0$ 包含了应变的线性项，表达式为 $\boldsymbol{B}_0=\boldsymbol{d}_0\boldsymbol{g}$；$\boldsymbol{B}_N$ 则包含了所有的二次项，参考式（7-17），其表达式为 $\boldsymbol{B}_N=\boldsymbol{A}\boldsymbol{d}_N\boldsymbol{g}$。为方便后续推导，在这里先给出应变 $\boldsymbol{\varepsilon}$ 的一阶变分表达式。应变线性部分的一阶变分为

$$\delta\boldsymbol{\varepsilon}_0=\boldsymbol{d}_0\boldsymbol{g}\delta\boldsymbol{c} \tag{7-46}$$

应变非线性部分的一阶变分以矩阵的形式不便于直接推导，因而直接对非线性应变的每个元素进行变分，有

$$\begin{aligned}
\boldsymbol{\varepsilon}_N^{\mathrm{T}}&=\left\{\frac{1}{2}(w_{,x})^2\quad \frac{1}{2}\left(\frac{1}{R}w_{,\theta}\right)^2\quad \frac{1}{R}w_{,\theta}w_{,x}\quad 0\quad 0\quad 0\right\}\\
\delta\boldsymbol{\varepsilon}_N^{\mathrm{T}}&=\left\{\frac{\partial\left(\frac{1}{2}(w_{,x})^2\right)}{\partial(w_{,x})}\delta(w_{,x})\quad \frac{\partial\left(\frac{1}{2}\left(\frac{1}{R}w_{,\theta}\right)^2\right)}{\partial(w_{,\theta})}\delta(w_{,\theta})\quad \frac{\partial\left(\frac{1}{R}w_{,\theta}w_{,x}\right)}{\partial(w_{,\theta})}\delta(w_{,\theta})+\frac{\partial\left(\frac{1}{R}w_{,\theta}w_{,x}\right)}{\partial(w_{,x})}\delta(w_{,x})\quad 0\quad 0\quad 0\right\}\\
&=\left\{w_{,x}\delta(w_{,x})\quad \frac{1}{R}w_{,\theta}\delta(w_{,\theta})\quad \frac{1}{R}(w_{,x}\delta(w_{,\theta})+w_{,\theta}\delta(w_{,x}))\quad 0\quad 0\quad 0\right\}\\
&=\boldsymbol{A}\left\{\begin{matrix}\delta(w_{,x})\\ \frac{1}{R}\delta(w_{,\theta})\end{matrix}\right\}\\
&=\boldsymbol{A}\boldsymbol{d}_N\boldsymbol{g}\delta\boldsymbol{c}
\end{aligned} \tag{7-47}$$

从而可以得到应变的一阶变分为

$$\delta\boldsymbol{\varepsilon}=(\boldsymbol{B}_0+\boldsymbol{B}_N)\delta\boldsymbol{c}=\overline{\boldsymbol{B}}\delta\boldsymbol{c} \tag{7-48}$$

7.3.2 小变形假设下的临界荷载求解

重新考虑图 7-5 所示圆柱壳在轴压荷载作用下的系统总势能泛函 $\Pi=U+V$。7.2.3 节已经建立了各向同性圆柱壳在均匀轴压作用下的应变能表达式 U 以及小变形条件下得到的外力势能表达式 V，并推导出了二者的一阶变分。为了将其推广至复合材料圆柱壳领域，用 $\boldsymbol{F}_{\mathrm{ort}}$ 代替相应表达式中的 $\boldsymbol{F}_{\mathrm{iso}}$，$\boldsymbol{F}_{\mathrm{ort}}$ 代表了复合材料层合结构的 6×6 刚度矩阵。

将 7.3.1 节推导出的位移函数表达式 $\boldsymbol{u}=\boldsymbol{g}\boldsymbol{c}$ 分别代入应变能 U 和外力势能表达式 V 中，从而得到圆柱壳的应变能为

$$\begin{aligned}U&=\frac{1}{2}\iint\boldsymbol{u}^{\mathrm{T}}\boldsymbol{d}_0^{\mathrm{T}}\boldsymbol{F}_{\mathrm{ort}}\boldsymbol{d}_0\boldsymbol{u}r\mathrm{d}\theta\mathrm{d}x\\&=\iint\boldsymbol{c}^{\mathrm{T}}\boldsymbol{g}^{\mathrm{T}}\boldsymbol{d}_0^{\mathrm{T}}\boldsymbol{F}_{\mathrm{ort}}\boldsymbol{d}_0\boldsymbol{g}\boldsymbol{c}r\mathrm{d}\theta\mathrm{d}x\end{aligned}\tag{7-49}$$

并根据矩阵求导原理式（7-25）以及相应的变分运算法则计算应变能的一阶变分：

$$\begin{aligned}\delta U&=\frac{\partial U}{\partial\boldsymbol{c}}\delta\boldsymbol{c}\\&=\iint\delta\boldsymbol{c}^{\mathrm{T}}\boldsymbol{g}^{\mathrm{T}}\boldsymbol{d}_0^{\mathrm{T}}\boldsymbol{F}_{\mathrm{ort}}\boldsymbol{d}_0\boldsymbol{g}\delta\boldsymbol{c}r\mathrm{d}\theta\mathrm{d}x\end{aligned}\tag{7-50}$$

在式（7-27）中，外力势能是基于小变形假设得到的。也就是说，圆柱壳的轴向压缩位移是通过径向位移 w 求得的。式（7-29）已给出外力势能的一阶变分表达式，同样将位移表达式 $\boldsymbol{u}=\boldsymbol{g}\boldsymbol{c}$ 代入，得到

$$\delta V=-\iint\delta\boldsymbol{c}^{\mathrm{T}}\boldsymbol{g}^{\mathrm{T}}\boldsymbol{d}_V^{\mathrm{T}}N_x\boldsymbol{d}_V\boldsymbol{g}\boldsymbol{c}r\mathrm{d}\theta\mathrm{d}x\tag{7-51}$$

根据势能的驻值条件，可以得到

$$\begin{aligned}\delta\Pi&=\delta U+\delta V\\&=\delta\boldsymbol{c}^{\mathrm{T}}\iint\boldsymbol{g}^{\mathrm{T}}\boldsymbol{d}_0^{\mathrm{T}}\boldsymbol{F}_{\mathrm{ort}}\boldsymbol{d}_0\boldsymbol{g}r\mathrm{d}\theta\mathrm{d}x\boldsymbol{c}\\&\quad-\delta\boldsymbol{c}^{\mathrm{T}}\iint\boldsymbol{g}^{\mathrm{T}}\boldsymbol{d}_V^{\mathrm{T}}N_x\boldsymbol{d}_V\boldsymbol{g}r\mathrm{d}\theta\mathrm{d}x\boldsymbol{c}\\&=\delta\boldsymbol{c}^{\mathrm{T}}\iint(\boldsymbol{g}^{\mathrm{T}}\boldsymbol{d}_0^{\mathrm{T}}\boldsymbol{F}_{\mathrm{ort}}\boldsymbol{d}_0\boldsymbol{g}-\boldsymbol{g}^{\mathrm{T}}\boldsymbol{d}_V^{\mathrm{T}}N_x\boldsymbol{d}_V\boldsymbol{g})r\mathrm{d}\theta\mathrm{d}x\boldsymbol{c}=0\end{aligned}\tag{7-52}$$

为了在任意 $\delta\boldsymbol{c}$ 时均能满足 $\delta\Pi=0$ 的条件，必须满足以下方程：

$$\iint(\boldsymbol{g}^{\mathrm{T}}\boldsymbol{d}_0^{\mathrm{T}}\boldsymbol{F}_{\mathrm{ort}}\boldsymbol{d}_0\boldsymbol{g}-\boldsymbol{g}^{\mathrm{T}}\boldsymbol{d}_V^{\mathrm{T}}N_x\boldsymbol{d}_V\boldsymbol{g})r\mathrm{d}\theta\mathrm{d}x\boldsymbol{c}=0\tag{7-53}$$

式（7-53）实际上为关于未知量 $\boldsymbol{c}$ 的线性方程组。根据线性代数的知识，如果线性方程组 $\boldsymbol{A}\boldsymbol{x}=\boldsymbol{0}$ 始终成立，则必有系数矩阵的行列式 $\det(\boldsymbol{A})=0$ 的结论，即

$$\det\left[\iint(\boldsymbol{g}^{\mathrm{T}}\boldsymbol{d}_0^{\mathrm{T}}\boldsymbol{F}_{\mathrm{ort}}\boldsymbol{d}_0\boldsymbol{g}-\boldsymbol{g}^{\mathrm{T}}\boldsymbol{d}_V^{\mathrm{T}}N_x\boldsymbol{d}_V\boldsymbol{g})r\mathrm{d}\theta\mathrm{d}x\right]=0\tag{7-54}$$

注意到式（7-54）中仅包含了一个未知量 N_x，通过求解该行列式，便可以得到相应的临界荷载 $N_{x,\mathrm{cr}}$。

此外还必须指出的是，在上述分析求解过程中，依据的是系统势能的驻值条件，即圆柱壳的平衡条件，而并未依据 7.1.1 节中所提到的随遇平衡条件 $\delta^2\Pi=\delta^2U+\delta^2V=0$，因而从本质上讲上述求解方法与平衡法直接建立平衡微分方程进行求解是相同的。为了分析在 $N_x=N_{x,\mathrm{cr}}$ 时平衡的稳定性，则需要构建能量泛函的二阶变分条件并进行进一步判断。在 7.3.3 节中，将直接依据随遇平衡条件求解结构的特征值临界荷载。

下面分别通过一个一维临界荷载问题和一个二维临界荷载问题，更进一步地说明上述求解过程。

算例 7-1 考虑一个承受轴压 P 作用的铰接梁如图 7-7 所示。在梁的铰接固定端建立一沿轴向的坐标系 $O\text{-}x$，在荷载 P 作用下梁的铰接移动端发生沿 x 方向的位移 Δl，横向位移记为 w，忽略梁的轴向应变能和剪切应变能，求梁的临界荷载 P_{cr}。

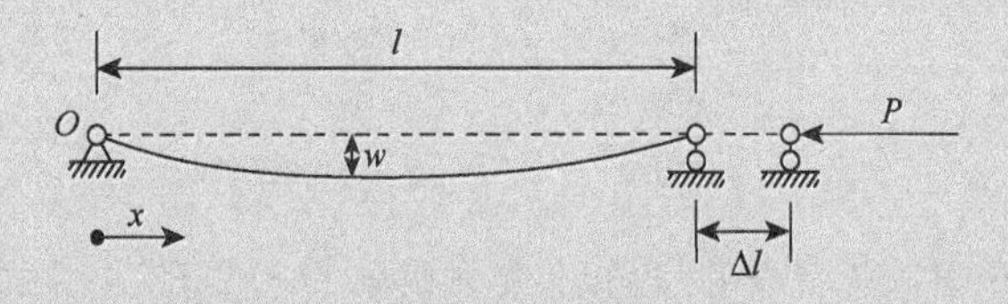

图 7-7 受轴压作用简支梁

仅考虑梁的弯曲应变，则梁的应变能为

$$U=\frac{1}{2}\int_0^l EI(w_{,xx})^2\mathrm{d}x$$

在小变形假设下，轴向缩短 $\Delta l=\int_0^l\frac{1}{2}(w_{,x})^2\mathrm{d}x$，因而外力势能为

$$V=-\frac{1}{2}P\int_0^l(w_{,x})^2\mathrm{d}x$$

考虑到铰接边界条件，假设位移函数 $w=\sum_{i=1}^{n}c_i\sin\frac{i\pi x}{l}$，简写作 $w=\sum_{i=1}^{n}c_iS_i$，其矩阵形式为 $w=\boldsymbol{g}^{\mathrm{T}}\boldsymbol{c}$，其中 $\boldsymbol{g}^{\mathrm{T}}=\{S_1\quad S_2\quad\cdots\quad S_n\}$，$\boldsymbol{c}^{\mathrm{T}}=\{c_1\quad c_2\quad\cdots\quad c_n\}$。

应变能和外力势能的一阶变分分别为

$$\delta U=EI\int_0^l\delta w_{,xx}w_{,xx}\mathrm{d}x=EI\delta\boldsymbol{c}^{\mathrm{T}}\int_0^l\boldsymbol{g}_{,xx}\boldsymbol{g}_{,xx}^{\mathrm{T}}\mathrm{d}x\boldsymbol{c}$$

$$\delta V=-P\int_0^l\delta w_{,x}w_{,x}\mathrm{d}x=-P\delta\boldsymbol{c}^{\mathrm{T}}\int_0^l\boldsymbol{g}_{,x}\boldsymbol{g}_{,x}^{\mathrm{T}}\mathrm{d}x\boldsymbol{c}$$

列出总势能的驻值条件：

$$\Pi=U+V$$

$$\delta\Pi=\delta U+\delta V=\delta\boldsymbol{c}^{\mathrm{T}}\left(EI\int_0^l\boldsymbol{g}_{,xx}\boldsymbol{g}_{,xx}^{\mathrm{T}}\mathrm{d}x-P\int_0^l\boldsymbol{g}_{,x}\boldsymbol{g}_{,x}^{\mathrm{T}}\mathrm{d}x\right)\boldsymbol{c}=0$$

通过上式可以确定如下线性方程组：

$$\left(EI\int_0^l\begin{bmatrix}S_{1,xx}S_{1,xx} & S_{1,xx}S_{2,xx} & \cdots & S_{1,xx}S_{n,xx}\\ S_{2,xx}S_{1,xx} & S_{2,xx}S_{2,xx} & & \vdots\\ \vdots & & \ddots & \\ S_{n,xx}S_{1,xx} & \cdots & & S_{n,xx}S_{n,xx}\end{bmatrix}\mathrm{d}x-P\int_0^l\begin{bmatrix}S_{1,x}S_{1,x} & S_{1,x}S_{2,x} & \cdots & S_{1,x}S_{n,x}\\ S_{2,x}S_{1,x} & S_{2,x}S_{2,x} & & \vdots\\ \vdots & & \ddots & \\ S_{n,x}S_{1,x} & \cdots & & S_{n,x}S_{n,x}\end{bmatrix}\mathrm{d}x\right)\boldsymbol{c}=0$$

考虑到正交函数的性质 $\int S_{i,xx}S_{j,xx}\mathrm{d}x=0, \int S_{i,x}S_{j,x}\mathrm{d}x=0(i\neq j)$，因此上述线性方程组的系数矩阵可以化简为如下对角矩阵：

$$\begin{bmatrix} EI\int S_{1,xx}S_{1,xx}\mathrm{d}x-P\int S_{1,x}S_{1,x}\mathrm{d}x & 0 & \cdots & 0 \\ 0 & EI\int S_{2,xx}S_{2,xx}\mathrm{d}x-P\int S_{2,x}S_{2,x}\mathrm{d}x & \cdots & 0 \\ \vdots & \vdots & \ddots & \vdots \\ 0 & 0 & \cdots & EI\int S_{n,xx}S_{n,xx}\mathrm{d}x-P\int S_{n,x}S_{n,x}\mathrm{d}x \end{bmatrix}$$

令该矩阵的行列式为 0，则可以得到

$$\prod_{i=1}^{n}\left(EI\int S_{i,xx}S_{i,xx}-P\int S_{i,x}S_{i,x}\right)=0$$

$$\prod_{i=1}^{n}\left(EI\frac{i^2\pi^2}{l^2}-P\right)=0$$

因此临界荷载为 $P_{\mathrm{cr}}=EI\dfrac{i^2\pi^2}{l^2}$。该临界荷载等于欧拉临界荷载，说明在该例中采用的形函数实际上是真实的形函数，而在采用真实的形函数时，得到的临界荷载与精确解相同。

在算例 7-1 中，通过驻值条件得到了一组线性方程。在不少文献中也都指出，该方法实际上等价于对总势能做关于 Ritz 系数的偏导：

$$\frac{\partial \Pi}{\partial c_1}=0,\quad \frac{\partial \Pi}{\partial c_2}=0,\quad \cdots,\quad \frac{\partial \Pi}{\partial c_n}=0 \tag{7-55}$$

通过偏导将得到与本例中完全相同的线性方程组。

算例 7-2　结合本小节中的求解过程，假定对于圆柱壳采用如下一组形函数：

$$\begin{aligned} u&=u_{11}\sin\frac{m\pi x}{l}\cos(n\theta) \\ v&=v_{11}\sin\frac{m\pi x}{l}\cos(n\theta) \\ w&=w_{11}\sin\frac{m\pi x}{l}\cos(n\theta) \end{aligned} \tag{7-56}$$

式中，m 和 n 分别表示轴向半波数和环向波数，求该情况下的临界荷载值 P_{cr}。

该位移函数用矩阵的形式可以表示为

$$\boldsymbol{u}=\boldsymbol{gc}=\begin{bmatrix} S_mC_n & & \\ & S_mC_n & \\ & & S_mC_n \end{bmatrix}\begin{Bmatrix} u_{11} \\ v_{11} \\ w_{11} \end{Bmatrix}$$

将其代入式（7-54），经进一步的整理化简，得到如下行列式：

$$\det\begin{bmatrix} A_{11}\dfrac{m^2\pi^2}{l^2}+A_{66}\dfrac{n^2}{R^2} & A_{16}\dfrac{m^2\pi^2}{l^2}+A_{26}\dfrac{n^2}{R^2} & 0 \\ A_{16}\dfrac{m^2\pi^2}{l^2}+A_{26}\dfrac{n^2}{R^2} & A_{66}\dfrac{m^2\pi^2}{l^2}+A_{22}\dfrac{n^2}{R^2} & 0 \\ 0 & 0 & \begin{matrix} A_{22}\dfrac{1}{R^2}+D_{11}\dfrac{m^4\pi^4}{l^4}+D_{22}\dfrac{n^4}{R^4}+2B_{12}\dfrac{m^2\pi^2}{Rl^2} \\ +2B_{22}\dfrac{n^2}{R^3}+2D_{12}\dfrac{m^2n^2\pi^2}{R^2l^2}+D_{66}\dfrac{4m^2n^2\pi^2}{R^2l^2}-N_x\dfrac{m^2\pi^2}{l^2} \end{matrix} \end{bmatrix}=0$$

进一步地，可以得到如下解：

$$\begin{aligned} N_x=\frac{P_{\mathrm{cr}}}{2\pi R}&=A_{22}\frac{l^2}{m^2\pi^2R^2}+D_{11}\frac{m^2\pi^2}{l^2}+D_{22}\frac{n^4l^2}{m^2\pi^2R^4}+2B_{12}\frac{1}{R} \\ &+2B_{22}\frac{n^2l^2}{m^2\pi^2R^3}+2D_{12}\frac{n^2}{R^2}+D_{66}\frac{4n^2}{R^2} \end{aligned} \tag{7-57}$$

为了求得 N_x 的最小值，可以将式（7-57）视为 m、n 的二元函数，该函数在某一 m、n 组合处将取到最小值，此最小值即为所求的临界荷载值，如图 7-8 所示。

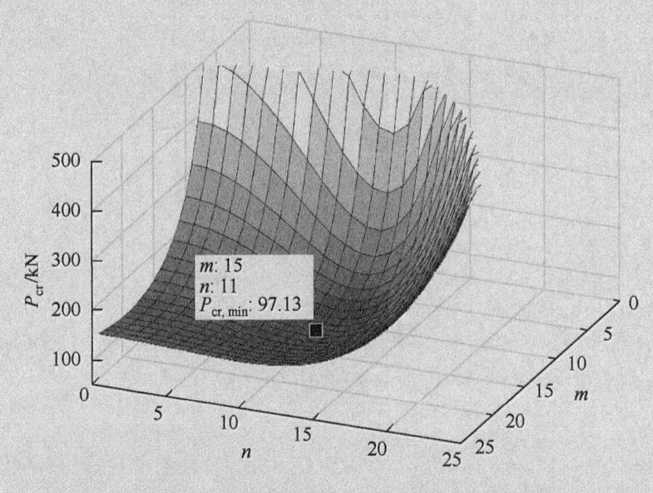

图 7-8　临界荷载随 m、n 取值的变化趋势

从式（7-56）中不难看出，算例 7-2 中采用的形函数实际上是小变形条件下非常不精确的近似函数；该形函数的使用，使得由此得到的解析表达式（7-57）仅将复合材料的横向拉伸刚度 A_{22}，拉弯耦合刚度 B_{12}、B_{22}，弯曲刚度 D_{11}、D_{12}、D_{22} 以及扭转刚度 D_{66} 考虑在内，而将复合材料的剪切、压缩以及其他不良耦合效应排除在外，因此利用式（7-57）得到的临界荷载预测值会比真实荷载大很多。

7.3.3　特征值屈曲分析

基于系统的随遇平衡条件 $\delta^2\Pi=\delta^2U+\delta^2V=0$，同时考虑应变的二次项 ε_N 为稳定性带来的影响。在此基础上，重新构造在轴向均匀压缩荷载作用下的圆柱壳应变能 U 和外力势能 V，以及二者的二阶变分 δ^2U 和 δ^2V，从而得到结构的弹性刚度矩阵以及几何刚度矩阵，最后求解特征值。

在 7.3.1 节中，依据 Donnell 圆柱壳理论下的形变运动学公式，得到了考虑二次项的应变表达式为 $\boldsymbol{\varepsilon}=\boldsymbol{\varepsilon}_0+\boldsymbol{\varepsilon}_N=(\boldsymbol{B}_0+1/2\boldsymbol{B}_N)\boldsymbol{c}$，及其一阶变分 $\delta\boldsymbol{\varepsilon}=(\boldsymbol{B}_0+\boldsymbol{B}_N)\delta\boldsymbol{c}=\overline{\boldsymbol{B}}\delta\boldsymbol{c}$。为了方便进一步应变能的二阶变分推导，在此首先列出应变的二阶变分为

$$\delta^2\boldsymbol{\varepsilon}=\delta\overline{\boldsymbol{B}}\delta\boldsymbol{c}=\delta\boldsymbol{B}_N\delta\boldsymbol{c} \tag{7-58}$$

由于 $\boldsymbol{B}_0$ 为线性项，因而其变分为零。根据式（7-17），式（7-58）中 $\delta\boldsymbol{B}_N$ 可进一步展开如下：

$$\delta\boldsymbol{B}_N=\delta\boldsymbol{A}\boldsymbol{d}_N\boldsymbol{g}$$

$$\delta\boldsymbol{A}=\delta\begin{bmatrix} w_{,x} & 0 \\ 0 & \dfrac{1}{R}w_{,\theta} \\ \dfrac{1}{R}w_{,\theta} & w_{,\theta} \\ 0 & 0 \\ 0 & 0 \\ 0 & 0 \end{bmatrix}=\begin{bmatrix} \delta(w_{,x}) & 0 \\ 0 & \dfrac{1}{R}\delta(w_{,\theta}) \\ \dfrac{1}{R}\delta(w_{,\theta}) & \delta(w_{,\theta}) \\ 0 & 0 \\ 0 & 0 \\ 0 & 0 \end{bmatrix} \tag{7-59}$$

作为内力与应变的乘积，将 $\boldsymbol{\varepsilon}_N$ 考虑在内的应变能为

$$U=\frac{1}{2}\iint\boldsymbol{\varepsilon}^{\mathrm{T}}\boldsymbol{N}r\mathrm{d}\theta\mathrm{d}x \tag{7-60}$$

式中，$\boldsymbol{N}=\boldsymbol{F}_{\mathrm{ort}}\boldsymbol{\varepsilon}$ 为圆柱壳的内力。应变能的一阶变分为

$$\delta U=\iint\delta\boldsymbol{c}^{\mathrm{T}}\overline{\boldsymbol{B}}^{\mathrm{T}}\boldsymbol{N}r\mathrm{d}\theta\mathrm{d}x \tag{7-61}$$

二阶变分为

$$
\begin{aligned}
\delta^2 U &= \frac{\partial(\delta U)}{\partial \boldsymbol{N}}\delta \boldsymbol{N} + \frac{\partial(\delta U)}{\partial \overline{\boldsymbol{B}}^{\mathrm{T}}}\delta \overline{\boldsymbol{B}}^{\mathrm{T}} \\
&= \delta \boldsymbol{c}^{\mathrm{T}}\left(\iint \overline{\boldsymbol{B}}^{\mathrm{T}}\delta \boldsymbol{N} r\mathrm{d}\theta\mathrm{d}x + \iint \delta \overline{\boldsymbol{B}}^{\mathrm{T}}\boldsymbol{N} r\mathrm{d}\theta\mathrm{d}x\right)
\end{aligned} \tag{7-62}
$$

对于等式右侧括号内的第一项，在求解线性临界荷载时可以忽略应变的非线性项，从而进一步展开为

$$
\iint \overline{\boldsymbol{B}}^{\mathrm{T}}\delta \boldsymbol{N} r\mathrm{d}\theta\mathrm{d}x = \iint \boldsymbol{B}_0^{\mathrm{T}}\boldsymbol{F}_{\mathrm{ort}}\boldsymbol{B}_0 r\mathrm{d}\theta\mathrm{d}x\boldsymbol{\delta c} \tag{7-63}
$$

等式右侧括号内的第二项可进一步展开为

$$
\begin{aligned}
&\iint \delta \overline{\boldsymbol{B}}^{\mathrm{T}}\boldsymbol{N} r\mathrm{d}\theta\mathrm{d}x \\
&= \iint \boldsymbol{g}^{\mathrm{T}}\boldsymbol{d}_N^{\mathrm{T}}\delta \boldsymbol{A}^{\mathrm{T}}\boldsymbol{N} r\mathrm{d}\theta\mathrm{d}x \\
&= \iint \boldsymbol{g}^{\mathrm{T}}\boldsymbol{d}_N^{\mathrm{T}}\begin{bmatrix} \delta(w_{,x}) & 0 & \dfrac{1}{R}\delta(w_{,\theta}) & 0 & 0 & 0 \\ 0 & \dfrac{1}{R}\delta(w_{,\theta}) & \delta(w_{,\theta}) & 0 & 0 & 0 \end{bmatrix}\begin{Bmatrix} N_x \\ N_\theta \\ N_{x\theta} \\ M_x \\ M_\theta \\ M_{x\theta} \end{Bmatrix} r\mathrm{d}\theta\mathrm{d}x \\
&= \iint \boldsymbol{g}^{\mathrm{T}}\boldsymbol{d}_N^{\mathrm{T}}\begin{bmatrix} N_x & N_{x\theta} \\ N_{x\theta} & N_\theta \end{bmatrix}\begin{Bmatrix} \delta(w_{,x}) \\ \dfrac{1}{R}\delta(w_{,\theta}) \end{Bmatrix} r\mathrm{d}\theta\mathrm{d}x \\
&= \iint \boldsymbol{g}^{\mathrm{T}}\boldsymbol{d}_N^{\mathrm{T}}\begin{bmatrix} N_x & N_{x\theta} \\ N_{x\theta} & N_\theta \end{bmatrix}\boldsymbol{d}_N \boldsymbol{g} r\mathrm{d}\theta\mathrm{d}x\boldsymbol{\delta c}
\end{aligned} \tag{7-64}
$$

将式（7-63）和式（7-64）分别代入式（7-62），从而可以将其改写为

$$
\delta^2 U = \delta \boldsymbol{c}^{\mathrm{T}}(\boldsymbol{K}_0 + \boldsymbol{K}_{\mathrm{G}})\delta \boldsymbol{c} \tag{7-65}
$$

式中，$\boldsymbol{K}_0$ 和 $\boldsymbol{K}_{\mathrm{G}}$ 分别为结构的弹性刚度矩阵和几何刚度矩阵，表达式为

$$
\begin{aligned}
\boldsymbol{K}_0 &= \iint \boldsymbol{B}_0^{\mathrm{T}}\boldsymbol{F}_{\mathrm{ort}}\boldsymbol{B}_0 r\mathrm{d}\theta\mathrm{d}x \\
\boldsymbol{K}_{\mathrm{G}} &= \iint \boldsymbol{g}^{\mathrm{T}}\boldsymbol{d}_N^{\mathrm{T}}\begin{bmatrix} N_x & N_{x\theta} \\ N_{x\theta} & N_\theta \end{bmatrix}\boldsymbol{d}_N \boldsymbol{g} r\mathrm{d}\theta\mathrm{d}x
\end{aligned} \tag{7-66}
$$

对于端部承受均匀轴压 P 的圆柱壳，其初始薄膜内力的表达式分别为

$$
N_x = \frac{P}{2\pi R},\quad N_\theta = 0,\quad N_{x\theta} = 0 \tag{7-67}
$$

外力势能为均匀轴压与端面压缩位移 $u(x=l)$的乘积，并可以计算出其变分为

$$\begin{aligned} V &= -N_x 2\pi R u\,|_{x=l} \\ &= -\{u \quad v \quad w\}\,|_{x=l} \begin{Bmatrix} N_x 2\pi R \\ 0 \\ 0 \end{Bmatrix} \\ &= \boldsymbol{c}^{\mathrm{T}} \boldsymbol{g}^{\mathrm{T}}\Big|_{x=l} \boldsymbol{F}_{\mathrm{ext}} \end{aligned} \qquad (7\text{-}68)$$

$$\delta V = \delta \boldsymbol{c}^{\mathrm{T}} \boldsymbol{g}^{\mathrm{T}}\Big|_{x=l} \boldsymbol{F}_{\mathrm{ext}}$$

$$\delta^2 V = 0$$

因而得到系统随遇平衡的条件为 $\delta^2 \Pi = \delta\boldsymbol{c}^{\mathrm{T}}(\boldsymbol{K}_0 + \boldsymbol{K}_{\mathrm{G}})\delta\boldsymbol{c} = 0$。对于利用式（7-67）得到的初始薄膜应力状态 $\boldsymbol{K}_{\mathrm{G0}}$，乘以一荷载乘数 λ，从而得到

$$\delta\boldsymbol{c}^{\mathrm{T}}(\boldsymbol{K}_0 + \lambda\boldsymbol{K}_{\mathrm{G0}})\delta\boldsymbol{c} = 0 \qquad (7\text{-}69)$$

这一等式对于任意的系数变分 $\delta\boldsymbol{c}$，如果能够有$(\boldsymbol{K}_0 + \lambda\boldsymbol{K}_{\mathrm{G0}})\delta\boldsymbol{c}$ 恒为 0，则式（7-69）将始终得到满足，此时即为一特征值问题：

$$(\boldsymbol{K}_0 + \lambda\boldsymbol{K}_{\mathrm{G0}})\delta\boldsymbol{c} = 0 \qquad (7\text{-}70)$$

它有非零解 $\delta\boldsymbol{c}$ 的充分必要条件是系数行列式

$$|\boldsymbol{K}_0 + \lambda\boldsymbol{K}_{\mathrm{G0}}| = 0 \qquad (7\text{-}71)$$

至此便得到了特征值屈曲的分析方程，其主要内容是对于初始刚度矩阵和几何刚度矩阵的构造。对应的临界荷载为 $N_{x,\mathrm{cr}} = \lambda N_x$，其中 N_x 指的是初始轴压。

7.3.4　算例

1. 应变场

假定图 7-5 所示圆柱壳的几何参数为：厚度 $t = 0.9\mathrm{mm}$，高度 $l = 250\mathrm{mm}$，半径 $R = 54\mathrm{mm}$。给定任一具体的位移场 $\boldsymbol{u}$，求该位移场对应的应变场 $\boldsymbol{\varepsilon}$。

根据式（7-16）和式（7-17），线性应变 $\boldsymbol{\varepsilon}_0$ 以及非线性应变 $\boldsymbol{\varepsilon}_N$ 的表达式分别为

$$\boldsymbol{\varepsilon}_0^{\mathrm{T}} = \left\{ u_{,x} \quad \frac{1}{R}(v_{,\theta} + w) \quad \frac{1}{R}u_{,\theta} + v_{,x} \quad -w_{,xx} \quad -\frac{1}{R^2}w_{,\theta\theta} \quad -2\frac{1}{R}w_{,x\theta} \right\}$$

$$\boldsymbol{\varepsilon}_N^{\mathrm{T}} = \left\{ \frac{1}{2}(w_{,x})^2 \quad \frac{1}{2}\left(\frac{1}{R}w_{,\theta}\right)^2 \quad \frac{1}{R}w_{,\theta}w_{,x} \quad 0 \quad 0 \quad 0 \right\}$$

从以上两式可以看出，应变的计算涉及大量对连续函数做偏导的运算。作为

MATLAB 的重要组成部分之一，符号运算功能提供了一种符号数据类型，使得用户可以根据符号变量定义连续函数，从而对连续函数进行求导和积分运算。然而，这一方法会消耗大量的计算资源，在进行大规模的求导和积分运算时将占用大量的内存和时间。为了充分利用 MATLAB 强大的数值计算功能，在这里对基底函数的储存、求导以及积分采用数值近似的方法：

假定一函数 $z=\sin x\cos\theta$ 的取值范围为 $0\leqslant\theta\leqslant3$，$0\leqslant x\leqslant2$。所采用的离散方法为：将 θ 离散成间隔 $\mathrm{d}h=1$ 的点，同样将 x 离散为间隔 $\mathrm{d}x=1$ 的点（间隔越小越精确），从而得到函数的离散自变量为

$$(\theta,x)=\begin{bmatrix}(0,0) & (1,0) & (2,0) & (3,0)\\(0,1) & (1,1) & (2,1) & (3,1)\\(0,2) & (1,2) & (2,2) & (3,2)\end{bmatrix}$$

这一函数及其离散自变量在 MATLAB 中存储的格式为

$$z=@(\theta,x)\sin(x).*\cos(\theta),\theta=\begin{bmatrix}0 & 1 & 2 & 3\\0 & 1 & 2 & 3\\0 & 1 & 2 & 3\end{bmatrix},x=\begin{bmatrix}0 & 0 & 0 & 0\\1 & 1 & 1 & 1\\2 & 2 & 2 & 2\end{bmatrix}$$

因而采用如下差分和求和运算代替连续函数的偏导和积分运算：

$$\frac{\partial z}{\partial\theta}=\frac{z_{i,j+1}-z_{i,j}}{\mathrm{d}h}\quad(i=1,2,3;\quad j=1,2,3)$$

$$\frac{\partial z}{\partial x}=\frac{z_{i+1,j}-z_{i,j}}{\mathrm{d}v}\quad(i=1,2;\quad j=1,2,3,4)$$

$$\iint_{x\theta}zr\mathrm{d}\theta\mathrm{d}x=\sum_{i=1}^{3}\sum_{j=1}^{4}z_{i,j}r\mathrm{d}h\mathrm{d}v$$

注意到，采用差分作为偏导运算时，会导致差分运算后的矩阵比原本的矩阵小一个维度。作为一种近似的方法，可以在差分运算后的矩阵补充一列或一行，该补充的列或行可以与其相邻的列或行取相同的值。

在编程求解时，首先构造出位移场，然后按照以差分求偏导的方式求出应变场。圆柱壳的几何参数、位移和应变在 MATLAB 程序中以类（class）的形式给出，它们所具有的数据结构如图 7-9 所示。

这里假定截断数 $\{m_u, n_u, m_v, n_v, m_w, n_w\}$ 的取值为 $\{2, 3, 2, 3, 2, 3\}$，假定形函数（7-39）的 Ritz 系数取值全部为 1［根据该截断数的取值，Ritz 系数的个数应为 $3+2\times(2\times3)+2\times(2\times3)+2\times(2\times3)=39$］，并将离散间隔 d$v$、d$h$ 分别设置为 1 和 0.1，求取该位移场下对应的线性应变和非线性应变。类的调用示例如下：

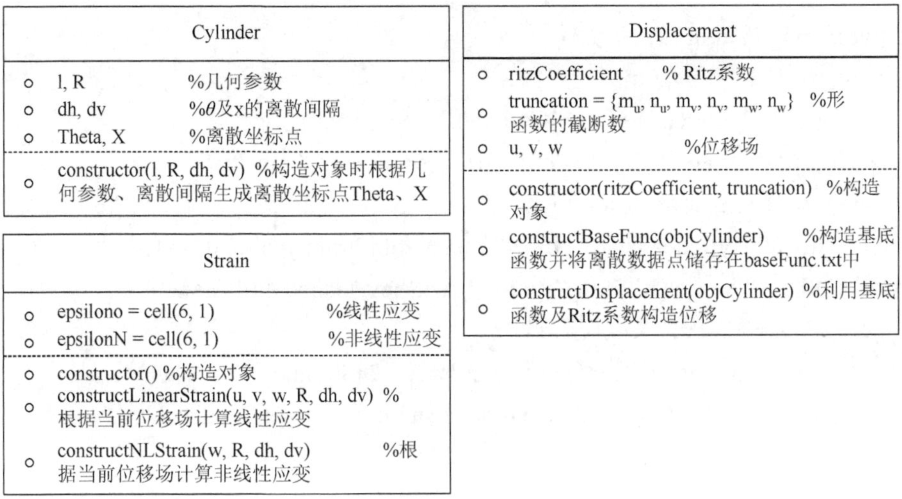

Cylinder
o l, R　%几何参数 o dh, dv　%θ及x的离散间隔 o Theta, X　%离散坐标点
o constructor(l, R, dh, dv) %构造对象时根据几何参数、离散间隔生成离散坐标点Theta、X

Strain
o epsilono = cell(6, 1)　%线性应变 o epsilonN = cell(6, 1)　%非线性应变
o constructor() %构造对象 o constructLinearStrain(u, v, w, R, dh, dv) %根据当前位移场计算线性应变 o constructNLStrain(w, R, dh, dv)　%根据当前位移场计算非线性应变

Displacement
o ritzCoefficient　% Ritz系数 o truncation = {m_u, n_u, m_v, n_v, m_w, n_w}　%形函数的截断数 o u, v, w　%位移场
o constructor(ritzCoefficient, truncation) %构造对象 o constructBaseFunc(objCylinder)　%构造基底函数并将离散数据点储存在baseFunc.txt中 o constructDisplacement(objCylinder) %利用基底函数及Ritz系数构造位移

图 7-9　圆柱壳（Cylinder）、位移（Displacement）和应变（Strain）类（class）在 MATLAB 程序中的数据结构

```
StrainField_main.m
clear;
objCylinder = Cylinder('l', 250, 'R', 54, 'dh', 0.1, 'dv', 1);   %构造圆柱壳对象并输入几何参数
coe = ones(39, 1);   %假定位移函数的 Ritz 系数取值全部为 1
objDisp = Displacement('ritzCoefficient', coe, 'truncation', [2, 3, 2, 3, 2, 3]);   %构造位移对象并输入 Ritz 系数和截断数
objDisp.constructBaseFunc(objCylinder);   %构造基底函数，并将其储存在 baseFunc.txt 中
objDisp.constructDisplacement(objCylinder);   %构造位移场，储存在位移对象中
objStrain = Strain( );   %构造应变对象 objStrain
objStrain.constructLinearStrain(objDisp.u, objDisp.v, objDisp.w, objCylinder.R, objCylinder.dh, objCylinder.dv);   %求解线性应变，储存在应变对象 objStrain 中
objStrain.constructNLStrain(objDisp.w, objCylinder.R, objCylinder.dh, objCylinder.dv);
  %求解非线性应变，储存在应变对象 objStrain 中
```

以位移场 u、v、w，应变 ε_x^0、ε_θ^0、$\gamma_{x\theta}^0$ 及其二次非线性项为例，图 7-10 以三维图的形式给出了各自的结果。图中，平面坐标分别为轴向 x 坐标和环向 θ 坐标，高度坐标代表了值的大小。以 u 以及 ε_x^0 的线性项和非线性项为例，数据的调取及绘制方法如下。

```
StrainField_main.m 续:
figure; % 绘制位移场 u
hu = surf(objCylinder.Theta, objCylinder.X, objDisp.u);
xlabel('\theta'); ylabel('x'); title('u'); set(hu, 'edgecolor', 'none');
figure; % 绘制应变场 epsilon x
hex = surf(objCylinder.Theta, objCylinder.X, objStrain.epsilon0{1});
xlabel('\theta'); ylabel('x'); title('strain x'); set(hex, 'edgecolor', 'none');
figure; % 绘制二阶应变场 epsilon x
hex2 = surf(objCylinder.Theta, objCylinder.X, objStrain.epsilonN{1});
xlabel('\theta'); ylabel('x'); title('second order strain x'); set(hex2, 'edgecolor', 'none');
```

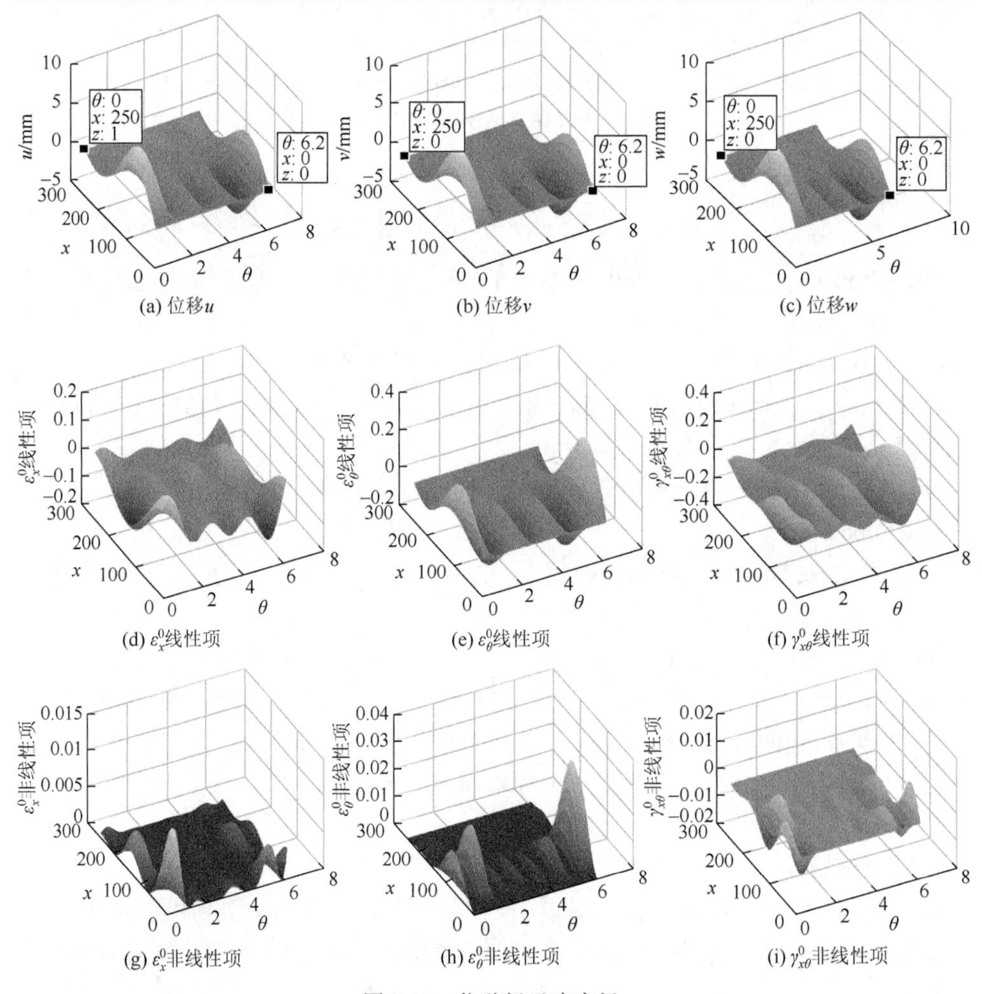

(a) 位移u　(b) 位移v　(c) 位移w

(d) ε_x^0线性项　(e) ε_θ^0线性项　(f) $\gamma_{x\theta}^0$线性项

(g) ε_x^0非线性项　(h) ε_θ^0非线性项　(i) $\gamma_{x\theta}^0$非线性项

图 7-10　位移场及应变场

在位移函数（7-39）中，由于仅 u 具有辅助函数，且 $u_{00}=1$，因而在边界 $x=250$ 处，仅 u 的值为 1，而其他位移场函数在该边界处取值均为 0［图 7-10（a）～（c）］。此外还可以看出，应变的二次非线性项要显著小于线性项，因而在小变形条件下是可以忽略的。

2. 特征值屈曲

假定图 7-5 所示圆柱壳的铺层为[45°/–45°/0°/0°/0°/0°]，复合材料单向布厚度为 0.15mm，力学参数为：$E_1=94\text{GPa}$，$E_2=7.4\text{GPa}$，$G_{12}=3.6\text{GPa}$，$\nu_{12}=0.3$。根据本节特征值屈曲分析方法以及形函数（7-39），通过 MATLAB 求解该圆柱壳的轴压临界荷载。

图 7-9 所示的类（class）已能构造出 Cylinder、Displacement 和 Strain 三种对象，它们的功能分别是储存圆柱壳的几何参数、构造位移场以及构造应变场。本算例中，在 Cylinder 对象和 Displacement 对象的基础上，增加 StiffMatrix 对象，用以计算圆柱壳的线性刚度矩阵 $\boldsymbol{K}_0$、几何刚度矩阵 $\boldsymbol{K}_{\text{G}}$ 以及特征值 λ。此外，还补充 LaminateStiffness 对象，用以计算层合板的刚度矩阵。它们在 MATLAB 中所具有的数据结构如图 7-11 所示。

LaminateStiffness
o plyThick %输入参数，单层厚度，单位mm
o plyAngle %输入参数，铺层角度，弧度
o E_1, E_2, ν_{12}, G_{12} %输入材性参数，单位GPa
o laminateA % 拉压刚度矩阵
o laminateB % 耦合刚度矩阵
o laminateD % 弯曲刚度矩阵
o laminateQ % 层合板等效刚度矩阵
o laminateS % 层合板等效柔度矩阵
o E_3, ν_{13}, ν_{21}, ν_{23}, ν_{31}, ν_{32}, G_{13}, G_{23} %材性参数
o constructor() % 构造对象
o calculateStiff() % 计算6×6刚度矩阵
o trans2Plane() %将6×6刚度矩阵改为3×3

StiffMatrix
o Fort % 输入参数，Fort = [A, B; B, D]
o NG0 % 输入参数，NG0 = $[N_x, N_\theta; N_\theta, N_{x\theta}]$
o K0 % 储存线性刚度矩阵
o KG % 储存几何刚度矩阵
o baseFunc % 储存基底函数
o B0T % 储存$\boldsymbol{B}_0^{\text{T}}$
o B0 % 储存$\boldsymbol{B}_0$
o B0TF % 储存$\boldsymbol{B}_0^{\text{T}}$与Fort的乘积$\boldsymbol{B}_0^{\text{T}}\boldsymbol{F}_{\text{ort}}$
o constructor(NG0, Fort) % 输入参数
o readBF(truncation, Theta) % 读取baseFunc.txt中的数据并储存在变量baseFunc中
o constructB0T(truncation, R, dh, dv) % 构造并储存$\boldsymbol{B}_0^{\text{T}}$
o constructB0(truncation, R, dh, dv) % 构造并储存$\boldsymbol{B}_0$
o constructB0TF(truncation) % 构造并储存$\boldsymbol{B}_0^{\text{T}}\boldsymbol{F}_{\text{ort}}$
o constructK0(obj, truncation, R, dh, dv) % 求解线性刚度矩阵
o constructKG(obj, truncation, R, dh, dv) % 求解几何刚度矩阵

图 7-11　层合板刚度 LaminateStiffness 和圆柱壳刚度矩阵 StiffMatrix 类（class）在 MATLAB 程序中的数据结构

利用前述几种对象计算圆柱壳的特征值屈曲临界荷载，主程序 eigenBuckling_main.m 的流程如图 7-12 所示。

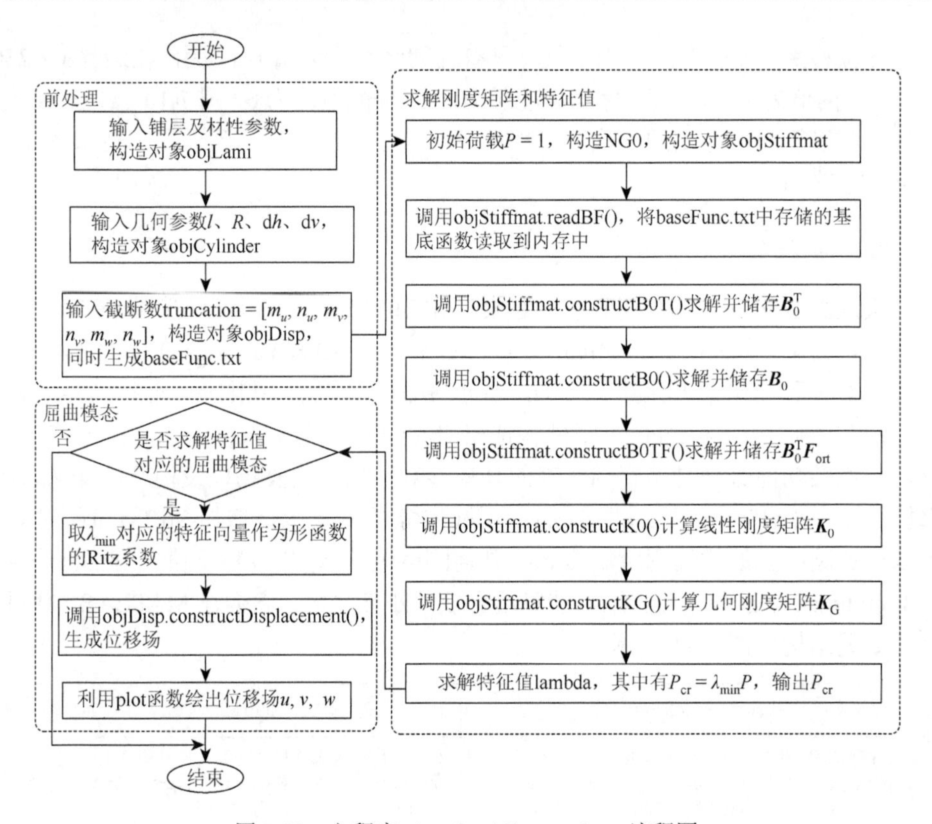

图 7-12　主程序 eigenBuckling_main.m 流程图

从图（7-12）中可以看出，对于刚度矩阵 $\boldsymbol{K}_0$ 和 $\boldsymbol{K}_\mathrm{G}$ 的求解，参照式（7-66），程序实际上是将式（7-66）拆分为多个部分逐步进行求解与储存结果。

在 7.3.1 节中已经指出，式（7-39）所示的形函数往往只有在基底函数的数量足够时，才能更为准确地描述位移场。因此，在利用图 7-12 所示程序求得临界荷载之后，需要对解的收敛性进行讨论。图 7-13 给出了本算例中[±45°/0°$_4$]铺层圆柱壳特征值屈曲临界荷载解的收敛性曲线。为了便于讨论，对于图 7-13 中的横坐标，形函数的截断数 $m_u = n_u = m_v = n_v = m_w = n_w = \mathrm{trc}$。从图 7-13 中可以看出，随着 trc 的增大，临界荷载逐渐趋于一定值，这表明特征值屈曲分析的结果是收敛的。为了能够对比说明，图 7-13 中还给出了具有同种材料的[90°$_2$/0°$_4$]铺层圆柱壳的临界荷载收敛曲线。

图 7-12 所示的程序还给出了求解特征值屈曲模态的功能。以图 7-13 中 trc = 10 和 trc = 8 时对应的两种铺层下圆柱壳特征值屈曲为例，图 7-14 给出了屈曲模态中的径向位移场 w。显然，正如 7.1.2 节所述，由于±45°铺层造成的刚度耦合效应，[±45°/0°$_4$]铺层圆柱壳呈现出“螺旋形”的屈曲模态。

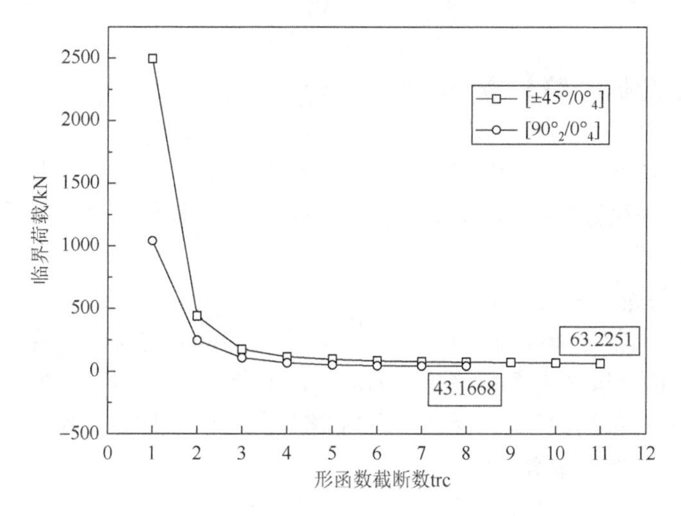

图 7-13　特征值屈曲临界荷载解的收敛性

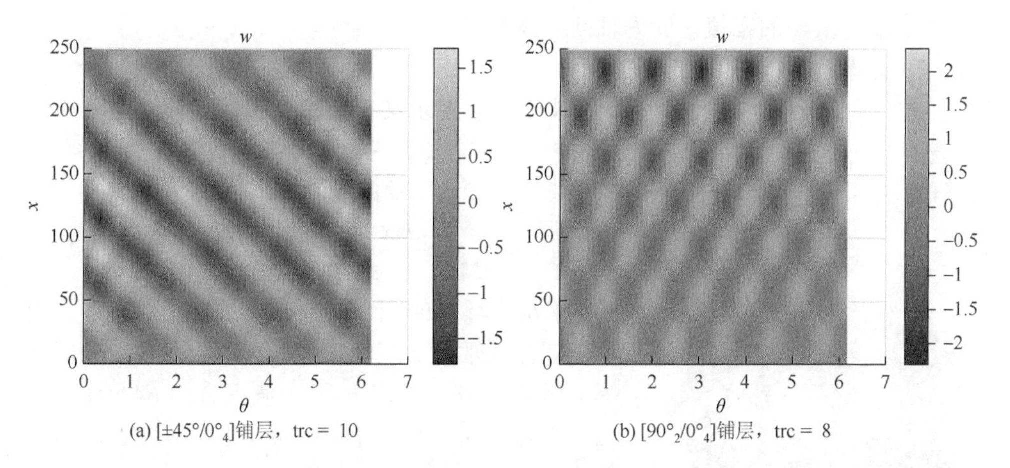

(a) [±45°/0°$_4$]铺层，trc = 10　　(b) [90°$_2$/0°$_4$]铺层，trc = 8

图 7-14　特征值屈曲分析得到的屈曲模态

7.4　考虑初始几何缺陷的非线性屈曲分析

在 7.1.2 节中已经论述了薄壁圆柱壳的初始缺陷敏感性以及初始几何缺陷对薄壁圆柱壳轴压屈曲的影响。对于圆柱壳的非线性屈曲分析，需要引入一定形式的缺陷场，并考虑其对应变的影响。在本节中，同样基于能量法的基本原理推导出增量形式的控制方程，并通过增量迭代法求解其平衡路径。在每一个荷载增量子步，可以将得到的应力应变场代入某一强度准则，以判断结构是否发生材料破坏，从而将局部屈曲临界荷载的预测问题转化为强度问题进行求解。

7.4.1 初始几何缺陷与应变

假定图 7-5 所示的受均匀轴向荷载作用的圆柱壳在壳壁上具有初始的几何缺陷，并可以用函数将缺陷场表示为 $w_0 = w_0(x, \theta)$。以往的研究中所采用的缺陷场有如下几种形式。

1）轴对称形式的几何缺陷

在圆柱壳局部屈曲领域早期的一些研究中，Koiter 等是最早将初始几何缺陷对各向同性圆柱壳非线性屈曲考虑在内的一批学者。Koiter 以及随后 Almroth[19]对初始缺陷的研究都局限于轴对称形式的缺陷。具有轴对称形式的缺陷可以表示为仅包含 x 坐标变量的函数，例如：

$$w_0 = A_w \sin\frac{m\pi x}{l} \tag{7-72}$$

式中，A_w 为缺陷的幅值；m 为轴向半波数。

2）非轴对称形式的谐波缺陷

这一缺陷函数采用一个二维谐波函数来表示某一缺陷形式，这种缺陷场与圆柱壳的屈曲模态较为相似，往往会对临界荷载造成较大影响。例如，Yamada 等[20]在针对圆柱壳的非线性屈曲分析中就采用了如下缺陷形式：

$$w_0 = A_w \cos\frac{by}{R}\sin\frac{m\pi x}{l} \tag{7-73}$$

式中，b 为环向的完整波数。为了研究带有这一缺陷的圆柱壳轴压非线性临界荷载的收敛性，Yamada 等考虑了对应于不同 b 和 m 值组合的 64 种模态。如图 7-15 所示，即为 $b = 9$、$m = 1$ 时的初始缺陷场形式。

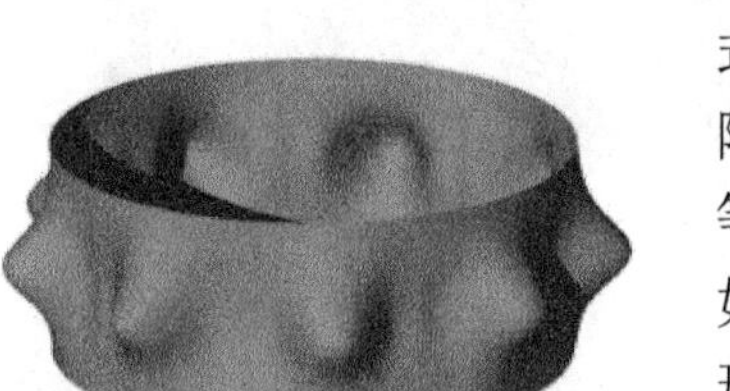

图 7-15　$b = 9$、$m = 1$ 时的初始缺陷场形式[4]

3）拟合真实缺陷场

Arbocz[18]采用如下一簇傅里叶级数来拟合结构的真实缺陷场：

$$w_0 = \sum_{j=0}^{n_0}\sum_{i=0}^{m_0}\cos\left(\frac{i\pi x}{l}\right)[A_{ij}\cos(j\theta) + B_{ij}\sin(j\theta)] \tag{7-74}$$

式中，m_0 和 n_0 为所采用基底函数的截断数；A_{ij} 和 B_{ij} 分别为相应基底函数的幅值系数。Castro 等[21]在研究薄壁圆锥壳的局部屈曲时即采用了这一函数，通过最小二乘法拟合采集到的点云数据，得到了较好的拟合结果。

4）其他形式的缺陷场

除前述三种缺陷形式外，还有不同的学者采用其他各种各样的缺陷形式进行圆柱壳的缺陷敏感性分析[22]。例如，单一扰动荷载法的思路是在轴向压缩开始之前，通过横向集中力 P 形成初始的微小凹陷［图 7-16（a)]。有关学者在圆柱壳的压缩试验和理论研究中观察到，圆柱壳的屈曲过程往往是从形成单个凹陷开始的。因此，单一扰动荷载法可作为一种人为引入的模拟几何缺陷，在试验和数值研究[23, 24]中均较容易实现。在扰动荷载作用下，结构的临界荷载将具有图 7-16（b）所示的变化趋势：当扰动荷载较小时（$P<P_0$），临界荷载将保持 a 段，仅随扰动荷载的增大发生非常微小的下降现象；当 $P_0<P<P_1$ 时，荷载将发生显著的下降现象，在扰动荷载达到 P_1 后趋向于稳定值 N_1。通过这种方法可以得到圆柱壳的轴压临界荷载折减系数 $\mathrm{KDF}=N_1/N_0$。基于单一扰动荷载法，为了使结构的临界荷载预测偏安全、稳健，还有学者提出了对临界荷载造成更大影响的多个扰动荷载法[25]，如图 7-16（c）所示，往往通过数值方法寻找一种对临界荷载造成最大影响的缺陷形式。

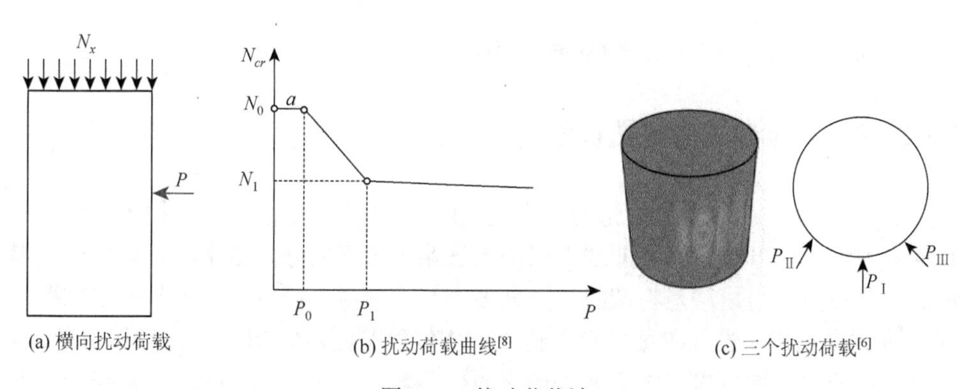

(a) 横向扰动荷载　(b) 扰动荷载曲线[8]　(c) 三个扰动荷载[6]

图 7-16　扰动荷载法

根据 Donnell 圆柱壳理论，考虑了初始几何缺陷的应变场为

$$
\begin{aligned}
\varepsilon_x^0 &= u_{,x} + \underline{\frac{1}{2}(w_{,x})^2} + \underline{\underline{w_{,x}^0 w_{,x}}} \\
\varepsilon_\theta^0 &= \frac{1}{R}(v_{,\theta}+w) + \underline{\frac{1}{2}\left(\frac{w_{,\theta}}{R}\right)^2} + \underline{\underline{\frac{1}{R^2} w_{,\theta}^0 w_{,\theta}}} \\
\gamma_{x\theta}^0 &= \frac{1}{R}u_{,\theta} + v_{,x} + \underline{\frac{1}{R}w_{,x}w_{,\theta}} + \underline{\underline{\frac{1}{R}w_{,x}^0 w_{,\theta}}} + \underline{\underline{\frac{1}{R}w_{,\theta}^0 w_{,x}}} \\
\kappa_x &= -w_{,xx} \\
\kappa_\theta &= -\frac{1}{R^2}w_{,\theta\theta} \\
\kappa_{xy} &= -2\frac{1}{R}w_{,x\theta}
\end{aligned}
\tag{7-75}
$$

式中，带有单下划线的项为与式（7-14）中完全相同的二次项，带有双下划线的部分则为缺陷场造成的应变部分，可以看出同样为非线性项。参照式（7-45）的写法，考虑了初始几何缺陷之后的应变可以拆分为

$$\boldsymbol{\varepsilon}=\boldsymbol{\varepsilon}_0+\boldsymbol{\varepsilon}_N+\boldsymbol{\varepsilon}_I \tag{7-76}$$

式中，$\boldsymbol{\varepsilon}_I$ 即由缺陷引起的非线性项，可以表示为［参考式（7-17）］

$$\boldsymbol{\varepsilon}_I=\begin{Bmatrix} w_{,x}^0 w_{,x} \\ \dfrac{1}{R^2}w_{,\theta}^0 w_{,\theta} \\ \dfrac{1}{R}w_{,x}^0 w_{,\theta}+\dfrac{1}{R}w_{,\theta}^0 w_{,x} \\ 0 \\ 0 \\ 0 \end{Bmatrix}=\begin{bmatrix} w_{,x}^0 & 0 \\ 0 & \dfrac{1}{R}w_{,\theta}^0 \\ \dfrac{1}{R}w_{,\theta}^0 & w_{,x}^0 \\ 0 & 0 \\ 0 & 0 \\ 0 & 0 \end{bmatrix}\begin{bmatrix} 0 & 0 & \dfrac{\partial}{\partial x} \\ 0 & 0 & \dfrac{1}{R}\dfrac{\partial}{\partial \theta} \end{bmatrix}\begin{Bmatrix} u \\ v \\ w \end{Bmatrix} \tag{7-77}$$

并可将式（7-77）标记为 $\boldsymbol{\varepsilon}_I=\boldsymbol{A}_I\boldsymbol{d}_N\boldsymbol{g}\boldsymbol{c}=\boldsymbol{B}_I\boldsymbol{c}$。

7.4.2　牛顿-拉弗森增量迭代法

在 7.2 节和 7.3 节中所讨论的均为线性问题，本小节中简要介绍轴压圆柱壳的几何非线性分析方法。求解非线性问题的思路大致可以分为增量法、迭代法和增量迭代法三类。增量法是将荷载划分为多个荷载增量，在每一步内都假定刚度矩阵 $\boldsymbol{K}$ 为常量矩阵，通过在每一步内施加一个荷载增量 $\delta\boldsymbol{P}$，得到一个位移增量 $\delta\boldsymbol{c}$，将每一步的位移增量累积之后即为最终的位移解 $\boldsymbol{c}$。而迭代法的思路则是一次性施加全部荷载，然后逐步修正刚度矩阵 $\boldsymbol{K}$，逐步调整位移，最后使位移解收敛于真实的位移解。采用增量法时，为了得到更为精确的解，显然需要将荷载增量调整得越小越好，但其求解精度不易控制；采用迭代法时，其计算量则相对于增量法较小，精度也可加以控制，但迭代法无法给出荷载-位移过程曲线。增量迭代法则包含了二者的优点，既能够控制求解的精度，也能够给出荷载-位移曲线。在本节中仅简单介绍基于牛顿-拉弗森方法（Newton-Raphson method）的增量迭代法，更为详细的论述可以参考文献[15]、[26]、[27]。

首先考虑单个变量牛顿-拉弗森方法。对于如下非线性方程：

$$f(x)=0 \tag{7-78}$$

在任意一点 x_0 处进行泰勒展开，并忽略其中的非线性项，得到

$$f(x_0)+f'(x_0)(x-x_0)=0 \tag{7-79}$$

假定 $f'(x_0)\neq 0$，则式（7-79）的解为

$$x_1 = x_0 - \frac{f(x_0)}{f'(x_0)} \tag{7-80}$$

重复上述过程，得到 $f(x)=0$ 在第 $k+1$ 次的近似解为

$$x_{k+1} = x_k - \frac{f(x_k)}{f'(x_k)} \tag{7-81}$$

如果第 $k+1$ 步满足精度要求，则在该步下求得的近似解即为满足精度要求的最终解。

在圆柱壳的轴压分析中，要求解的非线性问题为

$$\boldsymbol{R} = \boldsymbol{K}(\boldsymbol{c})\boldsymbol{c} - \boldsymbol{F}_{\text{ext}} = \boldsymbol{F}_{\text{int}}(\boldsymbol{c}) - \boldsymbol{F}_{\text{ext}} = \boldsymbol{0} \tag{7-82}$$

式中，$\boldsymbol{R}$ 为残余力（residual force），表示内力与外力之差；$\boldsymbol{K}(\boldsymbol{c})$和 $\boldsymbol{F}_{\text{int}}(\boldsymbol{c})$表明刚度矩阵以及内力均为变量 $\boldsymbol{c}$ 的函数，说明二者是非线性的量。对于该方程的求解，等价于求得一 $\boldsymbol{c}$ 使得残余力向量 $\boldsymbol{R}$ 为 $\boldsymbol{0}$，但在采用迭代法时，实际上只需要使得 $\boldsymbol{R}$ 足够小，满足某一精度即可。

如图 7-17（a）所示，假定在第 k 次迭代得到的解为 $\boldsymbol{c}_k$，从而有

$$\boldsymbol{R}_k = \boldsymbol{F}_{\text{int},k} - \boldsymbol{F}_{\text{ext}} = \boldsymbol{K}(\boldsymbol{c}_k)\boldsymbol{c}_k - \boldsymbol{F}_{\text{ext}} \neq \boldsymbol{0} \tag{7-83}$$

对残余力 $\boldsymbol{R}$ 进行泰勒展开，并只保留线性项，可以得到

$$\boldsymbol{R} = \boldsymbol{R}_k + \boldsymbol{K}_{\text{T},k}(\boldsymbol{c} - \boldsymbol{c}_k) = \boldsymbol{0} \tag{7-84}$$

式中，第 k 步的刚度矩阵简写为 $\boldsymbol{K}_{\text{T},k}$，称为第 k 步的切线刚度矩阵。随后可以得到第 $k+1$ 步的解为

$$\boldsymbol{c}_{k+1} = \boldsymbol{c}_k + \delta\boldsymbol{c}_k = \boldsymbol{c}_k - \boldsymbol{K}_{\text{T},k}^{-1}\boldsymbol{R}_k \tag{7-85}$$

上述方法即为牛顿-拉弗森方法，本质上属于迭代法的一种。为了能够将其与增量法结合在一起，可以将对圆柱壳施加的总荷载分为 n 个荷载步逐级施加，在每个荷载步下均采用迭代法求解，如图 7-17（b）所示。

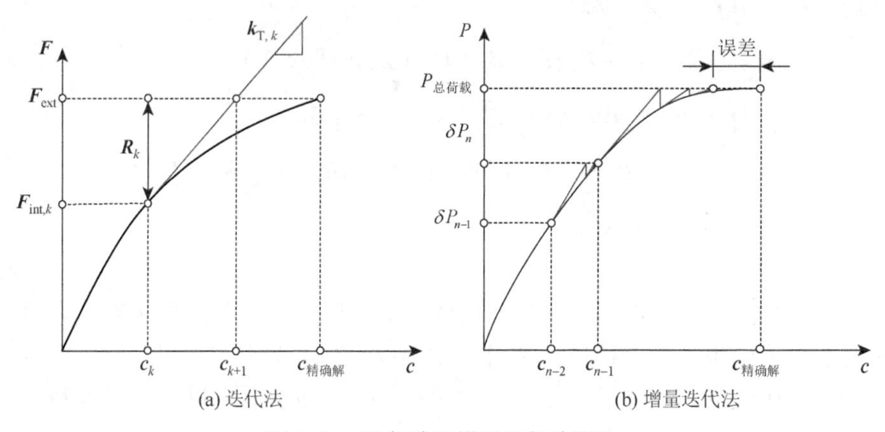

图 7-17　迭代法及增量迭代法图示

7.4.3 增量形式的控制方程

在非线性增量分析中，像式（7-79）那样，给定任意初始值 $\boldsymbol{c}^{(0)}$，往往不能满足势能驻值条件，因而采用一个残余力将其表示为

$$\delta\Pi = \delta U + \delta V = -\delta \boldsymbol{c}^{\mathrm{T}} \boldsymbol{R} \tag{7-86}$$

参考 7.3.3 节，式中应变能和外力势能可以分别表示为

$$\begin{aligned} \delta U^{(k)} &= \delta \boldsymbol{c}^{(k)\mathrm{T}} \iint \overline{\boldsymbol{B}}^{(k)\mathrm{T}} \boldsymbol{N}^{(k)} r \mathrm{d}\theta \mathrm{d}x \\ \delta V^{(k)} &= -\delta \boldsymbol{c}^{(k)\mathrm{T}} \boldsymbol{g}^{\mathrm{T}} \Big|_{x=l} \boldsymbol{F}_{\mathrm{ext}} \end{aligned} \tag{7-87}$$

将式（7-87）代入式（7-86），从而可以得到

$$\begin{aligned} \boldsymbol{R}^{(k)} &= \boldsymbol{g}^{\mathrm{T}} \Big|_{x=l} \boldsymbol{F}_{\mathrm{ext}} - \iint \overline{\boldsymbol{B}}^{(k)\mathrm{T}} \boldsymbol{N}^{(k)} r \mathrm{d}\theta \mathrm{d}x \\ &= \boldsymbol{g}^{\mathrm{T}} \Big|_{x=l} \boldsymbol{F}_{\mathrm{ext}} - \boldsymbol{F}_{\mathrm{int}}^{(k)} \end{aligned} \tag{7-88}$$

根据式（7-85）所描述的基本原理，即可得到

$$\delta \boldsymbol{c}^{(k)} = \boldsymbol{K}_{\mathrm{T}}^{(k-1)-1} \boldsymbol{R}^{(k-1)} \tag{7-89}$$

因而得到下一迭代步的位移解为

$$\boldsymbol{c}^{(k+1)} = \boldsymbol{c}^{(k)} + \delta \boldsymbol{c}^{(k)} \tag{7-90}$$

式（7-89）中 $\boldsymbol{K}_{\mathrm{T}}$ 为切线刚度矩阵，通过对势能项的二次变分即可得到其表达式：

$$\boldsymbol{K}_{\mathrm{T}} = \boldsymbol{K}_{\mathrm{G}} + \boldsymbol{K}_{\mathrm{L}} \tag{7-91}$$

其中 $\boldsymbol{K}_{\mathrm{G}}$ 为几何刚度矩阵，见式（7-66）。$\boldsymbol{K}_{\mathrm{L}}$ 的表达式为

$$\begin{aligned} \boldsymbol{K}_{\mathrm{L}} &= \iint \overline{\boldsymbol{B}}^{\mathrm{T}} \boldsymbol{F}_{\mathrm{ort}} \overline{\boldsymbol{B}} r \mathrm{d}\theta \mathrm{d}x \\ &= \iint (\boldsymbol{B}_0^{\mathrm{T}} + \boldsymbol{B}_N^{\mathrm{T}} + \boldsymbol{B}_I^{\mathrm{T}}) \boldsymbol{F}_{\mathrm{ort}} (\boldsymbol{B}_0 + \boldsymbol{B}_N + \boldsymbol{B}_I) r \mathrm{d}\theta \mathrm{d}x \\ &= \iint \boldsymbol{B}_0^{\mathrm{T}} \boldsymbol{F}_{\mathrm{ort}} \boldsymbol{B}_0 r \mathrm{d}\theta \mathrm{d}x + \iint \boldsymbol{B}_0^{\mathrm{T}} \boldsymbol{F}_{\mathrm{ort}} (\boldsymbol{B}_N + \boldsymbol{B}_I) r \mathrm{d}\theta \mathrm{d}x \\ &\quad + \iint (\boldsymbol{B}_N^{\mathrm{T}} + \boldsymbol{B}_I^{\mathrm{T}}) \boldsymbol{F}_{\mathrm{ort}} \boldsymbol{B}_0 r \mathrm{d}\theta \mathrm{d}x + \iint (\boldsymbol{B}_N + \boldsymbol{B}_I)^{\mathrm{T}} \boldsymbol{F}_{\mathrm{ort}} (\boldsymbol{B}_N + \boldsymbol{B}_I) r \mathrm{d}\theta \mathrm{d}x \\ &= \boldsymbol{K}_0 + \boldsymbol{K}_{0N} + \boldsymbol{K}_{0N}^{\mathrm{T}} + \boldsymbol{K}_{NN} \end{aligned} \tag{7-92}$$

当采用增量迭代法进行分析时，在每一个荷载子步 n 求得位移解 $\boldsymbol{c}_n$ 之后，即可求得该荷载子步下的位移场。利用 7.3.1 节及 7.4.1 节中的知识，即可求得该荷载子步下的应变场与应力场，进一步地能够代入相应的强度准则，以判断该荷载子步下是否发生材料失效。这一分析过程的流程如图 7-18 所示。

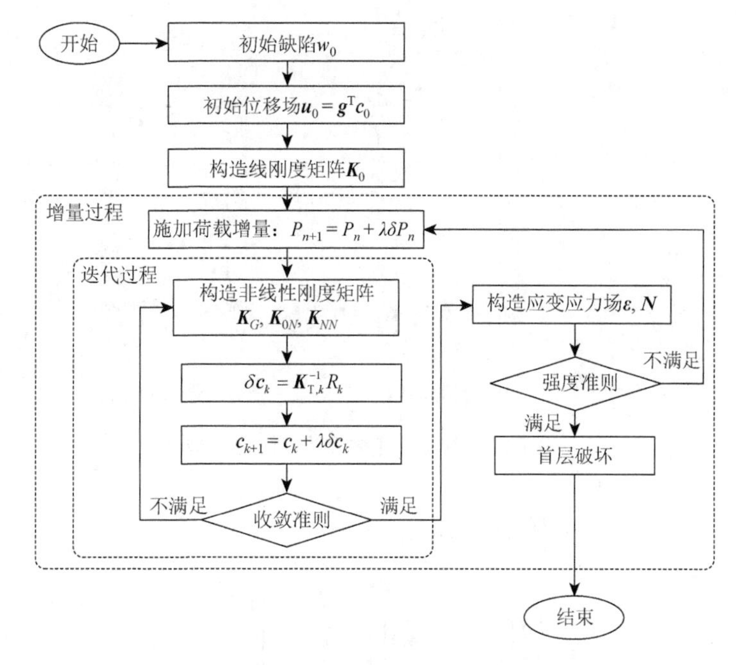

图 7-18　增量迭代法流程

7.5　单蒙皮泡沫管的屈曲分析

提高复合材料管壳抵抗局部屈曲性能的方法大体上可以分为两种，一种是提高壳壁自身的性能，另一种则是通过给管壳本身增加横向支撑来抵抗结构的屈曲变形。基于第二种思路而设计的复合材料管壳包括加筋圆柱壳和泡沫夹芯圆柱壳等。本节主要介绍单蒙皮泡沫管，对于它的分析延续了 7.3 节薄壁层合管的轴压局部屈曲计算方法。

7.5.1　单蒙皮泡沫管的临界荷载求解

图 7-19（a）所示为在图 7-5 所示的圆柱壳基础上，在其内部添加一圆筒状泡沫管，主要目的是抵抗外蒙皮的横向屈曲变形，称为单蒙皮泡沫管。泡沫材料的弹性模量为 E_{c}，泊松比为 ν_{c}，泡沫芯层的内径为 R_{c}，厚度为 t_{c}。

假定结构的变形为小变形，且芯层与蒙皮之间结合紧密，不会发生脱层分开的现象，因而可以在 7.3.2 节中所建立的复合材料圆柱壳总势能的基础上增加芯层的应变能，从而将芯层对于层合管外蒙皮的影响视为一刚度为 k_{e} 的弹性支撑，如图 7-19（b）所示。由于泡沫的弹性模量较小，其本身的轴向承载能力和抗弯刚度、剪切刚度可以忽略不计，因而芯层的应变能为

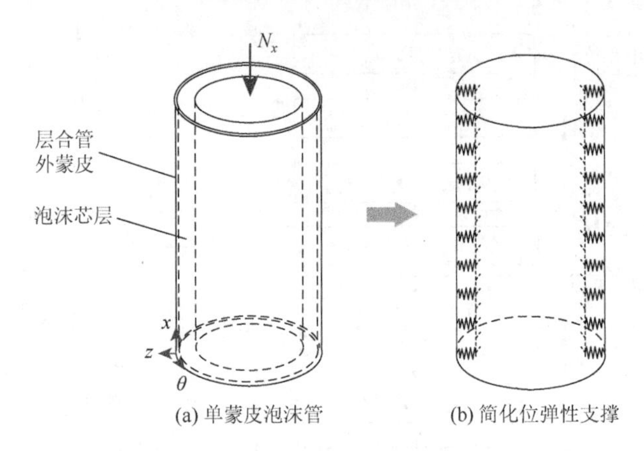

图 7-19　单蒙皮泡沫管及其简化模型

$$\begin{aligned} U_{\mathrm{c}} &= \iint \frac{1}{2} k_{\mathrm{e}} w^2 r \mathrm{d}\theta \mathrm{d}x \\ &= \frac{1}{2} \iint \{u \quad v \quad w\} \begin{bmatrix} 0 & & \\ & 0 & \\ & & k_{\mathrm{e}} \end{bmatrix} \begin{Bmatrix} u \\ v \\ w \end{Bmatrix} r \mathrm{d}\theta \mathrm{d}x \\ &= \frac{1}{2} \iint \boldsymbol{u}^{\mathrm{T}} \begin{bmatrix} 0 & & \\ & 0 & \\ & & k_{\mathrm{e}} \end{bmatrix} \boldsymbol{u} r \mathrm{d}\theta \mathrm{d}x \\ &= \frac{1}{2} \iint \boldsymbol{c}^{\mathrm{T}} \boldsymbol{g}^{\mathrm{T}} \boldsymbol{k}_{\mathrm{e}} \boldsymbol{g} \boldsymbol{c} r \mathrm{d}\theta \mathrm{d}x \end{aligned} \tag{7-93}$$

式中，w 为外蒙皮的径向变形，参考有关文献，k_{e} 的计算方法为[28]

$$k_{\mathrm{e}} = 2\pi \frac{1-(R_{\mathrm{c}}/R)^2}{1+(R_{\mathrm{c}}/R)^2} \frac{E_{\mathrm{c}}}{1-\nu_{\mathrm{c}}^2} \tag{7-94}$$

芯层应变能的一阶变分和二阶变分分别为

$$\begin{aligned} \delta U_{\mathrm{c}} &= \delta \boldsymbol{c}^{\mathrm{T}} \iint \boldsymbol{g}^{\mathrm{T}} \boldsymbol{k}_{\mathrm{e}} \boldsymbol{g} \boldsymbol{c} r \mathrm{d}\theta \mathrm{d}x \\ \delta^2 U_{\mathrm{c}} &= \delta \boldsymbol{c}^{\mathrm{T}} \iint \boldsymbol{g}^{\mathrm{T}} \boldsymbol{k}_{\mathrm{e}} \boldsymbol{g} r \mathrm{d}\theta \mathrm{d}x \delta \boldsymbol{c} \end{aligned} \tag{7-95}$$

将式（7-95）代入式（7-52），从而得到单蒙皮泡沫管在均匀轴压作用下的驻值条件为

$$\begin{aligned} \delta \Pi &= \delta U + \delta U_{\mathrm{c}} + \delta V \\ &= \delta \boldsymbol{c}^{\mathrm{T}} \iint \boldsymbol{g}^{\mathrm{T}} (\boldsymbol{d}_0^{\mathrm{T}} \boldsymbol{F}_{\mathrm{ort}} \boldsymbol{d}_0 + \boldsymbol{k}_{\mathrm{e}} - \boldsymbol{d}_V^{\mathrm{T}} N_x \boldsymbol{d}_V) \boldsymbol{g} r \mathrm{d}\theta \mathrm{d}x \boldsymbol{c} = 0 \end{aligned} \tag{7-96}$$

式（7-96）给出了单蒙皮泡沫管的平衡控制方程为

$$\iint \boldsymbol{g}^{\mathrm{T}} (\boldsymbol{d}_0^{\mathrm{T}} \boldsymbol{F}_{\mathrm{ort}} \boldsymbol{d}_0 + \boldsymbol{k}_{\mathrm{e}} - \boldsymbol{d}_V^{\mathrm{T}} N_x \boldsymbol{d}_V) \boldsymbol{g} r \mathrm{d}\theta \mathrm{d}x \boldsymbol{c} = 0 \tag{7-97}$$

将表达式中的各项矩阵逐一展开，即可得到形如式（7-34）所示的平衡方程。结构的临界荷载可以通过如下行列式求解：

$$\det\left[\iint \boldsymbol{g}^{\mathrm{T}}(\boldsymbol{d}_0^{\mathrm{T}}\boldsymbol{F}_{\mathrm{ort}}\boldsymbol{d}_0+\boldsymbol{k}_{\mathrm{e}}-\boldsymbol{d}_V^{\mathrm{T}}N_x\boldsymbol{d}_V)\boldsymbol{g}r\mathrm{d}\theta\mathrm{d}x\right]=0 \quad (7\text{-}98)$$

7.5.2　基于弹性基础梁的屈曲分析

针对圆柱壳的轴对称屈曲模态，即环向没有波纹的情况，可以将圆柱壳简化为弹性基础梁，采用弹性基础梁的一些理论来求解圆柱壳的轴对称屈曲问题。轴对称屈曲模态通常被认为是各向同性管壳的最低阶屈曲模态，处理起来也相对简便，因而对于管壳设计以及理解更复杂模态临界荷载的求解具有基础意义。

首先考虑不带泡沫芯层的圆柱壳结构。通过两个经过圆管几何轴心的平面可以从圆柱壳中截取出一个单位宽度的轴向壳带，如图 7-20 所示，壳带的两侧面作用有应力 σ_y，应力在侧面上的合力记为 N_y，则左右两侧的 N_y 会产生径向力 q_z。壳带两个切面之间的夹角为

$$\mathrm{d}\varphi=\frac{\mathrm{d}s}{R}=\frac{1}{R} \quad (7\text{-}99)$$

因此可以得到径向荷载 q_z：

$$q_z=2N_y\frac{\mathrm{d}\varphi}{2}=N_y\mathrm{d}\varphi=\frac{N_y}{R}=\frac{\sigma_y t}{R} \quad (7\text{-}100)$$

层合管因为屈曲而发生变形时，会在径向产生挠度 w，此挠度会在圆周方向产生应变：

$$\varepsilon_y=\frac{2\pi(R-w)-2\pi R}{2\pi R}=\frac{w}{R} \quad (7\text{-}101)$$

因此，对于轴向条带，环向作用力犹如由 w 产生的弹性反力，如图 7-21 所示。

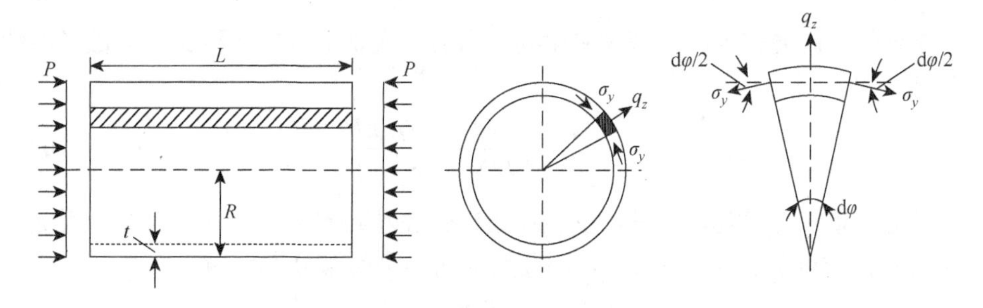

图 7-20　从圆柱壳中取出一轴向壳带

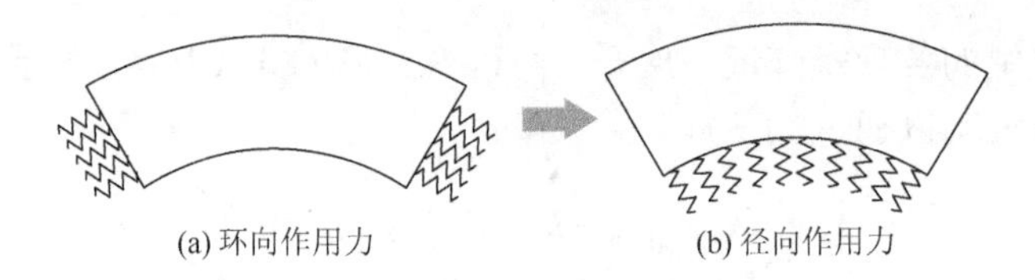

图 7-21 由环向作用力转换为径向作用力

对于正交异性体，平面状态下其应变-应力关系如下：

$$\begin{Bmatrix} \varepsilon_x \\ \varepsilon_y \\ \gamma_{xy} \end{Bmatrix} = \begin{bmatrix} S_{11} & S_{12} & 0 \\ S_{12} & S_{22} & 0 \\ 0 & 0 & S_{66} \end{bmatrix} \begin{Bmatrix} \sigma_x \\ \sigma_y \\ \tau_{xy} \end{Bmatrix} \tag{7-102}$$

因此有

$$\varepsilon_y = S_{12}\sigma_x + S_{22}\sigma_y \tag{7-103}$$

综合式（7-103）和式（7-101）可得到

$$\sigma_y = \frac{w}{RS_{22}} - \frac{S_{12}}{S_{22}}\sigma_x \tag{7-104}$$

式中，应力 σ_x 是壳带横剖面的正应力。在层合管两端面作用有压力 P，用一个积分系数 n 可以将二者的关系表示为

$$\sigma_x = \frac{nPR}{2t} \tag{7-105}$$

式中，n 由文献[29]、[30]可知，对于完善壳体，即没有初始弯曲的情况下有以下关系：

$$\frac{1}{n} = \frac{1}{2}\left(1 - \frac{S_{12}}{S_{22}}\right) \tag{7-106}$$

因此

$$q_z = \frac{wt}{R^2 S_{22}} - \frac{S_{12}}{S_{22}}\frac{nP}{2} \tag{7-107}$$

层合管轴向壳带只在两端面有轴向压力 N_x，壳带上分布荷载 $q = 0$，故径向荷载只有

$$q = -q_z = -\frac{wt}{R^2 S_{22}} + \frac{S_{12}}{S_{22}}\frac{nP}{2} \tag{7-108}$$

考虑放置在弹性基础上的一受轴压梁，弹性基础的刚度为 K，其会给梁提供与挠度 w 反方向的荷载 $q = -Kw$，因此梁的四阶平衡微分方程为

$$D\frac{\mathrm{d}^4 w}{\mathrm{d}x^4} + N_x\frac{\mathrm{d}^2 w}{\mathrm{d}x^2} + Kw = 0 \tag{7-109}$$

式中，D 为梁的抗弯刚度，$D = D_{11} - \dfrac{B_{11}^2}{A_{11}}$。将式（7-108）代入式（7-109）得

$$D\frac{\mathrm{d}^4 w}{\mathrm{d}x^4} + N_x\frac{\mathrm{d}^2 w}{\mathrm{d}x^2} + \frac{wt}{R^2 S_{22}} = \frac{S_{12}}{S_{22}}\frac{np}{2} \tag{7-110}$$

记 $w = w_1 - \dfrac{N_x P S_{12}}{2S_{22}K}$，以及 $K = \dfrac{h}{R^2 S_{22}}$，则式（7-110）可以化简为

$$D\frac{\mathrm{d}^4 w_1}{\mathrm{d}x^4} + N_x\frac{\mathrm{d}^2 w_1}{\mathrm{d}x^2} + Kw_1 = 0 \tag{7-111}$$

该方程具有和式（7-109）完全相同的形式。下面讨论如何求解这一微分平衡方程决定的临界荷载。假设方程的非零解为

$$w = A\mathrm{e}^{Zx} \tag{7-112}$$

将式（7-112）代入式（7-109）得

$$Z^2 = \frac{-N_x \pm \sqrt{N_x^2 + 4DK}}{2D} = \gamma\left(1 \pm \sqrt{1 - 1/\gamma^2}\right)\sqrt{\frac{K}{D}} \tag{7-113}$$

$$\gamma = \frac{N_x}{2\sqrt{DK}} \tag{7-114}$$

式中，Z 是荷载 N_x 的无量纲参数。对解的形式进行讨论，见表 7-1。

表 7-1　解答参数表

$\gamma<1$	$\gamma>1$		$K=0$	
$Z=\pm(\alpha_1\pm\alpha_2 i)$	$Z=\pm\alpha_3 i$	$Z=\pm\alpha_4 i$	$Z=\pm\alpha_5 i$	$Z=f_6$
$\alpha_1=\beta\sqrt{2f_1}$	$\alpha_3=\beta\sqrt{2f_3}$		$\alpha_5=\beta\sqrt{2f_5}$	$f_5=0$
$\alpha_2=\beta\sqrt{2f_2}$	$\alpha_4=\beta\sqrt{2f_4}$		$f_5=\gamma$	
$\beta=\sqrt[4]{\dfrac{K}{D}}$	$f_3=\dfrac{\gamma}{2}\left(1-\sqrt{1-1/\gamma^2}\right)$			
$f_1=(1-\gamma)/4$	$f_4=\dfrac{\gamma}{2}\left(1+\sqrt{1-1/\gamma^2}\right)$			
$f_2=(1+\gamma)/4$				

当 $\gamma<1$ 时，参考表 7-1，弹性基础梁失稳挠度曲线可以写为

$$w = c\mathrm{e}^{\pm(\alpha_1 \pm \alpha_2 i)} = \sum_{i=0}^{3} A_i V_i(x) \tag{7-115}$$

式中，$A_i(i = 0, 1, 2, 3)$为待定系数；V_i 的表达式为

$$V_0(x)=\mathrm{ch}(\alpha_1 x)\cos(\alpha_2 x),\quad V_1(x)=\frac{1}{\sqrt{2}}[\mathrm{ch}(\alpha_1 x)\sin(\alpha_2 x)+\mathrm{sh}(\alpha_1 x)\cos(\alpha_2 x)]$$
$$V_2(x)=\mathrm{sh}(\alpha_1 x)\sin(\alpha_2 x),\quad V_3(x)=\frac{1}{\sqrt{2}}[\mathrm{ch}(\alpha_1 x)\sin(\alpha_2 x)-\mathrm{sh}(\alpha_1 x)\cos(\alpha_2 x)]$$
（7-116）

弹性基础梁的边界条件为

$$\begin{aligned}&M(x=0)=Dw''(x=0)=0\\&\left.\frac{\mathrm{d}M}{\mathrm{d}x}\right|_{x=l}=Dw''(x=l)=0\\&w(x=0)=\sum_{i=0}^{3}A_iV_i\quad (x=0)\\&w(x=l)=\sum_{i=0}^{3}A_iV_i\quad (x=l)\end{aligned}\tag{7-117}$$

结合式（7-115）～式（7-117）可以得到如下行列式：

$$\varDelta=\begin{vmatrix}V_0''(x=0) & V_1''(x=0) & V_2''(x=0) & V_3''(x=0)\\ V_0''(x=l) & V_1''(x=l) & V_2''(x=l) & V_3''(x=l)\\ V_0(x=0) & V_1(x=0) & V_2(x=0) & V_3(x=0)\\ V_0(x=l) & V_1(x=l) & V_2(x=l) & V_3(x=l)\end{vmatrix}\tag{7-118}$$

式中，当 $x=0$ 时，有

$$V_0(x=0)=1,\quad V_1(x=0)=V_2(x=0)=V_3(x=0)=0\tag{7-119}$$

将式（7-119）代入式（7-118），则 $\varDelta$ 可以表示为

$$\varDelta=2\alpha_1\alpha_2[c_1(V_0V_1+V_2V_3)+c_2(V_0V_3+V_2V_1)]\tag{7-120}$$

式中，V_i 为 $x=l$ 处的函数值；

$$\begin{aligned}c_1&=\frac{\alpha_1+\alpha_2}{\sqrt{2}}[(\alpha_1-\alpha_2)^2-2\alpha_1\alpha_2]\\c_2&=\frac{\alpha_1-\alpha_2}{\sqrt{2}}[(\alpha_1+\alpha_2)^2+2\alpha_1\alpha_2]\end{aligned}\tag{7-121}$$

当 $\gamma=1$ 时，根据表 7-1 可知，此时行列式 $\varDelta=0$，且待定系数 A_i 不全为零，此时弹性基础梁会发生弯曲变形，因此 $\gamma=1$ 是弹性基础梁失稳的临界条件，由式（7-114）可得

$$N_x=2\sqrt{DK\gamma}=2\sqrt{DK}=N_{x,\mathrm{cr}}\tag{7-122}$$

根据这一解，可知层合管局部屈曲控制方程（7-111）的解为

$$P_{\mathrm{cr}}=\frac{4\pi R}{n}\sqrt{DK}\tag{7-123}$$

式中，$\frac{1}{n}=\frac{1}{2}\left(1-\frac{S_{12}}{S_{22}}\right)$；$K=\frac{t}{R^2 S_{22}}$。

由于忽略了泡沫芯层的轴向承载能力，在层合管的基础上继续求解泡沫组合管，此时径向荷载由两部分组成，一是外侧层合管壳带两个侧面的压应力转化的径向荷载，记为 q_{f}，二是泡沫芯层提供的横向支撑荷载，记为 q_{c}，如图 7-22 所示。

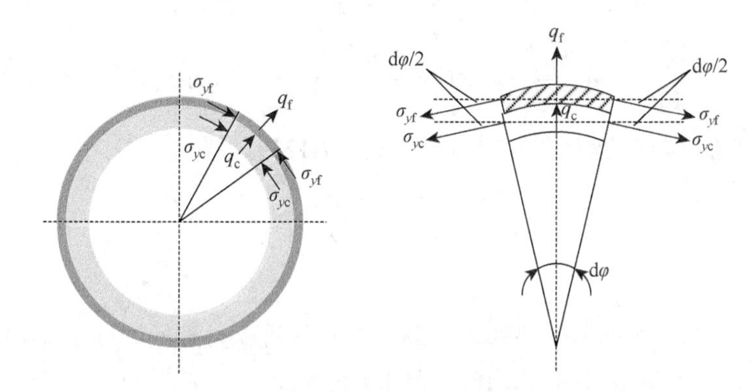

图 7-22　单蒙皮泡沫管的横向支撑效果

因此，蒙皮壳带上的径向荷载 q_z 由两部分组成：

$$q_z=q_{\mathrm{f}}+q_{\mathrm{c}} \tag{7-124}$$

式中，

$$q_{\mathrm{f}}=\frac{wt}{R_t^2 S_{22}}-\frac{S_{12}}{S_{22}}\frac{nP}{2} \tag{7-125}$$

同样，由于曲率 $1/R_{\mathrm{c}}$ 的存在，对于泡沫芯层有

$$q_{\mathrm{c}}=\frac{\sigma_{y\mathrm{c}}h_{\mathrm{c}}}{R_{\mathrm{c}}} \tag{7-126}$$

由胡克定律可知：

$$\varepsilon_{y\mathrm{c}}=\frac{1}{E_{\mathrm{c}}}(\sigma_{y\mathrm{c}}-v_{\mathrm{c}}\sigma_{x\mathrm{c}}) \tag{7-127}$$

泡沫芯层在产生弯曲变形时，会在径向产生挠度，此挠度会在圆周方向产生应变：

$$\varepsilon_{y\mathrm{c}}=\frac{w}{R_{\mathrm{c}}} \tag{7-128}$$

因此

$$q_{y\mathrm{c}}=\frac{E_{\mathrm{c}}t_{\mathrm{c}}w}{R_{\mathrm{c}}^2}-\frac{v_{\mathrm{c}}nP}{2} \tag{7-129}$$

综上所述，有

$$q_z = \left(\frac{E_c t_c}{R_c^2} + \frac{t}{R_c^2 S_{22}}\right) w - P\left(\nu_c + \frac{S_{12}}{S_{22}}\right) \tag{7-130}$$

将式（7-130）代入式（7-109）得

$$D\frac{d^4 w}{dx^4} + N_x \frac{d^2 w}{dx^2} + \left(\frac{E_c t_c}{R_c^2} + \frac{t}{R_c^2 S_{22}}\right) w = \frac{nP}{2}\left(\nu_c + \frac{S_{12}}{S_{22}}\right) \tag{7-131}$$

记 $w = w_1 - \dfrac{nP}{2K}\left(\nu_c + \dfrac{S_{12}}{S_{22}}\right)$ 以及 $K = \dfrac{E_c t_c}{R_c^2} + \dfrac{t}{R^2 S_{22}}$，从而再次得到形如式（7-111）的形式，其临界荷载仍为式（7-122）及式（7-123），即

$$P_{cr} = 2\pi R\left(1 - \frac{S_{12}}{S_{22}}\right)\sqrt{\left(D_{11} - \frac{B_{11}^2}{A_{11}}\right)\left(\frac{t}{R^2 S_{22}} + \frac{E_c t_c}{R_c^2}\right)} \tag{7-132}$$

算例 7-3 利用弹性基础梁模型求解 7.3.4 节圆柱壳的轴压局部屈曲临界荷载。此外，如果在该圆柱壳内有一厚度 $t_c = 8\text{mm}$ 的泡沫芯层，泡沫力学参数为：$E = 0.289\text{GPa}$，$\nu = 0.385$，求该情况下的轴压临界荷载。

计算得层合管的刚度矩阵、柔度矩阵分别为

$$\boldsymbol{A} = \begin{bmatrix} 68.06 & 9.84 & 0 \\ 9.84 & 15.13 & 0 \\ 0 & 0 & 9.56 \end{bmatrix} \text{kN/mm}, \quad \boldsymbol{B} = \begin{bmatrix} 5.87 & -1.90 & -0.50 \\ -1.90 & -2.07 & -0.50 \\ -0.50 & -0.50 & -1.90 \end{bmatrix} \text{kN}$$

$$\boldsymbol{D} = \begin{bmatrix} 4.01 & 0.85 & 0.30 \\ 0.85 & 1.23 & 0.30 \\ 0.30 & 0.30 & 0.83 \end{bmatrix} \text{kN} \cdot \text{mm}$$

$$\boldsymbol{S} = \begin{bmatrix} 0.0146 & -0.0090 & -0.0024 & 0 & 0 & 0 \\ -0.0090 & 0.0716 & -0.0268 & 0 & 0 & 0 \\ -0.0024 & -0.0268 & 0.1221 & 0 & 0 & 0 \\ 0 & 0 & 0 & 0.3605 & 0 & 0 \\ 0 & 0 & 0 & 0 & 0.2911 & 0 \\ 0 & 0 & 0 & 0 & 0 & 0.0942 \end{bmatrix} \text{GPa}^{-1}$$

因此层合管壳带的抗弯刚度 D、弹性基础的刚度 K 分别为

$$D = D_{11} - \frac{B_{11}^2}{A_{11}} = 4.01 - \frac{5.87^2}{68.06} = 3.5037(\text{kN} \cdot \text{mm})$$

$$K_1 = \frac{t}{R^2 S_{22}} = \frac{0.9}{54^2 \times 0.0716} \times 1 \times 1 = 0.00431(\text{kN/mm})$$

代入层合管临界荷载公式得

$$N_{x,\mathrm{cr1}} = 2\sqrt{DK_1} = 0.2458\mathrm{kN}$$

$$P_{\mathrm{cr1}} = \frac{2\pi R}{n} N_{x,\mathrm{cr1}} = \frac{2\pi \times 54}{\sqrt{2(1 - S_{12} / S_{22})}} \times 0.2458 = 46.94(\mathrm{kN})$$

将泡沫芯层考虑在内之后，由于忽略了泡沫对于抗弯刚度的影响，因此 D 值不变，弹性基础的刚度 K 增大为

$$K_2 = \frac{t}{R^2 S_{22}} + \frac{E_{\mathrm{c}} t_{\mathrm{c}}}{R_{\mathrm{c}}^2} = \frac{0.9}{54^2 \times 0.0716} + \frac{0.289 \times 8}{46^2} = 0.00540(\mathrm{kN/mm})$$

同样代入层合管临界荷载公式得

$$N_{x,\mathrm{cr2}} = 2\sqrt{DK_2} = 0.2751\mathrm{kN}$$

$$P_{\mathrm{cr2}} = \frac{4\pi R}{n} N_{x,\mathrm{cr2}} = \frac{4\pi \times 54}{\sqrt{2(1 - S_{12} / S_{22})}} \times 0.2751 = 52.54(\mathrm{kN})$$

7.6　加筋泡沫夹芯管的屈曲分析

复合材料泡沫夹芯管由内外两层圆柱壳蒙皮与中间的填充材料组成，填充料为厚的轻质泡沫材料［图 7-23（a）］。复合材料夹芯管具有质量轻、刚度大等优点，是复合材料在实际应用中广泛使用的承力结构。但由于夹层结构的形式相对于圆柱壳结构和单蒙皮泡沫管结构更为复杂，相应的失效模式也比较复杂，常见如核心破坏、单侧蒙皮屈曲、内外蒙皮共同屈曲等，相关内容可以参考文献[31]、[32]。在泡沫夹芯筒的基础上，为了进一步提高结构抵抗局部屈曲的性能，作者结合加

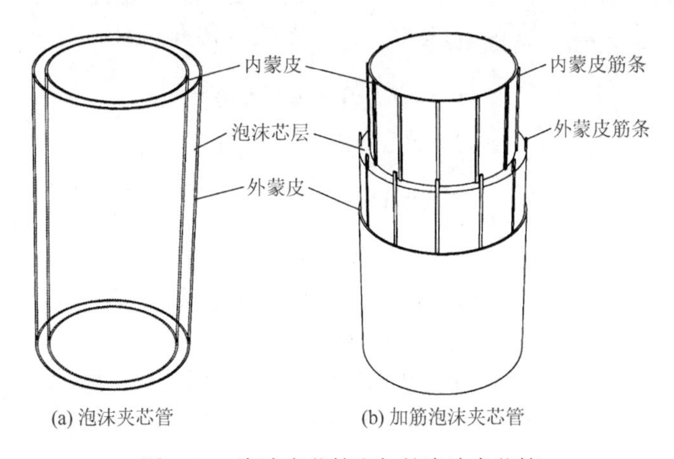

(a) 泡沫夹芯管　　(b) 加筋泡沫夹芯管

图 7-23　泡沫夹芯管和加筋泡沫夹芯管

筋结构与夹芯结构各自的优势而提出了加筋复材泡沫夹芯筒［图 7-23（b）］。在介绍后者之前，本节中将首先简要介绍用于分析厚板变形的剪切变形理论。

7.6.1 夹芯结构的一阶剪切变形分析

本章前文所述复合材料圆柱壳，其基本理论是基于经典的层合板理论，而经典的层合板理论又是各向同性板壳理论向各向异性层合板结构的扩展，本质上属于等效单层板理论（equivalent single layer theory，ESL）。对于夹芯结构，由于芯层面板比较厚，其剪切变形不容忽视，因而等效单层板理论就不再适用。采用 ESL 理论的二维模型往往存在两种误差来源：第一种来自结构本身对于薄壳假设的满足程度，即结构的厚度是否可以当作薄壳来计算；第二种则是来自夹芯结构面层与芯层之间太大的刚度差异。修正第一种误差仍可采用剪切变形理论以及高阶的剪切变形理论求解问题，可以参考有关文献[33]；而第二种误差就需要采用能够分层描述夹层结构物理和几何特性的模型，如分层理论（layer-wise theory）[34]等。

图 7-24 所示为一夹层板结构，其上面板的厚度为 h_t，下面板的厚度为 h_b，芯层的厚度为 h_c。对于该结构，一阶剪切变形理论的基本假设认为，面层相对于芯层较薄，因而认为面层的面内位移 u 和 v 沿厚度方向不发生变化，即对于面层仍沿用薄板假设；芯层的面内刚度较小可以忽略不计；整个结构沿着厚度方向的变形是相同的，芯层内任一点的面内位移 u、v 关于 z 坐标是线性变化的。据此，夹层结构内任一点的位移为

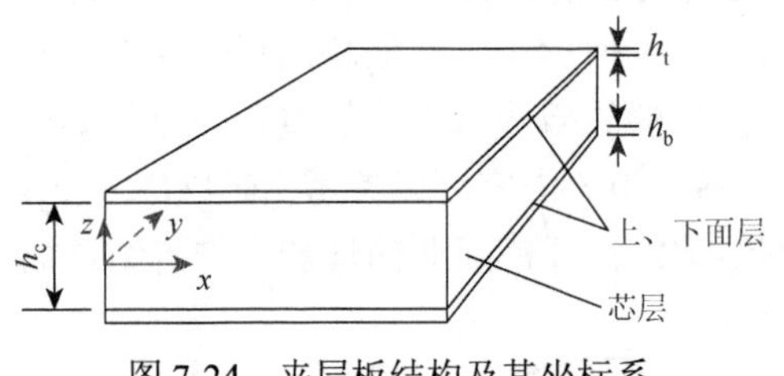

图 7-24 夹层板结构及其坐标系

$$
\begin{aligned}
u &= u^0(x,y) + z\psi_x(x,y) \\
v &= v^0(x,y) + z\psi_y(x,y) \\
w &= w^0(x,y)
\end{aligned}
\tag{7-133}
$$

式中，u^0、v^0 和 w^0 为芯层的几何中面沿 x 轴和 y 轴的面内位移以及沿 z 轴的面外位移；ψ_x 和 ψ_y 分别为平截面假定条件下发生弯曲变形后，各自的平面与垂直于 x 轴的平面和垂直于 y 轴的平面之间的夹角。

在一阶剪切变形理论中，同样认为板在发生弯曲变形后仍然满足平截面假定，但原本垂直于 x 轴或 y 轴的平面在发生弯曲变形后就不一定仍然垂直于芯层的中面了。换言之，平截面假定下平面的旋转角度 ψ 并不等于 w 的偏导，即存在

$$\beta_x = \frac{\partial w}{\partial x} - |\psi_x|$$
$$\beta_y = \frac{\partial w}{\partial y} - |\psi_y| \tag{7-134}$$

式中，$\frac{\partial w}{\partial x}$ 和 $\frac{\partial w}{\partial y}$ 分别为几何中面沿 x 方向和 y 方向的斜率（小变形条件下有斜率近似等于转角，即 $\tan\alpha \approx \alpha$），$\beta_x$ 和 β_y 即为这两个方向上的剪切变形。

由前文内容可知，板的面内应变为

$$\begin{aligned} \varepsilon_x &= \varepsilon_x^0 + z\kappa_x \\ \varepsilon_y &= \varepsilon_y^0 + z\kappa_y \\ \gamma_{xy} &= \gamma_{xy}^0 + z\kappa_{xy} \end{aligned} \tag{7-135}$$

而面外的剪应变可以表示为［式（7-134）中 ψ 的正负号与斜率相反］

$$\begin{aligned} \gamma_{xz} &= \psi_x + \frac{\partial w}{\partial x} \\ \gamma_{yz} &= \psi_y + \frac{\partial w}{\partial y} \end{aligned} \tag{7-136}$$

忽略非线性应变关系，应变与位移之间的关系为

$$\begin{cases} \varepsilon_x^0 = \dfrac{\partial u^0}{\partial x} \\ \varepsilon_y^0 = \dfrac{\partial v^0}{\partial y} \\ \gamma_{xy}^0 = \dfrac{\partial u^0}{\partial y} + \dfrac{\partial v^0}{\partial x} \end{cases}, \quad \begin{cases} \kappa_x = \dfrac{\partial \psi_x}{\partial x} \\ \kappa_y = \dfrac{\partial \psi_y}{\partial y} \\ \kappa_{xy} = \dfrac{\partial \psi_x}{\partial y} + \dfrac{\partial \psi_y}{\partial x} \end{cases} \tag{7-137}$$

引入正交各向异性材料的本构关系，根据前文提到的基本假设中上下面层的面内应变不随厚度发生改变且忽略了泡沫的面内刚度，在图 7-24 所示的坐标系下沿 z 轴方向对应力进行积分，即可得泡沫夹芯板的内力：

$$\begin{aligned} N_x, N_y, N_{xy} &= \int_{-h_c/2-h_b}^{-h_c/2} (\sigma_{x,b}, \sigma_{y,b}, \tau_{xy,b}) \mathrm{d}z + \int_{h_c/2}^{h_c/2+h_t} (\sigma_{x,t}, \sigma_{y,t}, \tau_{xy,t}) \mathrm{d}z \\ M_x, M_y, M_{xy} &= \int_{-h_c/2-h_b}^{h_c/2} (\sigma_{x,b}, \sigma_{y,b}, \tau_{xy,b}) z\mathrm{d}z + \int_{h_c/2}^{h_c/2+h_t} (\sigma_{x,b}, \sigma_{y,b}, \tau_{xy,b}) z\mathrm{d}z \\ Q_x, Q_y &= \int_{-h_c/2}^{h_c/2} (\tau_{xz}, \tau_{yz}) \mathrm{d}z \end{aligned} \tag{7-138}$$

式中，$\tau_{xz} = G\gamma_{xz}$；$\tau_{yz} = G\gamma_{yz}$；G 为芯层的剪切模量。

采用一阶剪切变形理论进行能量法分析时，应假设一组满足夹层板边界条件的位移场函数，除了对面内位移 u、v、w 做出假设外，还应单独假设一组剪切变

形的位移函数。如式（7-139）所示，即为圆柱壳包含了剪切变形的一组位移场。随后代入能量法的控制方程中进行进一步的分析计算。

$$
\begin{aligned}
u_0 &= A_{mn}\sin\frac{m\pi x}{l}\cos\frac{n\theta}{R} \\
v_0 &= B_{mn}\cos\frac{m\pi x}{l}\sin\frac{n\theta}{R} \\
w_0 &= C_{mn}\sin\frac{m\pi x}{l}\sin\frac{n\theta}{R} \\
\psi_x &= D_{mn}\cos\frac{m\pi x}{l}\sin\frac{n\theta}{R} \\
\psi_y &= E_{mn}\sin\frac{m\pi x}{l}\cos\frac{n\theta}{R}
\end{aligned}
\tag{7-139}
$$

7.6.2　基于能量法的加筋泡沫夹芯管局部屈曲分析

7.5 节采用内部增加泡沫的方法以起到给圆柱壳提供横向支撑的作用。而通过使用沿着壳壁布置纵横筋条的方法，也可以达到很好的抗屈曲效果，即形成了一种带肋圆柱壳的构型，能够有效提高管壳自身的承载能力。在抵抗结构的整体失稳这一方面，泡沫夹芯管结构则能够发挥更好的效果，这是由于其内外蒙皮被相对较厚的芯层分隔开，因而在一定程度上增加了管的截面惯性矩。

将带肋圆柱壳和泡沫夹芯管这两种结构的优势组合在一起，本课题组提出了一种加筋复材泡沫夹芯管新型圆管结构[11]，其基本构型如图 7-23（b）所示。通过该结构构型，复合材料层合管自身的抗屈曲性能和承载性能均得到有效的提升。如图 7-25 所示，该加筋泡沫夹芯管结构包含两厚度均为 t_f 的面层和一厚度为 t_c 的泡沫芯层，并且沿着同一径向有紧贴内外面层均匀分布的轴向筋条。筋条一方面可以增加面层的抗弯刚度，从而提高抵抗局部屈曲的效果，另一方面其自身也能够承担一部分的轴向压力。泡沫通过分隔内外面层，既可以提高结构的整体稳定性，也可以给内外面层提供一个相对于泡沫较强的支撑作用。

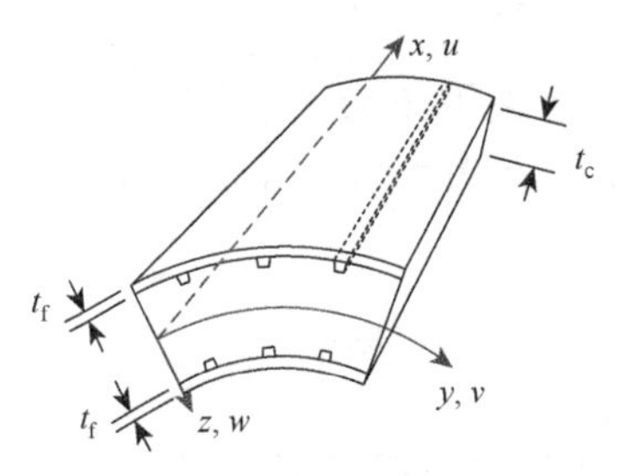

图 7-25　加筋复材泡沫夹芯管简图

通过研究发现，采用真空辅助树脂灌注工艺制作的泡沫、筋条、蒙皮共固化加筋复材泡沫夹芯管结构，在轴压作用下典型的失效模式可以分为三种：①筋条间单面板屈曲（face local buckling between stiffeners，LBBS），②筋条间筒壁共同屈曲（shell buckling between stiffeners，SBBS），③面板压断（face crushing，FC）。

通过有限元仿真得到的前两种失效模式如图 7-26（a）和（b）所示，第三种失效模式的示意图如图 7-26（c）所示。

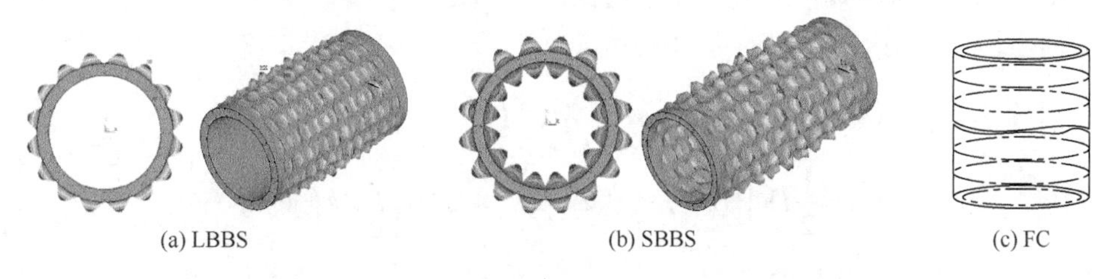

(a) LBBS　(b) SBBS　(c) FC

图 7-26　加筋复材泡沫夹芯筒三种典型的失效模式

由于 FC 这种失效模式通常只在面板的其他失效模式被限制不会发生的情况下才出现，或是出现在 LBBS 和 SBBS 的后期，其失效时的临界应力即为复合材料本身的压缩强度，因而在本节不再详细讨论。本节在构造结构的总势能时，将采用一些复合材料的等效工程常数，实际上与前文采用的拉压、耦合及抗弯刚度矩阵是等效的。

针对 LBBS 和 SBBS 这两种失效模式，下面简要介绍各自临界荷载的计算方法。不管是哪一种失效模式，都假设外蒙皮的厚度相对于筋条的厚度较小，因此筋条抗弯刚度要远大于面层，筋条本身不会随面层共同发生弯曲变形。这一基本假设与图 7-26 中通过有限元仿真得到的结果是一致的，因而在此基础上所建立的模型是具有合理性的。

1）筋条间单面板屈曲的临界荷载计算模型

当结构的芯层较厚、面层较薄时，内外面层两者之间更为薄弱的一方就会先发生局部屈曲，因而产生一种图 7-26（a）所示的单层面板屈曲模式。对于这种屈曲模式，可单独取出相邻筋条之间的圆柱壳部分作为研究对象，而将筋条视为一种边界约束条件，从而将取出的部分当作一种四边简支的夹层板结构。相邻筋条之间的距离较短，因而可以近似忽略其横向曲率，从而只需针对取出的部分当作如图 7-20 所示的结构来构造其势能函数：

$$\Pi = U_{\mathrm{b}} + U_{\mathrm{e}} + V \tag{7-140}$$

式中，U_{b} 为弯曲应变能；U_{e} 为泡沫的应变能；V 为外力势能。

根据式（7-20），圆柱壳内弯矩与曲率之间的关系为

$$\begin{Bmatrix} M_x \\ M_y \\ M_{xy} \end{Bmatrix} = D_{\mathrm{f}} \begin{bmatrix} 1 & \nu_{\mathrm{f}} & 0 \\ \nu_{\mathrm{f}} & 1 & 0 \\ 0 & 0 & (1-\nu_{\mathrm{f}})/2 \end{bmatrix} \begin{Bmatrix} \kappa_x \\ \kappa_y \\ \kappa_{xy} \end{Bmatrix} \tag{7-141}$$

式中，D_{f} 为面层的抗弯刚度，有

$$D_{\mathrm{f}}=\frac{E_{\mathrm{f}}t_{\mathrm{f}}^{3}}{12(1-\nu_{\mathrm{f}}^{2})} \tag{7-142}$$

E_{f}和ν_{f}为面层的等效轴压模量和泊松比。

至此，可以给出面层的弯曲应变能为

$$\begin{aligned}U_{\mathrm{b}}&=\frac{1}{2}\int_{0}^{b}\int_{0}^{l}\{M_{x}\quad M_{y}\quad M_{xy}\}\{\kappa_{x}\quad \kappa_{y}\quad \kappa_{xy}\}^{\mathrm{T}}\mathrm{d}x\mathrm{d}y\\&=\frac{1}{2}D_{\mathrm{f}}\iint[\kappa_{x}^{2}+\kappa_{y}^{2}+2\nu_{\mathrm{f}}\kappa_{x}\kappa_{y}+(1-\nu_{\mathrm{f}}/2)\kappa_{xy}^{2}]\mathrm{d}x\mathrm{d}y\end{aligned} \tag{7-143}$$

泡沫基础的弹性势能 U_{e} 为

$$U_{\mathrm{e}}=\frac{1}{2}\iint k_{\mathrm{e}}w^{2}\mathrm{d}x\mathrm{d}y \tag{7-144}$$

式中，w 为面层的径向位移；k_{e} 为泡沫的弹性刚度。与式（7-94）不同，在这里忽略了曲率，因此直接取 $k_{\mathrm{e}}=E_{\mathrm{c}}/t_{\mathrm{c}}$，$E_{\mathrm{c}}$ 和 t_{c} 分别为泡沫芯层的压缩模量和厚度。

当圆管结构同时承受均匀的端部轴压、扭矩以及内部压力时，外力势能 V 可以写作

$$V=\frac{1}{2}\iint N_{x}\left(\frac{\partial w}{\partial x}\right)^{2}+2N_{xy}\frac{\partial w}{\partial x}\frac{\partial w}{\partial y}+N_{y}\left(\frac{\partial w}{\partial y}\right)^{2}\mathrm{d}x\mathrm{d}y \tag{7-145}$$

当圆管仅受轴向荷载作用时，有 $N_{xy}=N_{y}=0$。

将取出的圆管部分视为具有四边简支的边界条件，因而可假设其形函数为

$$w=A_{mn}\sin\frac{m\pi x}{l}\sin\frac{n\pi y}{b} \tag{7-146}$$

式中，l 为圆管的高度；b 为相邻筋条之间的距离；m 为轴向半波数；n 为环向半波数。

将式（7-146）代入式（7-140），并运用最小势能原理（7.3.2 节）

$$\frac{\partial \Pi}{\partial A_{mn}}=0 \tag{7-147}$$

从而将问题的求解转换为特征值问题，并可以求得临界屈曲荷载为

$$N_{x,\mathrm{cr1}}=\frac{D_{\mathrm{f}}\pi^{2}}{b^{2}}\left(\frac{m^{2}b^{2}}{l^{2}}+2n^{2}\nu_{\mathrm{f}}+\frac{n^{4}L^{2}}{m^{2}b^{2}}\right)+\frac{E_{\mathrm{c}}}{t_{\mathrm{c}}}\frac{L^{2}}{m^{2}\pi^{2}} \tag{7-148}$$

从式（7-148）中可以看出，只有当 n 取值为 1 时 $N_{x,\mathrm{cr1}}$ 才能取得最小值，这也与图 7-26（a）中相邻筋条之间只有一个半波的屈曲模态是对应的。当筋条与面层采用的是同种材料时，可以近似认为，失稳前筋条内的轴向应力与面层内的轴向应力是相等的，因此结构在失稳时的承载力为

$$F_{\mathrm{cr1}}=\sigma_{\mathrm{cr1}}(A_{\mathrm{f}}+A_{\mathrm{s}})=\frac{N_{x,\mathrm{cr1}}}{t_{\mathrm{f}}}(A_{\mathrm{f}}+A_{\mathrm{s}}) \tag{7-149}$$

式中，A_{f}和A_{s}分别为面层和筋条总的横截面面积。

2）筋条间筒壁共屈曲的临界荷载计算模型

当加筋复材泡沫夹芯管的芯层较薄时，容易发生图 7-26（b）所示的筋条间筒壁共同屈曲的失效模式。共同屈曲指的是以芯层的几何中面为对称面，内蒙皮与外蒙皮呈现出反对称的变形模态，如图 7-27 所示。在这种情况下，由于泡沫在内外蒙皮的共同作用下同样发生了皱曲变形，此时不能再像前文那样将泡沫视为弹性支撑，而需要将泡沫本身的应变能（主要指的是剪切应变能）考虑在内。对于这种失效模式，同样将相邻筋条之间的夹层圆柱管部分取出，将其四边视为简支。忽略其横向曲率，从而将取出的部分视为宽度为 b 的夹层板结构，因而可以引用 7.6.1 节中的一阶剪切变形理论进行求解。为了能够给出解析解，这里在一阶剪切变形理论的基础上，采用更为简便的假设，从而减少了位移场所需的函数数量。

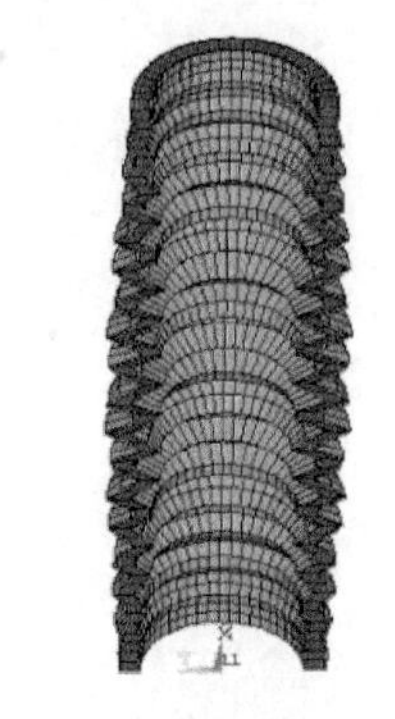

图 7-27　泡沫夹芯管内外蒙皮反对称屈曲[32]

假设芯层的剪切应变具有如下形式：

$$\begin{aligned}\gamma_{yz}&=(1-\lambda)\frac{\partial w}{\partial y}\\ \gamma_{xz}&=(1-\kappa)\frac{\partial w}{\partial x}\end{aligned} \tag{7-150}$$

式中，λ 和 κ 为取值在 0～1 的常数，当芯层的剪切刚度无穷大时取为 1，当芯层的剪切刚度无穷小时取为 0。与式（7-134）相比，在这里实际上是将 ψ_y 和 ψ_x 分别等效为 $-\lambda w_{,y}$ 和 $-\kappa w_{,x}$。

因此，芯层和面层在轴向和环向的位移分别为

$$\begin{aligned}v_{\mathrm{c}}&=-z\lambda\frac{\partial w}{\partial y}, && -\frac{t_{\mathrm{c}}}{2}\leqslant z\leqslant\frac{t_{\mathrm{c}}}{2}\\ v_{\mathrm{f}}&=-\left[\frac{t_{\mathrm{c}}}{2}(\lambda-1)+z\right]\frac{\partial w}{\partial y}, && \frac{t_{\mathrm{c}}}{2}\leqslant z\leqslant\frac{t_{\mathrm{c}}}{2}+t_{\mathrm{f}}\\ u_{\mathrm{c}}&=-z\kappa\frac{\partial w}{\partial x}, && -\frac{t_{\mathrm{c}}}{2}\leqslant z\leqslant\frac{t_{\mathrm{c}}}{2}\\ u_{\mathrm{f}}&=-\left[\frac{t_{\mathrm{c}}}{2}(\kappa-1)+z\right]\frac{\partial w}{\partial x}, && \frac{t_{\mathrm{c}}}{2}\leqslant z\leqslant\frac{t_{\mathrm{c}}}{2}+t_{\mathrm{f}}\end{aligned} \tag{7-151}$$

对于面层的薄膜应变，即当 $z=t_{\mathrm{f}}/2+t_{\mathrm{c}}/2$ 时，有

$$
\begin{aligned}
\varepsilon_x &= \frac{\partial u}{\partial x} = -\frac{1}{2}(t_c\kappa + t_f)\frac{\partial^2 w}{\partial x^2} \\
\varepsilon_y &= \frac{\partial v}{\partial y} = -\frac{1}{2}(t_c\lambda + t_f)\frac{\partial^2 w}{\partial y^2} \\
\gamma_{xy} &= \frac{\partial u}{\partial y} + \frac{\partial v}{\partial x} = -\frac{1}{2}(t_c\kappa + t_c\lambda + 2t_f)\frac{\partial^2 w}{\partial x \partial y} \\
\gamma_{zy} &= \gamma_{zx} = \sigma_z = 0
\end{aligned}
\tag{7-152}
$$

对于面层的弯曲应变，有

$$
\begin{aligned}
\kappa_x &= -\kappa\frac{\partial^2 w}{\partial x^2} \\
\kappa_y &= -\lambda\frac{\partial^2 w}{\partial y^2} \\
\kappa_{xy} &= -(\kappa + \lambda)\frac{\partial^2 w}{\partial x \partial y}
\end{aligned}
\tag{7-153}
$$

构造结构的势能函数

$$
\Pi = U_c + 2U_{fm} + 2U_{fb} + V \tag{7-154}
$$

式中，U_c 为芯层的剪切应变势能：

$$
\begin{aligned}
U_c &= \frac{G_c}{2}t_c\int_V(\gamma_{xz}^2 + \gamma_{yz}^2)\mathrm{d}V \\
&= \frac{t_c G_c}{2}\int_0^l\int_0^b\left[(1-\lambda)^2\left(\frac{\partial w}{\partial y}\right)^2 + (1-\kappa)^2\left(\frac{\partial w}{\partial x}\right)^2\right]\mathrm{d}x\mathrm{d}y
\end{aligned}
\tag{7-155}
$$

U_{fm} 为面层的薄膜应变势能：

$$
\begin{aligned}
U_{fm} &= \frac{E_f t_f}{2(1-\nu_f^2)}\int_0^l\int_0^b(\varepsilon_x^2 + \varepsilon_y^2 + 2\nu_f\varepsilon_x\varepsilon_y)\mathrm{d}x\mathrm{d}y + \frac{G_f t_f}{2}\int_0^l\int_0^b\gamma_{xy}^2\mathrm{d}x\mathrm{d}y \\
&= \frac{E_f t_f}{2(1-\nu_f^2)}\int_0^l\int_0^b\left[\begin{aligned}&\frac{1}{4}(t_c\kappa + t_f)^2\left(\frac{\partial w}{\partial x}\right)^2 + \frac{1}{4}(t_c\lambda + t_f)^2\left(\frac{\partial w}{\partial y}\right)^2 \\ &+\frac{1}{2}\nu_f(t_c\lambda + t_f)(t_c\kappa + t_f)\left(\frac{\partial w}{\partial x}\right)^2\left(\frac{\partial w}{\partial y}\right)^2\end{aligned}\right]\mathrm{d}x\mathrm{d}y \\
&\quad + \frac{G_f t_f}{2}\int_0^l\int_0^b\frac{1}{4}(c\kappa + c\lambda + 2t_f)^2\left(\frac{\partial^2 w}{\partial x \partial y}\right)^2\mathrm{d}x\mathrm{d}y
\end{aligned}
\tag{7-156}
$$

U_{fb} 为面层的弯曲应变势能：

$$
\begin{aligned}
U_{\mathrm{fb}} &= \frac{t_{\mathrm{f}} D_{\mathrm{f}}}{2(1-\nu_{\mathrm{f}}^2)} \int_0^b \int_0^l \left[\left(\frac{\partial^2 w}{\partial x^2} \right)^2 + \left(\frac{\partial^2 w}{\partial y^2} \right)^2 + 2\nu_{\mathrm{f}} \frac{\partial^2 w}{\partial x^2} \frac{\partial^2 w}{\partial y^2} \right] \mathrm{d}x\mathrm{d}y \\
&+ \frac{b t_{\mathrm{f}}^4 G_{\mathrm{f}}}{6} \int_0^b \int_0^l \left(\frac{\partial^2 w}{\partial x \partial y} \right)^2 \mathrm{d}x\mathrm{d}y
\end{aligned}
\tag{7-157}
$$

将式（7-155）～式（7-157），以及外力势能（7-145）和形函数（7-146）的表达式代入式（7-154）并应用最小势能原理

$$
\frac{\partial \Pi}{\partial A_{mn}} = \frac{\partial \Pi}{\partial \lambda} = \frac{\partial \Pi}{\partial \kappa} = 0 \tag{7-158}
$$

求解特征值方程，从而得到临界屈曲荷载为

$$
N_{x,\mathrm{cr2}} = \frac{\pi^2}{b^2} \frac{E_{\mathrm{f}} d^2 t_{\mathrm{f}}}{2(1-\nu_{\mathrm{f}}^2)} \left(\frac{mb}{l} + \frac{l}{mb} \right)^2 \left[\frac{1}{1+\rho\left(\dfrac{m^2 b^2}{l^2} + n^2 \right)} + \frac{t_{\mathrm{f}}^2}{3(t_{\mathrm{f}} + t_{\mathrm{c}})^2} \right] \tag{7-159}
$$

式中，

$$
\rho = \frac{\pi^2}{b^2} \frac{E_{\mathrm{f}}}{G_{\mathrm{c}}} \frac{t_{\mathrm{c}} t_{\mathrm{f}}}{2(1-\nu_{\mathrm{f}}^2)} \tag{7-160}
$$

此临界荷载下对应的结构整体的承载力为

$$
P_{\mathrm{cr2}} = \frac{N_{x,\mathrm{cr2}}}{2t_{\mathrm{f}}} (A_{\mathrm{f}} + A_{\mathrm{s}}) \tag{7-161}
$$

参考文献

[1] Kounadis A N，Lignos X A. Buckling of tube-like shells filled with other material under uniform axial compression[J]. Engineering Structures，2000，22（8）：961-967.

[2] 吴明德. 弹性杆件稳定理论[M]. 北京：高等教育出版社，1988.

[3] 胡海昌. 弹性力学的变分原理及其应用[M]. 北京：科学出版社，1981.

[4] 钱若军，袁行飞，谭元莉. 结构屈曲分析理论和方法[M]. 南京：东南大学出版社，2018.

[5] 铁摩辛柯. 弹性稳定理论[M]. 张福范，译. 北京：科学出版社，1958.

[6] Donnell L H，Wan C C. Effect of imperfections on buckling of thin cylinders and columns under axial compression[J]. Journal of Applied Mechanics，1950，17（1）：73-83.

[7] Koiter W T. On the stability of elastic equilibrium[D]. Delft：Delft University of Technology，1967.

[8] National Aeronautics and Space Administration(NASA，US). NASA SP-8007，Buckling of thin-walled circular

cylinders[S]. Virginia：the Clearinghouse for Federol Scientific and Technical Information. https://ntrs.nasa.gov/citations/196900/3955. 1968.

[9] Weaver P M，Driesen J R，Roberts P. Anisotropic effects in the compression buckling of laminated composite cylindrical shells[J]. Composites Science and Technology，2002，62（1）：91-105.

[10] Evkin A，Krasovsky V，Lykhachova O，et al. Local buckling of axially compressed cylindrical shells with different boundary conditions[J]. Thin-Walled Structures，2019，141：374-388.

[11] Tao J，Li F，Zhu R J，et al. Compression properties of a novel foam-core sandwich cylinder reinforced with stiffeners[J]. Composite Structures，2018，（206）：499-508.

[12] Donnell L H. A new theory for the buckling of thin cylinders under axial compression and bending[J]. Transactions of the American Society of Mechanical Engineers，1934，（56）：795-806.

[13] Sanders J L，Jr. Nonlinear theories for thin shells[J]. Quarterly of Applied Mathematics，1963（21）：21-36.

[14] Silvestre N，Wang C M，Zhang Y Y，et al. Sanders shell model for buckling of single-walled carbon nanotubes with small aspect ratio[J]. Composite Structures，2011，93（7）：1683-1691.

[15] 王勖成. 有限单元法[M]. 北京：清华大学出版社，2003.

[16] 巴特 K J. 有限元法 • 上，理论、格式与求解方法[M]. 2 版. 轩建平，译. 北京：高等教育出版社，2016.

[17] Castro S G P，Mittelstedt C，Monteiro F A C，et al. A semi-analytical approach for linear and non-linear analysis of unstiffened laminated composite cylinders and cones under axial，torsion and pressure loads[J]. Thin-Walled Structures，2015，90：61-73.

[18] Arbocz J. The imperfection data bank，a mean to obtain realistic buckling loads[C]//Buckling of Shells. Berlin，Heidelberg：Springer Berlin Heidelberg. 1982.

[19] Almroth B. Influence of imperfections and edge restraint on the buckling of axially compressed cylinders[C]//7th Structures and Materials Conference，Cocoa Beach，1966.

[20] Yamada S，Croll J G A，Yamamoto N. Nonlinear buckling of compressed FRP cylindrical shells and their imperfection sensitivity[J]. Journal of Applied Mechanics，2008，75（4）：041005.

[21] Castro S G P，Mittelstedt C，Monteiro F A C，et al. Evaluation of non-linear buckling loads of geometrically imperfect composite cylinders and cones with the Ritz method[J]. Composite Structures，2015，122：284-299.

[22] Asmolovskiy N，Tkachuk A，Bischoff M. Numerical approaches to stability analysis of cylindrical composite shells based on load imperfections[J]. Engineering Computations，2015，32（2）：498-518.

[23] Khakimova R，Warren C J，Zimmermann R，et al. The single perturbation load approach applied to imperfection sensitive conical composite structures[J]. Thin-Walled Structures，2014，84：369-377.

[24] Hühne C，Rolfes R，Breitbach E，et al. Robust design of composite cylindrical shells under axial compression-Simulation and validation[J]. Thin-Walled Structures，2008，46（7-9）：947-962.

[25] Arbelo M A，Degenhardt R，Castro S G P，et al. Numerical characterization of imperfection sensitive composite structures[J]. Composite Structures，2014，108：295-303.

[26] 陈政清，杨孟刚. 梁杆索结构几何非线性有限元[M]. 北京：人民交通出版社，2013.

[27] 朱伯芳. 有限单元法原理与应用[M]. 北京：中国水利水电出版社，1998.

[28] Ye L，Lu G，Ong L S. Buckling of a thin-walled cylindrical shell with foam core under axial compression[J]. Thin-Walled Structures，2011，49（1）：106-111.

[29] 罗培林. 强度稳定综合理论[M]. 北京：科学出版社，2014.

[30] 朱锐杰，李峰，张恒铭. 基于弹性基础梁理论的复合材料薄壁圆柱壳承载力模型[J]. 复合材料学报，2017，34（8）：1746-1753.

[31] 卡尔松 G，卡尔德曼特斯 G A. 夹层复合材料结构与失效机制[M]. 范金娟，程小全，王占彬，译. 北京：国防工业出版社，2019.

[32] Pan D，Chen L，Zhao Q L，et al. Local buckling theoretical calculation method of the FRP foam sandwich cylinder under axial compression[J]. Composite Structures，2020，246：112371.

[33] Rahmani O，Khalili S M R，Thomsen O T. A high-order theory for the analysis of circular cylindrical composite sandwich shells with transversely compliant core subjected to external loads[J]. Composite Structures，2012，94（7）：2129-2142.

[34] Ćetković M，Vuksanović D. Bending，free vibrations and buckling of laminated composite and sandwich plates using a layerwise displacement model[J]. Composite Structures，2009，88（2）：219-227.

第8章　复合材料圆管整体稳定性计算方法

8.1　管件轴压整体稳定性能概述

8.1.1　管件整体稳定问题的计算方法

管件的整体失稳现象是多种多样的，但就其性质而言，可以大致分为两类：平衡分叉失稳及极值点失稳。对于平衡分叉失稳，以完善的管件为例予以说明。如图 8-1 所示，当杆件端部荷载 P 未达到某一限值时，构件始终保持挺直状态，截面受均匀压应力，杆件仅发生轴向的压缩变形。当外荷载达到限值 P_{cr} 时，杆件突然发生弯曲，这种现象称为屈曲或失稳。即在荷载达到临界荷载 P_{cr} 时，存在两个可能的平衡路径，构件在所能承受的荷载临界点产生了岔道，这一类失稳现象称为分岔失稳，也称为第一类失稳。对于极值点失稳，以具有初始挠曲的金属管件轴心受压为例。构件在轴向压力作用下产生弯曲变形，构件的挠曲随荷载增大而增加，当加载至构件跨中截面边缘纤维开始屈服时，构件轴向刚度及抗弯刚度均降低，随着荷载进一步增加，构件无法抵抗外荷载的增加，维持平衡的条件只能是减小构件端部的压力，表明构件处于不稳定平衡状态，弯曲变形加快，荷载-位移曲线出现下降段，加载过程中对应的最大荷载即为构件的极限荷载，此失稳称为极值点失稳，也称为第二类失稳。

管件稳定性问题的分析方法均着眼于外荷载作用下结构的变形发展，该变形应与管件失稳时出现的实际变形一致。因此，需给出管件变形与荷载之间的发展关系，这一关系往往存在明显的非线性特性。管件稳定性问题的计算方法主要包括以下三种。

1）平衡法

又称静力平衡法，是求解稳定临界荷载的基本方法。对于有平衡分岔点的弹性稳定问题，在分岔点存在两个极为邻近的平衡状态，一个是原结构的平衡状态，一个是产生微小变形的结构平衡状态。平衡法是根据已产生微小变形后的结构条件建立平衡方程进而求解得到的。如果其解不止一个，则最小解为该结构的分岔屈曲荷载。需要说明的是，平衡法只能求解屈曲荷载，不能判断结构平衡状态的稳定性。

2）能量法

当结构受保守力作用时，可以建立结构变形之后的总势能，总势能为外力势能与结构应变能之和。如果结构存在平衡状态，则总势能必有驻值。根据势能驻值原理，由总势能对位移的一阶变分可得到平衡方程，再由平衡方程可求解分岔屈曲荷载。根据总势能的二阶微分，可判断平衡状态的稳定性，当二阶微分值为正时，平衡状态是稳定的，当二阶微分为负时，平衡状态是不稳定的，二阶微分为零，则属于中性平衡。也就是说，采用能量法驻值原理可以求解屈曲荷载，而采用总势能最小原理可以判断屈曲后的平衡稳定性。

3）动力法

处于平衡状态的结构体系，施加微小干扰使其发生振动，这时结构的变形和振动加速度均与作用于结构上的荷载有关。当外荷载小于临界荷载时，变形和振动加速度的方向相反，干扰撤去后结构趋于静止；当外荷载大于临界荷载值时，变形和振动加速度的方向相同，干扰撤去后结构趋于发散，结构的状态是不稳定的。这一临界荷载即为屈曲荷载，可由结构振动频率为零的条件获得。动力求解法属于结构动力稳定范畴，不在本书的研究范围内。

8.1.2　轴心受压管件弹性弯曲屈曲

细长金属管件在轴心受压状态下一般会发生弹性状态屈曲，对于短粗金属管件，较高的临界荷载导致管件可能在弹塑性状态屈曲。复合材料具有良好的线弹性特征，可认为复材在达到强度破坏之前，没有塑性发展段，不发生类似金属塑性变形的材料软化现象，因此利用弹性弯曲屈曲理论能够较好地解释其稳定性能。下面推导挺直复材管件弹性屈曲临界荷载计算公式，并进一步求解考虑横向剪切效应及存在杆件初始挠曲情况下的弹性屈曲临界荷载。

1. 平衡法推导弹性弯曲屈曲临界荷载

如图 8-1 所示，两端铰接的轴心受压构件，长度为 l，顶部受轴向荷载 P。根据构件屈曲时存在微小弯曲变形的条件，建立平衡微分方程，进而求解分岔屈曲荷载。建立弯曲平衡方程的基本假设如下：

（1）构件为理想挺直等截面杆。

（2）构件两端为铰接，对构件端部截面转动约束为零。

（3）压力始终沿原来轴线作用。

（4）材料始终处于线弹性工作状态。

（5）不考虑剪切变形影响，构件变形前的平截面在弯曲变形后仍为平面。

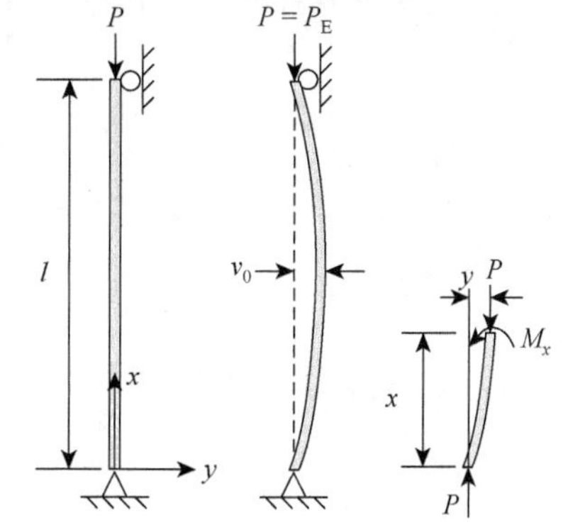

图 8-1　杆件弹性屈曲临界荷载计算简图

（6）杆件弯曲变形是微小的，曲率可以用挠曲变形的二次微分表示。

在距离底部端点 x 处对截面进行切分，可得隔离体，截面处的外弯矩为 $M_x = Py$，其中 P 为轴向压力，y 为杆件横向挠曲值。根据基本假设（4），可得 $M_x = -EIy''$，其中 EI 为杆件抗弯刚度，进而建立隔离体的平衡微分方程：

$$Py + EIy'' = 0 \tag{8-1}$$

引入符号 $k^2 = \dfrac{P}{EI}$，式（8-1）可简化为常系数微分方程

$$k^2 y + y'' = 0 \tag{8-2}$$

其通解为

$$y = A\sin(kx) + B\cos(kx) \tag{8-3}$$

代入边界条件 $y(0) = 0$，$y(l) = 0$，可得 $B = 0$，$A\sin(kl) = 0$。因此，若 $A = 0$，则说明杆件仍处于挺直状态，不符合杆件发生轻微挠曲的原意，故 $A \neq 0$，$\sin(kl) = 0$。由于杆件为多自由度的连续体，k 可取 $\dfrac{i\pi}{l}(i = 1,2,3,\cdots)$，进而得到弹性屈曲临界荷载：

$$P_{cr} = \frac{i^2\pi^2 EI}{l^2} \tag{8-4}$$

此为挺直杆件发生屈曲的临界荷载，其中 $i = 1$ 为构件处于中性平衡的临界荷载，即分岔屈曲荷载，又称为欧拉荷载。由此，可得到构件屈曲之后的变形曲线为半波正弦，曲线表示为

$$y = A\sin\left(\frac{\pi}{l}x\right) \tag{8-5}$$

式中，系数 A 为未知常数，由于建立平衡方程时曲率近似取了变形的二阶导数，求解之后只能得到构件屈曲后的形状，而得不到具体的挠度值。

2. 能量法推导弹性弯曲屈曲临界荷载

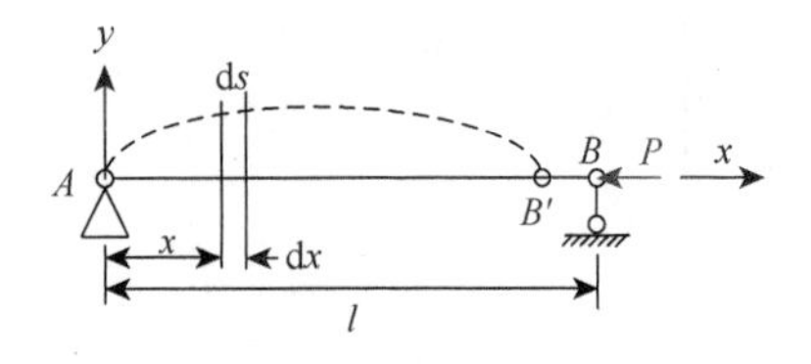

图 8-2　两端简支梁轴压受力简图

变形体的总势能是变形体的应变能 U 与外力势能 V 之和，而外力势能是外力功的负值。考虑图 8-2 所示计算简图，外力 P 作用下，其横向挠曲变形函数为 $y(x)$。

加载点 B 轴向变形 Δ 由杆件弯曲后引起的轴向缩短位移和杆件本身缩短两部分组成，杆件弯曲后位移可表示为

$$\delta = \int_l (\mathrm{d}s - \mathrm{d}x) \tag{8-6}$$

$$ds=\sqrt{(dx)^2+(dy)^2}=\sqrt{1+y'^2}dx=\left(1+\frac{1}{2}y'^2\right)dx \tag{8-7}$$

由此可得

$$\delta=\int_l(ds-dx)=\int_0^l\frac{1}{2}y'^2dx \tag{8-8}$$

则 $\varDelta$ 可表示为

$$\varDelta=\frac{1}{2}\int_0^l y'^2dx+\frac{P}{EA}l \tag{8-9}$$

杆件的轴向变形应变能 U_a 可表示为

$$U_a=\int_0^l\frac{1}{2}\frac{P^2}{AE}dx \tag{8-10}$$

杆件的弯曲变形应变能 U_b 可表示为

$$U_b=\int_0^l\frac{1}{2}EIy''^2dx \tag{8-11}$$

总势能可表示为

$$E_P=\int_0^l\frac{1}{2}\frac{P^2}{AE}dx+\int_0^l\frac{1}{2}EIy''^2dx-\frac{1}{2}P\int_0^l y'^2dx-\frac{1}{2}\frac{P^2}{EA}l \tag{8-12}$$

假设压杆横向挠曲变形函数为

$$y=\delta\sin\frac{i\pi x}{l}\quad(i=1,2,3,\cdots) \tag{8-13}$$

代入总势能可得

$$E_P=\frac{l}{4}EI\delta^2\left(\frac{i\pi}{l}\right)^4-P\frac{l}{4}\delta^2\left(\frac{i\pi}{l}\right)^2 \tag{8-14}$$

根据最小势能原理，求总势能变分 $\frac{\partial}{\partial\delta}E_P=0$ 可得弹性屈曲临界荷载：

$$P_{cr}=\frac{i^2\pi^2EI}{l^2} \tag{8-15}$$

可见采用能量法求解的轴心压杆临界荷载值与采用平衡法推导的结果是相同的，但能量法求解依赖于对挠曲变形函数的假设。

3. 横向剪切效应影响

传统不考虑剪切效应的伯努利（Bernoulli）假设，认为变形后截面仍然垂直于变形后的梁轴线。考虑剪切变形后，仍可假定变形前的平截面在变形后为平面，但此时平面与变形后轴线不再垂直。若假设梁截面转角为 θ，则剪切变形引起的截面转角 γ 可表示为

$$\gamma = \theta - \frac{\mathrm{d}y}{\mathrm{d}x} \tag{8-16}$$

式中，$y(x)$为总横向挠曲，其由弯曲部分挠曲 y_{b} 和剪切部分挠曲 y_{s} 组成，即 $y = y_{\mathrm{b}} + y_{\mathrm{s}}$。由于剪切变形不引起纵向位移，上述剪切转角 γ 可表示为

$$\gamma = \frac{\partial w}{\partial y} + \frac{\partial v}{\partial x} = \frac{\partial(-y \cdot y_{\mathrm{b}}')}{\partial y} + \frac{\partial(y_{\mathrm{b}} + y_{\mathrm{s}})}{\partial x} = \frac{\mathrm{d}y_{\mathrm{s}}}{\mathrm{d}x} \tag{8-17}$$

当屈曲发生时剪力作用于杆的横截面，根据铁摩辛柯（Timoshenko）剪切理论[1]，剪切力 Q 的大小可表示为

$$Q = P\frac{\mathrm{d}y}{\mathrm{d}x} \tag{8-18}$$

实际上，由于剪切力在梁截面上分布是不均匀的，考虑剪切变形后的梁截面不再保持平面，可放弃平截面假设。利用外力虚功与内力虚功相等的条件，获得截面加权平均的剪切应变角与剪切力之间的近似线性关系：

$$\gamma = \frac{nQ}{GA} \tag{8-19}$$

式中，A 为横截面积；G 为剪切模量；n 为与截面形状有关的剪切不均匀系数，可通过截面剪应力分布经能量法原理积分得到，对于圆管可取 $n = 2$。

剪切力引起的斜率改变率，是由剪切引起的附加曲率，根据式（8-17）～式（8-19），$y_{\mathrm{s}}'' = \frac{nP}{AG}\frac{\mathrm{d}^2 y}{\mathrm{d}x^2}$。因此，不考虑剪切作用的微分方程 $k^2 y + y'' = 0$，可改写成

$$k^2 y + \left(1 - \frac{nP}{AG}\right) y'' = 0 \tag{8-20}$$

令 $\mu = 1 - \frac{nP}{AG}$，式（8-20）可写为

$$\frac{k^2}{\mu} y + y'' = 0 \tag{8-21}$$

其通解为

$$y = A\sin\left(\frac{k}{\sqrt{\mu}}x\right) + B\cos\left(\frac{k}{\sqrt{\mu}}x\right) \tag{8-22}$$

代入边界条件 $y(0) = 0$，$y(l) = 0$，可得 $B = 0$，$A\sin\left(\frac{k}{\sqrt{\mu}}l\right) = 0$。同样可得，$k = \frac{i\pi}{l}\sqrt{\mu}\,(i = 1,2,3,\cdots)$，因此可得临界荷载

$$P_{\mathrm{cr}}=\frac{i^2\pi^2EI}{l^2}\left(1-\frac{n}{AG}P_{\mathrm{cr}}\right) \tag{8-23}$$

由此解得

$$P_{\mathrm{cr}}=\frac{P_{\mathrm{E}}}{\left(1+\frac{nP_{\mathrm{E}}}{AG}\right)} \tag{8-24}$$

式中，$P_{\mathrm{E}}=\frac{i^2\pi^2EI}{l^2}$，为欧拉临界荷载。

令 $i=1$，即最低阶临界荷载，可见考虑剪切变形影响管件临界荷载计算值相较于欧拉临界荷载有所降低。实际上，由于考虑剪切变形影响，管件横截面与中性轴将不再垂直，这一点不同于 Euler-Bernoulli 梁假设。为描述横截面上剪力与轴力的关系，目前主要存在两种剪切理论，即 Engesser 假设及 Haringx 假设，两种假设分别认为轴力的剪切分量垂直于挠曲线切线和平行于杆件横截面，上述两种假设的适用性及正确性还未完全定论，本书采用更为广泛接受及使用的 Engesser 剪切理论，即上述推导所采用的 Timoshenko 剪切理论。

4. 初始几何缺陷影响

前几部分内容研究的都是挺直杆，实际复合材料管件必然存在一定的初始挠曲。在初始弯曲的影响下，杆件在一开始受到轴向压力时即发生弯曲，沿杆件长度方向即产生不均匀分布的弯矩，因此前述在杆件荷载达到临界值时突然发生分岔的现象将不再产生，取而代之的是杆件逐步发生几何非线性引起的杆件轴向刚度衰减。

如图 8-1 所示，杆件两端铰支，荷载无偏心，两端节点仅传递轴力，杆件挠曲方向为 y 方向，节点移动方向为 x 方向。杆件存在初始挠度，跨中最大挠度为 v_0，假定其为半波正弦曲线形式：

$$y_0=v_0\sin\frac{\pi x}{l}\quad (0\leqslant x\leqslant l) \tag{8-25}$$

复合材料杆件横向剪切模量与轴向弹性模量之比较低，故剪切作用对挠曲线的影响需要考虑，总挠度 y 应满足下列等式：

$$y=y_0+y_{\mathrm{b}}+y_{\mathrm{s}} \tag{8-26}$$

式中，y_{b} 为弯曲挠度；y_{s} 为剪切变形产生的横向挠度。

杆件在两端铰接并受轴向荷载的情况下，总轴向变形 $\varDelta$ 由两部分组成，即线性拉伸压缩变形 $\varDelta_{\mathrm{e}}$ 及弓形效应变形 $\varDelta_{\mathrm{g}}$，其中弓形效应变形为杆件弯曲导致的轴向缩短，一般当杆件挠曲较为明显时需考虑其影响，线性拉伸、压缩变形可通过以下公式计算：

$$\Delta_e = \frac{Pl}{AE} \tag{8-27}$$

取微元体单元如图 8-3 所示，则该单元由弯曲导致的缩短量为

$$du_b = dx - \sqrt{(dx)^2 - (dy)^2} = dx\left[1 - \sqrt{1 - \left(\frac{dy}{dx}\right)^2}\right] \tag{8-28}$$

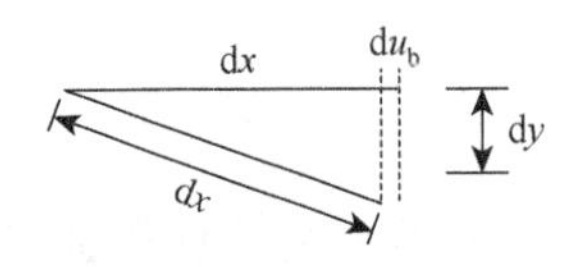

图 8-3　弓形效应计算微元体

对式（8-28）根号内进行幂级数展开，并忽略高阶项可退化为式（8-8），本节为精确考虑“弓形效应”缩短值，采用式（8-28）的表达形式。与挺直杆考虑弯曲缩短不同，当考虑杆件初始挠曲时，杆件受载后弯曲变形引起的轴向缩短 du_b 包含初始挠曲引起的轴向缩短 du_0，因此实际产生的轴向缩短值 du_{bb} 为

$$du_{bb} = du_b - du_{b0} = dx\left[\sqrt{1 - \left(\frac{dy_0}{dx}\right)^2} - \sqrt{1 - \left(\frac{dy}{dx}\right)^2}\right] \tag{8-29}$$

式中，y 为受载后横向挠度；y_0 为初始横向挠度。

当取压缩工况下的纵向缩短值为负时，总纵向缩短 Δ_g 可表示为

$$\Delta_g = \int_0^l \left\{\sqrt{1 - \left[\frac{d}{dx}(y)\right]^2} - \sqrt{1 - \left[\frac{d}{dx}(y_0)\right]^2}\right\} dx \tag{8-30}$$

杆件受压缩荷载时，应满足下列平衡微分方程：

$$\mu y'' - y_0'' = -k^2 y \tag{8-31}$$

式中，仍有 $k^2 = \frac{P}{EI}$ 及 $\mu = 1 - \frac{nP}{AG}$，代入边界条件：$y(0) = 0$，$y(l) = 0$，解得

$$y = \frac{\pi^2 v_0}{\pi^2 \mu - l^2 k^2} \sin\frac{\pi x}{l} \tag{8-32}$$

计算弓形效应：

$$\Delta_g = \frac{\pi^2 v_0^2 [(l^2k^2 - \pi^2\mu)(l^2k^2 - \pi^2\mu + 2\pi^2) + \pi^4]}{4l(l^2k^2 - \pi^2\mu)^2} \tag{8-33}$$

取无量纲化荷载 $\eta = P / P_E$，其中 P_E 为上述推导的欧拉临界荷载，$P_E = \pi^2 EI / l^2$。将 $k = \sqrt{\eta}\pi / l$ 及 $\mu = 1 - \frac{n\eta}{AG}\frac{\pi^2 EI}{l^2}$ 代入式（8-33），可得

$$\Delta_g = \frac{\pi^4 v_0^2 \left(1 + \frac{n\pi^2 EI}{AGl^2}\right)^2 \eta^2}{4\left[\eta - \left(1 - \frac{n\eta\pi^2 EI}{AGl^2}\right)\right]^2 l} \tag{8-34}$$

当压缩荷载作用下杆件发生失稳时，上述弓形效应位移量 Δ_g 应趋向于无穷大，即式（8-34）分母为零，计算得临界荷载 P_{cr} 为

$$P_{cr}=\frac{1}{1+\frac{n}{AG}P_E}P_E \tag{8-35}$$

上述计算结果表明，初始挠曲大小不影响临界荷载值，但会影响荷载趋近临界荷载的速度。

管件轴向切线刚度 k 可表示为

$$k=\frac{\partial P}{\partial \Delta} \tag{8-36}$$

考虑到

$$P=\frac{EA}{l}(\Delta-\Delta_g) \tag{8-37}$$

可得杆件拉伸刚度 k_t 为

$$k_t=\frac{1}{\frac{l}{EA}+\frac{\partial \Delta_g}{\partial k}\frac{\partial k}{\partial P}} \tag{8-38}$$

式中，$\frac{\partial k}{\partial P}=\frac{1}{2kEI}$。

杆件压缩切线刚度表示为

$$k_c=\frac{EA}{l-\frac{Al}{2I}\frac{\pi^4 v_0^2[l^2k^2-(\mu-1)\pi^2]}{(l^2k^2-\pi^2\mu)^3}} \tag{8-39}$$

以圆管截面为例，对上述推导的物理意义予以说明。该拉挤 FRP 圆管的截面外径为 15.5mm，厚度为 0.5mm，轴向弹性模量 $E=40$GPa，横向剪切模量与轴向弹性模量之比为 $G/E=0.05$ 或 0.1，长度 $L=1000$mm。考虑横向剪切效应及初始挠度，计算得轴压情况下轴向刚度与无量纲化荷载 η 之间的关系。如图 8-4 所示，压缩轴向刚度随着无量纲荷载 η 增加，开始时缓慢下降，随后迅速降低为零，表现为杆件压缩整体失稳。随着初始挠度增加，杆件在更小的荷载下发生刚度骤降。由于上述计算考虑横向剪切效应，压缩轴向刚度为零时对应的无量纲荷载 η 小于 1，即临界荷载小于欧拉屈曲荷载，且随着 G/E 变小，横向剪切效应更加显著，临界荷载下降，杆件轴向刚度以更快速度丧失。可见对于复合材料压杆，初始挠度以及横向剪切效应均对杆件轴向受力性能存在较大影响。

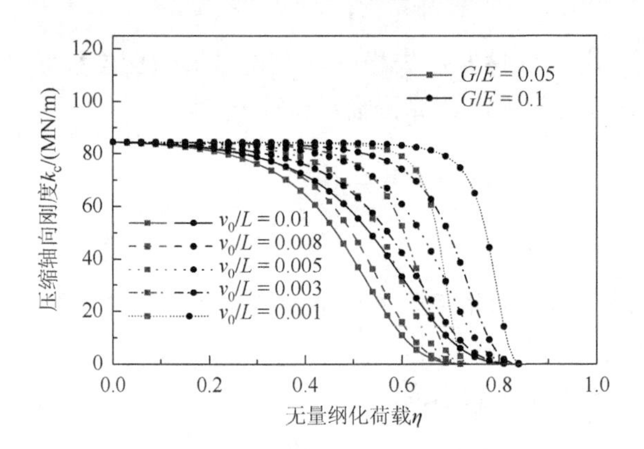

图 8-4 压缩轴向刚度与无量纲化荷载 η 关系

8.1.3 几种传统复合材料圆管等效抗弯刚度计算方法

FRP 构件等效抗弯刚度[*EI*]是整体稳定性计算的基本参数，其求解可归结为两种方法：第一种方法为等效弹性模量法，该方法是基于抗弯刚度是构件的基本属性的认识，即认为无论构件受轴压还是受弯，其等效抗弯刚度均可表示为弹性模量 E 与截面惯性矩 I 的乘积，而 I 是截面的基本几何属性，只与截面形式和几何尺寸有关，这样求解等效抗弯刚度问题就转化为求解等效弹性模量问题，其方法一般是采用轴心受压构件计算模型或短柱试验进行求解。第二种方法为整体求解法，即认为等效抗弯刚度是弯曲构件的整体属性，作为一个不可分割的参数[*EI*]出现，不能按照以往各向同性材料的做法将[*EI*]分解为 $E\cdot I$。常用的 FRP 构件等效抗弯刚度求解方法，按照上述两种分类方法，第一类为等效弹性模量法，主要包括短柱试验、分层叠加等效模型、三维弹性理论（轴压工况）；第二类为整体求解法，主要包括三点弯曲试验、四点弯曲试验、经典层合板理论（纯弯工况）、三维弹性理论（纯弯工况）、梁理论等。

1. 等效弹性模量法

1）短柱试验

根据短柱试验的荷载位移曲线即可计算得到管件的等效弹性模量。

$$E=\frac{Pl}{A\Delta l} \tag{8-40}$$

式中，P 为轴向荷载；A 为短柱截面积；l 为短柱总长；Δl 为轴向压缩变形。将层合圆管作为整体计算转动惯量 I，连乘则可得层合管件抗弯刚度：

$$E\cdot I=\frac{Pl}{A\Delta l}\frac{\pi(r_{\mathrm{o}}^4-r_{\mathrm{i}}^4)}{4} \tag{8-41}$$

其中，r_o 及 r_i 分别为管件外半径和内半径。

2）分层叠加等效模型

对于 FRP 层合管件的任意第 k 层，若层合管几何主方向与复合材料主方向的夹角为 θ，根据单层板任意方向上的应力-应变关系，可得管件该层轴向受载弹性模量 E_x^k。同样可得该层对应的转动惯量 I^k：

$$E_x^k = \frac{1}{\frac{1}{E_1}\cos^4\theta + \left(\frac{1}{G_{12}} - \frac{2\nu_{21}}{E_1}\right)\sin^2\theta\cos^2\theta + \frac{1}{E_2}\sin^4\theta} \tag{8-42}$$

$$I^k = \frac{\pi(r_{k+1}^4 - r_k^4)}{4} \tag{8-43}$$

式中，r_{k+1} 及 r_k 分别为第 k 层外半径和内半径。对各层抗弯刚度求和可得

$$EI = \sum_{k=1}^{N} E_x^k I^k \tag{8-44}$$

其中，k 为第 k 层；N 为层数。

2. 整体求解法

通过试验的方法，可根据构件整体受载响应，反推构件抗弯刚度的量测等效值，可采用三点弯曲或四点弯曲试验方法，示意图分别如图 8-5 及图 8-6 所示。

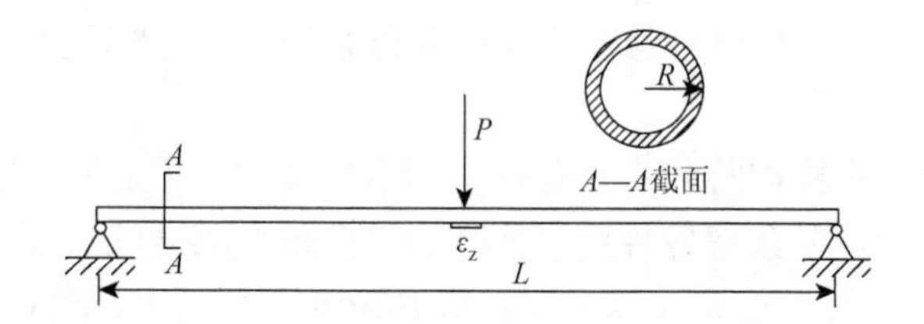

图 8-5　三点弯曲试验示意图

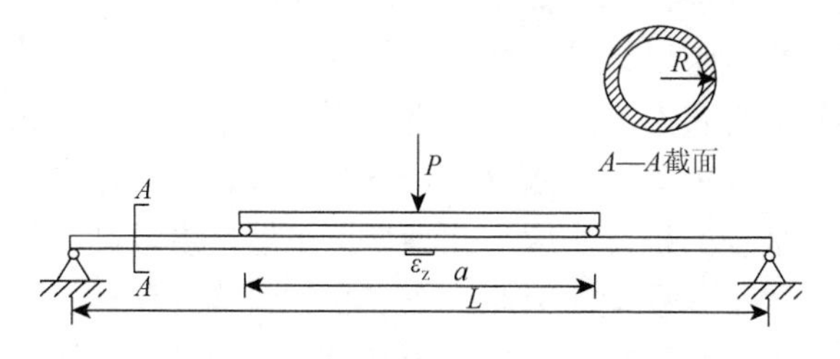

图 8-6　四点弯曲试验示意图

1）三点弯曲试验

试验需要采集的数据包括有效长度 L、外半径 R、施加的荷载 P，管件底部中间位置的应变值 ε_z。由三点弯曲试验求解抗弯刚度的公式为

$$[EI]=\frac{PLR}{4\varepsilon_z} \tag{8-45}$$

2）四点弯曲试验

试验需要采集的数据包括有效长度 L，分配梁两个荷载点的距离 a，外半径 R，施加的荷载 P，管件底部中间位置的应变值 ε_z。由四点弯曲试验求解抗弯刚度的公式为

$$[EI]=\frac{P(L-a)R}{4\varepsilon_z} \tag{8-46}$$

3）三维弹性理论

基于三维弹性理论，Jolicoeur 和 Cardou[2]推导了复合材料管的抗弯刚度，其表达式如下：

$$[EI]=\sum_{n=1}^{N}\frac{\pi}{\bar{S}_{33,n}}\left\{\begin{aligned}&\sum_{i=1}^{4}K_{i,n}[\bar{S}_{34,n}g_{i,n}m_{i,n}-\bar{S}_{13,n}-\bar{S}_{23,n}(m_{i,n}+1)]\times\left[\frac{b_n^{m_{i,n}+2}-a_n^{m_{i,n}+2}}{m_{i,n}+2}\right]\\&+[1-\mu_{1,n}(\bar{S}_{13,n}+3\bar{S}_{23,n})+2\mu_{2,n}\bar{S}_{34,n}]\left[\frac{b_n^4-a_n^4}{4}\right]\end{aligned}\right\} \tag{8-47}$$

式中，a_n，b_n 分别为复材管任意层内半径及外半径；$K_{i,n}$ 为四个任意常数；$\bar{S}_{ij}$ 为材料柔度系数。

上述方法中，短柱试验和三点弯曲、四点弯曲试验求解属于试验范畴。由于试验方法工作量大，要获得各种铺层构件的等效抗弯刚度就需要逐个试验，不经济且效率低。为此，采用理论计算方法获得 FRP 构件的等效抗弯刚度就很有必要。目前复合材料层合管构件抗弯刚度的理论计算方法主要有三种：经典层合板理论、基于纯弯构件应力应变场计算的弹性理论、三维梁理论。在理论计算方法中，长期按照以每层等效模量乘以该层惯性矩进行分层叠加的等效方法，没有把构件当作一个整体在实际受力状态下考虑，忽略了不同铺层角铺层的相互关系，因此计算精度差。若通过弹性力学理论求解复合材料圆管在纯弯作用下的应力应变场，进而得到复合材料圆管的抗弯刚度，此种理论虽然精度较高，但是过程参数多且相互嵌套耦合，计算十分烦琐。因此，在复合材料构件整体稳定性研究中，应将其等效抗弯刚度作为一个独立不可拆分的参数进行求解，需要提出符合真实受力状态、计算精度高、简便易行的等效抗弯刚度计算模型。

8.1.4　几种复合材料轴心受压构件闭式解

对于复合材料轴心受压构件，由于其具有铺层可设计性、初始缺陷随机性、损伤破坏复杂性，难以得到能精确预测其极限承载力的闭式解。为便于工程设计使用，在一定假设简化的前提下，结合试验结果，可以得到一些具有一定精度的极限承载力半经验半理论的闭式解[3]。这些闭式解包括如下几种。

1）经典欧拉公式

对于较为细长的复合材料管材，由于构件长度较长，横向剪切效应相应变弱，剪切效应影响可以忽略，经试验验证[4, 5]，利用经典欧拉公式预测较细长复合材料管件的极限荷载力，简单方便且具有较好的准确性。

2）Engesser 剪切修正公式

$$P_{\mathrm{Esh1}}=\frac{P_{\mathrm{E}}}{1+\beta P_{\mathrm{E}}/(G_{\mathrm{LT}}A_{\mathrm{g}})} \tag{8-48}$$

式中，β 为截面剪切修正系数；A_{g} 为净截面面积；G_{LT} 为横向剪切刚度；P_{E} 为欧拉临界荷载。

对于中等长度或较短的复合材料管，此时横向剪切作用需要考虑，采用上述 Engesser 剪切修正公式的预测值与试验更加吻合。

3）Haringx 剪切修正公式

$$P_{\mathrm{Esh2}}=\left[\sqrt{\frac{1+4\beta P_{\mathrm{E}}}{G_{\mathrm{LT}}A_{\mathrm{g}}}}-1\right][G_{\mathrm{LT}}A_{\mathrm{g}}/2\beta] \tag{8-49}$$

采用欧拉公式往往高估复合材料管临界荷载，而采用 Haringx 剪切修正公式常常低估 FRP 管件的整体稳定临界荷载。

4）Strongwell 公司设计公式

基于室内试验的方法，Strongwell 公司提出了拉挤复材圆管的经验临界荷载公式，对不同截面形式的拉挤复材杆件，采用不同的公式。

对于工字型或宽翼缘截面型材：

$$P_{\mathrm{ES}}=4.9E_{\mathrm{LC}}A_{\mathrm{g}}/(L_{\mathrm{eff}}/r)^{1.7} \tag{8-50}$$

对于角型或 L 形截面：

$$P_{\mathrm{ES}}=E_{\mathrm{LC}}A_{\mathrm{g}}/56(L_{\mathrm{eff}}/r)^{0.55} \tag{8-51}$$

对于圆管或方管：

$$P_{\mathrm{ES}}=1.3E_{\mathrm{LC}}A_{\mathrm{g}}/(L_{\mathrm{eff}}/r)^{1.3} \tag{8-52}$$

式中，L_{eff}为计算长度。

5）Fiberline 复合材料公司设计公式

Fiberline 复合材料公司提出的整体稳定承载力公式为

$$P_{EF} = F_{LC}A_g / (1 + F_{LC}A_g / P_E) \tag{8-53}$$

式中，F_{LC}为纵向压缩强度。

需要说明的是，上述复合材料整体稳定承载力实用公式并未考虑安全系数，在实际应用中需结合实际使用条件予以明确。

8.2 基于三维梁理论的层合管等效抗弯刚度计算方法

在承压构件或受弯构件进行整体稳定性和抗弯性能设计中，需首先计算复合材料构件的等效抗弯刚度。Wild 和 Vickers[6]在对复合材料圆形管件进行分析时，忽略了圆柱壳曲率影响，简化成板模型，按照经典层合板理论计算圆形管件的抗弯刚度，这种计算理论最为简单方便，但是计算精度较差。Jolicoeur 和 Cardou[2]、Chouchaoui 和 Ochoa[7]参考 Lekhnitskii[8]应力函数，通过弹性力学理论求解复合材料圆管在纯弯作用下的应力应变场，从而得到复合材料圆管的抗弯刚度，此种理论精度较高，但是过程参数多且相互嵌套耦合，计算十分烦琐。文献民等[9, 10]、Kim 和 White[11, 12]等，结合梁的高阶剪切理论，提出了高阶理论计算方法，同时考虑横向剪切效应以及层合材料的三维本构关系，基于厚壁梁理论，对复合材料圆管的抗弯刚度进行预测，该计算方法虽然适用任意壁厚的梁，但是由于考虑高阶剪切，计算十分冗长，复杂。因此，复合材料层合管抗弯刚度的精确计算推导十分复杂，在实际工程应用中需提出精度足够的简便公式。本节结合薄壁三维梁理论，推导一种满足工程使用精度要求，计算方便的等效抗弯刚度计算方法。此方法采用符合复合材料圆形管件梁真实变形的变形理论，考虑横向剪切变形，非均匀扭转效应，主、次挠曲效应和层合材料的三维弹性效应，按照壳壁中实际应力状态，建立了复合材料圆形管件等效抗弯刚度的计算模型。

8.2.1 基本假设及位移场建立

1. 基本假设

（1）复合材料圆形管件的材料是均质、连续的各向异性材料。

（2）周线在既有的平面不变形，即梁截面不发生面内变形。

（3）变形在弹性阶段，为小变形。

（4）考虑横向剪切效应，并假设剪应变 γ_{zs} 和 γ_{zn} 在横截面上均匀分布。

（5）除了考虑轴向轮廓线翘曲位移（通常称为主翘曲），同时还考虑轴向轮廓面外翘曲位移（通常称为次翘曲），即同时考虑主挠曲和次挠曲的影响。

（6）非均匀扭转模型：$\mathrm{d}\varphi/\mathrm{d}z$ 不再是常量（在 Saint-Venant 扭转模型中此量为常量），为曲线坐标的函数。

2. 位移场

根据薄壁梁弹性理论基本方法[13]，如图 8-7 所示，通过建立两套坐标系来建立复合材料圆形管件的位移场，一为笛卡儿直角坐标系（x，y，z），将其定义为位于管件截面形心的整体坐标系，二为曲线坐标系（s，z，n），将其定义为位于管壁中面线上的局部坐标系。其中，整体坐标系 z 轴沿着管件轴向方向，曲线坐标系 n 为中面线的法线方向，s 为中面线的切线方向，z 为管件纵向方向，逆时针为正。现定义 x-y 平面内坐标系中任意一点 A 的位置矢量为 $\boldsymbol{r}(s)$，则有

$$\boldsymbol{r}(s)=x(s)\boldsymbol{i}+y(s)\boldsymbol{j} \tag{8-54}$$

式中，$\boldsymbol{i}$、$\boldsymbol{j}$、$\boldsymbol{k}$ 分别是沿着 x、y、z 轴的单位向量，所以中面线的切向和法向单位向量为

$$\boldsymbol{t}=\frac{\mathrm{d}\boldsymbol{r}}{\mathrm{d}s}=\frac{\mathrm{d}x}{\mathrm{d}s}\boldsymbol{i}+\frac{\mathrm{d}y}{\mathrm{d}s}\boldsymbol{j} \tag{8-55}$$

$$\boldsymbol{n}=\boldsymbol{t}\times\boldsymbol{k}=-\frac{\mathrm{d}x}{\mathrm{d}s}\boldsymbol{j}+\frac{\mathrm{d}y}{\mathrm{d}s}\boldsymbol{i} \tag{8-56}$$

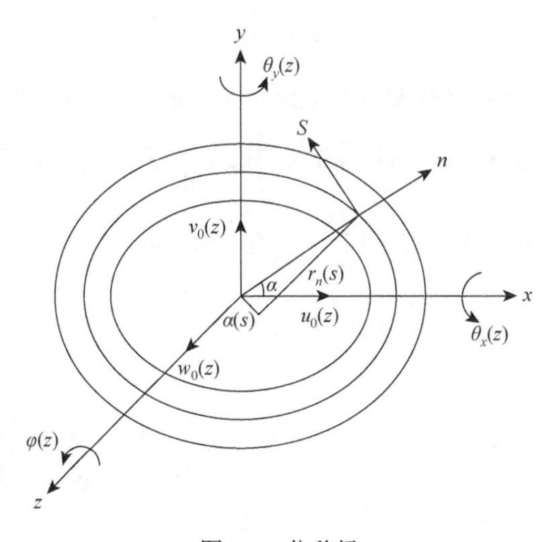

图 8-7　位移场

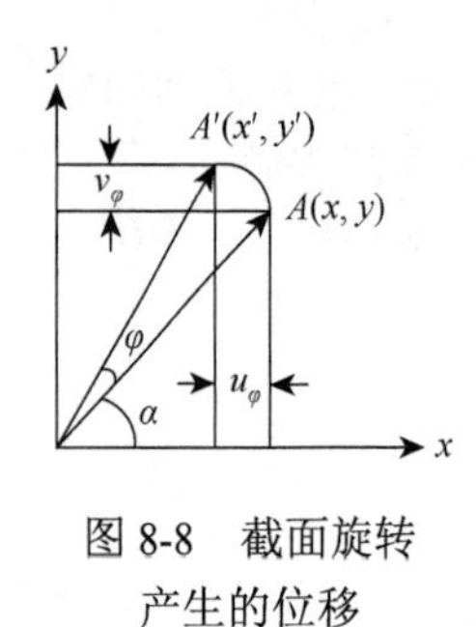

图 8-8　截面旋转产生的位移

根据基本假设（2），对于梁的某一截面，其面内不会发生相对变形，整个截面仅会发生刚体运动，假设截面绕转动中心旋转一角度 φ，根据图 8-8 中的几何关系，A 点由于截面旋转而产生的侧向位移 u_φ 和 v_φ 分别为

$$u_\varphi = x - R\cos(\varphi+\alpha) = x - R(\cos\varphi\cos\alpha - \sin\varphi\sin\alpha)$$
$$= x - R\left(\cos\varphi\frac{x}{R} - \sin\varphi\frac{y}{R}\right) = x(1-\cos\varphi) + y\sin\varphi \approx y\varphi \tag{8-57}$$

$$v_\varphi = -y + R\sin(\varphi+\alpha) = -y + R(\sin\varphi\cos\alpha + \cos\varphi\sin\alpha)$$
$$= -y + R\left(\sin\varphi\frac{x}{R} + \cos\varphi\frac{y}{R}\right) = y(-1+\cos\varphi) + x\sin\varphi \approx x\varphi \tag{8-58}$$

所以图 8-7 中任意截面 x、y 方向上位移分量 u、v 有

$$\begin{aligned} u(x,y,z) &= u_0(z) - u_\varphi(z) = u_0(z) - y\varphi(z) \\ v(x,y,z) &= v_0(z) + v_\varphi(z) = v_0(z) + x\varphi(z) \end{aligned} \tag{8-59}$$

式中，$u_0(z)$、$v_0(z)$ 为管件中心线 x、y 方向的刚体位移；$\varphi(z)$ 为绕 z 轴的扭转角。在下面的推导中，将沿 z 轴的位移分量记为 w。

根据应变变换定律，在考虑横向剪切和扭转应变分量的情况下，s-z 平面内的膜剪应变 γ_{sz} 可表示为

$$\gamma_{sz}(s,z) = \gamma_{xz}(z)\frac{\mathrm{d}x}{\mathrm{d}s} + \gamma_{yz}(z)\frac{\mathrm{d}y}{\mathrm{d}s} + \gamma_t(z) \tag{8-60}$$

式中，$\gamma_t(z)$ 为扭转引起的剪应变。在弹性力学中，$\gamma_{sz}(s,z)$ 还可表示为

$$\gamma_{sz}(s,z) = \frac{\partial v_t}{\partial z} + \frac{\partial w}{\partial s} \tag{8-61}$$

v_t 为切向位移，将该点位移向量表示为 $\boldsymbol{\delta} = u\boldsymbol{i} + v\boldsymbol{j} + w\boldsymbol{k}$，则有

$$\begin{aligned} v_t = \boldsymbol{\delta}\cdot\boldsymbol{t} &= (u\boldsymbol{i} + v\boldsymbol{j} + w\boldsymbol{k})\cdot\left(\frac{\mathrm{d}x}{\mathrm{d}s}\boldsymbol{i} + \frac{\mathrm{d}y}{\mathrm{d}s}\boldsymbol{j}\right) = u\frac{\mathrm{d}x}{\mathrm{d}s} + v\frac{\mathrm{d}y}{\mathrm{d}s} \\ &= [u_0(z) - y\varphi(z)]\frac{\mathrm{d}x}{\mathrm{d}s} + [v_0(z) + x\varphi(z)]\frac{\mathrm{d}y}{\mathrm{d}s} \\ &= u_0(z)\frac{\mathrm{d}x}{\mathrm{d}s} + v_0(z)\frac{\mathrm{d}y}{\mathrm{d}s} + r_n(s)\varphi(z) \end{aligned} \tag{8-62}$$

式中，

$$r_n(s) = \boldsymbol{r}\cdot\boldsymbol{n} = (x\boldsymbol{i} + y\boldsymbol{j})\cdot\left(-\frac{\mathrm{d}x}{\mathrm{d}s}\boldsymbol{j} + \frac{\mathrm{d}y}{\mathrm{d}s}\boldsymbol{i}\right) = x\frac{\mathrm{d}y}{\mathrm{d}s} - y\frac{\mathrm{d}x}{\mathrm{d}s} \tag{8-63}$$

将式（8-60）和式（8-62）代入式（8-61）中有

$$\gamma_{xz}(z)\frac{\mathrm{d}x}{\mathrm{d}s}+\gamma_{yz}(z)\frac{\mathrm{d}y}{\mathrm{d}s}+\gamma_t(z)=u_0'(z)\frac{\mathrm{d}x}{\mathrm{d}s}+v_0'(z)\frac{\mathrm{d}y}{\mathrm{d}s}+r_n(s)\varphi'(z)+\frac{\partial w}{\partial s} \tag{8-64}$$

所以

$$\frac{\partial w}{\partial s}=[\gamma_{xz}(z)-u_0'(z)]\frac{\mathrm{d}x}{\mathrm{d}s}+[\gamma_{yz}(z)-v_0'(z)]\frac{\mathrm{d}y}{\mathrm{d}s}+\gamma_t(z)-r_n(s)\varphi'(z) \tag{8-65}$$

将式（8-65）进一步简化：

$$\frac{\partial w}{\partial s}=\theta_y(z)\frac{\mathrm{d}x}{\mathrm{d}s}+\theta_x(z)\frac{\mathrm{d}y}{\mathrm{d}s}+\gamma_t(z)-r_n(s)\varphi'(z) \tag{8-66}$$

式中，$\theta_y(z)$、$\theta_x(z)$ 表示绕 y 和 x 轴的转角，$\theta_y(z)=\gamma_{xz}(z)-u_0'(z)$，$\theta_x(z)=\gamma_{yz}(z)-v_0'(z)$。

对式（8-66）两边积分，该截面为闭口截面，因此有

$$\int_C\frac{\partial w}{\partial s}\mathrm{d}s=\int_C\frac{\mathrm{d}x}{\mathrm{d}s}\mathrm{d}s=\int_C\frac{\mathrm{d}y}{\mathrm{d}s}\mathrm{d}s=0 \tag{8-67}$$

由式（8-66）可得到

$$\gamma_t(z)\int_C\mathrm{d}s=\varphi'(z)\int_C r_n(s)\mathrm{d}s \tag{8-68}$$

$$\gamma_t=\varphi'(z)\frac{2A_\mathrm{c}}{\beta} \tag{8-69}$$

式中，A_c 和 β 分别是中面周线的面积和周长，$A_\mathrm{c}=\int_C r_n(s)\mathrm{d}s$，$\beta=\int_C\mathrm{d}s$，进一步对式（8-66）关于截面中线上任意点 s 积分可得

$$\begin{aligned}w(s,z)=&w_0(z)+[\gamma_{xz}(z)-u_0'(z)]x(s)+[\gamma_{yz}(z)-v_0'(z)]y(s)\\&-\varphi'(z)\int_0^s r_n(s)\mathrm{d}s+\frac{s}{\beta}\varphi'(z)\int_C r_n(s)\mathrm{d}s\end{aligned} \tag{8-70}$$

同样，式（8-70）可简化为

$$w(s,z)=w_0(z)+\theta_y(z)x(s)+\theta_x(z)y(s)-\varphi'(z)F_\omega(s) \tag{8-71}$$

式中，$F_\omega(s)$ 为闭口截面翘曲函数：

$$F_\omega(s)=\int_0^s\left[r_n(s)-\frac{2A_\mathrm{c}}{\beta}\right]\mathrm{d}s=\int_0^s[r_n(s)-\varPsi]\mathrm{d}s \tag{8-72}$$

其中，$\varPsi$ 为扭转函数，$\varPsi=\dfrac{\int_C\frac{r_n(s)}{h(s)}\mathrm{d}s}{\int_C\frac{1}{h(s)}\mathrm{d}s}$；$h(s)$ 为壁厚。

以上过程只考虑截面轮廓线的轴向翘曲位移，即只考虑主翘曲影响，接下来将考虑沿中面线法向方向的次翘曲影响。同样，根据应变变换定律，n-z 平面内的横向剪应变 γ_{nz} 可表示为

$$\gamma_{nz}(s,z)=\gamma_{xz}(z)\frac{\mathrm{d}y}{\mathrm{d}s}-\gamma_{yz}(z)\frac{\mathrm{d}x}{\mathrm{d}s}=[\theta_y(z)+u_0'(z)]\frac{\mathrm{d}y}{\mathrm{d}s}-[\theta_x(z)+v_0'(z)]\frac{\mathrm{d}x}{\mathrm{d}s} \tag{8-73}$$

很显然，γ_{nz} 还可表示为

$$\gamma_{nz}=\frac{\partial w^{s}}{\partial n}+\frac{\partial v_{n}}{\partial z} \tag{8-74}$$

式中，w^{s} 为次翘曲位移；v_{n} 为中面法向方向的位移分量，因而有

$$\begin{aligned}v_{n}&=\boldsymbol{\delta}\cdot\boldsymbol{n}=(u\boldsymbol{i}+v\boldsymbol{j}+w\boldsymbol{k})\cdot\left(-\frac{\mathrm{d}x}{\mathrm{d}s}\boldsymbol{j}+\frac{\mathrm{d}y}{\mathrm{d}s}\boldsymbol{i}\right)=u\frac{\mathrm{d}y}{\mathrm{d}s}-v\frac{\mathrm{d}x}{\mathrm{d}s}\\&=(u_{0}-y\varphi)\frac{\mathrm{d}y}{\mathrm{d}s}-(v_{0}+x\varphi)\frac{\mathrm{d}x}{\mathrm{d}s}\\&=u_{0}(z)\frac{\mathrm{d}y}{\mathrm{d}s}-v_{0}(z)\frac{\mathrm{d}x}{\mathrm{d}s}+a(s)\varphi(z)\end{aligned} \tag{8-75}$$

其中，

$$a(s)=-\left(y\frac{\mathrm{d}y}{\mathrm{d}s}+x\frac{\mathrm{d}x}{\mathrm{d}s}\right) \tag{8-76}$$

将式（8-73）和式（8-75）代入式（8-74）中，有

$$\frac{\partial w^{s}}{\partial n}=\theta_{y}\frac{\mathrm{d}y}{\mathrm{d}s}-\theta_{x}\frac{\mathrm{d}x}{\mathrm{d}s}-a(s)\varphi' \tag{8-77}$$

将式（8-77）两边对任意 s 积分，可得次挠曲位移 w^{s} 为

$$w^{s}(s,z,n)=\left[\theta_{y}(z)\frac{\mathrm{d}y}{\mathrm{d}s}-\theta_{x}(z)\frac{\mathrm{d}x}{\mathrm{d}s}-a(s)\varphi'(z)\right]n \tag{8-78}$$

或者可以写成

$$w^{s}(s,z,n)=\left\{[\gamma_{xz}(z)-u_{0}'(z)]\frac{\mathrm{d}y}{\mathrm{d}s}-[\gamma_{yz}(z)-v_{0}'(z)]\frac{\mathrm{d}x}{\mathrm{d}s}-a(s)\varphi'(z)\right\}n \tag{8-79}$$

式（8-79）表明次翘曲位移沿壁厚呈线性变化。综合考虑主翘曲和次翘曲影响，即将式（8-71）和式（8-78）进行叠加，可知总轴向位移为

$$\begin{aligned}w(s,z,n)=&\,w_{0}(z)+\theta_{y}(z)\left[x(s)+n\frac{\mathrm{d}y}{\mathrm{d}s}\right]+\theta_{x}(z)\left[y(s)-n\frac{\mathrm{d}x}{\mathrm{d}s}\right]\\&-\varphi'(z)[F_{\omega}(s)+na(s)]\end{aligned} \tag{8-80}$$

综上可知，梁截面上任一点三维位移场为

$$\begin{cases}u(x,y,z)=u_{0}(z)-y\varphi(z)\\v(x,y,z)=v_{0}(z)+x\varphi(z)\\w(x,y,z)=w_{0}(z)+\theta_{x}(z)\left[y(s)-n\dfrac{\mathrm{d}x}{\mathrm{d}s}\right]\\\qquad\qquad+\theta_{y}(z)\left[x(s)+n\dfrac{\mathrm{d}y}{\mathrm{d}s}\right]-\varphi'(z)[F_{\omega}(s)+na(s)]\end{cases} \tag{8-81}$$

对于圆形截面的管件，文中几何参数定义如下：

$$\begin{cases} r_n(s)=R \\ R=\dfrac{r_{\text{in}}+r_{\text{out}}}{2} \\ \mathrm{d}s=(R+n)\mathrm{d}\alpha \\ x=(R+n)\cos\alpha \\ y=(R+n)\sin\alpha \end{cases} \tag{8-82}$$

式中，r_{in} 为内半径；r_{out} 为外半径；n 为管壁厚。

8.2.2　几何及本构关系建立

1. 几何关系

根据梁截面形状不发生改变的周向刚性假设，可以得到以下应变场。

轴向应变为

$$\begin{aligned} \varepsilon_{zz}(s,z,n)=&w_0'(z)+\theta_y'(z)\left[x(s)+n\frac{\mathrm{d}y}{\mathrm{d}s}\right]+\theta_x'(z)\left[y(s)-n\frac{\mathrm{d}x}{\mathrm{d}s}\right] \\ &-\varphi''(z)[F_\omega(s)+na(s)] \end{aligned} \tag{8-83}$$

切向剪应变为

$$\begin{aligned} \gamma_{sz}(s,z)&=\gamma_{xz}\frac{\mathrm{d}x}{\mathrm{d}s}+\gamma_{yz}\frac{\mathrm{d}y}{\mathrm{d}s}+\gamma_t(z) \\ &=\frac{\mathrm{d}x}{\mathrm{d}s}[u_0'+\theta_y(z)]+\frac{\mathrm{d}y}{\mathrm{d}s}[v_0'+\theta_x(z)]+2\delta\varphi'(z) \end{aligned} \tag{8-84}$$

式中，δ 为梁壁中面线围成的面积与其周长的比值，$\delta=\dfrac{2A_{\text{c}}}{\beta}$。

横向剪应变为

$$\gamma_{nz}(s,z)=\gamma_{xz}\frac{\mathrm{d}y}{\mathrm{d}s}-\gamma_{yz}\frac{\mathrm{d}x}{\mathrm{d}s}=\frac{\mathrm{d}y}{\mathrm{d}s}[u_0'+\theta_y(z)]-\frac{\mathrm{d}x}{\mathrm{d}s}[v_0'+\theta_x(z)] \tag{8-85}$$

2. 本构关系

对于正交各向异性层合管，其材料主方向三维本构关系如下：

$$\begin{Bmatrix} \sigma_{11} \\ \sigma_{22} \\ \sigma_{33} \\ \tau_{23} \\ \tau_{13} \\ \tau_{12} \end{Bmatrix}_k=\begin{bmatrix} Q_{11} & Q_{12} & Q_{13} & 0 & 0 & 0 \\ Q_{21} & Q_{22} & Q_{23} & 0 & 0 & 0 \\ Q_{31} & Q_{32} & Q_{33} & 0 & 0 & 0 \\ 0 & 0 & 0 & Q_{44} & 0 & 0 \\ 0 & 0 & 0 & 0 & Q_{55} & 0 \\ 0 & 0 & 0 & 0 & 0 & Q_{66} \end{bmatrix}_k\begin{Bmatrix} \varepsilon_{11} \\ \varepsilon_{22} \\ \varepsilon_{33} \\ \gamma_{23} \\ \gamma_{13} \\ \gamma_{12} \end{Bmatrix}_k \tag{8-86}$$

若将任意第 k 层的材料主方向转至整体坐标系下，相应整体坐标系下本构关系如下：

$$\begin{Bmatrix} \sigma_{ss} \\ \sigma_{zz} \\ \sigma_{nn} \\ \tau_{zn} \\ \tau_{ns} \\ \tau_{sz} \end{Bmatrix}_k = \begin{bmatrix} \bar{Q}_{11} & \bar{Q}_{12} & \bar{Q}_{13} & 0 & 0 & \bar{Q}_{16} \\ \bar{Q}_{21} & \bar{Q}_{22} & \bar{Q}_{23} & 0 & 0 & \bar{Q}_{26} \\ \bar{Q}_{31} & \bar{Q}_{32} & \bar{Q}_{33} & 0 & 0 & \bar{Q}_{36} \\ 0 & 0 & 0 & \bar{Q}_{44} & \bar{Q}_{45} & 0 \\ 0 & 0 & 0 & \bar{Q}_{54} & \bar{Q}_{55} & 0 \\ \bar{Q}_{61} & \bar{Q}_{62} & \bar{Q}_{63} & 0 & 0 & \bar{Q}_{66} \end{bmatrix}_k \begin{Bmatrix} \varepsilon_{ss} \\ \varepsilon_{zz} \\ \varepsilon_{nn} \\ \gamma_{zn} \\ \gamma_{ns} \\ \gamma_{sz} \end{Bmatrix}_k \tag{8-87}$$

式中，$\bar{Q}$ 为偏轴刚度矩阵，由正轴刚度矩阵 Q 经过坐标转换得到；σ_{ss}、σ_{zz}、σ_{nn} 分别为三个方向的主应力；τ_{zn}、τ_{ns}、τ_{sz} 分别为三个面内的剪应力，ε_{ss}、ε_{zz}、ε_{nn} 分别为三个方向的主应变，γ_{zn}、γ_{ns}、γ_{sz} 分别为三个面内的剪应变。

正交异性的复合材料梁壁有很强的三维特性，需考虑三维本构关系，当管内外不受压力场时，横截面面外应力 σ_{nn}、σ_{ss}、τ_{ns} 相对于面内应力是小量，可以忽略；但对于某些铺层的层合管泊松比效应影响较大，则横截面面外应力对应的应变 ε_{nn}、ε_{ss}、γ_{ns} 不能忽略。

因此令

$$\sigma_{nn} = \sigma_{ss} = \tau_{ns} = 0 \tag{8-88}$$

将式（8-88）代入本构关系（8-87）中，可得下列方程组：

$$\begin{cases} \bar{Q}_{11}\varepsilon_{ss} + \bar{Q}_{12}\varepsilon_{zz} + \bar{Q}_{13}\varepsilon_{nn} + \bar{Q}_{16}\gamma_{sz} = 0 \\ \bar{Q}_{31}\varepsilon_{ss} + \bar{Q}_{32}\varepsilon_{zz} + \bar{Q}_{33}\varepsilon_{nn} + \bar{Q}_{36}\gamma_{sz} = 0 \\ \bar{Q}_{54}\gamma_{zn} + \bar{Q}_{55}\gamma_{ns} = 0 \end{cases} \tag{8-89}$$

通过参数的代数变换，可得横截面面外应变 ε_{nn}、ε_{ss}、γ_{ns} 通过面内应变按照泊松比耦合效应关系，表示为

$$\begin{cases} \varepsilon_{ss} = \nu_{sz}\varepsilon_{zz} + \eta_{s,sz}\gamma_{sz} \\ \varepsilon_{nn} = \nu_{nz}\varepsilon_{zz} + \eta_{n,sz}\gamma_{sz} \\ \gamma_{ns} = \eta_{ns,zn}\gamma_{zn} \end{cases} \tag{8-90}$$

式中，$\nu_{sz} = \dfrac{\bar{Q}_{13}\bar{Q}_{23} - \bar{Q}_{12}\bar{Q}_{33}}{\bar{Q}_{11}\bar{Q}_{33} - \bar{Q}_{13}^2}$，为 z 方向引起 s 方向的泊松耦合系数；$\nu_{nz} = \dfrac{\bar{Q}_{12}\bar{Q}_{13} - \bar{Q}_{11}\bar{Q}_{23}}{\bar{Q}_{11}\bar{Q}_{33} - \bar{Q}_{13}^2}$，为 z 方向引起 n 方向的泊松耦合系数；$\eta_{s,sz} = \dfrac{\bar{Q}_{13}\bar{Q}_{36} - \bar{Q}_{16}\bar{Q}_{33}}{\bar{Q}_{11}\bar{Q}_{33} - \bar{Q}_{13}^2}$，为 s 方向剪拉耦合系数；$\eta_{n,sz} = \dfrac{\bar{Q}_{13}\bar{Q}_{16} - \bar{Q}_{11}\bar{Q}_{36}}{\bar{Q}_{11}\bar{Q}_{33} - \bar{Q}_{13}^2}$，为 n 方向剪拉耦合系数；$\eta_{ns,zn} = -\dfrac{\bar{Q}_{45}}{\bar{Q}_{55}}$，为交叉耦合系数。

将式（8-90）代入式（8-87），可得到简化的本构关系

$$\begin{Bmatrix} \sigma_{zz} \\ \tau_{sz} \\ \tau_{zn} \end{Bmatrix}_k = \begin{bmatrix} C_{11} & C_{12} & 0 \\ C_{21} & C_{22} & 0 \\ 0 & 0 & C_{33} \end{bmatrix}_k \begin{Bmatrix} \varepsilon_{zz} \\ \gamma_{sz} \\ \gamma_{zn} \end{Bmatrix}_k \tag{8-91}$$

式中，矩阵中的 C_{ij} 如下：

$$C_{11} = \bar{Q}_{22} + \frac{(\bar{Q}_{13}\bar{Q}_{23} - \bar{Q}_{12}\bar{Q}_{33})\bar{Q}_{21} + \bar{Q}_{23}(\bar{Q}_{12}\bar{Q}_{13} - \bar{Q}_{11}\bar{Q}_{23})}{\bar{Q}_{11}\bar{Q}_{33} - \bar{Q}_{13}^2}$$

$$C_{12} = \bar{Q}_{26} + \frac{\bar{Q}_{21}(\bar{Q}_{13}\bar{Q}_{36} - \bar{Q}_{16}\bar{Q}_{33}) + \bar{Q}_{23}(\bar{Q}_{13}\bar{Q}_{16} - \bar{Q}_{11}\bar{Q}_{36})}{\bar{Q}_{11}\bar{Q}_{33} - \bar{Q}_{13}^2}$$

$$C_{21} = \bar{Q}_{62} + \frac{\bar{Q}_{61}(\bar{Q}_{13}\bar{Q}_{23} - \bar{Q}_{12}\bar{Q}_{33}) + \bar{Q}_{63}(\bar{Q}_{12}\bar{Q}_{13} - \bar{Q}_{11}\bar{Q}_{23})}{\bar{Q}_{11}\bar{Q}_{33} - \bar{Q}_{13}^2}$$

$$C_{22} = \bar{Q}_{66} + \frac{\bar{Q}_{61}(\bar{Q}_{13}\bar{Q}_{36} - \bar{Q}_{16}\bar{Q}_{33}) + \bar{Q}_{63}(\bar{Q}_{13}\bar{Q}_{16} - \bar{Q}_{11}\bar{Q}_{36})}{\bar{Q}_{11}\bar{Q}_{33} - \bar{Q}_{13}^2}$$

$$C_{33} = \bar{Q}_{44} - \frac{\bar{Q}_{45}^2}{\bar{Q}_{55}}$$

8.2.3　等效抗弯刚度计算方法

在梁壳体壁板上的应力沿截面积分，可得到作用在截面上合力和合力矩，建立内力平衡方程：

$$\begin{cases} F(z) = \iint_A \sigma_{zz} \mathrm{d}n\mathrm{d}s \\ Q_x(z) = \iint_A \left(\tau_{zs} \dfrac{\mathrm{d}x}{\mathrm{d}s} + \tau_{zn} \dfrac{\mathrm{d}y}{\mathrm{d}s} \right) \mathrm{d}n\mathrm{d}s \\ Q_y(z) = \iint_A \left(\tau_{zs} \dfrac{\mathrm{d}y}{\mathrm{d}s} - \tau_{zn} \dfrac{\mathrm{d}x}{\mathrm{d}s} \right) \mathrm{d}n\mathrm{d}s \\ M_w(z) = \iint_A \left[\left(x - \dfrac{\partial \Psi}{\partial y} \right) \left(\tau_{zs} \dfrac{\mathrm{d}y}{\mathrm{d}s} - \tau_{zn} \dfrac{\mathrm{d}x}{\mathrm{d}s} \right) - \left(y + \dfrac{\partial \Psi}{\partial x} \right) \left(\tau_{zs} \dfrac{\mathrm{d}x}{\mathrm{d}s} + \tau_{zn} \dfrac{\mathrm{d}y}{\mathrm{d}s} \right) \right] \mathrm{d}n\mathrm{d}s \\ \qquad + \dfrac{\partial}{\partial z} \iint_A \Psi \sigma_{zz} \mathrm{d}n\mathrm{d}s \\ M_x(z) = \iint_A \sigma_{zz} y \mathrm{d}n\mathrm{d}s \\ M_y(z) = \iint_A \sigma_{zz} x \mathrm{d}n\mathrm{d}s \end{cases} \tag{8-92}$$

式中，$F(z)$为z方向的轴向合力；$Q_x(z)$及$Q_y(z)$分别为x、y方向的剪切合力；$M_w(z)$为绕z轴的扭矩；$M_y(z)$、$M_x(z)$分别表示绕y、x方向的弯矩。扭矩平衡方程里包含了扭转翘曲对截面的影响。其中，$\varPsi$为翘曲函数，$\varPsi = F_{\omega}(s) + na(s)$。

整合可得到如下内力与位移的关系：

$$\begin{Bmatrix} F \\ M_y \\ M_x \\ Q_x \\ Q_y \\ M_w \end{Bmatrix} = \begin{bmatrix} K_{11} & K_{12} & K_{13} & K_{14} & K_{15} & K_{16} \\ K_{21} & K_{22} & K_{23} & K_{24} & K_{25} & K_{26} \\ K_{31} & K_{32} & K_{33} & K_{34} & K_{35} & K_{36} \\ K_{41} & K_{42} & K_{43} & K_{44} & K_{45} & K_{46} \\ K_{51} & K_{52} & K_{53} & K_{54} & K_{55} & K_{56} \\ K_{61} & K_{62} & K_{63} & K_{64} & K_{65} & K_{66} \end{bmatrix} \begin{Bmatrix} w_0' \\ \theta_y' \\ \theta_x' \\ (u_0' + \theta_y) \\ (v_0' + \theta_x) \\ \varphi' \end{Bmatrix} \tag{8-93}$$

根据层合管环向刚度一致（circumferentially uniform stiffness，CUS）铺层特点，该铺层形式存在拉-扭耦合效应，即轴向荷载或者扭转荷载可以产生拉伸及扭转变形，由此可以将式（8-92）化简为

$$\begin{Bmatrix} F \\ M_w \end{Bmatrix} = \begin{bmatrix} K_{11} & K_{16} \\ K_{61} & K_{66} \end{bmatrix} \begin{Bmatrix} w_0' \\ \varphi' \end{Bmatrix} \tag{8-94}$$

$$\begin{Bmatrix} M_y \\ M_x \\ Q_x \\ Q_y \end{Bmatrix} = \begin{bmatrix} K_{22} & 0 & 0 & K_{25} \\ 0 & K_{33} & K_{34} & 0 \\ 0 & K_{43} & K_{44} & 0 \\ K_{52} & 0 & 0 & K_{55} \end{bmatrix} \begin{Bmatrix} \theta_y' \\ \theta_x' \\ (u_0' + \theta_y) \\ (v_0' + \theta_x) \end{Bmatrix} \tag{8-95}$$

假设梁只受纯弯曲作用，对式（8-95）求逆，求得其平衡方程，得到弯矩与曲率的关系如下：

$$\theta_x' = \frac{K_{44}}{K_{33}K_{44} - K_{34}^2} M_x \tag{8-96}$$

根据经典梁理论$\theta_x' = \dfrac{1}{EI} M_x$，和式（8-96）对比可得到等效抗弯刚度：

$$[EI] = \frac{K_{33}K_{44} - K_{34}^2}{K_{44}} \tag{8-97}$$

式中，K_{ij}取值如下：

$$K_{33} = \iint_A C_{11} \left(y(s) - \frac{\mathrm{d}x}{\mathrm{d}s} n \right) y \mathrm{d}n \mathrm{d}s$$

$$K_{34} = \iint_A C_{12} \frac{\mathrm{d}x}{\mathrm{d}s} y \mathrm{d}n \mathrm{d}s$$

$$K_{44} = \iint_A \left(C_{22} \frac{\mathrm{d}x}{\mathrm{d}s} \frac{\mathrm{d}x}{\mathrm{d}s} + C_{33} \frac{\mathrm{d}y}{\mathrm{d}s} \frac{\mathrm{d}y}{\mathrm{d}s} \right) \mathrm{d}n \mathrm{d}s$$

将上述正交各向异性层合管材料本构退化为各向同性圆形截面管件，式（8-97）的等效抗弯刚度为

$$[EI] = \pi EhR^3\left[\frac{5}{12}\left(\frac{h}{R}\right)^2 + 1\right] \tag{8-98}$$

而根据经典材料力学，各向同性圆形截面管件抗弯刚度 EI 可定义为

$$EI = \pi EhR^3\left[\frac{3}{12}\left(\frac{h}{R}\right)^2 + 1\right] \tag{8-99}$$

对比式（8-98）和式（8-99）可以看出，两种方法得到的各向同性圆管抗弯刚度表达式不一致，这主要是由于式（8-98）采用三维应力应变场获得，考虑了泊松比效应，而式（8-99）基于一维应力-应变关系，不考虑三维应力-应变场。其次，厚径比 h/R 不同对抗弯刚度的影响也不同，这主要因为（8-98）考虑材料三维本构关系效应（对于各向同性材料为厚度方向的泊松比效应；对于复合材料为三维应变效应）影响；另外，还由于在传统的梁理论中，梁的横向变形是自由的，而实际上梁板壁的横向变形是受到邻近板壁约束影响的。

对于相同的截面尺寸的各向同性圆形管件，可以得到

$$\frac{[EI]}{EI} = \frac{\frac{5}{12}\left(\frac{h}{R}\right)^2 + 1}{\frac{3}{12}\left(\frac{h}{R}\right)^2 + 1} \tag{8-100}$$

定义径厚比为 $\lambda = r_{out}/h$；将圆形管件大致分为三类：薄壁管件（$\lambda > 20$）、中厚壁管件（$10 \leqslant \lambda \leqslant 20$）、厚壁管件（$\lambda < 10$）。因此可知 $0 < 1/\lambda < 1$，当 $\lambda = 1$ 时为实心圆柱体。

对于这三种不同径厚比类型的管件，分别用式（8-98）和式（8-99）计算得到抗弯刚度，其误差如图 8-9 所示。

从图 8-9 可以看出，对于薄壁管件、中厚壁管件两种计算方法误差不到 1%；厚壁管件，$1/\lambda < 0.15$ 时误差也不到 1%，两种理论计算结果大致相等；随着径厚比不断减小，其误差将越来越大。

从图 8-10 可以看出，在 $1/\lambda$ 合理取值范围内，其最大误差可达到 33.3%，此时为实心构件，当 $1/\lambda = 0.59$ 时误差为 10%，当 $1/\lambda = 0.79$ 时误差为 20%，当 $1/\lambda = 0.95$ 时误差达 30%。说明常用的式（8-99）用于各向同性材料构件抗弯刚度的计算将随 $1/\lambda$ 增大到 0.59 后，误差越来越大，这是因为其未考虑三维效应。

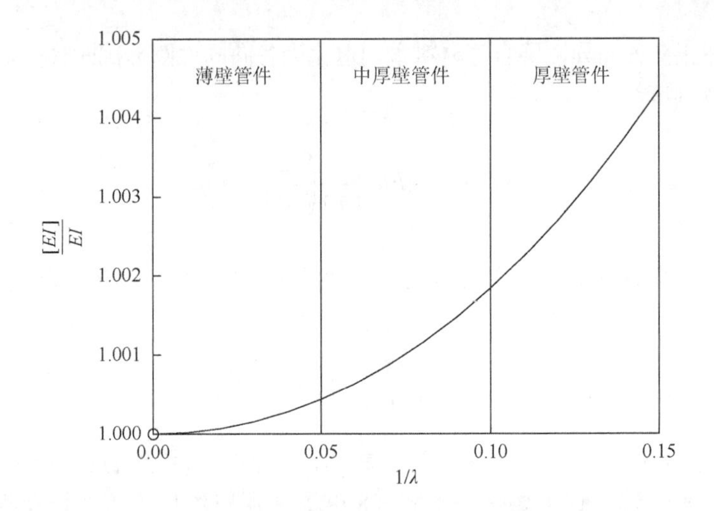

图 8-9　三类管件两种方法计算的抗弯刚度比值

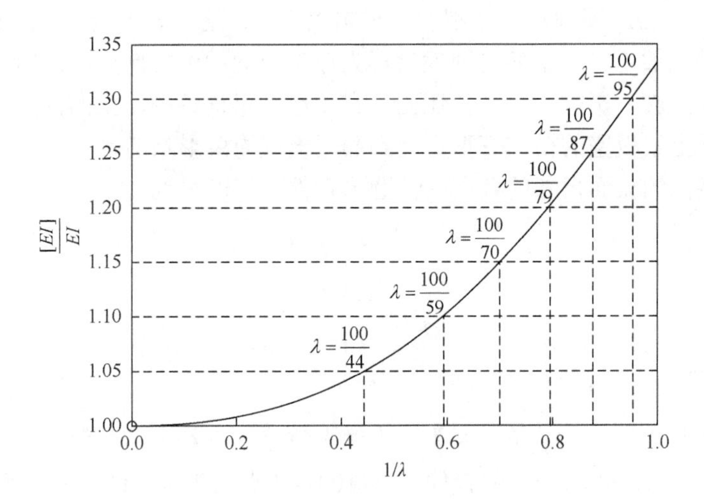

图 8-10　厚壁管件两种计算理论计算的抗弯刚度比值

8.2.4　算例

以铺层圆管四点弯曲试验得到的抗弯刚度试验值[14]为对照，采用上述建立的等效抗弯刚度计算方法，对铺层试件进行计算。试件材料为 T700/epoxy，工程常数如表 8-1，试验中两种复合材料圆形截面管件的铺设方案、几何尺寸见表 8-2，其中 D_{in} 为内直径，D_{ou} 为外直径，l 为圆管长度，铺层角度是纤维方向与轴向的夹角。

表 8-1　T700/epoxy 材性数据

工程常数	值
E_1/GPa	115
$E_2 = E_3$/GPa	7.4
$G_{12} = G_{13}$/GPa	3.6
$\nu_{21} = \nu_{31}$	0.3
ν_{32}	0.35

表 8-2　复合材料圆管的铺层顺序、几何尺寸

Tube	铺层	D_{in}/mm	D_{ou}/mm	l/mm
1	$[0°_4/\pm 45°]$	18	19.8	980
2	$[0°_4/\pm 60°]$	18	19.8	980

将两种理论方法得到的 Tube1 的抗弯刚度与试验值进行对比分析，见表 8-3。

表 8-3　Tube1 抗弯刚度两种理论计算结果与试验值对比

Tube1	等效抗弯刚度/(kN·mm^2)	与试验值相差/%
试验值	189409	—
经典层合板理论	181478	4
三维梁理论	183505	3

由表 8-3 可以看出，三维梁理论和经典层合板理论与试验值吻合都较好，与试验值误差都在 5%以内，三维梁理论计算模型精度稍优于经典层合板理论计算模型，这是因为 Tube1 最外层的±45°铺层存在三维应变效应，但是仍为正交铺层，因此三维效应影响不大。但经典层合板理论未考虑三维应变效应，因而三维梁理论较层合板理论精确。

表 8-4 为两种理论计算 Tube2 的抗弯刚度结果与试验值。可见三维梁理论计算结果与试验值吻合较好，而经典层合板理论较三维梁理论误差大。这主要是因为外面环裹层为±60°，为非正交铺层，三维应变效应影响较大，因此经典层合板计算模型比三维梁理论误差大。

表 8-4　Tube2 抗弯刚度两种理论计算结果分别与试验值对比

Tube2	等效抗弯刚度	与试验值相差/%
试验值	172573	—
经典层合板理论	202464	17
三维梁理论	179133	4

8.3　基于能量法的变截面复材管整体稳定计算方法

8.1 节和 8.2 节主要讨论等截面杆整体稳定承载力计算方法，实际上当两端铰接等截面轴心受压杆弯曲失稳时，失稳模态为半波正弦曲线，杆件内部弯矩中间大两端小，从充分利用材料的角度出发，变截面杆具有更高的承载效率，美国国家航空航天局（National Aeronautics and Space Administration，NASA）资料也显示压杆失稳最终优化形式是中间大两头小，且这一截面的变化对构件减重能够达到 10%[14]。对于航天器、飞行器等对自重有极高要求的结构，采用变截面必然成为首选，并且这种结构形式更有利于多杆件交汇时的空间布置。考虑到制作工艺限制、工程运用价值以及结构美观要求，可将杆件做成中部等截面，两端尺寸缩减的构型。近年来，这种中部等截面的梭形受压钢构件已在多种空间结构中得到运用，而变截面的复合材料压杆相关研究和实际应用并不多见。

8.1 节对等截面管件在考虑横向剪切效应和初始挠曲效应情况下的整体稳定性能进行了理论推导。变截面杆变截面部分平衡方程为变系数微分方程，很难获得统一的解析解，加之复合材料各向异性的力学特征，平衡方程的求解变得更加困难，目前研究中往往采用有限元建模求解。限于平衡法及有限元法求解的局限性，本书提出一种基于能量法的变截面层合管轴压整体稳定承载力计算方法。该方法将精确的平衡方程和力学边界条件用它们积分意义上的加权平均来替代，使原本复杂烦琐的平衡方程转化为易于描述的势能方程。此方法的精度取决于位移函数的准确性及变形能计算的完整性。等截面杆轴压挠曲线一般可假设为半波正弦函数，变截面杆轴压挠曲线受两端变截面影响，形状会发生改变，本书用一正弦级数进行描述，随着项数的增加，假设的挠曲线将更加接近真实挠曲线。此外，剪切变形对复合材料变截面杆轴压整体稳定的影响以往并未有人进行考虑，本章对其进行分析计算。通过案例计算对上述两因素对临界承载力的影响程度进行分析，最终确定变截面杆整体稳定承载力解析公式。

8.3.1　变截面层合管基本参数

1. 几何尺寸

本书所述变截面 FRP 压杆，为中部等截面、两端尺寸逐步缩小的梭形结构。

目前这种变截面杆采用缠绕成型工艺制造，内部采用石膏芯模或可充气芯模，外部用翻盖式的外模具，缠绕固化之后脱开外模具，内部芯模可水洗或者放气去除，变截面层合管可做到沿轴向各处厚度一致，变截面处过渡光滑、纤维连续，等截面与变截面段铺层方式相同。本书所述计算模型结构尺寸示意图如图 8-11 所示。其中，R_1 为小头端圆柱壳外半径，R_2 为中部等截面外半径，l 为总长度，T 为壳壁总厚，a 为锥形部分长度，θ 为锥角。NASA 的研究报告指出，当锥角大于 10°之后，变截面对于结构减重没有明显作用；此外，为防止变截面杆刚度突变，及锥角过大带来的截面过分削弱，锥角 θ 一般取小于 10°。

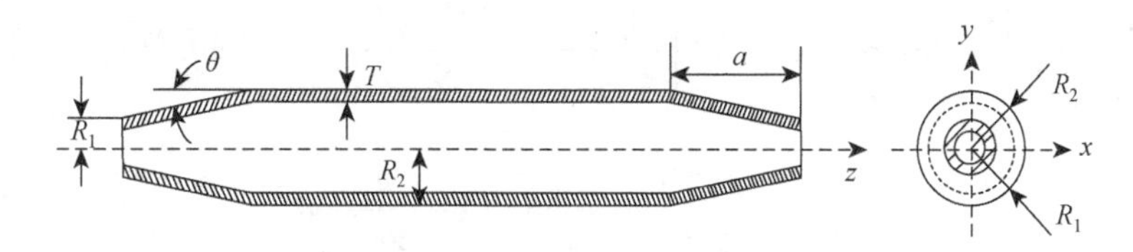

图 8-11　变截面 FRP 压杆的结构尺寸示意图

2. 抗弯刚度及弹性常数

在对承压构件进行整体稳定性和抗弯性能的计算中，复合材料构件等效抗弯刚度是决定性因素，因此获得复合材料构件准确的等效抗弯刚度至关重要。本节采用 8.2 节提出的基于三维梁理论的复合材料层合管等效抗弯刚度计算方法。中间等截面段层合管轴向等效弹性模量 E_a 可由$[EI]/I_a$ 得到，I_a 为层合管等截面惯性矩，由于环向铺层角为纵向铺层角的余角，因此横向等效弹性模量 E_b 可用类似方法求出。

由于常用的单层板材性实验仅能获得纵向弹性模量 E_1、横向弹性模量 E_2、主泊松比 ν_{21} 和面内剪切模量 G_{12}，在假定纤维增强复合材料单层板横观各向同性的基础上，可得 $E_3 = E_2$，$\nu_{31} = \nu_{21}$，$G_{12} = G_{13}$。一般采用下列两公式计算垂直纤维方向平面内的材性参数：

$$\nu_{32} = \nu_{21}\frac{1-\nu_{12}}{1-\nu_{21}} \tag{8-101}$$

$$G_{23} = \frac{E_2}{2(1+\nu_{32})} \tag{8-102}$$

由于材料主轴方向上三个平面内的剪切模量 G_{12}、G_{13}、G_{23} 数值上相差不大，泊松比 ν_{21}、ν_{31}、ν_{32} 也是如此，在求解层合管等截面段环向和径向等效剪切模量 G_{12_a}、G_{31_a} 和等效泊松比 ν_{21_a}、ν_{32_a} 时，利用经典层合板理论求解将误差不大。

变截面处的工程弹性系数，轴向弹模 E_z，环向剪切模量 G_{12_z} 和径向剪切模

量 G_{31_z} 可由偏轴转换公式进行求解，截面面积 A_z，惯性矩 I_z 由几何关系给出，具体公式为

$$\frac{1}{E_z}=\frac{1}{E_a}\cdot\cos^4\theta+\frac{1}{E_b}\cdot\sin^4\theta+\left(\frac{1}{G_{12\_a}}-\frac{2\nu_{21\_a}}{E_a}\right)\cdot\cos^2\theta\cdot\sin^2\theta \tag{8-103}$$

$$G_{12\_z}=\left(\frac{\cos^2\theta}{G_{12\_a}}+\frac{\sin^2\theta}{G_{31\_a}}\right)^{-1} \tag{8-104}$$

$$\frac{1}{G_{31\_z}}=\frac{1}{G_{31\_a}}(\sin^4\theta+\cos^4\theta)+\left(\frac{1}{E_a}+\frac{1}{E_b}+\frac{2\nu_{21\_a}}{E_a}-\frac{1}{2G_{31\_a}}\right)\sin^2 2\theta \tag{8-105}$$

$$A_z=\frac{2\pi T}{\cos\theta}\left(R_1+\tan\theta\cdot z-\frac{T}{\cos\theta}\right) \tag{8-106}$$

$$I_z(z)=\frac{\pi}{4}(R_1+\tan\theta\cdot z)^4-\frac{\pi}{4}\left(R_1+\tan\theta\cdot z-\frac{T}{\cos\theta}\right)^4 \tag{8-107}$$

由于非规则铺层方式下，平面荷载会产生非平面的翘曲变形，变形能的计算过于复杂，且在加工固化过程中容易产生形状畸变形成内部初应力，本书仅考虑对称铺层及正交铺层情况，即变截面层合管为正交各向异性。

8.3.2　变截面复材管承载力计算方法

首先采用能量法计算变截面层合管轴压整体稳定承载力。考虑到 FRP 材料横向剪切性能较差，横向剪切变形会对整体稳定承载力产生不可忽略的影响，由于层合管的变截面，其挠曲线形状与等截面层合管挠曲线也会存在区别。将上述两因素引入计算方法中，对计算模型进行修正。由于变截面段用于等效计算设立的材料主轴与整体坐标轴不重合，坐标轴方向的正应变与剪应力、剪应变与正应力间存在耦合作用，将导致变截面段产生非规则变形，且这一影响会随锥角变大而增大。但由于变截面段长度相对整个杆件较小，且锥角取值一般也较小，因此在计算模型中忽略耦合作用产生的非规则变形及由此产生的变形能。

1. 不考虑变截面对挠曲线形状影响、不考虑剪切变形

图 8-12 为压杆整体屈曲临界形态，z 为压杆轴向，y 为面内变形方向。

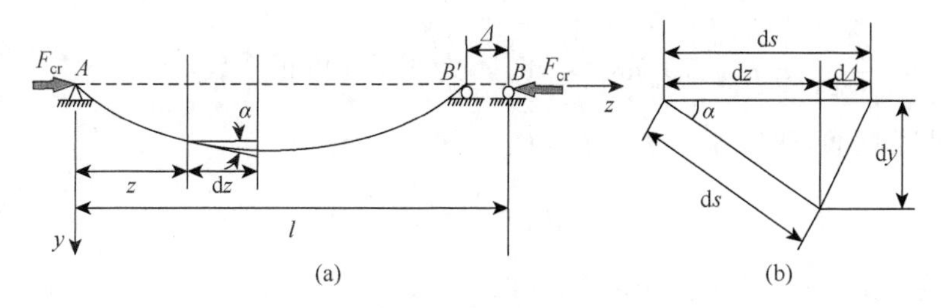

图 8-12　压杆整体稳定的临界状态

如图 8-12（a）所示，在临界荷载 F_{cr} 作用下，支座 B 相应产生微小位移 Δ，压杆发生微小横向挠曲，轴力产生的外力势能为 W，压杆产生弹性应变能为 U。在挠曲线上截取一微小长度 ds 为研究对象，如图 8-12（b）所示。在小变形假设下，可忽略杆件弹性变形所引起的支座位移，因此压杆微小长度 ds 弯曲变形后引起的支座位移为 $\mathrm{d}\Delta$，$\mathrm{d}\Delta = \mathrm{d}s - \mathrm{d}z$，d$z$ 为 ds 在 z 轴方向的投影。由几何关系，并略去高阶项可得

$$\mathrm{d}\Delta = (\sqrt{1+y'^2} - 1)\mathrm{d}z = \frac{1}{2}y'^2\mathrm{d}z \tag{8-108}$$

式中，$y' = \dfrac{\mathrm{d}y}{\mathrm{d}z}$，可得

$$\Delta = \frac{1}{2}\int_0^l y'^2\mathrm{d}z \tag{8-109}$$

不考虑变截面对压杆挠曲线的影响，可以设压杆失稳挠曲线与等截面杆相同，采用半波正弦函数表示，即

$$y = \delta \sin\frac{\pi z}{l} \tag{8-110}$$

式中，δ 为压杆挠曲线中心点的挠度。

变截面层合管的弯曲应变能可表示为

$$U = 2\int_0^a \frac{1}{2}E_z I_z y''^2\mathrm{d}z + \int_a^{l-a}\frac{1}{2}E_a I_a y''^2\mathrm{d}z \tag{8-111}$$

外力势能为

$$W = \frac{F_{cr}}{2}\cdot\int_0^l y'^2\mathrm{d}z \tag{8-112}$$

变截面杆总势能可表示为

$$V = U - W \tag{8-113}$$

根据最小势能原理，求总势能变分 $\dfrac{\partial}{\partial\delta}V = 0$ 可得临界荷载 F_{cr}。

$$F_{cr} = \frac{\pi^2 E_a I_a}{l^2} + \eta \tag{8-114}$$

式中，$\eta = \dfrac{4\pi^2}{l^3}\int_0^a (E_z I_z - E_a I_a)\sin^2\dfrac{\pi}{l}z\mathrm{d}z$，为变截面修正系数。

当为等截面杆时，$E_z = E_a$，$I_z = I_a$，可得

$$F_{\mathrm{cr}} = \frac{\pi^2 E_a I_a}{l^2} \tag{8-115}$$

即为两端简支轴心压杆临界承载力 Euler 公式。

2. 剪切变形的影响

考虑剪切变形对上述模型进行修正。

压杆的剪切变形可表示为

$$\gamma = n\cdot\frac{V}{GA} = n\cdot\frac{M'}{GA} \tag{8-116}$$

式中，V 为剪力；M 为弯矩；G 为剪切模量；A 为压杆的截面面积；既可以用来表示中部等截面面积，也可以表示端部变截面面积，分别记为 A_a 和 A_z；n 为剪切截面系数，是一个无量纲量，已于前文定义。

由剪切变形产生的曲率可表示为

$$y_{\mathrm{s}}'' = n\cdot\frac{M''}{GA} \tag{8-117}$$

由纯弯曲产生的曲率可表示为

$$y_{\mathrm{b}}'' = \frac{M}{EI} \tag{8-118}$$

压杆的总曲率可表示为

$$y'' = y_{\mathrm{s}}'' + y_{\mathrm{b}}'' = n\cdot\frac{M''}{GA} + \frac{M}{EI} \tag{8-119}$$

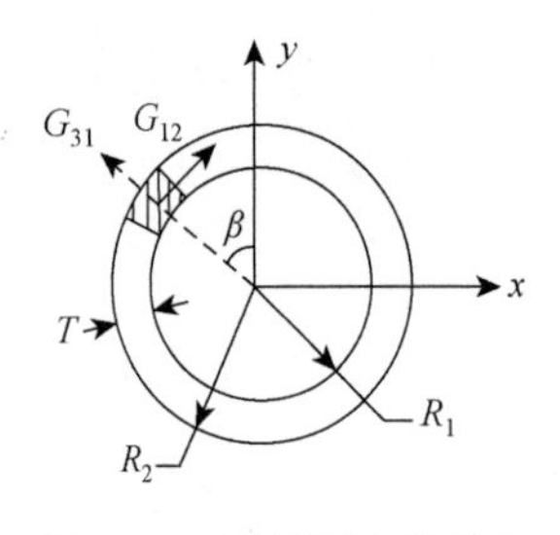

图 8-13　横截面上的等效剪切模量 G_{eq} 计算图示

如图 8-13 所示，由于杆件截面是圆环形的，变截面层合管中部等截面段的管壁上沿管挠曲方向（y 方向）的剪切模量随 β 角变化。中横截面上微元体的 y 方向的剪切模量可近似表示为：$G = G_{12\_a}\sin\beta + G_{31\_a}\cos\beta$，则中部等截面段横截面上 y 方向的等效剪切模量 G_{eq} 可通过积分得到：

$$G_{\mathrm{eq}} = \frac{4\int_0^{\frac{\pi}{2}} (G_{12\_a}\sin\beta + G_{31\_a}\cos\beta)\cdot\frac{1}{2}(R_2^2 - R_1^2)\mathrm{d}\beta}{\pi(R_2^2 - R_1^2)} = \frac{2(G_{12\_a} + G_{31\_a})}{\pi} \tag{8-120}$$

与中部等截面处 G_{eq} 的计算公式类似，端部变截面段横截面上的等效剪切模量为

$$G_{\mathrm{eq\_}y}=\frac{2(G_{12\_z}+G_{31\_z})}{\pi} \tag{8-121}$$

考虑剪切变形影响的杆的变形能为

$$U=U_1+U_2 \tag{8-122}$$

式中，U_1 为弯曲变形能；U_2 为剪切变形能。

$$U_1=2\int_0^a\frac{1}{2}\frac{(F_{\mathrm{cr}}\cdot y)^2}{E_zI_z}\mathrm{d}z+\int_a^{l-a}\frac{1}{2}\frac{(F_{\mathrm{cr}}\cdot y)^2}{E_aI_a}\mathrm{d}z$$

$$U_2=2\int_0^a\frac{1}{2}\frac{n(F_{\mathrm{cr}}\cdot y')^2}{G_{\mathrm{eq\_}y}A_z}\mathrm{d}z+\int_a^{l-a}\frac{1}{2}\frac{n(F_{\mathrm{cr}}\cdot y')^2}{G_{\mathrm{eq}}A_a}\mathrm{d}z$$

外力势能 W 与式（8-112）相同，杆件总势能为 $V=U-W$，由 $\frac{\partial}{\partial\delta}V=0$，同样求解得到临界承载力 F_{cr}。

$$F_{\mathrm{cr}}=\frac{\frac{\pi^2}{l^2}E_aI_a}{1+\frac{nE_aI_a}{G_{\mathrm{eq}}A_a}\frac{\pi^2}{l^2}+\xi_1+\xi_2} \tag{8-123}$$

式中，ξ_1 为弯曲变截面影响系数；ξ_2 为剪切变截面影响系数。

$$\xi_1=\frac{4}{l}\int_0^a\frac{E_aI_a-E_zI_z}{E_zI_z}\sin^2\frac{\pi}{l}z\mathrm{d}z$$

$$\xi_2=\frac{4n\pi^2}{l^3}\int_0^aE_aI_a\frac{G_{\mathrm{eq}}A_a-G_{\mathrm{eq\_}y}A_z}{G_{\mathrm{eq\_}y}A_zG_{\mathrm{eq}}A_a}\cos^2\frac{\pi}{l}z\mathrm{d}z$$

将变截面杆件退化为等截面杆可得

$$F_{\mathrm{cr}}=\frac{\frac{\pi^2}{l^2}E_aI_a}{1+\frac{nE_aI_a}{G_{\mathrm{eq}}A_a}\frac{\pi^2}{l^2}} \tag{8-124}$$

令 $\varphi=\frac{nE_aI_a}{G_{\mathrm{eq}}A_a}\frac{\pi^2}{l^2}$，并将几何参数代入得

$$\varphi=\frac{\pi^3E_an[R_2^2+(R_2-T)^2]}{8l^2(G_{12\_a}+G_{31\_a})} \tag{8-125}$$

对于薄壁管件，有

$$\varphi=\frac{\pi^3E_an}{4(G_{12\_a}+G_{31\_a})}\left(\frac{R_2}{l}\right)^2 \tag{8-126}$$

对于 E/G 较小的材料如钢材和铝合金等，在计算长杆的整体稳定承载力时不需考虑横向剪切变形的影响。而对于 E/G 较大的材料如纤维增强复合材料，横向

剪切变形的影响必须考虑。对于长细比较大的杆件，剪切影响可以忽略，对于长细比较小的杆件，剪切影响则不可忽略。

3. 变截面对挠曲线的影响

两端简支变截面压杆的挠曲线实际上并非正弦曲线，若其截面变化据跨中对称，根据对称性及挠曲线的连续性和光滑性，可用正弦级数精确表示变截面杆的挠曲线。

$$y=\sum_{i=1}^{m}\delta_i\sin\left[(2i-1)\frac{\pi z}{l}\right] \tag{8-127}$$

式（8-127）的第一项恰为等截面压杆的精确挠曲线，但将其作为变截面压杆的近似挠曲线可能会存在较大误差。为使假设的挠曲线尽可能接近真实情况，可取尽量多级数项，但考虑到计算上的困难，加之项数增加对精度的影响有限，现取前两项作为近似挠曲线方程：

$$y=\delta_1\sin\frac{\pi z}{l}+\delta_2\sin\frac{3\pi z}{l} \tag{8-128}$$

将 U、W 和 y 的表达式代入总势能的表达式中，取 $\frac{\partial}{\partial\delta_1}V=0,\ \frac{\partial}{\partial\delta_2}V=0$，并令 δ_1、δ_2 的系数行列式为 0，求取特征值，则可求解得 F_{cr}。

8.3.3 算例

本书以文献[15]中 NASA 锥形杆 N-H-I 为例，求解临界承载力，并建立有限元模型进行特征值计算。层合管材料特性见表 8-5，几何参数见表 8-6，铺层顺序为 $[90°/0_3°/90°/0_3°/90°/0_2°/90°/0_2°/90°/0_2°/90°]$。根据文献，单层 0°铺层厚度为 0.312mm，单层 90°铺层厚度为 0.130mm。这些取值来源于 Park 航空结构公司的实践经验，并且与变截面杆所使用的 IM7 纤维性能一致。

表 8-5 NASA 变截面 FRP 压杆材料参数

层合管	E_1/GPa	E_2/GPa	ν_{12}	G_{12}/GPa
1	147.55	10.07	0.3	4.76

表 8-6 NASA 变截面 FRP 杆及对比组杆件几何参数

试件	l/mm	a/mm	R_2/mm	θ/(°)	T/mm
N-H-I	3077	602	76	4	4.524
Ex-1	3077	400	76	7	4.524
Ex-2	3077	300	76	10	4.524

有限元模型选用结构实体单元模拟变截面层合管，由于变截面试件杆端部安装段内嵌有钛合金螺纹套筒，套筒外部缠绕纤维，内部有螺纹，可与螺栓连接后与节点连接，此部分可近似为刚体。为了模拟此部分，将层合管端面节点与铰接节点建立刚性杆系进行连接，如图 8-14 所示。约束左端铰接节点的三个平动自由度（UX，UY，UZ）和一个旋转自由度（ROTZ），约束右端铰接节点两个方向自由度（UX，UY）和旋转自由度（ROTZ），以此模拟杆端铰支。模型采用特征值屈曲的分析方法计算整体屈曲载荷，针对平衡临界状态的求解，获得平衡路径的分叉点，与本书能量法的求解在力学和数学上具有相似性。

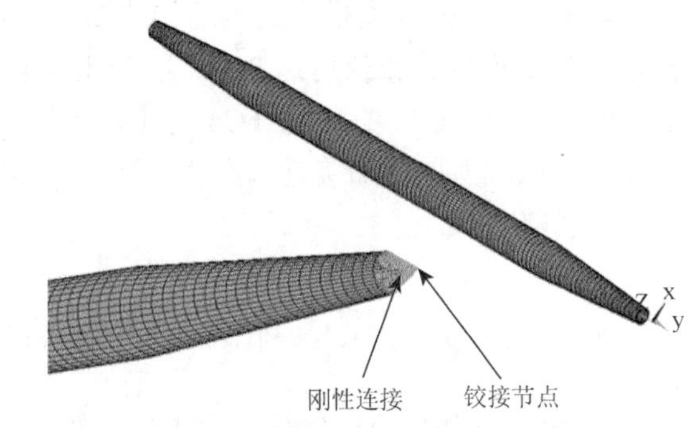

图 8-14　变截面层合管有限元模型

将有限元结果与文献[15]中有限元结果的对比见表 8-7，两者较为接近，验证了本书有限元模型的正确性。但在与试验值的对比中，无论是本书有限元结果还是文献中有限元结果均要比试验值高出 35%左右，这是由于有限元解及本书理论计算方法均未考虑几何缺陷、几何非线性和材料非线性等影响因素，实际求解结果为构件临界荷载的理论上限。

表 8-7　变截面杆有限元计算值和试验结果对比

试件	试验/kN	FEM1/kN	De/%	FEM2/kN	De/%
N-H-I	459	615	33.9	631	37.5

注：FEM1 为本书有限元计算值，FEM2 为文献[15]有限元计算值，De 为有限元计算值与试验值偏差 Deviation。

表 8-8　本书理论计算值与有限元结果对比

试件	CL&De	有限元计算结果	TC1	TC2	TC3	TC4
N-H-I	CL/kN	615	704	628	696	623
	De/%	—	14.5	2.1	13.2	1.3
Ex-1	CL/kN	641	721	654	719	651
	De/%	—	12.5	2.0	12.2	1.6
Ex-2	CL/kN	649	733	666	726	664
	De/%	—	12.9	2.6	11.9	2.3

注：CL 为临界承载力 CriticalLoad，De 为理论计算值与有限元值偏差 Deviation。TC1～TC4 为四种情况下的理论计算结果。其中，TC1 不考虑剪切变形影响，挠曲线取一项；TC2 考虑剪切变形影响，挠曲线取一项；TC3 不考虑剪切变形影响，挠曲线取两项；TC4 考虑剪切变形影响，挠曲线取两项。

理论计算与有限元结果的对比见表 8-8，从计算结果中可以看出考虑剪切变形后，理论计算结果与有限元结果更加接近，且影响程度达到 10%以上，因此在计算中剪切作用必须予以考虑。从式（8-126）中可以看出，对于长细比相同的钢杆和复合材料杆，剪切作用对整体稳定承载力的影响主要表现在弹性模量与剪切模量的比值，钢材弹性模量与剪切模量的比值为 $2(1+\nu)$，ν 为泊松比，一般取 0.3，则弹性模量大约为剪切模量的 2.6 倍。而复合材料层合管轴向弹性模量与剪切模量的比值可达 20 以上，因此剪切作用的影响更大，计算中必须考虑。从 TC1 与 TC3、TC2 与 TC4 的比较可以看出，随着挠曲线级数项数的增加，整体稳定承载力值更加接近真实值，但这一影响相对有限，约为 1%，在工程计算中可以忽略。

8.4 基于首层破坏的复合材料圆管整体稳定计算方法

8.3 节所做的层合管整体稳定承载力的理论推导，是基于能量法的变分原理或平衡方程分岔解，实际上求解的是整体稳定承载力的上限解，往往高估了复合材料管件的实际承载能力。实际轴心受压构件与理想杆件之间存在较大差别，这是因为实际轴心受压杆件存在初始缺陷。一般研究一种非理想柱的性能，这种柱子的形心轴线在受载前已经弯曲，假定材料服从胡克定律，变形也是微小的，于是欧拉理论中所做的非理想化仅仅省去了构件一开始就是直的这条假设。

理想柱在达到欧拉荷载之前保持直线形状，有初变形的柱子则与此不同，一旦受到荷载作用它就开始弯曲；随着作用荷载与欧拉荷载比值的增加，起初挠度增加缓慢，而后越来越快，并且初始缺陷越大，任意荷载下的总挠度越大，但当荷载趋近欧拉荷载时，无论初始缺陷大小如何，挠度都无限增大；因此无论初始变形怎样微小，非理想柱的承载能力总比欧拉荷载低；如果初始变形相当大，则当荷载远低于欧拉荷载时柱子就有很大变形。因此，初始缺陷很大的构件可能在荷载远低于欧拉荷载时就发生破坏，而比较直的柱子能够承受的轴向荷载仅仅略低于 P_E。

在钢结构中，常用截面边缘屈服准则确定轴心受压构件的稳定系数。这种方法是把初弯曲、初偏心和残余应力等各种缺陷综合考虑成一个等效的与长细比有关的初弯曲或初偏心率，利用边缘纤维屈服准则导出公式，求出边缘纤维屈服时的截面平均应力作为临界应力。这种计算方法不计残余应力的影响，用适当的几何缺陷按照弹性理论计算轴心受压构件。在轴心压力 P 和初弯曲产生的二阶弯矩 $Pv_0/(1-P/P_E)$ 的共同作用下，算出此构件中央截面的边缘纤维开始屈服时的荷载 P_E'（称为这种状态的临界荷载），以此作为稳定计算的准则。按照弹性理论可以由下式解得 P_E'：

$$\frac{P}{A}\left[1+\frac{v_0}{\frac{W}{A}\left(1-\frac{P}{P_{\mathrm{E}}}\right)}\right]=\frac{P}{A}\left[1+\frac{\varepsilon_0}{1-\frac{P\lambda^2}{\pi^2 EA}}\right]=f_{\mathrm{y}} \tag{8-129}$$

式中，W 为截面弹性抵抗矩；v_0 为初弯曲的最大挠度；P_{E} 为 Euler 屈曲荷载；f_{y} 为截面屈服强度。求解上式，可以得到中央截面边缘纤维开始屈服时的荷载 P_{E}' 为

$$P_{\mathrm{E}}'=\frac{f_{\mathrm{y}}A}{2\bar{\lambda}^2}\left[(1+\varepsilon_0+\bar{\lambda}^2)-\sqrt{(1+\varepsilon_0+\bar{\lambda}^2)^2-4\bar{\lambda}^2}\right] \tag{8-130}$$

其中，$\varepsilon_0=\frac{v_0}{W/A}=\frac{v_0}{\rho}$ 为相对初弯曲；ρ 为截面的核心距。对于塑性发展程度较小的薄壁型构件，由此准则计算得到的 P_{E}' 值与屈曲荷载十分接近，因此可用它来代替构件屈曲临界荷载 P_{cr}。

用构件的平均应力 $\sigma_{\mathrm{cr}}=\frac{P_{\mathrm{cr}}}{A}=\frac{P_{\mathrm{E}}'}{A}$ 作为屈服应力，则稳定系数 $\varphi=\frac{\sigma_{\mathrm{cr}}}{f_{\mathrm{y}}}$ 可表示为（该式称为 Perry-Robertson 公式，简称 Perry 公式）

$$\varphi=\frac{1}{2\bar{\lambda}^2}\left[(1+\varepsilon_0+\bar{\lambda}^2)-\sqrt{(1+\varepsilon_0+\bar{\lambda}^2)^2-4\bar{\lambda}^2}\right]$$

$$\bar{\lambda}=\frac{\lambda}{\pi}\sqrt{\frac{f_{\mathrm{y}}}{E}} \tag{8-131}$$

因此，在上述思想指导下，以复材杆件首层破坏为判断标准，提出一种基于边缘屈服准则的复材杆件整体稳定计算方法。

8.4.1　基于一维剪切梁理论的轴力附加弯矩关系

不失一般性，CFRP 层合管初始挠度可表示为下列傅里叶级数：

$$y_0=\sum_{i=1}^{\infty}v_i\sin\frac{i\pi x}{l} \tag{8-132}$$

总挠度包括三部分，即初始挠曲变形、弯矩产生挠度及剪切产生的挠度，根据图 8-15，剪切挠曲可以表示为

$$y_{\mathrm{s}}''=\frac{n}{AG}\frac{\mathrm{d}Q}{\mathrm{d}x}=\frac{nP}{AG}y'' \tag{8-133}$$

因此可列出下列平衡方程：

$$y''+\frac{P}{\mu EI}y=\frac{1}{\mu}y_0'' \tag{8-134}$$

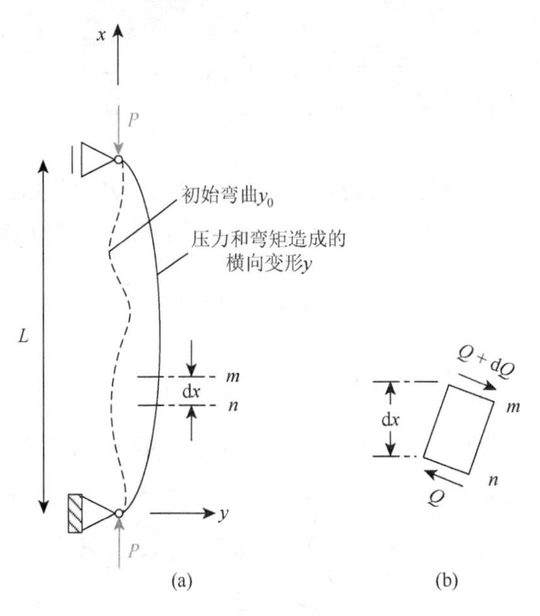

图 8-15 带初始挠曲的杆件轴压简图

引入$k^2=\dfrac{P}{\mu EI}$，方程（8-134）可以表示为

$$y''+k^2y=-\frac{1}{\mu}\left(\frac{\pi}{l}\right)^2\sum_{i=1}^{\infty}i^2v_i\sin\frac{i\pi x}{l} \tag{8-135}$$

考虑边界条件$y(0)=0$，$y(l)=0$，挠度y可以表示为

$$y=\sum_{i=1}^{\infty}\frac{v_i}{\mu-P/i^2P_{\mathrm{E}}}\sin\frac{i\pi x}{l} \tag{8-136}$$

根据式（8-136），将求得的横向挠度与初始挠度进行对比，可以发现当考虑初始挠曲时，轴力作用会使得附加挠曲增大，且放大系数为$i=1$的项要明显大于后面的项，特别是当外荷载达到临界荷载时，它们的差距尤为突出，因此近似取第一项的放大系数$\dfrac{1}{\mu-P/P_{\mathrm{E}}}$，此时跨中弯矩表示为

$$M=P\frac{v_0}{\mu-P/P_{\mathrm{E}}} \tag{8-137}$$

8.4.2 纯弯作用下应力应变场计算模型

1. 应力函数

由于层合管在轴心受压荷载下的应力应变场已在第 6 章进行推导，此处仅推导层合管在纯弯作用下的应力应变场。

根据 6.3.1 节中得到的关于应力函数的两个方程：

$$\begin{cases} L_4F + L_3\Phi = \dfrac{2}{r}\dfrac{\bar{S}_{13} - \bar{S}_{23}}{\bar{S}_{33}}(k_x \sin\theta - k_y \cos\theta) \\ L_3'F + L_2\Phi = \dfrac{\bar{S}_{34}}{\bar{S}_{33}}\left(2k_x \sin\theta - 2k_y \cos\theta + \dfrac{\varepsilon}{r}\right) - 2\theta \end{cases} \tag{8-138}$$

以及方程的通解：

$$\begin{aligned} F &= f_1(r)(\kappa_x \sin\theta - \kappa_y \cos\theta) + f_2(r) \\ \Phi &= \phi_1(r)(\kappa_x \sin\theta - \kappa_y \cos\theta) + \phi_2(r) \end{aligned} \tag{8-139}$$

在这里考虑圆管仅受弯矩 M_x（图 6-4）作用的情况，即 $M_y = 0$，$\kappa_y = 0$。在这种情况下，重新定义各向异性复合材料圆管应力函数为

$$F = f_1 = \kappa_x \sin\theta\left(\sum_{i=1}^{4}\frac{K_i}{m_i}r^{m_i+1} + K_5 r + K_6 r\ln r + \frac{\mu_1}{2}r^3\right) \tag{8-140}$$

$$\Phi = \phi_1 = \kappa_x \sin\theta\left(\sum_{i=1}^{4}K_i g_i r^{m_i} + K_6\frac{\beta_{56}}{\beta_{66}} + \mu_2 r^2\right) \tag{8-141}$$

式中，κ_x 为垂直 x 方向的平面曲率；K_i 为六个任意常数，其余参数表达式如下：

$$m_{1,2,3,4} = \pm\sqrt{\frac{-b \pm \sqrt{b^2 - 4ac}}{2a}}$$

$$a = \beta_{22}\beta_{44} - \beta_{24}^2$$

$$b = \beta_{24}(2\beta_{14} + \beta_{24} + 2\beta_{56}) - \beta_{44}(\beta_{11} + 2\beta_{12} + \beta_{22} + \beta_{66}) - \beta_{22}\beta_{55} + \beta_{14}^2$$

$$c = \beta_{55}(\beta_{11} + 2\beta_{12} + \beta_{22} + \beta_{66}) - \beta_{56}^2$$

$$g_i = \frac{\beta_{24}m_i^2 + (\beta_{14} + \beta_{24})m_i - \beta_{56}}{\beta_{44}m_i^2 - \beta_{55}} \quad (i = 1,2,3,4)$$

$$\begin{Bmatrix} \mu_1 \\ \mu_2 \end{Bmatrix} = \begin{bmatrix} -2\beta_{14} - 6\beta_{24} + \beta_{56} & 4\beta_{44} - \beta_{55} \\ -\beta_{11} - 2\beta_{12} + 3\beta_{22} - \beta_{66} & 2\beta_{14} - 2\beta_{24} + \beta_{56} \end{bmatrix}^{-1} \begin{Bmatrix} \dfrac{2\bar{S}_{34}}{\bar{S}_{33}} \\ \dfrac{\bar{S}_{13} - \bar{S}_{23}}{\bar{S}_{33}} \end{Bmatrix}$$

2. *应力应变场*

各向异性复合材料圆管，在纯弯工况下其应力是 r 和 θ 的函数，与 z 无关，于是可得到其应力场为

$$\sigma_r = \frac{\partial F}{r\partial r} + \frac{\partial^2 F}{r^2\partial\theta^2} = \kappa_x \sin\theta\left(\sum_{i=1}^{4}K_i r^{m_i-1} + \mu_1 r\right) \tag{8-142}$$

$$\sigma_\theta = \frac{\partial^2 F}{\partial r^2} = \kappa_x \sin\theta\left(\sum_{i=1}^{4} K_i(m_i+1)r^{m_i-1} + 3\mu_1 r\right) \tag{8-143}$$

$$\tau_{r\theta} = \frac{\partial F}{r^2\partial\theta} - \frac{\partial^2 F}{r\partial r\partial\theta} = \kappa_x \cos\theta\left(-\sum_{i=1}^{4} K_i r^{m_i-1} - \mu_1 r\right) \tag{8-144}$$

$$\tau_{rz} = \frac{\partial\Phi}{r\partial\theta} = \kappa_x \cos\theta\left(\sum_{i=1}^{4} K_i g_i r^{m_i-1} + \mu_2 r\right) \tag{8-145}$$

$$\tau_{\theta z} = -\frac{\partial\Phi}{\partial r} = \kappa_x \sin\theta\left(-\sum_{i=1}^{4} K_i g_i m_i r^{m_i-1} - 2\mu_2 r\right) \tag{8-146}$$

$$\sigma_z = \frac{1}{\bar{S}_{33}}\left[\kappa_x r\sin\theta - \bar{S}_{13}\sigma_r - \bar{S}_{23}\sigma_\theta - \bar{S}_{34}\tau_{\theta z}\right] \tag{8-147}$$

将式（8-142）～式（8-147）代入物理方程（6-63），化简可得

$$\begin{aligned}\varepsilon_r &= \bar{S}_{11}\sigma_r + \bar{S}_{12}\sigma_\theta + \frac{\bar{S}_{13}}{\bar{S}_{33}}[\kappa_x r\sin\theta - \bar{S}_{13}\sigma_r - \bar{S}_{23}\sigma_\theta - \bar{S}_{34}\tau_{\theta z}] + \bar{S}_{14}\tau_{\theta z} \\ &= \left(\bar{S}_{11} - \frac{\bar{S}_{13}\bar{S}_{31}}{\bar{S}_{33}}\right)\sigma_r + \left(\bar{S}_{12} - \frac{\bar{S}_{13}\bar{S}_{32}}{\bar{S}_{33}}\right)\sigma_\theta + \left(\bar{S}_{14} - \frac{\bar{S}_{13}\bar{S}_{34}}{\bar{S}_{33}}\right)\tau_{\theta z} + \frac{\bar{S}_{13}}{\bar{S}_{33}}\kappa_x r\sin\theta \\ &= \beta_{11}\sigma_r + \beta_{12}\sigma_\theta + \beta_{14}\tau_{\theta z} + \frac{\bar{S}_{13}}{\bar{S}_{33}}\kappa_x r\sin\theta\end{aligned} \tag{8-148}$$

将式（8-142）～式（8-147）代入式（8-148）可得

$$\varepsilon_r = \kappa_x \sin\theta\left[\sum_{i=1}^{4} K_i r^{m_i-1}(\beta_{11} + \beta_{12}m_i + \beta_{12} - \beta_{14}g_i) + r\left(\beta_{11}\mu_1 + 3\beta_{12}\mu_1 - 2\beta_{14}\mu_2 + \frac{\bar{S}_{13}}{\bar{S}_{33}}\right)\right] \tag{8-149}$$

同理得到

$$\varepsilon_\theta = \kappa_x \sin\theta\left[\sum_{i=1}^{4} K_i r^{m_i-1}(\beta_{21} + \beta_{22}m_i + \beta_{22} - \beta_{24}g_i) + r\left(\beta_{21}\mu_1 + 3\beta_{22}\mu_1 - 2\beta_{24}\mu_2 + \frac{\bar{S}_{23}}{\bar{S}_{33}}\right)\right] \tag{8-150}$$

$$\varepsilon_z = \kappa_x \sin\theta\left[\sum_{i=1}^{4} K_i r^{m_i-1}(\beta_{31} + \beta_{32}m_i + \beta_{32} - \beta_{34}g_i) + r(\beta_{31}\mu_1 + 3\beta_{32}\mu_1 - 2\beta_{34}\mu_2 + 1)\right] \tag{8-151}$$

$$\gamma_{\theta z} = \kappa_x \sin\theta\left[\sum_{i=1}^{4} K_i r^{m_i-1}(\beta_{41} + \beta_{42}m_i + \beta_{42} - \beta_{44}g_i) + r\left(\beta_{41}\mu_1 + 3\beta_{42}\mu_1 - 2\beta_{44}\mu_2 + \frac{\bar{S}_{43}}{\bar{S}_{33}}\right)\right] \tag{8-152}$$

其他两个剪应变由式（8-148）可得

$$\gamma_{rz}=\bar{S}_{55}\tau_{rz}+\bar{S}_{56}\tau_{r\theta} \tag{8-153}$$

$$\gamma_{r\theta}=\bar{S}_{65}\tau_{rz}+\bar{S}_{66}\tau_{r\theta} \tag{8-154}$$

3. 位移场

由几何方程

$$\begin{gathered}\varepsilon_r=\frac{\partial u}{\partial r},\quad \varepsilon_\theta=\frac{1}{r}\frac{\partial v}{\partial\theta}+\frac{u}{r},\quad \varepsilon_z=\frac{\partial w}{\partial z}\\ \gamma_{\theta z}=\frac{\partial v}{\partial z}+\frac{1}{r}\frac{\partial w}{\partial\theta},\quad \gamma_{rz}=\frac{\partial w}{\partial r}+\frac{\partial u}{\partial z},\quad \gamma_{r\theta}=\frac{\partial v}{\partial r}+\frac{1}{r}\frac{\partial u}{\partial\theta}-\frac{v}{r}\end{gathered} \tag{8-155}$$

积分可得到位移场：

$$u=\kappa_x\sin\theta\left[\begin{aligned}&\sum_{i=1}^{4}\frac{1}{m_i}K_i r^{m_i}(\beta_{11}+\beta_{12}m_i+\beta_{12}-\beta_{14}g_i m_i)\\&+\frac{1}{2}r^2\left(\beta_{11}\mu_1+3\beta_{12}\mu_1-2\beta_{14}\mu_2+\frac{\bar{S}_{13}}{\bar{S}_{33}}\right)-\frac{z^2}{2}\end{aligned}\right] \tag{8-156}$$

$$v=\kappa_x\cos\theta\left\{\begin{aligned}&\sum_{i=1}^{4}\frac{1}{m_i}K_i r^{m_i}[\beta_{11}+\beta_{12}-\beta_{22}m_i(m_i+1)-g_i m_i(\beta_{14}-\beta_{24}m_i)]\\&+\frac{1}{2}r^2\left[\mu_1(\beta_{11}+\beta_{12}-6\beta_{22})-2\mu_2(\beta_{14}-2\beta_{24})+\frac{\bar{S}_{13}-2\bar{S}_{23}}{\bar{S}_{33}}\right]-\frac{z^2}{2}\end{aligned}\right\} \tag{8-157}$$

$$w=\kappa_x\cos\theta\left[\sum_{i=1}^{4}\frac{1}{m_i}K_i r^{m_i}(\beta_{55}g_i-\beta_{56})+\frac{1}{2}r^2(\beta_{55}\mu_2-\beta_{56}\mu_1)+rz\tan\theta\right] \tag{8-158}$$

4. 边界条件

由荷载边界条件可得到

$$M_x=\sum_{k=1}^{N}\int_0^{2\pi}\int_{r_k}^{r_{k+1}}\sigma_z r^2\sin\theta\mathrm{d}\theta\mathrm{d}r \tag{8-159}$$

为单层时，需要 4 个边界条件，为多层时，每多一层就增加 4 个未知数，就再需要 4 个连续边界条件。分别为以下条件：

4 个连续条件为

$$\begin{cases}\sigma_r^k=\sigma_r^{k+1},\quad u_r^k=u_r^{k+1}\\ v_r^k=v_r^{k+1},\quad w_r^k=w_r^{k+1}\end{cases} \tag{8-160}$$

6 个边界条件为

$$\begin{cases}\tau_{r\theta}^0=0,\quad \tau_{r\theta}^N=0,\quad \tau_{rz}^0=0\\ \tau_{rz}^N=0,\quad \sigma_r^0=0,\quad \sigma_r^N=0\end{cases} \tag{8-161}$$

5. 求解

结合荷载边界条件，即式（8-159），及边界连续性条件，可求出所有未知数，将未知数的解代入式（8-142）～式（8-147）可求解出应力场，代入式（8-149）～式（8-154）可求出应变场。

8.4.3 基于 Puck 失效准则的整体稳定计算模型

根据 6.1 节和 6.2 节可得到轴压力 P 作用下的三维应力应变场 σ_c 和 ε_c；根据上述推导可得到附加弯矩作用下的应力应变场 σ_b 和 ε_b。CFRP 管整体失稳发生在弹性阶段，因此两个应力应变场可以直接叠加，可得跨中截面应力应变场如下：

$$\begin{Bmatrix}\sigma_r\\\sigma_\theta\\\sigma_z\\\tau_{\theta z}\\\tau_{rz}\\\tau_{r\theta}\end{Bmatrix}=\begin{Bmatrix}\sigma_r\\\sigma_\theta\\\sigma_z\\\tau_{\theta z}\\\tau_{rz}\\\tau_{r\theta}\end{Bmatrix}_c+\begin{Bmatrix}\sigma_r\\\sigma_\theta\\\sigma_z\\\tau_{\theta z}\\\tau_{rz}\\\tau_{r\theta}\end{Bmatrix}_b \tag{8-162}$$

$$\begin{Bmatrix}\varepsilon_r\\\varepsilon_\theta\\\varepsilon_z\\\gamma_{\theta z}\\\gamma_{zr}\\\gamma_{r\theta}\end{Bmatrix}=\begin{Bmatrix}\varepsilon_r\\\varepsilon_\theta\\\varepsilon_z\\\gamma_{\theta z}\\\gamma_{zr}\\\gamma_{r\theta}\end{Bmatrix}_c+\begin{Bmatrix}\varepsilon_r\\\varepsilon_\theta\\\varepsilon_z\\\gamma_{\theta z}\\\gamma_{zr}\\\gamma_{r\theta}\end{Bmatrix}_b \tag{8-163}$$

将得到应力应变场转换到纤维方向上：

$$\begin{Bmatrix}\sigma_1\\\sigma_2\\\sigma_3\\\tau_{23}\\\tau_{13}\\\tau_{12}\end{Bmatrix}=\begin{bmatrix}0 & \sin^2\theta & \cos^2\theta & 2\sin\theta\cos\theta & 0 & 0\\0 & \cos^2\theta & \sin^2\theta & -2\sin\theta\cos\theta & 0 & 0\\1 & 0 & 0 & 0 & 0 & 0\\0 & 0 & 0 & 0 & -\sin\theta & \cos\theta\\0 & 0 & 0 & 0 & \cos\theta & \sin\theta\\0 & \sin\theta\cos\theta & -\sin\theta\cos\theta & \cos^2\theta-\sin^2\theta & 0 & 0\end{bmatrix}\begin{Bmatrix}\sigma_r\\\sigma_\theta\\\sigma_z\\\tau_{\theta z}\\\tau_{rz}\\\tau_{r\theta}\end{Bmatrix} \tag{8-164}$$

$$\begin{Bmatrix} \varepsilon_1 \\ \varepsilon_2 \\ \varepsilon_3 \\ \gamma_{23} \\ \gamma_{13} \\ \gamma_{12} \end{Bmatrix} = \begin{bmatrix} 0 & \sin^2\theta & \cos^2\theta & \sin\theta\cos\theta & 0 & 0 \\ 0 & \cos^2\theta & \sin^2\theta & -\sin\theta\cos\theta & 0 & 0 \\ 1 & 0 & 0 & 0 & 0 & 0 \\ 0 & 0 & 0 & 0 & -\sin\theta & \cos\theta \\ 0 & 0 & 0 & 0 & \cos\theta & \sin\theta \\ 0 & 2\sin\theta\cos\theta & -2\sin\theta\cos\theta & \cos^2\theta-\sin^2\theta & 0 & 0 \end{bmatrix} \begin{Bmatrix} \varepsilon_r \\ \varepsilon_\theta \\ \varepsilon_z \\ \gamma_{\theta z} \\ \gamma_{zr} \\ \gamma_{r\theta} \end{Bmatrix} \tag{8-165}$$

将应力应变场代入 Puck 强度准则，即可判断压弯构件是否破坏、破坏位置以及破坏形式。将极限荷载 P 代入式（8-166）求得试件的稳定系数 φ：

$$\varphi = \frac{P}{f_y A} \tag{8-166}$$

参 考 文 献

[1] Timoshenko S P. Theory of Elastic Stability[M]. New York：McGraw-Hill，1961.

[2] Jolicoeur C，Cardou A. Analytical solution for bending of coaxial orthotropic cylinders[J]. Journal of Engineering Mechanics，1994，120（12）：2556-2574.

[3] Zhan Y，Wu G，Harries K A. Determination of critical load for global flexural buckling in concentrically loaded pultruded FRP structural struts[J]. Engineering Structures，2018，158：1-12.

[4] Li R Y，Zhu R Y，Li F. Overall buckling prediction model for fibre reinforced plastic laminated tubes with balanced off-axis ply orientations based on Puck failure criteria[J]. Journal of Composite Materials，2020，54（7）：883-897.

[5] Zhu R J，Zhang D D. Overall buckling behaviour of laminated CFRP tubes with off-axis ply orientation in axial compression[J]. Science and Engineering of Composite Materials，2019，26：230-239.

[6] Wild P M，Vickers G W. Analysis of filament-wound cylindrical shells under combined centrifugal，pressure and axial loading[J]. Composites Part A：Applied Science and Manufacturing，1997，28（1）：47-55.

[7] Chouchaoui C S，Ochoa O O. Similitude study for a laminated cylindrical tube under tension，torsion，bending，internal and external pressure. Part I：governing equations[J]. Composite Structures，1999，44（4）：221-229.

[8] Lekhnitskii S G. Theory of elasticity of an anisotropic body[M]. Moscow，Russia：Mir Publishers，1981.

[9] 姜鲁珍，文献民，马兴瑞. 复合材料圆形管件的等效模型研究[J]. 工程力学，2000，（3）：127-132.

[10] 文献民，王本利，马兴瑞. 复合材料圆管构件等效模量的计算方法[J]. 复合材料学报，1999，16（2）：135-139.

[11] Kim C，White S R. Thick-walled composite beam theory including 3-D elastic effects and torsional warping[J]. International Journal of Solids and Structures，1997，34（31-32）：4237-4259.

[12] Kim C，White S R. Analysis of thick hollow composite beams under general loadings[J]. Composite Structures，1996，34（3）：263-277.

[13] Librescu L，Song O. Thin-Walled Composite Beams：Theory and Application[M]. Berlin：Springer，2006.

[14] 张恒铭，李峰，潘大荣. 基于三维梁理论的复合材料管等效抗弯刚度[J]. 复合材料学报，2016，33（8）：1694-1701.

[15] Jegley D C，Wu K C，Phelps J E，et al. Structural efficiency of composite struts for aerospace applications[J]. Journal of Spacecraft and Rockets，2015.

索　引